普通高等教育农业农村部"十三五"规划教材
辽宁省"十二五"普通高等教育本科省级规划教材
全国高等农业院校优秀教材
辽宁省优秀教材

GAODENG SHUXUE

第五版

高等数学

惠淑荣　刘宪敏　杨吉会　主编

中国农业出版社
北　京

内 容 提 要

本教材是按照高等农林院校高等数学教学大纲，并在原普通高等教育农业部"十二五"规划教材《高等数学》（第四版）的基础上重新组织编写的．

全书内容包括函数、极限与连续，导数与微分及其应用，积分及其应用，微分方程与差分方程，空间解析几何，二元函数的微积分及其应用，无穷级数．书末还附有极坐标简介、几种常用曲线、积分表、Mathematica 软件在高等数学中的应用、习题答案与提示．同时，本教材在编写过程中融入了数学建模的思想，把在生物、农林等方面的数学建模例题引入教材，有利于学生运用数学知识解决实际问题．为了便于学生检查自己的学习情况，全面复习和巩固所学内容，在每章后都附有自测题，并且在习题中也加入了数学建模方面的练习题供学生参考选用．

第五版编写人员名单

主 编 惠淑荣 刘宪敏 杨吉会
副主编 鲁春铭 李丽锋 王 倩
 陶桂洪 郭志鹏
参 编 张 冰 关 驰 张冬梅
 王立华 于海玲

第一版编写人员名单

主 编 惠淑荣 吕永震
副主编 鲁春铭 张 阙 冯大光 李丽峰
参 编 张 冰 张冬梅 于延华 董建国
主 审 张国伟

第二版编写人员名单

主　编　惠淑荣　李喜霞

副主编　王　倩　于　淼　董建国

参　编　陶桂洪　赵培玉　宋　赞

主　审　张国伟

第三版编写人员名单

主　编　惠淑荣　李喜霞

副主编　王　倩　张冬梅　刘宪敏

参　编　陶桂洪　赵培玉　宋　赞

主　审　张国伟

第四版编写人员名单

主　编　惠淑荣　李喜霞　张　阆

副主编　杨吉会　张　冰　陶桂洪　刘宪敏

参　编　董建国　宋　贽　张冬梅　陈忠维

主　审　张国伟

FOREWORD 第五版前言

　　本教材是按照新修订的高等农业院校高等数学教学大纲，并在原普通高等教育农业部"十二五"规划教材《高等数学(第四版)》的基础上重新组织编写的。

　　本次修订对第四版中存在的问题进行了修改，调整了第四版中的内容，本次修订是为了更好地满足教学需要。

　　全书内容包括函数、极限与连续，导数与微分及其应用，积分及其应用，微分方程与差分方程，空间解析几何，二元函数的微积分及其应用，无穷级数等内容。书末还附有极坐标简介、几种常用的曲线、积分表、Mathematica 软件在高等数学中的应用、习题答案与提示。

　　修订的内容主要包括以下几个方面：

1. 习题进行了调整，由按每章配习题改为按每节配习题编排；
2. 对第四版中存在的问题进行了修改；
3. 微分方程与差分方程一章调整到一元函数积分之后、空间解析几何之前；
4. 空间解析几何一章的曲面与曲线一节中二、三两部分内容互换；
5. 更换了部分习题。

　　本教材已经出版到了第五版，每一版的修订都得到了编者所在院校同仁的大力支持和帮助，在此一并表示感谢。

　　本次修订工作由沈阳农业大学惠淑荣教授完成，新版中存在的问题，祈望读者批评指正。

编　者

2021 年 1 月

FOREWORD 第一版前言

本教材是按照"高等农业院校高等数学教学大纲",并在原高等农林牧水产院校教材《高等数学》的基础上重新组织编写的.

本教材在编写上有如下特点:

1. 教材中保留了极限的"$\varepsilon-\delta$"语言定义,也引入了朴素的极限概念,要求教学中在"$\varepsilon-\delta$"定义上尽量少花时间,以免在一开头就形成了"大头块"的极限论,让初学者望而生畏.

2. 在选材上突出数学理论应用的实际案例,这样使学生在学完基础的数学知识后,不但知道所学的数学知识有什么用,而且还知道怎样用.

3. 通过对数学软件 Mathematica 的引入,使学生知道怎样在计算机上实现数学的推导,计算,画图,怎样将自己的想法通过计算机去完成.

本教材由沈阳农业大学惠淑荣教授负责提出全书编写的整体思路.教材的理论部分由沈阳农业大学惠淑荣教授等同志编写,Mathematica 数学软件部分由沈阳农业大学刘强老师编写.

本教材的编写得到了编者所在院校同行们的大力支持和帮助,在此我们表示衷心的感谢.

限于编写水平和编写时间仓促,因而教材中一定存在不妥之处,敬请专家、读者批评指正.

编 者
2002 年 4 月

CONTENTS 目 录

第五版前言
第一版前言

第一章　函数、极限与连续 ······ 1
第一节　函数 ······ 1
第二节　数列的极限 ······ 9
第三节　函数的极限 ······ 14
第四节　无穷小与无穷大 ······ 18
第五节　极限的运算法则 ······ 20
第六节　两个重要极限 ······ 22
第七节　无穷小的比较 ······ 25
第八节　函数的连续与间断 ······ 26
第九节　初等函数的连续性 ······ 30
自测题一 ······ 32

第二章　导数与微分 ······ 34
第一节　导数的概念 ······ 34
第二节　函数的求导法则 ······ 40
第三节　复合函数的求导法则 ······ 44
第四节　高阶导数　隐函数及由参数方程所确定的函数的导数 ······ 47
第五节　函数的微分 ······ 53
*第六节　导数在经济分析中的应用 ······ 59
自测题二 ······ 65

第三章　微分中值定理及导数的应用 ······ 67
第一节　微分中值定理 ······ 67
第二节　洛必达法则 ······ 72
第三节　泰勒公式 ······ 75
第四节　函数单调性的判定 ······ 78
第五节　函数的极值及其求法 ······ 80
第六节　函数的最大值最小值及其应用 ······ 83

第七节　曲线的凸凹性及拐点 ·· 86
　　第八节　曲线的渐近线及函数作图 ··· 88
　　自测题三 ·· 93

第四章　不定积分 ·· 95
　　第一节　不定积分的概念与性质 ··· 95
　　第二节　换元积分法 ··· 101
　　第三节　分部积分法 ··· 110
　　第四节　几种特殊类型函数的积分举例 ·· 113
　　第五节　积分表的使用 ·· 119
　　自测题四 ·· 120

第五章　定积分及其应用 ··· 122
　　第一节　定积分的概念 ·· 122
　　第二节　定积分的性质 ·· 126
　　第三节　微积分学基本定理 ·· 129
　　第四节　定积分的计算 ·· 134
　　第五节　定积分的近似计算 ·· 139
　　第六节　广义积分 ··· 142
　　第七节　定积分在几何学及物理学上的应用 ··· 147
　*第八节　定积分在经济学上的应用 ·· 159
　　自测题五 ·· 162

第六章　微分方程与差分方程 ·· 165
　　第一节　微分方程的基本概念 ·· 165
　　第二节　一阶微分方程 ·· 170
　　第三节　可降阶的二阶微分方程 ··· 179
　　第四节　二阶常系数线性微分方程 ··· 183
　*第五节　差分方程 ··· 191
　　自测题六 ·· 197

第七章　空间解析几何 ··· 199
　　第一节　向量及其线性运算 ·· 199
　　第二节　数量积　向量积 ·· 208
　　第三节　平面及其方程 ·· 212
　　第四节　空间直线及其方程 ·· 215
　　第五节　曲面与曲线 ··· 218
　　自测题七 ·· 225

第八章 多元函数的微分法 ······ 227
- 第一节 二元函数的基本概念 ······ 227
- 第二节 偏导数与全微分 ······ 232
- 第三节 多元复合函数及其微分法 ······ 239
- 第四节 隐函数及其微分法 ······ 242
- 第五节 多元函数的极值 ······ 244
- *第六节 偏导数在经济分析中的应用 ······ 250
- 自测题八 ······ 252

第九章 二重积分 ······ 254
- 第一节 二重积分的概念与性质 ······ 254
- 第二节 二重积分的计算法 ······ 258
- 第三节 二重积分应用举例 ······ 265
- 自测题九 ······ 268

*第十章 无穷级数 ······ 270
- 第一节 常数项级数的概念与性质 ······ 270
- 第二节 常数项级数的审敛法 ······ 276
- 第三节 幂级数 ······ 282
- 第四节 函数展开成幂级数 ······ 287
- *自测题十 ······ 293

答案 ······ 296

附录Ⅰ 极坐标简介 ······ 318

附录Ⅱ 几种常用的曲线 ······ 320

附录Ⅲ 积分表 ······ 323

附录Ⅳ Mathematica 软件在高等数学中的应用 ······ 332

参考文献 ······ 366

第一章 函数、极限与连续

函数是高等数学研究的主要对象. 所谓函数关系就是变量之间的依赖关系. 极限方法则是研究变量的一种基本方法. 本章在学习函数概念的基础上, 着重介绍极限的概念、函数的连续性以及它们的一些性质.

第一节 函 数

一、函数的概念

在观察自然现象或研究技术问题时, 常常发现有几个变量在变化着, 它们并不是孤立的, 而是相互依赖、相互制约的. 变量之间的确定性依赖关系, 就称为**函数关系**.

定义 设 x 和 y 是两个变量, D 是一个给定的数集. 如果存在一个对应法则 f, 对于每个数 $x \in D$, 变量 y 按此法则总有确定的数值和它对应, 则称 y 是 x 的函数, 记作 $y=f(x)$. 数集 D 叫作这个函数的**定义域**, x 叫作**自变量**, y 叫作**因变量**.

当 x 取值 $x_0 \in D$ 时, 与 x_0 对应的 y 的数值称为函数 $y=f(x)$ 在点 x_0 处的函数值, 记作 $f(x_0)$. 当 x 取遍 D 的各个数值时, 对应函数值的全体组成的数集 $w=\{y | y=f(x), x \in D\}$ 称为函数的**值域**.

函数 $y=f(x)$ 中表示对应关系的记号 f 也可改用其他字母, 例如, "φ", "F", 等等. 这时函数就记作 $y=\varphi(x)$, $y=F(x)$, 等等.

如果自变量在定义域内任取一个数值时, 对应的函数值总只有一个, 这种函数叫作**单值函数**, 否则叫作**多值函数**. 例如, 函数 $y=\pm\sqrt{1-x^2}$, $x \in [-1, 1]$ 是多值函数. 今后, 若无特殊说明, 所讨论的函数都是指单值函数. 定义域和对应法则是函数的两个要素. 函数可用表格、图像或解析式表示.

在用解析式表示的函数中, 有时会遇到一个函数要用几个式子表示的情形.

例如, 绝对值函数 $f(x)=|x|=\begin{cases} x, & x \geq 0, \\ -x, & x < 0, \end{cases}$ 其定义域为 $(-\infty, +\infty)$, 值域为 $[0, +\infty)$, 其图形如图 1-1 所示.

又如, 符号函数

$$f(x)=\begin{cases} 1, & x > 0, \\ 0, & x = 0, \\ -1, & x < 0, \end{cases}$$

其定义域为$(-\infty, +\infty)$，值域为$\{-1, 0, 1\}$，其图形如图 1-2 所示．符号函数也可记作$y=\text{sgn}\, x$．

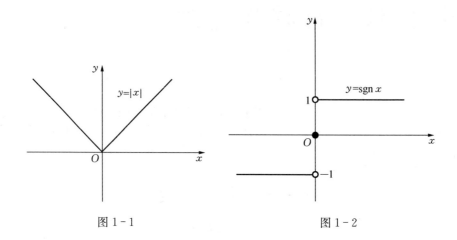

图 1-1 　　　　　　　　　　　图 1-2

这种在定义域内的不同范围用不同式子表示的一个函数，称为**分段函数**．

例 1　已知分段函数

$$y=f(x)=\begin{cases}2\sqrt{x}, & 0\leqslant x\leqslant 1,\\ 1+x, & x>1,\end{cases}$$

试求：(1) 函数的定义域、值域；(2) $f\left(\dfrac{1}{2}\right)$，$f(1)$，$f(3)$；(3) 画出函数的图形．

解　(1) 函数的定义域 $D=[0, +\infty)$，值域为 $[0, +\infty)$；

(2) 因为 $\dfrac{1}{2}\in[0, 1]$，所以 $f\left(\dfrac{1}{2}\right)=2\sqrt{\dfrac{1}{2}}=\sqrt{2}$；

因为 $1\in[0, 1]$，所以 $f(1)=2\sqrt{1}=2$；

因为 $3\in(1, +\infty)$，所以 $f(3)=1+3=4$.

(3) 根据函数定义，在 $[0, 1]$ 上，函数的图形为曲线 $y=2\sqrt{x}$，在 $(1, +\infty)$ 上，函数的图形为直线 $y=1+x$，该函数图形如图 1-3 所示．

例 2　设 x 为任一实数，不超过 x 的最大整数称为 x 的整数部分，记作 $[x]$，例如，

$$\left[\dfrac{5}{7}\right]=0,\ [\sqrt{2}]=1,\ [\pi]=3,$$

$$[-1]=-1,\ [-3.5]=-4.$$

把 x 看成变量，则函数 $y=[x]$ 的定义域 $D=(-\infty, +\infty)$，值域 $w=\mathbf{Z}$，图形为阶梯形曲线，如图 1-4 所示，在 x 为整数值处发生跳跃，跃度为 1，这函数称为取整函数．

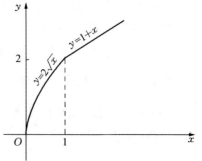

图 1-3

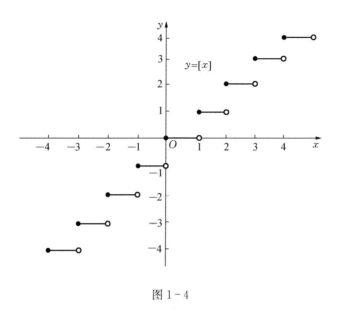

图 1-4

二、函数的几种特性

1. 函数的有界性

设函数 $f(x)$ 的定义域为 D，数集 $A \subset D$. 如果存在正数 M，使得对于一切 $x \in A$，有
$$|f(x)| \leqslant M,$$
则称函数 $f(x)$ 在 A 上**有界**. 如果这样的 M 不存在，则称函数 $f(x)$ 在 A 上**无界**；这就是说，如果对于任何正数 M，总存在 $x_1 \in A$，使 $|f(x_1)| > M$，那么函数 $f(x)$ 在 A 上无界.

例如，函数 $f(x) = \sin x$ 在 $(-\infty, +\infty)$ 内有界，因为存在正数 $M=1$，对于一切 $x \in (-\infty, +\infty)$，有 $|\sin x| \leqslant 1$. 函数 $f(x) = \dfrac{1}{x}$ 在开区间 $(0,1)$ 内无界，因为对于 $(0,1)$ 内的一切 x，能使 $\left|\dfrac{1}{x}\right| \leqslant M$ 成立的 M 是不存在的. $f(x)$ 在 $(1,2)$ 内是有界的，因为可取正数 $M=1$，对于一切 $x \in (1,2)$，都有 $\left|\dfrac{1}{x}\right| \leqslant 1$.

有界函数的图形介于直线 $y=M$ 与 $y=-M$ 之间.

2. 函数的单调性

设函数 $f(x)$ 的定义域为 D，区间 $I \subset D$. 如果对于区间 I 上任意两点 x_1 及 x_2，当 $x_1 < x_2$ 时，恒有
$$f(x_1) < f(x_2),$$
则称函数 $f(x)$ 在区间 I 上是**单调增加**的，区间 I 为函数 $f(x)$ 的**单调增区间**；如果对于区间 I 上任意两点 x_1 及 x_2，当 $x_1 < x_2$ 时，恒有
$$f(x_1) > f(x_2),$$
则称函数 $f(x)$ 在区间 I 上是**单调减少**的，区间 I 为函数 $f(x)$ 的**单调减区间**.

例如，函数 $f(x) = x^2$ 在区间 $[0, +\infty)$ 上单调增加，在区间 $(-\infty, 0)$ 上单调减少，但在区间 $(-\infty, +\infty)$ 内不是单调的.

3. 函数的奇偶性

设函数 $f(x)$ 的定义域 D 关于坐标原点对称(即若 $x \in D$，则必有 $-x \in D$)．如果对于任意 $x \in D$，恒有
$$f(-x) = f(x)$$
成立，则称 $f(x)$ 为**偶函数**．如果对于任意 $x \in D$，恒有
$$f(-x) = -f(x)$$
成立，则称 $f(x)$ 为**奇函数**．

例如，函数 $f(x) = x^2$ 是偶函数，函数 $f(x) = x^3$ 是奇函数．

又如，函数 $f(x) = \sin x$ 是奇函数，函数 $f(x) = \cos x$ 是偶函数，函数 $f(x) = \sin x + \cos x$ 既非奇函数，也非偶函数．

偶函数的图形关于 y 轴对称，奇函数的图形关于坐标原点对称．

4. 函数的周期性

设函数 $f(x)$ 的定义域为 D，如果存在一个正数 T，使得对于任意 $x \in D$，有 $(x \pm T) \in D$，且
$$f(x+T) = f(x)$$
恒成立，则称函数 $f(x)$ 为**周期函数**，T 称为函数 $f(x)$ 的**周期**．通常我们说周期函数的周期是指最小正周期．

例如，函数 $f(x) = \sin x$，$f(x) = \cos x$ 都是以 2π 为周期的周期函数；函数 $f(x) = \tan x$ 是以 π 为周期的周期函数．

以 T 为周期的周期函数，在定义域内每个长度为 T 的区间上，其图形有相同的形状．

三、反函数

对于函数 $y = f(x)$，如果把 y 看作自变量，x 看作因变量，且由 $y = f(x)$ 能够确定一个新的函数 $x = \varphi(y)$，则称这个新的函数为函数 $y = f(x)$ 的**反函数**，可记作 $x = f^{-1}(y)$；相对于反函数 $x = f^{-1}(y)$ 来说，$y = f(x)$ 称为**直接函数**．

函数 $y = f(x)$ 与其反函数 $x = f^{-1}(y)$ 的图形是相同的．但是，习惯上常以 x 表示自变量，y 表示因变量，于是 $x = f^{-1}(y)$ 按习惯表示为 $y = f^{-1}(x)$，因此，函数 $y = f(x)$ 与其反函数 $y = f^{-1}(x)$ 的图形在同一坐标平面上，关于直线 $y = x$ 对称．

单值函数 $y = f(x)$ 的反函数不一定是单值的，例如，函数 $y = x^2$，其定义域为 $(-\infty, +\infty)$，值域为 $[0, +\infty)$，其反函数为 $y = \pm\sqrt{x}$，是多值函数．单调函数的反函数一定存在，且也为单调函数．

四、基本初等函数

幂函数：$y = x^\mu$（μ 是实常数）；

指数函数：$y = a^x$（$a > 0$ 且 $a \neq 1$）；

对数函数：$y = \log_a x$（$a > 0$ 且 $a \neq 1$），当 $a = e$ 时，记作 $y = \ln x$；

三角函数：$y = \sin x$，$y = \cos x$，$y = \tan x$，$y = \cot x$，$y = \sec x$，$y = \csc x$；

反三角函数：$y = \arcsin x$，$y = \arccos x$，$y = \arctan x$，$y = \text{arccot}\, x$.

以上这五类函数统称为**基本初等函数**．对这些函数的定义和性质，在中学数学里已有较

详细的介绍，此处不再赘述．

五、复合函数　初等函数

1. 复合函数

设 y 是 u 的函数 $y=f(u)$，u 又是 x 的函数 $u=\varphi(x)$，且 $u=\varphi(x)$ 的函数值的全部或部分在 $f(u)$ 的定义域内，则通过变量 u，y 就是 x 的函数，记为 $y=f[\varphi(x)]$，并称它为前两个函数的**复合函数**，u 称为**中间变量**．

例如，函数 $y=\arctan u$ 与 $u=x^2$ 可以复合成函数 $y=\arctan(x^2)$，这里 $u=x^2$ 的值域在 $y=\arctan u$ 的定义域内．又例如，$y=\ln u$ 与 $u=\sin x$ 可以复合成函数 $y=\ln\sin x$，这里 $u=\sin x$ 的值域的一部分在 $y=\ln u$ 的定义域内．

必须注意，并不是任何两个函数都可以复合成一个复合函数．例如，$y=\arcsin u$ 及 $u=2+\sqrt{x}$ 就不能复合成一个复合函数，这是因为 u 的值域完全不在 $y=\arcsin u$ 的定义域内．

复合函数也可由两个以上的函数经过复合构成．复合过程中的每个函数都是基本初等函数，或者是由常数及基本初等函数经过有限次四则运算（加、减、乘、除）得到的表达式．

例 3　指出下列函数的复合过程．

(1) $y=\tan^2 x$；　　(2) $y=e^{(x-1)^2}$；　　(3) $y=\ln\{\ln[\ln(x^4+1)]\}$．

解　(1) $y=u^2$，$u=\tan x$，u 为中间变量；

(2) $y=e^u$，$u=v^2$，$v=x-1$，u、v 为中间变量；

(3) $y=\ln u$，$u=\ln v$，$v=\ln w$，$w=x^4+1$，u、v、w 为中间变量．

2. 初等函数

由常数和基本初等函数经过有限次四则运算和有限次的函数复合步骤所构成，并可用一个式子表示的函数，称为**初等函数**．

例如，$y=\sin x+\cos^3 x$，$y=|x|=\sqrt{x^2}$，$y=\dfrac{x+\sqrt{x^2}}{2x}=\begin{cases}1, & x>0, \\ 0, & x<0\end{cases}$ 都是初等函数．

函数 $y=\operatorname{sgn} x$，$y=[x]$，$y=\begin{cases}x+1, & x\leqslant 0, \\ x-1, & x>0\end{cases}$ 都不是初等函数，它们也称为分段初等函数，或非初等函数．

*六、经济学中常用的函数模型

用数学方法解决生命科学及经济学等实际问题时，首先要建立这个问题的函数模型，将实际问题中的各个变量之间的关系用数学表达式表示出来，也就是建立函数关系．然后对函数模型进行综合分析、研究，以达到解决问题的目的．

在经济分析中，常常需要对成本、价格、需求、收益、利润等经济量的关系进行研究．下面介绍一些经济学中常用的函数模型．

1. 需求函数

需求是指在一定的价格条件下，消费者愿意购买并且有支付能力购买的商品量．

消费者对某种商品的需求是由商品自身的价格、消费者的偏好、消费者的收入、信贷的成本和难度、收入分配、其他商品的价格等多种因素决定的，这里只研究需求与价格的关系．

如果用 p 表示商品价格，Q 表示需求量，则
$$Q = Q(p) \quad (p \text{ 为自变量}, Q \text{ 为因变量}).$$

一般说来，商品价格低，需求量就大；商品价格高，需求量就小．因此，需求函数是价格的单调减少函数．

2. 供给函数

供给是指在一定的价格条件下，生产者愿意出售并且有可供出售的商品量．

供给也是由多种因素决定的，这里略去价格以外的其他因素，只研究供给与价格的关系．

如果用 p 表示商品价格，S 表示供给量，则
$$S = S(p) \quad (p \text{ 为自变量}, S \text{ 为因变量}).$$

一般说来，商品价格低，生产者不愿意生产，供给就少；商品价格高，供给就多．因此，供给函数是价格的单调增加函数．

3. 均衡价格

均衡价格是指市场上需求量与供给量相等时的价格，此时的需求量（或供给量）称为**均衡商品量（或均衡数量）**．

例 4 设某商品的需求函数为 $Q=b-ap$ (a、$b>0$)，供给函数为 $S=cp-d$ (c、$d>0$)，求均衡价格 $\bar{p}$ 和均衡商品量 $\bar{Q}$．

解 由 $Q=S$，

即 $b - a\bar{p} = c\bar{p} - d$,

解得均衡价格为
$$\bar{p} = \frac{b+d}{a+c},$$

均衡商品量为
$$\bar{Q} = \frac{bc - ad}{a+c}.$$

4. 成本函数

总成本是指生产一定数量的产品所需的全部经济资源投入（如厂房、设备、劳动力、原材料、能源等）的价格或费用总额．它由固定成本（如厂房、设备等）与可变成本（如原材料、能源等）组成．可见可变成本是产品数量的函数．

平均成本是指生产一定量产品时，平均每单位产品的成本．

若 C 为总成本，C_1 为固定成本，C_2 为可变成本，$\bar{C}$ 为平均成本，q 为产品数量，则有

总成本函数
$$C = C(q) = C_1 + C_2(q),$$

平均成本函数
$$\bar{C} = \bar{C}(q) = \frac{C(q)}{q}.$$

例 5 已知某商品的总成本函数为 $C = 100 + \dfrac{q^2}{4}$，求当 $q=10$ 时的总成本、平均成本．

解 由 $C = 100 + \dfrac{q^2}{4}$，可得

$$\overline{C} = \frac{C(q)}{q} = \frac{100}{q} + \frac{q}{4},$$

于是当 $q = 10$ 时，总成本为

$$C = 100 + \frac{10^2}{4} = 125,$$

平均成本为

$$\overline{C} = \frac{C(10)}{10} = 12.5.$$

5. 收益函数

总收益是消费者售出一定数量商品所得到的全部收入．它是销量与价格的乘积．

平均收益是消费者售出一定数量的商品时，平均每售出一个单位商品的收入，即销售一定数量商品时的单位商品的销售价格．

总收益、平均收益都是售出商品数量的函数．

若 P 为商品价格，q 为商品量，R 为总收益，$\overline{R}$ 为平均收益，则有

$$R = R(q) = q \cdot P(q),$$

$$\overline{R} = \overline{R}(q) = \frac{R(q)}{q} = \frac{q \cdot P(q)}{q} = P(q).$$

例6 设某产品的价格与销售量的关系为 $P = 10 - \dfrac{q}{5}$，求销售量为 30 时的总收益、平均收益．

解 $R(q) = qP(q) = 10q - \dfrac{q^2}{5}$，$R(30) = 120$，

$\overline{R}(q) = P(q) = 10 - \dfrac{q}{5}$，$\overline{R}(30) = 4$.

6. 利润函数

总利润是指生产一定数量的产品的总收益与总成本之差．

若 L 为总收益，$\overline{L}$ 为平均收益，q 为产品数量，则有

$$L = L(q) = R(q) - C(q),$$

$$\overline{L} = \overline{L}(q) = \frac{L(q)}{q}.$$

总利润、平均利润都是产量的函数．

生产产品的总成本总是产量 q 的单调增加函数．但是，对产品的需求量 q 来说，由于受到价格及社会诸多因素的影响往往不总是增加的．对某种商品而言，销售的总收入 $R(q)$，有时增加显著，有时增加很缓慢，可能达到某个定点，继续销售，收入反而下降．因此，利润函数 $L(q)$ 出现了三种情形：

(1) $L(q) = R(q) - C(q) > 0$，有盈余生产，即生产处于有利润状态；

(2) $L(q) = R(q) - C(q) < 0$，亏损生产，即生产处于有亏损状态；

(3) $L(q) = 0$，无盈余生产，我们把无盈余生产时的产量称为无盈亏点(保本点)．

例7 设生产某种商品 x 件时的总成本为 $C(x) = 20 + 2x + 0.5x^2$（万元）．若每售出一件该商品的收入是 20 万元，求：(1) 生产 20 件该商品时的总利润和平均利润；(2) 经济活动

的保本点；(3) 设每年至少销售 40 件产品，为了不亏本，单价应定为多少？

解 由题意知，售出 x 件该商品时的总收入函数为 $R(x)=20x$，则利润函数
$$L(x)=R(x)-C(x)=20x-(20+2x+0.5x^2)=-20+18x-0.5x^2.$$

(1) 当 $x=20$ 时，总利润为
$$L(20)=-20+18\times 20-0.5\times 20^2=140(万元),$$
平均利润为
$$\overline{L}(20)=\frac{L(20)}{20}=7(万元).$$

(2) 令 $L(x)=0$，即 $-20+18x-0.5x^2=0$，解得 $x_1=1.15\approx 1$，$x_2=34.85\approx 35$.

当 $x<1.15$ 或 $x>34.85$ 时，都有 $L(x)<0$，这时生产经营是亏损的；

当 $1.15<x<34.85$ 时，都有 $L(x)>0$，生产经营是盈利的．因此，$x=1$ 件和 $x=35$ 件是盈利的最低产量和最高产量，都可以是无盈亏点．

(3) 设单价定为 P(万元)，销售 40 件的收入应为 $R=40P$(万元).

这时的成本为
$$C(40)=20+2\times 40+0.5\times 40^2=900(万元),$$
利润为
$$L=R(40)-C(40)=40P-900.$$

为使生产经营不亏本，就必须使 $L=40P-900\geqslant 0$，故得 $P\geqslant 22.5$(万元)，所以只有销售单价不低于 22.5 万元时才能不亏本．

习题 1-1

1. 求下列函数的定义域．

(1) $y=\cos\sqrt{x}$；

(2) $y=\arcsin(x-3)$；

(3) $y=\sqrt{3-x}+\arctan\frac{1}{x}$；

(4) $y=\ln(x+1)$；

(5) $y=\log_{(x-1)}(16-x^2)$；

(6) $y=\arcsin\frac{2x-1}{7}+\frac{\sqrt{2x-x^2}}{\ln(2x-1)}$.

2. 判别下列函数的奇偶性．

(1) $y=x-\frac{x^3}{6}+\frac{x^5}{120}$；

(2) $y=x^2+\cos x$；

(3) $y=x-x^2$；

(4) $y=\ln(x+\sqrt{x^2+1})$.

3. 试证下列函数在指定区间上的单调性．

(1) $y=x^2$，$x\in(0,2)$；

(2) $y=\ln x$，$x\in(1,e)$.

4. 求下列函数的周期．

(1) $y=\sin 2x+\cos\frac{x}{2}$；

(2) 对一切实数 x，有 $f\left(\frac{1}{2}+x\right)=\frac{1}{2}+\sqrt{f(x)-f^2(x)}$，求 $f(x)$ 的周期．

5. 下列各函数可以看作是由哪些简单函数复合而成的？

(1) $y=\sqrt{2-x^2}$；

(2) $y=\ln\sqrt{1+x}$；

(3) $y=\sin^2(1+2x)$；

(4) $y=[\arcsin(1-x^2)]^3$；

(5) $y=(x-3)^{10}$；

(6) $y=2^{\tan x}$；

(7) $y=\cos\sqrt{1+2x}$；

(8) $y=e^{x^2}$.

6. 设函数 $f(x)$ 的定义域为 $[0, 1]$，求：

(1) 函数 $f(\ln x)$ 的定义域；(2) 函数 $f(\sin x)$ 的定义域；(3) 函数 $f\left(\dfrac{x-1}{x}\right)$ 的定义域.

7. 设 $f(x-2) = x^2 - 2x + 3$，求 $f(x)$，$f(x+2)$.

8. 设 $f(x) = \dfrac{1}{2}(x + |x|)$，$\varphi(x) = \begin{cases} e^{-x}, & x < 0, \\ x^2, & x \geq 0, \end{cases}$ 求 $f[\varphi(x)]$.

*9. 某厂生产产品 1000 t，每吨定价为 130 元，销售量在 700 t 以内时，按原价出售，超过 700 t 时，超过的部分需按 9 折出售，试求销售总收益与总销售量的函数关系.

*10. 某厂生产的收音机每台可卖 110 元，固定成本 7500 元，可变成本为每台 60 元.

(1) 要卖多少台收音机，厂家才可保本(无盈亏)？

(2) 卖掉 100 台，厂家盈利或亏损了多少？

(3) 要获得 1250 元的利润，需要卖多少台？

*11. 有两家健身俱乐部，第一家每月收会费 300 元，每次健身收费 1 元，另一家每月会费 200 元，每次健身收费 2 元. 若只考虑经济因素，你会选择哪一家？

第二节　数列的极限

高等数学的研究对象是变量．为了很好地掌握变量的变化规律，不仅要考察变量的变化过程，更重要的是要从它的变化过程来判断它的变化趋势，而变量确定的变化趋势就是变量的极限．本节介绍数列极限的概念．

一、数列的概念

按照一定的规则，依次由自然数 $1, 2, \cdots, n, \cdots$ 编号排成的一列数

$$x_1, x_2, \cdots, x_n, \cdots$$

叫作**数列**，记为 $\{x_n\}$. 数列中的每一个数叫作数列的项，第 n 项 x_n 叫作数列的**一般项**或**通项**.

例如，

$$\dfrac{1}{2}, \dfrac{2}{3}, \dfrac{3}{4}, \cdots, \dfrac{n}{n+1}, \cdots; \tag{1}$$

$$\dfrac{1}{2}, \dfrac{1}{4}, \dfrac{1}{8}, \cdots, \dfrac{1}{2^n}, \cdots; \tag{2}$$

$$1, -1, 1, \cdots, (-1)^{n+1}, \cdots; \tag{3}$$

$$3, 9, 27, \cdots, 3^n, \cdots; \tag{4}$$

$$2, \dfrac{1}{2}, \dfrac{4}{3}, \cdots, \dfrac{n+(-1)^{n+1}}{n}, \cdots, \tag{5}$$

都是数列的例子，它们的一般项依次为 $\dfrac{n}{n+1}$，$\dfrac{1}{2^n}$，$(-1)^{n+1}$，3^n，$\dfrac{n+(-1)^{n+1}}{n}$.

在几何上，数列 $\{x_n\}$ 可看作数轴上的一个动点，它依次取数轴上的点 $x_1, x_2, \cdots, x_n, \cdots$（图 1-5）.

数列 $\{x_n\}$ 可看作自变量为正整数 n 的函数：$x_n = f(n)$，它的定义域是全体正整数，当自变量 n 依次取 $1, 2, 3, \cdots$ 等一切正整数时，对应的函数值就排成数

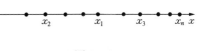

图 1-5

列$\{x_n\}$.

数列有以下性质：

单调性　如果数列$\{x_n\}$满足条件
$$x_1 \leqslant x_2 \leqslant x_3 \leqslant \cdots \leqslant x_n \leqslant x_{n+1} \leqslant \cdots$$
就称数列$\{x_n\}$是**单调增加**的；如果数列$\{x_n\}$满足条件
$$x_1 \geqslant x_2 \geqslant x_3 \geqslant \cdots \geqslant x_n \geqslant x_{n+1} \geqslant \cdots$$
就称数列$\{x_n\}$是**单调减少**的．单调增加和单调减少的数列统称为**单调数列**(这里指的是广义单调)．例如，$\left\{\dfrac{1}{n}\right\}$是一个单调减少数列，而$\{3^n\}$是一个单调增加数列．数列(1)、(2)、(4)都是单调数列．单调数列的点在数轴上只能单方向移动．

有界性　对于数列$\{x_n\}$，如果存在正数M，使得对任意自然数n，都有
$$|x_n| \leqslant M$$
成立，则称数列$\{x_n\}$是**有界**的；如果这样的正数M不存在，就说数列$\{x_n\}$是**无界**的．

例如，数列(1)、(2)、(3)、(5)都是有界数列．有界数列的点在数轴上都落在闭区间$[-M, M]$上．

二、数列的极限

设有数列$\{x_n\}$，如果当n无限增大时，x_n的值无限趋近于一个确定的常数a(记作$x_n \to a$)，我们就称常数a是**数列**$\{x_n\}$**的极限**．例如，数列
$$2, \frac{3}{2}, \frac{4}{3}, \cdots, \frac{n+1}{n}, \cdots$$
的一般项
$$x_n = \frac{n+1}{n} = 1 + \frac{1}{n}$$
当n无限增大时，$\dfrac{1}{n}$无限趋近于零，因而x_n无限趋近于1，就说1是数列$\left\{\dfrac{n+1}{n}\right\}$的极限．

对于数列$\left\{\dfrac{n+1}{n}\right\}$，从数列的变化趋势看，当$n \to \infty$时，$x_n \to 1$，这就意味着，当$n$充分大时，点$x_n$与1可以任意地接近，即$|x_n - 1|$可以任意小．换句话说，只要$n$足够大，$|x_n - 1| = \dfrac{1}{n}$就可以小于预先给定的任意小的正数$\varepsilon$，对此，可由表1-1进行观察．

表1-1

$\varepsilon=$	$\cdots$	0.1	0.01	0.001	0.0001	0.00001	$\cdots$
$n>$	$\cdots$	10	10^2	10^3	10^4	10^5	$\cdots$
$|x_n-1|<$	$\cdots$	0.1	0.01	0.001	0.0001	0.00001	$\cdots$

从表1-1可看出，对于任意给定的正数ε(不论它多么小)，总存在正整数，不妨记作N，当$n>N$时，即数列$\left\{\dfrac{n+1}{n}\right\}$从第$N+1$项开始，后面的一切项：$x_{N+1}, x_{N+2}, \cdots$都能使不等式

$$\left|\frac{n+1}{n}-1\right|<\varepsilon$$

成立. 这就是当 $n\to\infty$ 时，$\frac{n+1}{n}\to 1$ 的实质.

一般地，对于数列 $\{x_n\}$ 来说，有下列定义：

定义 如果对于任意给定的正数 ε（不论它多么小），总存在正整数 N，使得对于 $n>N$ 的一切 x_n，不等式

$$|x_n-a|<\varepsilon$$

都成立，那么就称常数 a 是数列 $\{x_n\}$ 的**极限**，或者称数列 $\{x_n\}$ **收敛**于 a，记作

$$\lim_{n\to\infty}x_n=a,$$

或

$$x_n\to a(n\to\infty).$$

如果数列没有极限，就说数列是**发散**的.

需要注意：上面定义中正数 ε 可以任意给定是很重要的，因为只有这样，不等式 $|x_n-a|<\varepsilon$ 才能表达出 x_n 与 a 无限接近的意思. 此外，定义中的正整数 N 与任意给定的正数 ε 有关，它随着 ε 的给定而选定.

在几何上，数列 $\{x_n\}$ 以 a 为极限，即对于任意给定的正数 ε，相应地必有正整数 N，使得数列 $\{x_n\}$ 中从第 $N+1$ 项起，后面的一切项 x_{N+1}，x_{N+2}，$\cdots$ 的对应点都落在以 a 为中心，长度为 2ε 的开区间内，至多有有限个点在区间之外（图 1-6）.

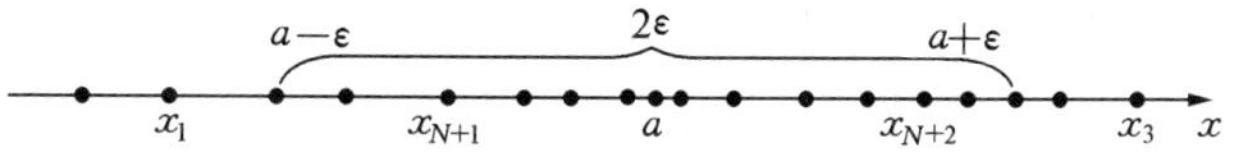

图 1-6

通常，我们将开区间 $(a-\varepsilon, a+\varepsilon)$ 内点的全体称为 a 的 ε **邻域**. 即满足不等式 $|x-a|<\varepsilon$ 的实数 x 的全体，称为 a 的 ε 邻域，记为 $U(a,\varepsilon)$. a 称为**邻域中心**，ε 称为**邻域半径**. 将 a 的 ε 邻域去掉中心 a 后得到的点集称为 a 的**去心 ε 邻域**，记为 $\mathring{U}(a,\varepsilon)$.

上述几何解释也可表示为：数列 $\{x_n\}$ 收敛于 a，就是对于任意给定的正数 ε，总存在正整数 N，从 x_{N+1} 起，后面所有的点都落在 a 的 ε 邻域内.

例 1 证明数列 2，$\frac{1}{2}$，$\frac{4}{3}$，$\frac{3}{4}$，$\cdots$，$\frac{n+(-1)^{n-1}}{n}$，$\cdots$ 的极限是 1.

证 $|x_n-1|=\left|\frac{n+(-1)^{n-1}}{n}-1\right|=\frac{1}{n}$，

为了使 $|x_n-1|$ 小于任意给定的正数 ε，只要

$$\frac{1}{n}<\varepsilon \text{ 或 } n>\frac{1}{\varepsilon}$$

成立. 所以，对于任意给定的正数 ε，取正整数 $N\geq\left[\frac{1}{\varepsilon}\right]$，则当 $n>N$ 时，就有

$$\left|\frac{n+(-1)^{n-1}}{n}-1\right|<\varepsilon,$$

即

$$\lim_{n\to\infty}\frac{n+(-1)^{n-1}}{n}=1.$$

三、收敛数列的性质

定理 1(极限的唯一性) 数列$\{x_n\}$不能收敛于两个不同的极限.

证 用反证法. 假设同时有 $x_n \to a$ 及 $x_n \to b$，且 $a < b$. 取 $\varepsilon = \dfrac{b-a}{2}$. 因为 $\lim\limits_{n\to\infty} x_n = a$，故存在正整数 N_1，使得对于 $n > N_1$ 的一切 x_n，不等式

$$|x_n - a| < \frac{b-a}{2}$$

都成立. 同理，因为 $\lim\limits_{n\to\infty} x_n = b$，故存在正整数 N_2，使得对于 $n > N_2$ 的一切 x_n，不等式

$$|x_n - b| < \frac{b-a}{2}$$

都成立. 取 $N = \max\{N_1, N_2\}$，则当 $n > N$ 时，

$$|x_n - a| < \frac{b-a}{2} \text{ 与 } |x_n - b| < \frac{b-a}{2}$$

同时成立，但由 $|x_n - a| < \dfrac{b-a}{2}$，有 $x_n < \dfrac{a+b}{2}$，由 $|x_n - b| < \dfrac{b-a}{2}$，有 $x_n > \dfrac{a+b}{2}$，这个矛盾证明了本定理的断言.

定理 2(收敛数列的有界性) 如果数列$\{x_n\}$收敛，那么数列$\{x_n\}$一定有界.

证 因为数列$\{x_n\}$收敛，设 $\lim\limits_{n\to\infty} x_n = a$，根据数列极限的定义，对于 $\varepsilon = 1$，存在正整数 N，使得对于 $n > N$ 的一切 x_n，不等式

$$|x_n - a| < 1$$

都成立. 于是，当 $n > N$ 时，

$$|x_n| = |(x_n - a) + a| \leqslant |x_n - a| + |a| < 1 + |a|,$$

取 $M = \max\{|x_1|, |x_2|, \cdots, |x_N|, 1 + |a|\}$，那么数列$\{x_n\}$中的一切 x_n 都满足不等式

$$|x_n| \leqslant M.$$

这就证明了数列$\{x_n\}$是有界的.

该定理的逆不真，即有界数列未必有极限. 例如，数列

$$1, -1, 1, \cdots, (-1)^{n+1}, \cdots$$

有界，但没有极限. 所以数列有界是数列收敛的必要条件，但不是充分条件.

定理 3(收敛数列的保号性) 如果 $\lim\limits_{n\to\infty} x_n = a$，且 $a > 0$(或 $a < 0$)，那么存在正整数 N，当 $n > N$ 时，都有 $x_n > 0$(或 $x_n < 0$).

定理 3 的证明与本章第三节定理 3 的证明类似.

推论 如果数列$\{x_n\}$从某项起有 $x_n \geqslant 0$(或 $x_n \leqslant 0$)，且 $\lim\limits_{n\to\infty} x_n = a$，那么 $a \geqslant 0$(或 $a \leqslant 0$).

由定理 3 容易证得此推论.

定理 4(夹逼性) 如果数列$\{x_n\}$，$\{y_n\}$，$\{z_n\}$满足下列条件：

(1) $y_n \leqslant x_n \leqslant z_n \ (n = 1, 2, 3, \cdots)$；

(2) $\lim\limits_{n\to\infty} y_n = a$，$\lim\limits_{n\to\infty} z_n = a$，

那么数列$\{x_n\}$的极限存在，且 $\lim\limits_{n\to\infty} x_n = a$.

证 因为 $y_n \to a$, $z_n \to a$, 所以根据数列极限的定义, 对于任意给定的正数 ε, 存在正整数 N_1, 当 $n > N_1$ 时, 有 $|y_n - a| < \varepsilon$; 又存在正整数 N_2, 当 $n > N_2$ 时, 有 $|z_n - a| < \varepsilon$. 取 $N = \max\{N_1, N_2\}$, 则当 $n > N$ 时, 有
$$|y_n - a| < \varepsilon, \quad |z_n - a| < \varepsilon$$
同时成立, 即
$$a - \varepsilon < y_n < a + \varepsilon, \quad a - \varepsilon < z_n < a + \varepsilon$$
同时成立. 又因为 $y_n \leqslant x_n \leqslant z_n (n = 1, 2, 3, \cdots)$, 所以当 $n > N$ 时, 有
$$a - \varepsilon < y_n \leqslant x_n \leqslant z_n < a + \varepsilon,$$
即
$$|x_n - a| < \varepsilon$$
成立. 这就证明了 $\lim\limits_{n \to \infty} x_n = a$.

例2 利用夹逼性求下列极限:

(1) $\lim\limits_{n \to \infty} \left[\dfrac{1}{n^2} + \dfrac{1}{(n+1)^2} + \cdots + \dfrac{1}{(2n)^2} \right]$;

(2) $\lim\limits_{n \to \infty} \left(\dfrac{1}{\sqrt{n^2+1}} + \dfrac{1}{\sqrt{n^2+2}} + \cdots + \dfrac{1}{\sqrt{n^2+n}} \right)$.

解 (1) 显然 $\dfrac{n+1}{(2n)^2} < \dfrac{1}{n^2} + \dfrac{1}{(n+1)^2} + \cdots + \dfrac{1}{(2n)^2} < \dfrac{n+1}{n^2}$,

而
$$\lim_{n \to \infty} \dfrac{n+1}{(2n)^2} = \lim_{n \to \infty} \dfrac{n+1}{n^2} = 0,$$

故
$$\lim_{n \to \infty} \left[\dfrac{1}{n^2} + \dfrac{1}{(n+1)^2} + \cdots + \dfrac{1}{(2n)^2} \right] = 0.$$

(2) 因为 $\dfrac{n}{\sqrt{n^2+n}} < \dfrac{1}{\sqrt{n^2+1}} + \cdots + \dfrac{1}{\sqrt{n^2+n}} < \dfrac{n}{\sqrt{n^2+1}}$,

而
$$\lim_{n \to \infty} \dfrac{n}{\sqrt{n^2+n}} = \lim_{n \to \infty} \dfrac{n}{\sqrt{n^2+1}} = 1,$$

故
$$\lim_{n \to \infty} \left(\dfrac{1}{\sqrt{n^2+1}} + \dfrac{1}{\sqrt{n^2+2}} + \cdots + \dfrac{1}{\sqrt{n^2+n}} \right) = 1.$$

习题 1-2

1. 下列各题中, 哪些数列收敛, 哪些数列发散? 对于收敛数列, 通过观察数列 $\{x_n\}$ 的变化趋势, 写出它们的极限:

(1) $\left\{ \dfrac{1}{2^n} \right\}$; (2) $\left\{ (-1)^n \dfrac{1}{n} \right\}$; (3) $\left\{ 2 + \dfrac{1}{n^2} \right\}$;

(4) $\left\{ \dfrac{n-1}{n+1} \right\}$; (5) $\{ n(-1)^n \}$; (6) $\{ 3^n \}$.

2. 利用夹逼性证明:

(1) $\lim\limits_{n \to \infty} \sqrt{1 + \dfrac{1}{n}} = 1$;

(2) $\lim\limits_{n \to \infty} n \left(\dfrac{1}{n^2 + \pi} + \dfrac{1}{n^2 + 2\pi} + \cdots + \dfrac{1}{n^2 + n\pi} \right) = 1$.

第三节 函数的极限

所谓函数极限问题就是研究在自变量的某一变化过程中相应的函数的变化趋势. 主要研究两种情形:

(1) 自变量 x 的绝对值 $|x|$ 无限增大即趋于无穷大(记作 $x \to \infty$)时,对应的函数值 $f(x)$ 的变化情形;

(2) 自变量 x 任意地接近于有限值 x_0 或者说趋于有限值 x_0(记作 $x \to x_0$)时,对应的函数值 $f(x)$ 的变化情形.

一、自变量趋于无穷大时函数的极限

上节讲了数列的极限. 如果把数列看作自变量为 n 的函数 $x_n = f(n)$,那么数列 $x_n = f(n)$ 的极限为 a,就是当自变量 n 取正整数而无限增大(即 $n \to \infty$)时,对应的函数值 $f(n)$ 无限接近于确定的数 a. 因此,数列的极限可看作是自变量趋向无穷大时函数极限的一种特殊情形,将此特殊情形推广,可得自变量趋于无穷大时函数极限的定义.

定义 1 设函数 $f(x)$ 在 $|x| > M$ 时有定义. A 为一常数,如果对于任意给定的无论多么小的正数 ε,总存在正数 X,使得对于适合 $|x| > X$ 的一切 x,所对应的函数值 $f(x)$ 都满足不等式

$$|f(x) - A| < \varepsilon,$$

则常数 A 叫作函数 $f(x)$ 当 $x \to \infty$ 时的**极限**,记作

$$\lim_{x \to \infty} f(x) = A \text{ 或 } f(x) \to A (x \to \infty).$$

如果 $x > 0$ 且无限增大(记作 $x \to +\infty$),那么只要把上面定义中的 $|x| > X$ 改为 $x > X$,就可得 $\lim\limits_{x \to +\infty} f(x) = A$ 的定义. 同样,$x < 0$ 而 $|x|$ 无限增大(记作 $x \to -\infty$),那么只要把 $|x| > X$ 改为 $x < -X$,便得 $\lim\limits_{x \to -\infty} f(x) = A$ 的定义.

从几何上来说,$\lim\limits_{x \to \infty} f(x) = A$ 的意义是:作直线 $y = A - \varepsilon$ 和 $y = A + \varepsilon$,则总有一个正数 X 存在,使得当 $x < -X$ 或 $x > X$ 时,函数 $y = f(x)$ 的图形位于这两条直线之间(图 1-7).

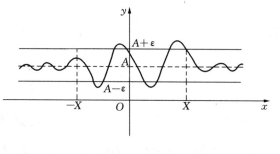

图 1-7

二、自变量趋于有限值时函数的极限

考虑自变量 x 的变化过程为 $x \to x_0$,对应的函数值 $f(x)$ 无限接近于确定的数值 A,则说 A 是函数 $f(x)$ 当 $x \to x_0$ 时的极限. 首先假设函数 $f(x)$ 在点 x_0 的某个去心邻域内是有定义的.

在 $x \to x_0$ 的过程中,对应的函数值 $f(x)$ 无限接近于 A,就是 $|f(x) - A|$ 能任意小. 像数列极限那样,$|f(x) - A|$ 能任意小可以用 $|f(x) - A| < \varepsilon$ 来表达,其中 ε 是任意给定

的正数. 因为函数值 $f(x)$ 无限接近于 A 是在 $x \to x_0$ 的过程中实现的, 所以对于任意给定的正数 ε, 只要求充分接近于 x_0 的 x 所对应的函数值 $f(x)$ 满足不等式 $|f(x)-A|<\varepsilon$; 而充分接近于 x_0 的 x 可表达为 $0<|x-x_0|<\delta$, 其中 δ 是某个正数. 从几何上看, 适合不等式 $0<|x-x_0|<\delta$ 的 x 的全体, 就是点 x_0 的去心邻域, 而邻域半径 δ 则体现了 x 接近 x_0 的程度.

在一般情况下, 有如下定义:

定义 2 设函数 $f(x)$ 在点 x_0 的某一去心邻域内有定义. 如果对于任意给定的正数 ε(不论它多么小), 总存在正数 δ, 使得对于适合不等式 $0<|x-x_0|<\delta$ 的一切 x, 对应的函数值 $f(x)$ 都满足不等式

$$|f(x)-A|<\varepsilon,$$

那么常数 A 就叫作函数 $f(x)$ 当 $x \to x_0$ 时的**极限**, 记作

$$\lim_{x \to x_0} f(x) = A \text{ 或 } f(x) \to A \, (x \to x_0).$$

定义中 $0<|x-x_0|$ 表示 $x \neq x_0$, 所以 $x \to x_0$ 时, $f(x)$ 是否有极限, 与 $f(x)$ 在点 x_0 是否有定义并无关系.

$\lim\limits_{x \to x_0} f(x)$ 的几何意义是: 对于任意给定的正数 ε, 作直线 $y=A+\varepsilon$ 和 $y=A-\varepsilon$, 得一带形区域, 不论这带形区域多么窄, 总存在着 x_0 的 δ 邻域(x_0 除外), 当 x 落在此邻域内($x \neq x_0$)时, 对应的函数图形都在这个带形区域之内(图1-8).

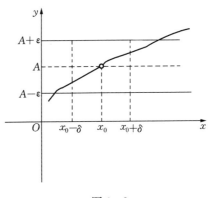

图1-8

例 1 证明 $\lim\limits_{x \to x_0} c = c$, 此处 c 为一常数.

证 这里 $|f(x)-A|=|c-c|=0$.

因此对于任意给定的正数 ε, 可任取一正数 δ, 当 $0<|x-x_0|<\delta$ 时, 能使不等式

$$|f(x)-A|=|c-c|=0<\varepsilon$$

成立, 所以

$$\lim_{x \to x_0} c = c.$$

例 2 证明 $\lim\limits_{x \to 1} \dfrac{x^2-1}{x-1} = 2$.

证 $\left|\dfrac{x^2-1}{x-1}-2\right|=|x-1|$.

对于任意给定的正数 ε, 欲使 $\left|\dfrac{x^2-1}{x-1}-2\right|<\varepsilon$, 只要 $|x-1|<\varepsilon$, 取 $\delta=\varepsilon$, 则当 $0<|x-1|<\delta$ 时, 就有不等式 $\left|\dfrac{x^2-1}{x-1}-2\right|<\varepsilon$ 成立, 所以, 有 $\lim\limits_{x \to 1} \dfrac{x^2-1}{x-1} = 2$.

三、左极限与右极限

在上述 $x \to x_0$ 时 $f(x)$ 的极限概念中, x 是从 x_0 的左右两侧趋近于 x_0 的. 如果 $x<x_0$ 而趋近于 x_0(记作 $x \to x_0^-$)时, $f(x) \to A$, 则称常数 A 是函数 $f(x)$ 当 $x \to x_0$ 时的**左极限**, 记作 $\lim\limits_{x \to x_0^-} f(x) = A$ 或 $f(x_0^-) = A$. 如果 $x>x_0$ 而趋近于 x_0(记作 $x \to x_0^+$)时, $f(x) \to A$, 则称

常数 A 是函数 $f(x)$ 当 $x \to x_0$ 时的**右极限**，记作 $\lim\limits_{x \to x_0^+} f(x) = A$ 或 $f(x_0^+) = A$.

容易证明，当且仅当 $\lim\limits_{x \to x_0^-} f(x) = \lim\limits_{x \to x_0^+} f(x) = A$ 时，才有 $\lim\limits_{x \to x_0} f(x) = A$.

例如，考察函数

$$f(x) = \begin{cases} x^2, & x < 1, \\ \dfrac{1}{2}, & x = 1, \\ x - 1, & x > 1 \end{cases}$$

当 $x \to 1$ 时极限是否存在.

如图 1-9 所示，因

$$\lim_{x \to 1^-} f(x) = \lim_{x \to 1^-} x^2 = 1,$$
$$\lim_{x \to 1^+} f(x) = \lim_{x \to 1^+} (x-1) = 0,$$

有 $\lim\limits_{x \to 1^-} f(x) \neq \lim\limits_{x \to 1^+} f(x)$，故 $\lim\limits_{x \to 1} f(x)$ 不存在.

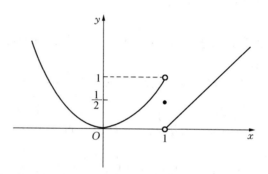

图 1-9

例 3 实践告诉我们从大气（或水）中清除其中大部分的污染成分所需要的费用相对来说是不太贵的，然而，若要进一步清除那些剩余的污染物，则会使费用大增. 设清除费用 $C(x)$ 与清除污染成分的 x（单位：%）之间的函数模型为（费用 C：用元计）：

$$C(x) = \frac{7300x}{100 - x},$$

试求：(1) $\lim\limits_{x \to 80} C(x)$；(2) $\lim\limits_{x \to 100^-} C(x)$；(3) 能否 100% 地清除污染？

解 (1) $\lim\limits_{x \to 80} C(x) = C(80) = \dfrac{7300 \times 80}{100 - 80} = 29200$；

(2) $\lim\limits_{x \to 100^-} C(x) = \lim\limits_{x \to 100^-} \dfrac{7300x}{100 - x} = +\infty$；

(3) 由(2)知，不能 100% 地清除污染.

四、函数极限的性质

定理 1（极限的唯一性） 如果 $\lim\limits_{x \to x_0} f(x)$ 存在，那么这极限唯一.

定理 2（极限的局部有界性） 如果 $\lim\limits_{x \to x_0} f(x) = A$，那么存在常数 $M > 0$ 和 $\delta > 0$，当 $0 < |x - x_0| < \delta$ 时，有 $|f(x)| \leqslant M$.

证 因为 $\lim\limits_{x \to x_0} f(x) = A$，所以取 $\varepsilon = 1$，则存在 $\delta > 0$，当 $0 < |x - x_0| < \delta$ 时，有 $|f(x) - A| < 1 \Rightarrow |f(x)| \leqslant |f(x) - A| + |A| < |A| + 1$，记 $M = |A| + 1$，定理得证.

定理 3（极限的局部保号性） 如果 $\lim\limits_{x \to x_0} f(x) = A$，且 $A > 0$（或 $A < 0$），则存在 x_0 的某一去心邻域，当 x 在该邻域内时，有 $f(x) > 0$（或 $f(x) < 0$）.

证 因为 $\lim\limits_{x \to x_0} f(x) = A$，且 $A > 0$，则对于任给 $\varepsilon > 0$，总存在 $\delta > 0$，当 $0 < |x - x_0| < \delta$

时，不等式 $|f(x)-A|<\varepsilon$ 成立，即
$$A-\varepsilon<f(x)<A+\varepsilon.$$
取 $\varepsilon=\dfrac{A}{2}>0$，则有 $f(x)>A-\varepsilon=\dfrac{A}{2}>0$，所以 $f(x)>0$.

同理可证 $A<0$ 的情形．

推论 如果在 x_0 的某一去心邻域内有 $f(x)\geqslant 0$（或 $f(x)\leqslant 0$），且 $\lim\limits_{x\to x_0}f(x)=A$，则 $A\geqslant 0$（或 $A\leqslant 0$）．

由定理 3 容易证得此结论．

定理 4（夹逼性） 设在 x_0 的某一去心邻域内，有 $g(x)\leqslant f(x)\leqslant \varphi(x)$，且 $\lim\limits_{x\to x_0}g(x)=A$ 与 $\lim\limits_{x\to x_0}\varphi(x)=A$ 同时成立，则 $\lim\limits_{x\to x_0}f(x)$ 存在，且 $\lim\limits_{x\to x_0}f(x)=A$.

定理 4 的证明与本章第二节定理 4 的证明类似．

习题 1-3

1. 对图 1-10 所示的函数 $f(x)$，求下列极限，如极限不存在，说明理由．
   (1) $\lim\limits_{x\to -2}f(x)$；   (2) $\lim\limits_{x\to -1}f(x)$；   (3) $\lim\limits_{x\to 0}f(x)$．

2. 对图 1-11 所示的函数 $f(x)$，下列叙述中哪些是对的，哪些是错的？

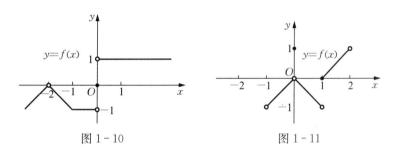

图 1-10   图 1-11

(1) $\lim\limits_{x\to 0}f(x)$ 不存在；   (2) $\lim\limits_{x\to 0}f(x)=0$；   (3) $\lim\limits_{x\to 0}f(x)=1$；
(4) $\lim\limits_{x\to 1}f(x)=0$；   (5) $\lim\limits_{x\to 1}f(x)$ 不存在；
(6) 对每个 $x_0\in(-1,1)$，$\lim\limits_{x\to x_0}f(x)$ 存在．

3. 对图 1-12 所示的函数，下列叙述中哪些是对的，哪些是错的？
(1) $\lim\limits_{x\to -1^+}f(x)=1$；   (2) $\lim\limits_{x\to -1^-}f(x)$ 不存在；
(3) $\lim\limits_{x\to 0}f(x)=0$；   (4) $\lim\limits_{x\to 0}f(x)=1$；
(5) $\lim\limits_{x\to 1^-}f(x)=1$；   (6) $\lim\limits_{x\to 1^+}f(x)=0$；
(7) $\lim\limits_{x\to 2^-}f(x)=0$；   (8) $\lim\limits_{x\to 2}f(x)=0$.

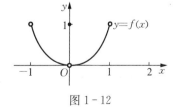

图 1-12

4. 求函数 $f(x)=\begin{cases}x^2+1, & x<0,\\ x, & x\geqslant 0\end{cases}$ 在 $x=0$ 处的左、右极限，说明 $f(x)$ 在这点的极限是否存在？并作出它的图形．

5. 下列极限存在吗？若存在，求出其数值；若不存在，说明理由．
(1) $\lim\limits_{x\to 0}\dfrac{x}{x}$；   (2) $\lim\limits_{x\to 0}\dfrac{|x|}{x}$．

第四节 无穷小与无穷大

一、无穷小

简单地说,以零为极限的变量称为**无穷小量**,简称**无穷小**.

1. 无穷小的定义

定义 1 设函数 $f(x)$ 在 x_0 的某一去心邻域内有定义(或 $|x|$ 大于某一正数时有定义). 如果对于任意给定的正数 ε(不论它多么小),总存在正数 δ(或正数 X),使得对于适合不等式 $0<|x-x_0|<\delta$(或 $|x|>X$)的一切 x,对应的函数值 $f(x)$ 都满足不等式
$$|f(x)|<\varepsilon,$$
那么称函数 $f(x)$ 当 $x \to x_0$(或 $x \to \infty$)时为**无穷小**,记作
$$\lim_{x \to x_0} f(x) = 0 \quad (\text{或} \lim_{x \to \infty} f(x) = 0).$$

例如,$\lim\limits_{x \to 1} x - 1 = 0$,所以 $(x-1)$ 当 $x \to 1$ 时为无穷小.

$\lim\limits_{x \to \infty} \dfrac{1}{x} = 0$,所以 $\dfrac{1}{x}$ 当 $x \to \infty$ 时为无穷小.

无穷小是一个变量,而不是一个绝对值很小的数. 只有唯一的一个常数例外,这就是零,零是一个特殊的无穷小量,因为 $\lim\limits_{\substack{x \to x_0 \\ (x \to \infty)}} 0 = 0$. 并且无穷小还必须与自变量的某一变化过程相联系(如 $x \to x_0$ 或 $x \to \infty$),否则是不确切的.

2. 无穷小的性质

性质 1 有限个无穷小的代数和是无穷小.

性质 2 有界函数与无穷小的乘积是无穷小.

仅证性质 2.

证 设函数 $f(x)$ 在 x_0 的去心 δ_1 邻域内有界,即存在正数 M,使得 x 在 x_0 的这个邻域内有 $|f(x)|<M$. 又设 α 是当 $x \to x_0$ 时的无穷小,则对于任给的 $\varepsilon>0$,总存在 $\delta_2>0$,当 $0<|x-x_0|<\delta_2$ 时有
$$|\alpha|<\frac{\varepsilon}{M},$$
于是当 $0<|x-x_0|<\delta(\delta=\min\{\delta_1,\delta_2\})$ 时,有
$$|f(x) \cdot \alpha| = |\alpha| \, |f(x)| < M \cdot \frac{\varepsilon}{M} = \varepsilon.$$
这就证明了当 $x \to x_0$ 时,$f(x)$ 与 α 的乘积是无穷小.

例如,$\lim\limits_{x \to 0} x\cos\dfrac{1}{x} = 0$,因为 $\lim\limits_{x \to 0} x = 0$,而 $\cos\dfrac{1}{x}$ 为有界函数.

推论 1 常数与无穷小的乘积是无穷小.

推论 2 有限个无穷小的乘积是无穷小.

3. 无穷小与函数极限的关系

定理 1 在自变量的同一变化过程中,具有极限的函数等于它的极限与一个无穷小之和;反之,如果函数可以表示为常数与一个无穷小之和,则该常数就是函数的极限.

证 下面就 $x \to x_0$ 的情况给出证明.

设 $\lim\limits_{x \to x_0} f(x) = A$，则对于任给的 $\varepsilon > 0$，存在 $\delta > 0$，使 $0 < |x - x_0| < \delta$ 时，有 $|f(x) - A| < \varepsilon$. 记 $\alpha = f(x) - A$，有 $|\alpha| < \varepsilon$，即 $\lim\limits_{x \to x_0} \alpha = 0$，即 $\alpha = f(x) - A$ 是 $x \to x_0$ 时的无穷小，于是有
$$f(x) = A + \alpha,$$
即 $f(x)$ 等于它的极限 A 与一个无穷小之和．

反之，设 $f(x) = A + \alpha$，其中 A 是常数，α 是 $x \to x_0$ 时的无穷小，于是 $|f(x) - A| = |\alpha|$．由于 α 是 $x \to x_0$ 时的无穷小，故对于任给 $\varepsilon > 0$，存在 $\delta > 0$，使当 $0 < |x - x_0| < \delta$ 时，有 $|\alpha| < \varepsilon$ 成立，即
$$|f(x) - A| < \varepsilon.$$
这就证明了常数 A 是函数 $f(x)$ 当 $x \to x_0$ 时的极限．

二、无穷大

当 $x \to x_0$（或 $x \to \infty$）时，如果函数值的绝对值 $|f(x)|$ 无限地增大，则称函数 $f(x)$ 当 $x \to x_0$（或 $x \to \infty$）时为**无穷大量**，简称**无穷大**，记为
$$\lim_{x \to x_0} f(x) = \infty \quad (\text{或} \lim_{x \to \infty} f(x) = \infty).$$

定义 2 设函数 $f(x)$ 在 x_0 的某一去心邻域内有定义（或 $|x|$ 大于某一正数时有定义）．如果对于任意给定的正数 M（不论它多么大），总存在正数 δ（或正数 X），使得对于适合不等式 $0 < |x - x_0| < \delta$（或 $|x| > X$）的一切 x，对应的函数值 $f(x)$ 总满足不等式
$$|f(x)| > M,$$
则称函数 $f(x)$ 当 $x \to x_0$（或 $x \to \infty$）时为**无穷大**．

如果在无穷大的定义中，把 $|f(x)| > M$ 换成 $f(x) > M$（或 $f(x) < -M$），就记作
$$\lim_{\substack{x \to x_0 \\ (x \to \infty)}} f(x) = +\infty \quad (\text{或} \lim_{\substack{x \to x_0 \\ (x \to \infty)}} f(x) = -\infty).$$

无穷大是一个变量，而不是一个很大的数，无穷大是一类没有通常意义下的极限变量，但为了便于表达函数的这一"绝对值无限增大"的性态，习惯上也说："函数的极限是无穷大"，因此，采用了极限的记号．

例如，当 $x \to 1$ 时，$f(x) = \dfrac{1}{x-1}$ 是无穷大，而 $g(x) = \dfrac{1}{(x-1)^2}$ 是正无穷大，$h(x) = -\dfrac{1}{(x-1)^2}$ 是负无穷大．

无穷小与无穷大之间有如下关系：

定理 2 如果当 $x \to x_0$（或 $x \to \infty$）时，$f(x)$ 为无穷大，则 $\dfrac{1}{f(x)}$ 为无穷小；反之，当 $f(x)$ 为无穷小，且 $f(x) \neq 0$ 时，则 $\dfrac{1}{f(x)}$ 为无穷大．

证 设 $\lim\limits_{x \to x_0} f(x) = \infty$，任意给定正数 ε，由无穷大的定义，对于正数 $M = \dfrac{1}{\varepsilon}$，总存在正数 δ，当 $0 < |x - x_0| < \delta$ 时，有
$$|f(x)| > M = \frac{1}{\varepsilon}, \quad \text{即} \left| \frac{1}{f(x)} \right| < \varepsilon,$$

所以 $\dfrac{1}{f(x)}$ 当 $x \to x_0$ 时是无穷小.

设 $\lim\limits_{x \to x_0} f(x) = 0$，且 $f(x) \neq 0$，任意给定正数 M，由无穷小的定义，对于正数 $\varepsilon = \dfrac{1}{M}$，总存在正数 δ，当 $0 < |x - x_0| < \delta$ 时，就有 $|f(x)| < \varepsilon = \dfrac{1}{M}$，即 $\left|\dfrac{1}{f(x)}\right| > M$，所以 $\dfrac{1}{f(x)}$ 当 $x \to x_0$ 时是无穷大.

类似可证 $x \to \infty$ 时的情形.

例如，当 $x \to 1$ 时，$f(x) = x - 1$ 是无穷小，则当 $x - 1 \neq 0$ 时，$\dfrac{1}{f(x)} = \dfrac{1}{x-1}$ 是当 $x \to 1$ 时的无穷大.

习题 1-4

1. 两个无穷小的商是否一定是无穷小？举例说明之.
2. 求下列极限并说明理由.

(1) $\lim\limits_{x \to \infty} \dfrac{2x+1}{x}$；

(2) $\lim\limits_{x \to 0} \dfrac{1-x^2}{1-x}$.

第五节　极限的运算法则

本节介绍极限的四则运算法则，这些法则对于函数的极限与数列的极限都成立. 为叙述方便，我们用 "$\lim$" 代表 "$\lim\limits_{x \to x_0}$" 或 "$\lim\limits_{x \to \infty}$".

设 $\lim f(x)$ 及 $\lim g(x)$ 都存在，则有

法则 1　$\lim[f(x) \pm g(x)] = \lim f(x) \pm \lim g(x)$.

法则 2　$\lim[f(x) \cdot g(x)] = \lim f(x) \cdot \lim g(x)$.

法则 3　$\lim \dfrac{f(x)}{g(x)} = \dfrac{\lim f(x)}{\lim g(x)}$　$(\lim g(x) \neq 0)$.

推论 1　$\lim[cf(x)] = c\lim f(x)$.

推论 2　$\lim[f(x)]^n = [\lim f(x)]^n$　（c 为常数，n 为正整数）.

证明从略.

法则 1 和法则 2 可推广到有限个函数的和与积的情形.

例 1　求 $\lim\limits_{x \to 1}(2x+1)$.

解　$\lim\limits_{x \to 1}(2x+1) = \lim\limits_{x \to 1} 2x + \lim\limits_{x \to 1} 1 = 2\lim\limits_{x \to 1} x + 1 = 2 \times 1 + 1 = 3$.

例 2　求 $\lim\limits_{x \to -1} \dfrac{2x^2+x-4}{3x^2+2}$.

解　因为 $\lim\limits_{x \to -1}(3x^2+2) = 3 + 2 = 5 \neq 0$，所以

$$\lim_{x \to -1} \dfrac{2x^2+x-4}{3x^2+2} = \dfrac{\lim\limits_{x \to -1} 2x^2+x-4}{\lim\limits_{x \to -1} 3x^2+2} = \dfrac{2-1-4}{3+2} = -\dfrac{3}{5}.$$

一般地，设多项式

$$P(x) = a_n x^n + a_{n-1} x^{n-1} + \cdots + a_1 x + a_0,$$

则
$$\lim_{x \to x_0} P(x) = \lim_{x \to x_0}(a_n x^n + a_{n-1} x^{n-1} + \cdots + a_1 x + a_0)$$
$$= a_n (\lim_{x \to x_0} x)^n + a_{n-1}(\lim_{x \to x_0} x)^{n-1} + \cdots + a_0$$
$$= a_n x_0^n + a_{n-1} x_0^{n-1} + \cdots + a_0$$
$$= P(x_0).$$

对有理分式函数 $f(x) = \dfrac{P(x)}{Q(x)}$，其中 $P(x)$，$Q(x)$ 为多项式. $\lim\limits_{x \to x_0} \dfrac{P(x)}{Q(x)}$ 的求法有两种情形：

(1) 如果 $Q(x_0) \neq 0$，则
$$\lim_{x \to x_0} f(x) = \frac{\lim\limits_{x \to x_0} P(x)}{\lim\limits_{x \to x_0} Q(x)} = \frac{P(x_0)}{Q(x_0)} = f(x_0).$$

(2) 如果 $Q(x_0) = 0$，商的极限法则不能直接应用. 若此时 $P(x_0) \neq 0$，则因 $\dfrac{1}{f(x)} = \dfrac{Q(x)}{P(x)}$，当 $x \to x_0$ 时，极限为 $\dfrac{Q(x_0)}{P(x_0)} = 0$，故 $\lim\limits_{x \to x_0} f(x) = \lim\limits_{x \to x_0} \dfrac{P(x)}{Q(x)} = \infty$；若 $P(x_0) = 0$，则 $\dfrac{P(x)}{Q(x)}$ 可约去公因式 $(x - x_0)$，再用上述方法求极限.

例 3 求 $\lim\limits_{x \to 3} \dfrac{x-3}{x^2 - 9}$.

解 当 $x \to 3$ 时，分子、分母的极限都是零，约去分子、分母的公因子 $x - 3$，所以
$$\lim_{x \to 3} \frac{x - 3}{x^2 - 9} = \lim_{x \to 3} \frac{1}{x + 3} = \frac{1}{6}.$$

例 4 求 $\lim\limits_{x \to 2} \dfrac{x+1}{x^2 - 4}$.

解 $\lim\limits_{x \to 2}(x^2 - 4) = 0$，$\lim\limits_{x \to 2}(x + 1) = 3 \neq 0$，

由于 $\lim\limits_{x \to 2} \dfrac{x^2 - 4}{x + 1} = 0$，根据无穷小的倒数是无穷大，得
$$\lim_{x \to 2} \frac{x + 1}{x^2 - 4} = \infty.$$

例 5 $\lim\limits_{x \to 1}\left(\dfrac{1}{1 - x} - \dfrac{3}{1 - x^3}\right)$.

解 当 $x \to 1$ 时，上式两项均为无穷大，不能使用极限运算法则. 先通分，再求极限，则得
$$\lim_{x \to 1}\left(\frac{1}{1-x} - \frac{3}{1-x^3}\right) = \lim_{x \to 1} \frac{(1 + x + x^2) - 3}{(1-x)(1 + x + x^2)} = \lim_{x \to 1} \frac{x^2 + x - 2}{(1-x)(1 + x + x^2)}$$
$$= \lim_{x \to 1} \frac{-(1-x)(x+2)}{(1-x)(1 + x + x^2)} = \lim_{x \to 1} \frac{-(x+2)}{1 + x + x^2} = -1.$$

例 6 求 $\lim\limits_{x \to \infty} \dfrac{3x^2 - 2x - 1}{2x^3 - x^2 + 5}$.

解 先用 x^3 除分母和分子，然后求极限，得

$$\lim_{x\to\infty}\frac{3x^2-2x-1}{2x^3-x^2+5}=\lim_{x\to\infty}\frac{\frac{3}{x}-\frac{2}{x^2}-\frac{1}{x^3}}{2-\frac{1}{x}+\frac{5}{x^3}}=\frac{0}{2}=0.$$

一般地，当 $a_0\neq 0$，$b_0\neq 0$，m 和 n 为非负整数时，有

$$\lim_{x\to\infty}\frac{a_0 x^m+a_1 x^{m-1}+\cdots+a_m}{b_0 x^n+b_1 x^{n-1}+\cdots+b_n}=\begin{cases}\dfrac{a_0}{b_0}, & \text{当 } n=m \text{ 时,}\\ 0, & \text{当 } n>m \text{ 时,}\\ \infty, & \text{当 } n<m \text{ 时.}\end{cases}$$

习题 1-5

1. 计算下列极限.

(1) $\lim\limits_{x\to 1}\dfrac{x^2+1}{x^3+1}$；

(2) $\lim\limits_{x\to 4}\dfrac{x^2-6x+8}{x^2-3x-4}$；

(3) $\lim\limits_{x\to\infty}\dfrac{x^2+x}{x^2-3x+1}$；

(4) $\lim\limits_{x\to\infty}\left(3+\dfrac{2}{x}-\dfrac{1}{x^2}\right)$；

(5) $\lim\limits_{x\to -1}\dfrac{-x}{1+x}$；

(6) $\lim\limits_{x\to\infty}\dfrac{2x^2-5x-3}{x^3+1}$；

(7) $\lim\limits_{x\to\infty}\dfrac{x^5+3x^2-1}{x^2-2x}$；

(8) $\lim\limits_{x\to\infty}\dfrac{(2x-3)^{20}(3x+2)^{30}}{(5x+1)^{50}}$；

(9) $\lim\limits_{n\to\infty}\dfrac{2^{n+1}+3^{n+1}}{2^n+3^n}$；

(10) $\lim\limits_{x\to 1}\dfrac{x^2-3x+2}{x^2-4x+3}$；

(11) $\lim\limits_{a\to 0}\dfrac{(x+a)^3-x^3}{a}$；

(12) $\lim\limits_{n\to\infty}\dfrac{(n+1)(n+2)(n+3)}{n^3}$；

(13) $\lim\limits_{x\to 1}\left(\dfrac{2}{x^2-1}-\dfrac{1}{x-1}\right)$；

(14) $\lim\limits_{x\to 0^-}\left(\dfrac{|x|}{x}\cdot\dfrac{1}{1+x^2}\right)$.

2. 设 $f(x)=\dfrac{4x^2+3}{x-1}+ax+b$，若已知

(1) $\lim\limits_{x\to\infty}f(x)=0$；　　(2) $\lim\limits_{x\to\infty}f(x)=2$；　　(3) $\lim\limits_{x\to\infty}f(x)=\infty$，

分别求这三种情况下的 a 和 b 的值.

第六节　两个重要极限

一、$\lim\limits_{x\to 0}\dfrac{\sin x}{x}=1$

函数 $\dfrac{\sin x}{x}$ 在一切 $x\neq 0$ 处都有定义. 作一个单位圆（图 1-13），不妨设 $0<x<\dfrac{\pi}{2}$. 在单位圆上取圆心角 $\angle AOB=x$（弧度），于是有 $BC=\sin x$，$\overset{\frown}{AB}=x$，$AD=\tan x$，显然有

$$\triangle AOB \text{ 的面积}<\text{圆扇形 } AOB \text{ 的面积}<\triangle AOD \text{ 的面积},$$

即

$$\frac{1}{2}\sin x<\frac{1}{2}x<\frac{1}{2}\tan x,$$

$$\sin x<x<\tan x,$$

或

$$\cos x<\frac{\sin x}{x}<1. \tag{1}$$

这一关系是当 $0<x<\dfrac{\pi}{2}$ 时得到的，但因当 x 用 $-x$ 代替时，$\cos x$ 与 $\dfrac{\sin x}{x}$ 都不变号，所以对于 $-\dfrac{\pi}{2}<x<0$，结论也成立.

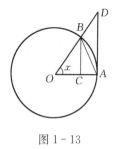

图 1-13

下面来证 $\lim\limits_{x\to 0}\cos x=1$.

由不等式(1)可以看到不等式 $|\sin x|\leqslant |x|$ 对任何 x 总是成立的.

$$|\cos x-1|=1-\cos x=2\sin^2\dfrac{x}{2}<2\left(\dfrac{x}{2}\right)^2=\dfrac{x^2}{2},$$

$$0<1-\cos x<\dfrac{x^2}{2}.$$

当 $x\to 0$ 时，$\dfrac{x^2}{2}\to 0$，由极限的夹逼性，

$$\lim_{x\to 0}(1-\cos x)=0,$$

即

$$\lim_{x\to 0}\cos x=1.$$

由于 $\lim\limits_{x\to 0}1=1$，$\lim\limits_{x\to 0}\cos x=1$，所以由不等式(1)及极限的夹逼性，得

$$\lim_{x\to 0}\dfrac{\sin x}{x}=1.$$

二、$\lim\limits_{x\to\infty}\left(1+\dfrac{1}{x}\right)^x=\mathrm{e}$

定理 单调有界数列必有极限．

对该定理不作证明，其几何解释是：单调数列的点 x_n 在数轴上只能单方向移动，这只有两种情形，一种是点 x_n 沿数轴向右（或向左）移向无穷远，另一种情形是，点 x_n 无限趋近于某一定点，即趋于一个极限 A，由于数列 x_n 有界，有界数列的点全都落在闭区间 $[-M,M]$ 内，因而上述第一种情形不可能发生，只能出现第二种情形．故单调有界数列必有极限 (图 1-14).

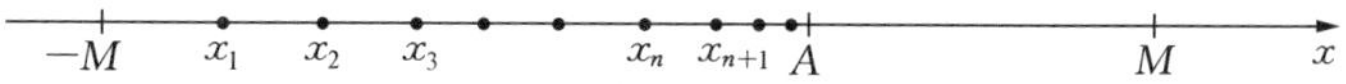

$$\begin{array}{c|ccccccccc|c}\hline -M & x_1 & x_2 & x_3 & & x_n & x_{n+1} & A & & M & x \\\hline\end{array}$$

图 1-14

下面来证明 $\lim\limits_{x\to\infty}\left(1+\dfrac{1}{x}\right)^x=\mathrm{e}$，这里只证 x 取正整数 n 趋于 $+\infty$ 的情形．

证 设 $x_n=\left(1+\dfrac{1}{n}\right)^n$ (n 为正整数)，由二项式公式

$$\begin{aligned}x_n&=\left(1+\dfrac{1}{n}\right)^n\\ &=1+\dfrac{n}{1!}\cdot\dfrac{1}{n}+\dfrac{n(n-1)}{2!}\cdot\left(\dfrac{1}{n}\right)^2+\cdots+\dfrac{n(n-1)\cdots(n-n+1)}{n!}\left(\dfrac{1}{n}\right)^n\\ &=1+1+\dfrac{1}{2!}\left(1-\dfrac{1}{n}\right)+\cdots+\dfrac{1}{n!}\left(1-\dfrac{1}{n}\right)\left(1-\dfrac{2}{n}\right)\cdots\left(1-\dfrac{n-1}{n}\right).\end{aligned}$$

同样

$$x_{n+1}=1+1+\frac{1}{2!}\left(1-\frac{1}{n+1}\right)+\cdots+\frac{1}{n!}\left(1-\frac{1}{n+1}\right)\left(1-\frac{2}{n+1}\right)\cdots\left(1-\frac{n-1}{n+1}\right)+$$
$$\frac{1}{(n+1)!}\left(1-\frac{1}{n+1}\right)\left(1-\frac{2}{n+1}\right)\cdots\left(1-\frac{n}{n+1}\right).$$

两式比较知 $x_n \leqslant x_{n+1}(n=1, 2, \cdots)$，这说明数列 x_n 是单调增加的. 将 x_n 展开式中的 $\frac{i}{n}(i=1, 2, \cdots, n-1)$ 都换作 0，有

$$0 < x_n < 1+1+\frac{1}{2!}+\frac{1}{3!}+\cdots+\frac{1}{n!} < 2+\frac{1}{2}+\frac{1}{2^2}+\cdots+\frac{1}{2^{n-1}}$$
$$=2+\frac{\frac{1}{2}\left(1-\frac{1}{2^{n-1}}\right)}{1-\frac{1}{2}}=3-\frac{1}{2^{n-1}}<3,$$

即数列 x_n 有界. 由前面定理知，$\lim\limits_{n\to\infty}\left(1+\frac{1}{n}\right)^n$ 必存在，通常记作 e，即

$$\lim_{n\to\infty}\left(1+\frac{1}{n}\right)^n=\mathrm{e}.$$

可以证明，当 x 取实数而趋于 $+\infty$ 或 $-\infty$ 时，函数 $\left(1+\frac{1}{x}\right)^x$ 的极限都存在且都等于 e，因此

$$\lim_{x\to\infty}\left(1+\frac{1}{x}\right)^x=\mathrm{e}.$$

这个数 e 是无理数，它的值是 $\mathrm{e}=2.718281828459045\cdots$，它是自然对数的底.

若令 $z=\frac{1}{x}$，则当 $x\to\infty$ 时，$z\to 0$，故有

$$\lim_{z\to 0}(1+z)^{\frac{1}{z}}=\mathrm{e}.$$

例 1 求 $\lim\limits_{x\to\infty}\left(1-\frac{1}{x}\right)^x$.

解 $\lim\limits_{x\to\infty}\left(1-\frac{1}{x}\right)^x=\lim\limits_{x\to\infty}\left[\left(1-\frac{1}{x}\right)^{(-x)}\right]^{(-1)}=\mathrm{e}^{-1}=\frac{1}{\mathrm{e}}.$

例 2 求 $\lim\limits_{x\to 0}\frac{1-\cos x}{x^2}$.

解 $\lim\limits_{x\to 0}\frac{1-\cos x}{x^2}=\lim\limits_{x\to 0}\frac{2\sin^2\frac{x}{2}}{x^2}=\lim\limits_{x\to 0}\frac{1}{2}\left(\frac{\sin\frac{x}{2}}{\frac{x}{2}}\right)^2=\frac{1}{2}\times 1^2=\frac{1}{2}.$

例 3 求 $\lim\limits_{x\to\infty}\left(\frac{x}{1+x}\right)^{x-3}$.

解 $\lim\limits_{x\to\infty}\left(\frac{x}{1+x}\right)^{x-3}=\lim\limits_{x\to\infty}\left(1-\frac{1}{1+x}\right)^{x-3}=\lim\limits_{x\to\infty}\left(1-\frac{1}{1+x}\right)^{-(1+x)(-1)-4}$
$$=\lim_{x\to\infty}\left[\left(1-\frac{1}{1+x}\right)^{-(1+x)}\right]^{-1}\cdot\lim_{x\to\infty}\left(1-\frac{1}{1+x}\right)^{-4}$$
$$=\mathrm{e}^{-1}\cdot 1=\mathrm{e}^{-1}=\frac{1}{\mathrm{e}}.$$

例 4 设细菌原来的个数为 Q，每天生长的百分率为 r，于是经过一天，细菌的个数就

变为 $y=Q+Qr=Q(1+r)$，经过两天，细菌的个数将变为 $y=Q(1+r)+Q(1+r)r=Q(1+r)^2$，…，经过 x 天时，细菌的个数就变为 $y=Q(1+r)^x$. 如果细菌的繁殖从更短的时间 $\frac{1}{m}$ 天计算，则经过 x 天，细菌繁殖的个数为

$$y = Q\left(1+\frac{r}{m}\right)^{mx}.$$

实际上，细菌繁殖是不断进行的，应从瞬时来计算，即令 $m\to\infty\left(\frac{1}{m}\to 0\right)$，则

$$y = Q\lim_{m\to\infty}\left(1+\frac{r}{m}\right)^{mx} = Q\lim_{m\to\infty}\left(1+\frac{r}{m}\right)^{\frac{m}{r}rx} = Q\mathrm{e}^{rx},$$

于是得 x 天中细菌繁殖的个数为

$$y=Q\mathrm{e}^{rx}.$$

习题 1-6

1. 计算下列极限.

(1) $\lim\limits_{x\to 0}\dfrac{\sin 2x}{\sin 5x}$；

(2) $\lim\limits_{x\to\infty}\left(1-\dfrac{1}{x}\right)^x$；

(3) $\lim\limits_{x\to\infty}\left(\dfrac{1+x}{x}\right)^{2x}$；

(4) $\lim\limits_{x\to\infty}\left(1-\dfrac{1}{x}\right)^{kx}$（$k$ 为正整数）；

(5) $\lim\limits_{x\to a}\dfrac{\sin x-\sin a}{x-a}$；

(6) $\lim\limits_{x\to 0}\dfrac{\arctan x}{x}$.

2. 已知 $\lim\limits_{x\to\infty}\left(\dfrac{x-m}{x+m}\right)^x=2$，求常数 m.

第七节　无穷小的比较

两个无穷小之商不一定再是无穷小. 例如，当 $x\to 0$ 时，x，$2x$，x^2，$\sin x$ 都是无穷小. 而 $\lim\limits_{x\to 0}\dfrac{x^2}{x}=0$；$\lim\limits_{x\to 0}\dfrac{x}{x^2}=\infty$；$\lim\limits_{x\to 0}\dfrac{2x}{x}=2$；$\lim\limits_{x\to 0}\dfrac{\sin x}{x}=1$.

在一般情况下，给出无穷小比较的概念.

定义　设 $\alpha=\alpha(x)$ 和 $\beta=\beta(x)$ 都是在自变量的同一变化过程中（$x\to x_0$ 或 $x\to\infty$）的无穷小：

(1) 如果 $\lim\dfrac{\beta}{\alpha}=0$，则称 β 是比 α **高阶的无穷小**，记作 $\beta=o(\alpha)$.

(2) 如果 $\lim\dfrac{\beta}{\alpha}=\infty$，则称 β 是比 α **低阶的无穷小**.

(3) 如果 $\lim\dfrac{\beta}{\alpha}=c\neq 0$（$c$ 为常数），则称 β 与 α 是**同阶无穷小**.

特别地，如果 $c=1$，即 $\lim\dfrac{\beta}{\alpha}=1$，则称 β 与 α 是**等价无穷小**，记作 $\alpha\sim\beta$.

由定义可知，当 $x\to 0$ 时，x^2 是比 x 高阶的无穷小，即 $x^2=o(x)$；而 x 是比 x^2 低阶的无穷小；$2x$ 与 x 是同阶无穷小；$\sin x$ 与 x 是等价无穷小，即 $\sin x\sim x$.

在一些实际问题中，往往把高阶无穷小忽略不计.

定理 设 $\alpha \sim \alpha'$，$\beta \sim \beta'$，且 $\lim \dfrac{\beta'}{\alpha'}$ 存在，则 $\lim \dfrac{\beta}{\alpha} = \lim \dfrac{\beta'}{\alpha'}$.

证 $\lim \dfrac{\beta}{\alpha} = \lim \left(\dfrac{\beta}{\beta'} \cdot \dfrac{\beta'}{\alpha'} \cdot \dfrac{\alpha'}{\alpha} \right) = \lim \dfrac{\beta}{\beta'} \cdot \lim \dfrac{\beta'}{\alpha'} \cdot \lim \dfrac{\alpha'}{\alpha} = \lim \dfrac{\beta'}{\alpha'}$.

这定理表明在求极限时，分子、分母的无穷小因子可用等价无穷小代替，使计算简化.

例 1 求 $\lim\limits_{x \to 0} \dfrac{\tan 2x}{\sin 5x}$.

解 因为当 $x \to 0$ 时，$\tan 2x \sim 2x$，$\sin 5x \sim 5x$，故

$$\lim_{x \to 0} \dfrac{\tan 2x}{\sin 5x} = \lim_{x \to 0} \dfrac{2x}{5x} = \dfrac{2}{5}.$$

例 2 求 $\lim\limits_{x \to 0} \dfrac{\sin x}{x^3 + 3x}$.

解 当 $x \to 0$ 时，$\sin x \sim x$，所以

$$\lim_{x \to 0} \dfrac{\sin x}{x^3 + 3x} = \lim_{x \to 0} \dfrac{x}{x(x^2 + 3)} = \lim_{x \to 0} \dfrac{1}{x^2 + 3} = \dfrac{1}{3}.$$

习题 1-7

1. 利用等价无穷小的性质，求下列极限.

(1) $\lim\limits_{x \to 0} \dfrac{\tan 3x}{2x}$；

(2) $\lim\limits_{x \to 0} \dfrac{\sin(x^n)}{(\sin x)^m}$ (n、m 为正整数)；

(3) $\lim\limits_{x \to 0} \dfrac{\tan x - \sin x}{\sin^3 x}$；

(4) $\lim\limits_{x \to 0} \dfrac{\sin ax + x^2}{\tan bx}$ ($b \neq 0$).

2. 当 $x \to 0$ 时，两个无穷小 $(1 - \cos x)^2$ 与 $\sin^2 x$ 哪一个是高阶的无穷小？

第八节 函数的连续与间断

函数的连续性是函数的重要性态之一，是许多客观自然现象某种共同特性的反映，如有机体的连续生长、流体的连续流动、气温的连续变化等，反映在数学上，就是函数的连续性.

一、函数的连续性

从直观上看，连续函数 $y = f(x)$ 的图形是一条连续不间断的曲线(图 1-15)，它的特点是，当自变量 x 的变化很小时，函数 $f(x)$ 的对应值的变化也很小.

1. 函数的增量(改变量)

设函数 $y = f(x)$ 在点 x_0 的某邻域内有定义，当自变量在该邻域内从 x_0 变到 x 时，对应的函数从 $f(x_0)$ 变到 $f(x)$，我们把 $f(x) - f(x_0)$ 称为函数的增量，而 $x - x_0$ 称为自变量的增量，记作

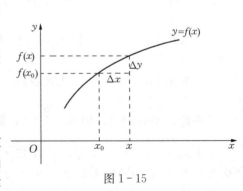

图 1-15

Δx，即
$$\Delta x = x - x_0,$$
由此，$x = x_0 + \Delta x$，所以 Δy 又可表示为
$$\Delta y = f(x_0 + \Delta x) - f(x_0).$$

2. 函数连续的定义

定义 1 设函数 $y = f(x)$ 在 x_0 的某邻域内有定义，如果
$$\lim_{\Delta x \to 0} \Delta y = 0,$$
则称函数 $y = f(x)$ 在点 x_0 处**连续**，x_0 称为函数 $f(x)$ 的**连续点**.

在定义中，由于 $\Delta x = x - x_0$，因此，当 $\Delta x \to 0$ 时，$x \to x_0$，而 $\Delta y = f(x) - f(x_0)$，所以 $\lim_{\Delta x \to 0} \Delta y = 0$，即
$$\lim_{x \to x_0} [f(x) - f(x_0)] = 0,$$
或
$$\lim_{x \to x_0} f(x) = f(x_0).$$

从而函数 $y = f(x)$ 在点 x_0 连续的定义又可叙述为

定义 2 设函数 $y = f(x)$ 在点 x_0 的某邻域内有定义，且
$$\lim_{x \to x_0} f(x) = f(x_0),$$
则称函数 $f(x)$ 在点 x_0 处**连续**.

上述定义也可用"$\varepsilon - \delta$"语言表达如下：

定义 3 设函数 $y = f(x)$ 在点 x_0 的某一邻域内有定义，如果对于任意给定的正数 ε，总存在着正数 δ，使得对于适合不等式 $|x - x_0| < \delta$ 的一切 x，对应的函数值 $f(x)$ 都满足不等式
$$|f(x) - f(x_0)| < \varepsilon,$$
则称函数 $f(x)$ 在点 x_0 处**连续**.

3. 左连续和右连续

如果 $\lim_{x \to x_0^-} f(x) = f(x_0)$，则称 $f(x)$ 在点 x_0 处**左连续**；如果 $\lim_{x \to x_0^+} f(x) = f(x_0)$，则称函数 $f(x)$ 在 x_0 处**右连续**.

一般地，如果函数 $f(x)$ 在开区间 (a, b) 内任一点连续，就说函数 $f(x)$ 在开区间 (a, b) 内连续，并称 (a, b) 是函数 $f(x)$ 的连续区间. 如果函数 $f(x)$ 在区间 (a, b) 内连续，且在 a 点右连续，在 b 点左连续，则称函数 $f(x)$ 在闭区间 $[a, b]$ 上连续.

连续函数的图形是一条连续而不间断的曲线.

若 $f(x)$ 是有理整式函数，则对于任意的实数 x_0，都有 $\lim_{x \to x_0} f(x) = f(x_0)$，因此有理整函数在区间 $(-\infty, +\infty)$ 内是连续的. 对于有理分式函数 $F(x) = \dfrac{P(x)}{Q(x)}$，只要 $Q(x_0) \neq 0$，就有 $\lim_{x \to x_0} F(x) = F(x_0)$，因此有理分式函数在其定义域内的每一点也是连续的.

例 1 证明 $y = \sin x$ 在 $(-\infty, +\infty)$ 内任一点连续.

证 设 x 是区间 $(-\infty, +\infty)$ 内任意取定的一点. 当 x 有增量 Δx 时，对应的函数的增

量为
$$\Delta y = \sin(x+\Delta x) - \sin x,$$
$$\sin(x+\Delta x) - \sin x = 2\sin\frac{\Delta x}{2}\cos\left(x+\frac{\Delta x}{2}\right),$$

注意到
$$\left|\cos\left(x+\frac{\Delta x}{2}\right)\right| \leqslant 1,$$

则得
$$|\Delta y| = |\sin(x+\Delta x) - \sin x| \leqslant 2\left|\sin\frac{\Delta x}{2}\right|.$$

对于任意的角度 α，当 $\alpha \neq 0$ 时，有 $|\sin\alpha| < |\alpha|$，所以
$$0 \leqslant |\Delta y| = |\sin(x+\Delta x) - \sin x| < |\Delta x|.$$

因此，当 $\Delta x \to 0$ 时，由夹逼性得 $|\Delta y| \to 0$，这就证明了 $y = \sin x$ 对于任意一个 $x \in (-\infty, +\infty)$ 是连续的．

类似地可以证明，函数 $y = \cos x$ 在区间 $(-\infty, +\infty)$ 内是连续的．

二、函数的间断点

设函数 $f(x)$ 在点 x_0 的某去心邻域内有定义．在此前提下，如果函数 $f(x)$ 有下列三种情形之一：

(1) 在 $x = x_0$ 没有定义；
(2) 虽在 $x = x_0$ 有定义，但 $\lim\limits_{x \to x_0} f(x)$ 不存在；
(3) 虽在 $x = x_0$ 有定义，且 $\lim\limits_{x \to x_0} f(x)$ 存在，但 $\lim\limits_{x \to x_0} f(x) \neq f(x_0)$，

则函数 $f(x)$ 在点 x_0 不连续，而点 x_0 称为函数 $f(x)$ 的**不连续点**或**间断点**．

间断点的类型：通常分成两类，第一类间断点和第二类间断点．如果 x_0 是函数 $f(x)$ 的间断点，但左极限 $f(x_0^-)$ 及右极限 $f(x_0^+)$ 都存在，则称 x_0 是函数 $f(x)$ 的**第一类间断点**．不是第一类间断点的任何间断点，称为**第二类间断点**．

在第一类间断点中，左、右极限相等者称为**可去间断点**，不相等者称为**跳跃间断点**．

在第二类间断点中，若 $f(x_0^-)$ 与 $f(x_0^+)$ 之中至少有一个为 ∞，则 $x = x_0$ 称为**无穷间断点**．若当 $x \to x_0$ 时，函数值 $f(x)$ 在某个区间内无限次振荡，则称 $x = x_0$ 为函数 $f(x)$ 的**振荡间断点**．

例 2 指出函数
$$f(x) = \begin{cases} x-1, & x<0, \\ 0, & x=0, \\ x+1, & x>0 \end{cases}$$

的间断点及其类型．

解 在 $x = 0$ 处，
$$\lim_{x \to 0^-} f(x) = \lim_{x \to 0^-} (x-1) = -1,$$
$$\lim_{x \to 0^+} f(x) = \lim_{x \to 0^+} (x+1) = 1,$$

左极限与右极限都存在，但不相等，故 $\lim\limits_{x \to 0} f(x)$ 不存在，所以 $x = 0$ 是函数 $f(x)$ 的第一类间

断点. $x=0$ 也称为 $f(x)$ 的跳跃间断点.

例 3 指出函数
$$f(x)=\begin{cases} x, & x\neq 1, \\ \dfrac{1}{5}, & x=1 \end{cases}$$
的间断点及其类型.

解 在 $x=1$ 处，$\lim\limits_{x\to 1}f(x)=\lim\limits_{x\to 1}x=1$，但 $f(1)=\dfrac{1}{5}$，所以
$$\lim_{x\to 1}f(x)\neq f(1).$$
因此，$x=1$ 是函数 $f(x)$ 的第一类间断点. 但如果改变函数 $f(x)$ 在 $x=1$ 处的定义：令 $f(1)=1$，则 $f(x)$ 在点 $x=1$ 处连续. 所以，$x=1$ 也称为函数 $f(x)$ 的可去间断点.

例 4 指出函数
$$f(x)=\frac{x}{(x-1)^2}$$
的间断点及其类型.

解 函数 $f(x)$ 在 $x=1$ 处没有定义，因此 $x=1$ 是函数的间断点，且
$$\lim_{x\to 1}f(x)=\lim_{x\to 1}\frac{x}{(x-1)^2}=\infty,$$
所以 $\lim\limits_{x\to 1^+}f(x)$ 与 $\lim\limits_{x\to 1^-}f(x)$ 都不存在，$x=1$ 是函数 $f(x)$ 的第二类间断点. 称 $x=1$ 是函数 $\dfrac{x}{(x-1)^2}$ 的无穷间断点.

例 5 指出函数 $f(x)=\sin\dfrac{1}{x}$ 的间断点及其类型.

解 函数 $f(x)$ 在 $x=0$ 处没有定义，所以 $x=0$ 是函数的间断点. 因为 $\lim\limits_{x\to 0^-}\sin\dfrac{1}{x}$ 与 $\lim\limits_{x\to 0^+}\sin\dfrac{1}{x}$ 均不存在，所以 $x=0$ 是函数 $f(x)$ 的第二类间断点.

又当 $x\to 0$ 时，函数值在 -1 与 1 之间变动无限多次，所以点 $x=0$ 称为函数 $\sin\dfrac{1}{x}$ 的振荡间断点.

习题 1-8

1. 求下列函数的间断点，并判断其类型.

(1) $f(x)=\dfrac{x}{\tan x}$;

(2) $f(x)=\dfrac{2^{\frac{1}{x}}-1}{2^{\frac{1}{x}}+1}$;

(3) $f(x)=\begin{cases} \cos\dfrac{\pi}{2}x, & |x|\leqslant 1, \\ |x-1|, & |x|>1. \end{cases}$

2. 判断函数 $f(x)=\begin{cases} x^2-1, & -1\leqslant x<0, \\ x, & 0\leqslant x<1, \\ 2-x, & 1\leqslant x\leqslant 2 \end{cases}$，的间断点及其类型.

第九节　初等函数的连续性

一、初等函数的连续性

由函数在某点连续的定义和极限的四则运算法则，立刻可得出下列定理．

定理 1（连续函数的运算）　设 $f(x)$，$g(x)$ 都在点 x_0 处连续，则 $f(x) \pm g(x)$，$f(x) \cdot g(x)$ 与 $\dfrac{f(x)}{g(x)}(g(x_0) \neq 0)$ 都在点 x_0 处连续（证明从略）．

例如，因 $\tan x = \dfrac{\sin x}{\cos x}$，$\cot x = \dfrac{\cos x}{\sin x}$，而 $\sin x$ 和 $\cos x$ 都在区间 $(-\infty, +\infty)$ 内连续，故由定理 1 知，$\tan x$ 和 $\cot x$ 在它们的定义域内是连续的．

定理 2（反函数的连续性）　单调连续函数的反函数在其对应区间上也是单调连续的（证明从略）．

例如，由定理 2 可知，$\arcsin x$，$\arccos x$，$\arctan x$，$\operatorname{arccot} x$ 在其定义域内都是连续的．

定理 3（复合函数的连续性）　设函数 $u = \varphi(x)$ 在点 $x = x_0$ 连续，且 $\varphi(x_0) = u_0$，又函数 $y = f(u)$ 在点 $u = u_0$ 连续，则复合函数 $y = f[\varphi(x)]$ 在点 $x = x_0$ 也是连续的．

对该定理解释如下：$\lim\limits_{x \to x_0} \varphi(x) = \varphi(x_0)$，$\lim\limits_{u \to u_0} f(u) = f(u_0)$，且 $u_0 = \varphi(x_0)$，则
$$\lim_{x \to x_0} f[\varphi(x)] = f[\varphi(x_0)],$$
即
$$\lim_{x \to x_0} f[\varphi(x)] = f[\lim_{x \to x_0} \varphi(x)].$$

因此，在求连续的复合函数的极限时，极限符号可与函数符号交换．

综合起来得到：基本初等函数在它们的定义域内都是连续的．

再根据定理 1 及定理 3 就有关于如下初等函数连续性的定理．

定理 4　一切初等函数在其定义区间内都是连续的．

由此可知，如果 $f(x)$ 是初等函数，且 x_0 是其定义区间内的一点，则 $\lim\limits_{x \to x_0} f(x) = f(x_0)$，从而为我们提供了一个求连续函数极限的方法．

例 1　求下列函数的极限．

(1) $\lim\limits_{x \to -1} \dfrac{x^3+1}{x^2+1}$；　　(2) $\lim\limits_{x \to 0} \dfrac{\sqrt{1+x^2}-1}{x}$；　　(3) $\lim\limits_{x \to 0} \dfrac{\log_a(1+x)}{x}$．

解　(1) $\lim\limits_{x \to -1} \dfrac{x^3+1}{x^2+1} = \dfrac{(-1)^3+1}{(-1)^2+1} = 0$，$x = -1$ 是定义域内的点．

(2) $\lim\limits_{x \to 0} \dfrac{\sqrt{1+x^2}-1}{x} = \lim\limits_{x \to 0} \dfrac{x^2}{x(\sqrt{1+x^2}+1)} = \lim\limits_{x \to 0} \dfrac{x}{\sqrt{1+x^2}+1} = 0.$

(3) $\lim\limits_{x \to 0} \dfrac{\log_a(1+x)}{x} = \lim\limits_{x \to 0} \log_a(1+x)^{\frac{1}{x}} = \log_a e = \dfrac{1}{\ln a}$．

二、闭区间上连续函数的性质

定理 5（最大最小值定理）　闭区间上的连续函数必有最大值与最小值（证明从略）．

这就是说，如果函数 $f(x)$ 在闭区间 $[a, b]$ 上连续，则至少有一点 $\xi_1 \in [a, b]$，使 $f(\xi_1)$

是 $f(x)$ 在 $[a,b]$ 上的最大值；又至少有一点 $\xi_2 \in [a,b]$，使 $f(\xi_2)$ 是 $f(x)$ 在 $[a,b]$ 上的最小值（图 1-16）.

定理 6（有界性定理） 在闭区间上连续的函数一定在该区间上有界.

证 设函数 $f(x)$ 在闭区间 $[a,b]$ 上连续. 由定理 5，存在 $f(x)$ 在区间 $[a,b]$ 上的最大值 M 及最小值 m，使任一 $x \in [a,b]$ 满足
$$m \leqslant f(x) \leqslant M.$$
上式表明，$f(x)$ 在 $[a,b]$ 上有上界 M 和下界 m，因此函数 $f(x)$ 在 $[a,b]$ 上有界.

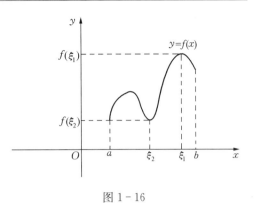

图 1-16

定理 7（介值定理） 如果函数 $f(x)$ 在闭区间 $[a,b]$ 上连续，M 和 m 分别是 $f(x)$ 在 $[a,b]$ 上的最大值和最小值，则对于满足条件 $m \leqslant \mu \leqslant M$ 的任何实数 μ，在闭区间 $[a,b]$ 上至少存在一点 ξ，使得
$$f(\xi) = \mu.$$

几何上，闭区间 $[a,b]$ 上的连续曲线弧 $y=f(x)$ 与直线 $y=\mu(m \leqslant \mu \leqslant M)$ 至少相交一次（图 1-17）.

推论（零点定理） 如果函数 $f(x)$ 在闭区间 $[a,b]$ 上连续，$f(a)$ 与 $f(b)$ 异号，则在开区间 (a,b) 内至少存在一点 ξ，使得
$$f(\xi) = 0.$$

从几何上看，推论表示：如果曲线弧 $y=f(x)$ 的两个端点位于 x 轴的不同侧，则这段曲线弧与 x 轴至少有一个交点（图 1-18）.

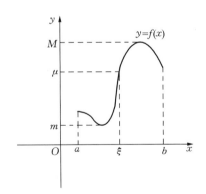

图 1-17

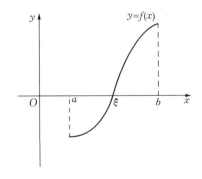

图 1-18

例 2 证明方程 $x^3 - 4x^2 + 1 = 0$ 在开区间 $(0,1)$ 内至少有一个根.

证 $f(x) = x^3 - 4x^2 + 1$ 在闭区间 $[0,1]$ 上连续，又
$$f(0) = 1 > 0, \quad f(1) = -2 < 0,$$
根据零点定理，在 $(0,1)$ 内至少存在一点 ξ，使得
$$f(\xi) = 0,$$
即
$$\xi^3 - 4\xi^2 + 1 = 0 \quad (0 < \xi < 1).$$

这等式说明方程 $x^3-4x^2+1=0$ 在开区间 $(0,1)$ 内至少有一个根 ξ.

习题 1-9

1. 求下列极限.

   (1) $\lim\limits_{x\to 0}\dfrac{3}{\sqrt{2x+1}}$;

   (2) $\lim\limits_{x\to 1}\dfrac{\cos\pi x+\mathrm{e}^x}{x+1}$;

   (3) $\lim\limits_{x\to 0}\dfrac{\ln(1+x)}{x}$;

   (4) $\lim\limits_{x\to 0}\dfrac{a^x-1}{x}$;

   (5) $\lim\limits_{x\to\infty}\left(\cos\dfrac{1}{x}+\sin\dfrac{1}{x}\right)^x$;

   (6) $\lim\limits_{x\to\infty}\left(\dfrac{x-a}{x+a}\right)^x$.

2. 设 $f(x)=\begin{cases}\dfrac{\sin x}{x}, & x<0, \\ a, & x=0, \\ x\sin\dfrac{1}{x}+b, & x>0,\end{cases}$ 当 a,b 为何值时，$f(x)$ 在 $x=0$ 处连续?

3. 设 $a>0, b>0$, 试证方程 $x=a\sin x+b$ 至少有一个正根，且不大于 $a+b$.

自 测 题 一

一、填空题

1. $\lim\limits_{x\to\infty}\left(\dfrac{1+x}{x}\right)^{ax}=$ _____;

2. $\lim\limits_{n\to\infty}\left(\dfrac{1}{n^2+n+1}+\dfrac{2}{n^2+n+2}+\cdots+\dfrac{n}{n^2+n+n}\right)=$ _____;

3. 已知函数 $f(x)=\begin{cases}1, & |x|\leqslant 1, \\ 0, & |x|>1,\end{cases}$ 则 $f[f(x)]=$ _____;

4. $\lim\limits_{n\to\infty}(\sqrt{n+3\sqrt{n}}-\sqrt{n-\sqrt{n}})=$ _____;

5. 若 $\lim\limits_{x\to 1}\dfrac{x^2+2x-a}{x^2-1}=2$, 则 $a=$ _____;

6. $\lim\limits_{n\to\infty}\dfrac{n^{1990}}{n^k-(n-1)^k}=A(\neq 0,\neq\infty)$, 则 $A=$ _____, $k=$ _____.

二、选择题

1. 设函数 $f(x)=x\cdot\tan x\cdot\mathrm{e}^{\sin x}$, 则 $f(x)$ 是( ).

   (A) 偶函数;   (B) 无界函数;   (C) 周期函数;   (D) 单调函数.

2. 当 $x\to 1$ 时，函数 $\dfrac{x^2-1}{x-1}\mathrm{e}^{\frac{1}{x-1}}$ 的极限是( ).

   (A) 2;   (B) 0;   (C) ∞;   (D) 不存在.

3. 设 $\lim\limits_{x\to\infty}\dfrac{(x+1)^{95}(ax+1)^5}{(x^2+1)^{50}}=8$, 则 a 的值为( ).

   (A) 1;   (B) 2;   (C) $\sqrt[5]{8}$;   (D) 均不对.

4. 设 $\lim\limits_{x\to\infty}\dfrac{(x-1)(x-2)(x-3)(x-4)(x-5)}{(3x-2)^\alpha}=\beta(\beta\neq 0)$, 则 α,β 的值分别为( ).

(A) 1，$\dfrac{1}{3}$；   (B) 5，$\dfrac{1}{3}$；   (C) 5，$\dfrac{1}{3^5}$；   (D) 均不对．

5. 设 $f(x)=2^x+3^x-2$，则当 $x\to 0$ 时，( )．
(A) $f(x)$ 是 x 的等价无穷小；   (B) $f(x)$ 与 x 是同阶但非等价无穷小；
(C) $f(x)$ 是比 x 低阶的无穷小；   (D) $f(x)$ 是比 x 高阶的无穷小．

三、求下列极限

1. $\lim\limits_{x\to+\infty}(x+e^x)^{\frac{1}{x}}$；

2. $\lim\limits_{x\to 0}(2\sin x+\cos x)^{\frac{1}{x}}$；

3. $\lim\limits_{x\to a}\dfrac{e^x-e^a}{x-a}$；

4. $\lim\limits_{n\to\infty}\dfrac{1-e^{-nx}}{1+e^{-nx}}$；

5. $\lim\limits_{n\to\infty}\left\{\left(x+\dfrac{a}{n}\right)+\left(x+\dfrac{2a}{n}\right)+\cdots+\left[x+\dfrac{(n-1)}{n}a\right]\right\}\cdot\dfrac{1}{n}$；

6. 已知 $\lim\limits_{x\to\infty}\left(\dfrac{x^2+1}{x+1}-ax+b\right)=3$，求常数 a、b．

7. 设 $\lim\limits_{x\to 1}f(x)$ 存在，$f(x)=3x^2+2x\lim\limits_{x\to 1}f(x)$，求 $f(x)$．

四、设 $f(x)=\begin{cases}\dfrac{2}{x^2}(1-\cos x), & x<0, \\ 1, & x=0, \\ \cos x^2, & x>0,\end{cases}$ 试讨论 $f(x)$ 在 $x=0$ 处的连续性．

五、求下列函数的间断点，并判别类型．

1. $f(x)=\dfrac{x^2-x}{|x|(x^2-1)}$；

2. $f(x)=\lim\limits_{n\to\infty}\dfrac{1-x^{2n}}{1+x^{2n}}\cdot x$．

*六、某公司生产糖果，每天生产 x kg 的成本为 $C(x)=15x+400$(元)，$C(0)=400$ 元为固定成本．(1) 若糖果的售价为 16 元/kg，问每天应销售多少千克才能保本？(2) 若糖果的售价提高为 18 元/kg，问其保本点是多少？(3) 若每天至少能够销售 60 kg，问每千克定价多少才能保证不亏本？

第二章 导数与微分

导数与微分是微积分的重要组成部分,在自然科学及经济学中经常用到,其中导数反映的是函数相对于自变量变化快慢的程度. 本章的主要内容是介绍导数与微分的概念及其计算方法.

第一节 导数的概念

一、导数的定义

导数的思想最初是由法国数学家费马(Fermat)为解决极大、极小问题而引入的,但导数作为微积分最主要的概念,却是英国数学家牛顿(Newton)和德国数学家莱布尼茨(Leibniz)分别在研究力学和几何学的过程中建立的.

下面我们以速度问题为背景引入导数的概念. 已知自由落体的运动方程为

$$s = \frac{1}{2}gt^2, \ t \in [0, T],$$

试讨论落体在时刻 $t_0 (0 < t_0 < T)$ 的速度.

为此,取一邻近于 t_0 的时刻 t,这时落体在 t_0 到 t 这一段时间内的平均速度为

$$\bar{v} = \frac{s - s_0}{t - t_0} = \frac{\frac{1}{2}gt^2 - \frac{1}{2}gt_0^2}{t - t_0} = \frac{1}{2}g(t + t_0). \tag{1}$$

它近似地反映了落体在时刻 t_0 的快慢程度,并且当 t 越接近于 t_0 时,它反映得越准确,若令 $t \to t_0$,则(1)式的极限 gt_0 就刻画了落体在时刻 t_0 的瞬时速度.

一般地,一质点做直线运动,设其运动方程为

$$s = \varphi(t),$$

若 t_0 为某一确定的时刻,t 为邻近于 t_0 的某一时刻,则

$$\bar{v} = \frac{\varphi(t) - \varphi(t_0)}{t - t_0} \tag{2}$$

是质点在 t_0 到 t 这一段时间内的平均速度(或称平均变化率),若当 $t \to t_0$ 时,(2)式的极限存在,则称其极限值

$$v = \lim_{t \to t_0} \frac{\varphi(t) - \varphi(t_0)}{t - t_0} \tag{3}$$

为质点在时刻 t_0 的瞬时速度(或称变化率).

我们发现,在计算诸如物质比热、电流、曲线的切线斜率等问题时,尽管它们的具体背景各不相同,但最终都归结为讨论形如(3)式的极限,也正是由于这类问题的研究促使了导

数概念的诞生.

定义 设函数 $y=f(x)$ 在点 x_0 的某一邻域内有定义,当自变量 x 在点 x_0 处有增量 $\Delta x(x_0+\Delta x$ 仍在该邻域内)时,相应地函数有增量
$$\Delta y=f(x_0+\Delta x)-f(x_0),$$
如果 Δy 与 Δx 之比当 $\Delta x \to 0$ 时的极限存在,则称这个极限值为 $y=f(x)$ 在点 x_0 处的导数,记作 $f'(x_0)$,即
$$f'(x_0)=\lim_{\Delta x \to 0}\frac{\Delta y}{\Delta x}=\lim_{\Delta x \to 0}\frac{f(x_0+\Delta x)-f(x_0)}{\Delta x}, \tag{4}$$
也可记作: $y'|_{x=x_0}$, $\dfrac{\mathrm{d}y}{\mathrm{d}x}\bigg|_{x=x_0}$, $\dfrac{\mathrm{d}}{\mathrm{d}x}f(x)\bigg|_{x=x_0}$.

若令 $x=x_0+\Delta x$,则(4)式可改写为
$$f'(x_0)=\lim_{x \to x_0}\frac{f(x)-f(x_0)}{x-x_0}, \tag{5}$$
所以导数是函数增量 Δy 与自变量增量 Δx 之比 $\dfrac{\Delta y}{\Delta x}$(也称差商)的极限.

若(4)式或(5)式的极限不存在,则称函数 $f(x)$ 在点 x_0 不可导.

如果函数 $y=f(x)$ 在区间 (a,b) 内的每一点都可导,则函数 $y=f(x)$ 的导数就构成了 x 的一个新函数,称为 $f(x)$ 的导函数,也简称为导数,记作 y',$f'(x)$ 或 $\dfrac{\mathrm{d}y}{\mathrm{d}x}$,即
$$f'(x)=\lim_{\Delta x \to 0}\frac{f(x+\Delta x)-f(x)}{\Delta x}, \quad x \in (a,b).$$
下面我们根据导数的定义来求几个基本初等函数的导数.

例 1 求函数 $y=c$(c 为常数)的导数.

解 $y'=\lim\limits_{\Delta x \to 0}\dfrac{f(x+\Delta x)-f(x)}{\Delta x}=\lim\limits_{\Delta x \to 0}\dfrac{c-c}{\Delta x}=\lim\limits_{\Delta x \to 0}0=0,$
即
$$(c)'=0.$$
也就是说,常数的导数等于零.

例 2 求函数 $y=x^n$(n 为自然数)的导数.

解 由于
$$\begin{aligned}\Delta y &= (x+\Delta x)^n - x^n \\ &= \left[x^n+nx^{n-1}\Delta x+\frac{n(n-1)}{2!}x^{n-2}(\Delta x)^2+\cdots+(\Delta x)^n\right]-x^n \\ &= nx^{n-1}\Delta x+\frac{n(n-1)}{2!}x^{n-2}(\Delta x)^2+\cdots+(\Delta x)^n,\end{aligned}$$
于是
$$\lim_{\Delta x \to 0}\frac{\Delta y}{\Delta x}=\lim_{\Delta x \to 0}\left[nx^{n-1}+\frac{n(n-1)}{2!}x^{n-2}\Delta x+\cdots+(\Delta x)^{n-1}\right]=nx^{n-1},$$
即
$$(x^n)'=nx^{n-1}.$$
特别地,当 $n=1$ 时,有 $(x)'=1$.

以后我们还将证明,当 n 为实数时,仍有 $(x^n)'=nx^{n-1}$ 成立.

例如, $\left(\dfrac{1}{x}\right)'=-\dfrac{1}{x^2}$, $(\sqrt{x})'=\dfrac{1}{2\sqrt{x}}$.

例 3 求函数 $f(x)=\sin x$ 的导数.

解 $f'(x)=\lim\limits_{\Delta x \to 0}\dfrac{f(x+\Delta x)-f(x)}{\Delta x}=\lim\limits_{\Delta x \to 0}\dfrac{\sin(x+\Delta x)-\sin x}{\Delta x}$

$=\lim\limits_{\Delta x \to 0}\dfrac{1}{\Delta x}\cdot 2\cos\left(x+\dfrac{\Delta x}{2}\right)\sin\dfrac{\Delta x}{2}$

$=\lim\limits_{\Delta x \to 0}\cos\left(x+\dfrac{\Delta x}{2}\right)\cdot \dfrac{\sin\dfrac{\Delta x}{2}}{\dfrac{\Delta x}{2}}$

$=\cos x,$

即
$$(\sin x)'=\cos x.$$

同样可求得
$$(\cos x)'=-\sin x.$$

这就是说,正弦函数的导数等于余弦函数,余弦函数的导数等于负的正弦函数.

例 4 求函数 $y=\log_a x(a>0, a\neq 1, x>0)$ 的导数.

解 $y'=\lim\limits_{\Delta x \to 0}\dfrac{\Delta y}{\Delta x}=\lim\limits_{\Delta x \to 0}\dfrac{\log_a(x+\Delta x)-\log_a x}{\Delta x}$

$=\lim\limits_{\Delta x \to 0}\dfrac{1}{\Delta x}\log_a\dfrac{x+\Delta x}{x}=\lim\limits_{\Delta x \to 0}\log_a\left(1+\dfrac{\Delta x}{x}\right)^{\frac{1}{\Delta x}}$

$=\lim\limits_{\Delta x \to 0}\dfrac{1}{x}\log_a\left(1+\dfrac{\Delta x}{x}\right)^{\frac{x}{\Delta x}}=\dfrac{1}{x}\log_a \mathrm{e}$

$=\dfrac{1}{x\ln a},$

即
$$(\log_a x)'=\dfrac{1}{x\ln a}.$$

特别地,当 $a=\mathrm{e}$ 时,有
$$(\ln x)'=\dfrac{1}{x}.$$

导数的定义是通过极限定义的,而极限有左极限和右极限的概念,因此,就有左导数和右导数的概念.

若 $\lim\limits_{x\to x_0^-}\dfrac{f(x)-f(x_0)}{x-x_0}$ 存在,则称这个左极限为函数 $f(x)$ 在 $x=x_0$ 处的**左导数**,记作 $f'_-(x_0)$,即
$$f'_-(x_0)=\lim\limits_{x\to x_0^-}\dfrac{f(x)-f(x_0)}{x-x_0}.$$

若 $\lim\limits_{x\to x_0^+}\dfrac{f(x)-f(x_0)}{x-x_0}$ 存在,则称这个右极限为函数 $f(x)$ 在 $x=x_0$ 处的**右导数**,记作 $f'_+(x_0)$,即
$$f'_+(x_0)=\lim\limits_{x\to x_0^+}\dfrac{f(x)-f(x_0)}{x-x_0}.$$

显然,函数 $y=f(x)$ 在 $x=x_0$ 处可导的充分必要条件是左导数 $f'_-(x_0)$ 与右导数 $f'_+(x_0)$ 存在且相等.

例 5 设函数 $f(x)=\begin{cases} x, & x<0, \\ \sin x, & x\geq 0, \end{cases}$ 求 $f'(x)$.

解 当 $x<0$ 时，$f'(x)=(x)'=1$；当 $x>0$ 时，$f'(x)=(\sin x)'=\cos x$；当 $x=0$ 时，由

$$f'_-(0) = \lim_{\Delta x \to 0^-} \frac{f(0+\Delta x)-f(0)}{\Delta x} = \lim_{\Delta x \to 0^-} \frac{\Delta x}{\Delta x} = 1,$$

$$f'_+(0) = \lim_{\Delta x \to 0^+} \frac{f(0+\Delta x)-f(0)}{\Delta x} = \lim_{\Delta x \to 0^+} \frac{\sin \Delta x}{\Delta x} = 1,$$

因此有 $f'_-(0)=f'_+(0)=1$，所以 $f'(0)=1$.

综上所述，得

$$f'(x)=\begin{cases} 1, & x<0, \\ \cos x, & x\geq 0. \end{cases}$$

二、导数的几何意义

如图 2-1 所示，$M(x_0, y_0)$ 为曲线 $y=f(x)$ 上一点，当自变量在点 x_0 取得增量 Δx 时，在曲线 $y=f(x)$ 上可得到另一点 $P(x_0+\Delta x, y_0+\Delta y)$，连接这两点可得曲线的割线 MP，设其倾斜角为 α，则有

$$\tan \alpha = \frac{PN}{MN} = \frac{\Delta y}{\Delta x},$$

所以函数的平均变化率的几何意义是割线 MP 的斜率，即割线与 x 轴正方向交角 α 的正切.

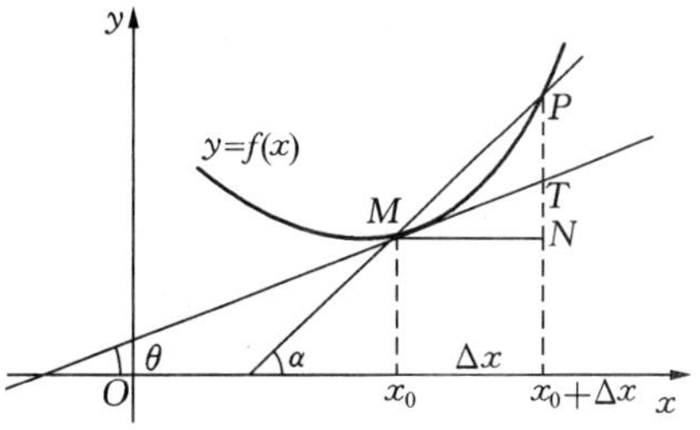

又当 $\Delta x \to 0$ 时，点 P 沿曲线无限趋近于点 M，割线 MP 也无限趋近于它的极限位置 MT，直线 MT 称为曲线 $y=f(x)$ 在点 M 的切线. 因此有

$$f'(x_0) = \lim_{\Delta x \to 0} \frac{\Delta y}{\Delta x} = \tan \theta \quad \left(\theta \neq \frac{\pi}{2}\right),$$

图 2-1

即函数 $y=f(x)$ 在点 x_0 处的导数 $f'(x_0)$ 表示曲线 $y=f(x)$ 在点 $M(x_0, y_0)$ 处的切线的斜率，这就是导数的几何意义.

根据导数的几何意义及直线的点斜式方程，易得曲线 $y=f(x)$ 在点 $M(x_0, y_0)$ 处的切线方程为

$$y-y_0 = f'(x_0)(x-x_0),$$

法线方程为

$$y-y_0 = -\frac{1}{f'(x_0)}(x-x_0).$$

例 6 求等边双曲线 $y=\frac{1}{x}$ 在点 $\left(\frac{1}{2}, 2\right)$ 处的切线的斜率，并写出曲线在该点处的切线方程和法线方程.

解 由导数的几何意义可知，所求切线的斜率为

$$k_1 = f'\left(\frac{1}{2}\right),$$

由于 $f'(x)=\left(\dfrac{1}{x}\right)'=-\dfrac{1}{x^2}$，于是 $k_1=-\dfrac{1}{x^2}\bigg|_{x=\frac{1}{2}}=-4$，从而所求切线方程为
$$y-2=-4\left(x-\dfrac{1}{2}\right),$$
即
$$4x+y-4=0.$$

所求法线的斜率为
$$k_2=-\dfrac{1}{k_1}=\dfrac{1}{4},$$

从而所求法线方程为
$$y-2=\dfrac{1}{4}\left(x-\dfrac{1}{2}\right),$$
即
$$2x-8y+15=0.$$

例 7 问直线 $y=3x-1$ 与曲线 $y=x^{\frac{3}{2}}$ 上哪一点处的切线平行？

解 由于直线 $y=3x-1$ 的斜率为 $k=3$，根据两直线平行的条件可知，所求切线的斜率也是 3.

又由导数的几何意义可知，$y=x^{\frac{3}{2}}$ 的导数 $y'=(x^{\frac{3}{2}})'=\dfrac{3}{2}\sqrt{x}$ 表示曲线 $y=x^{\frac{3}{2}}$ 上点 $P(x,y)$ 处的切线的斜率．

因此，问题就转化为当 x 为何值时，导数 $\dfrac{3}{2}\sqrt{x}=3$，解方程得 $x=4$，将 $x=4$ 代入所给曲线方程得 $y=4^{\frac{3}{2}}=8$．

故曲线 $y=x^{\frac{3}{2}}$ 在点 $(4,8)$ 处的切线与直线 $y=3x-1$ 平行．

三、函数的可导性与连续性的关系

定理 若函数 $y=f(x)$ 在点 x 可导，则它在该点必连续．

证 由于 $y=f(x)$ 在点 x 可导，于是有
$$\lim_{\Delta x\to 0}\dfrac{\Delta y}{\Delta x}=f'(x),$$

由具有极限的函数与无穷小的关系，得
$$\dfrac{\Delta y}{\Delta x}=f'(x)+\alpha,$$

其中 α 是当 $\Delta x\to 0$ 时的无穷小，在等式两边同乘以 Δx，得
$$\Delta y=f'(x)\cdot\Delta x+\alpha\cdot\Delta x,$$

令 $\Delta x\to 0$，对上式取极限，得
$$\lim_{\Delta x\to 0}\Delta y=\lim_{\Delta x\to 0}[f'(x)\cdot\Delta x+\alpha\cdot\Delta x]=0.$$

这就证明了 $y=f(x)$ 在点 x 连续．

注意：此定理的逆命题不一定成立，即函数在某一点连续但在该点却不一定可导．

举例说明如下：

例8 函数

$$y=f(x)=\sqrt{x^2}=|x|=\begin{cases} x, & x\geqslant 0, \\ -x, & x<0 \end{cases}$$

在$(-\infty,+\infty)$内连续,但该函数在点$x=0$处不可导.

这是因为

$$\lim_{\Delta x\to 0^-}\frac{f(0+\Delta x)-f(0)}{\Delta x}=\lim_{\Delta x\to 0^-}\frac{-(0+\Delta x)-0}{\Delta x}=-1,$$

$$\lim_{\Delta x\to 0^+}\frac{f(0+\Delta x)-f(0)}{\Delta x}=\lim_{\Delta x\to 0^+}\frac{(0+\Delta x)-0}{\Delta x}=1,$$

于是 $$\lim_{\Delta x\to 0^-}\frac{f(0+\Delta x)-f(0)}{\Delta x}\neq\lim_{\Delta x\to 0^+}\frac{f(0+\Delta x)-f(0)}{\Delta x},$$

从而$\lim\limits_{\Delta x\to 0}\dfrac{f(0+\Delta x)-f(0)}{\Delta x}$不存在,所以函数$y=|x|$在点$x=0$处不可导.

曲线$y=|x|$在点$x=0$处没有切线,如图2-2所示.

例9 $y=\sqrt[3]{x}$在区间$(-\infty,+\infty)$内连续,但在点$x=0$处不可导.因为在点$x=0$处,有

$$\frac{\Delta y}{\Delta x}=\frac{\sqrt[3]{0+\Delta x}-\sqrt[3]{0}}{\Delta x}=\frac{1}{\sqrt[3]{(\Delta x)^2}}.$$

当$\Delta x\to 0$时,$\dfrac{\Delta y}{\Delta x}\to+\infty$,即导数为无穷大,这在图形上表现为曲线$y=\sqrt[3]{x}$在原点有垂直于$x$轴的切线,如图2-3所示.

图2-2　　　　　　　　　　　　图2-3

由以上讨论可知,函数在某点连续是函数在该点可导的必要条件,而不是充分条件.

由函数$y=f(x)$在$x=x_0$处可导的充要条件以及函数连续与可导的关系可知,讨论分段函数在分界点处是否可导,可按下述步骤进行:首先讨论分段函数在分界点处是否连续,若不连续,则可断定函数在该分界点处不可导;若连续,则再讨论左、右导数是否存在且相等,若左、右导数存在且相等,则函数在分界点处可导,否则不可导.

习题2-1

1. 请说明函数$y=f(x)$在点x_0处的导数与$y=f(x)$的导函数之间的区别与联系.

2. 以自由落体运动方程$s=\dfrac{1}{2}gt^2$为例,说明下列问题:

(1) 平均速度$\dfrac{\Delta s}{\Delta t}$和$t$、$\Delta t$有关吗?

(2) 瞬时速度 $\lim\limits_{\Delta t \to 0} \dfrac{\Delta s}{\Delta t}$ 和 t、Δt 有关吗?

3. 利用导数定义求下列函数在指定点的导数:

(1) $y = \dfrac{1}{x^2}$, $x = 2$; (2) $y = x^2 - 3$, $x = 3$.

4. 求 $y = \dfrac{1}{x}$ 在点 $(1, 1)$ 处的切线方程和法线方程.

5. 在抛物线 $y = x^2$ 上依次取横坐标为 $x_1 = 1$, $x_2 = 3$ 的两点,问曲线上哪一点的切线平行于这条割线?

6. 讨论下列函数在 $x = 0$ 处的连续性与可导性:

(1) $y = \begin{cases} x \sin \dfrac{1}{x}, & x \neq 0, \\ 0, & x = 0; \end{cases}$ (2) $y = \begin{cases} x^2 \sin \dfrac{1}{x}, & x \neq 0, \\ 0, & x = 0. \end{cases}$

7. 问 a、b 为何值时,函数 $f(x) = \begin{cases} x^2, & x \leq x_0 \\ ax + b, & x > x_0 \end{cases}$ 在点 x_0 连续且可导?

8. 求下列函数的导数:

(1) $y = \sqrt[3]{x^2}$; (2) $y = x^3 \cdot \sqrt[5]{x}$;

(3) $y = \dfrac{1}{\sqrt{x}}$; (4) $y = \sqrt{x\sqrt{x\sqrt{x}}}$.

第二节 函数的求导法则

在第一节中,我们利用导数的定义求出了几个基本初等函数的导数. 但是,对较复杂的函数仍按定义求其导数,往往很麻烦甚至不可能. 因此,为能迅速而准确地求出函数的导数,我们将给出函数导数的一些运算法则.

一、函数和、差、积、商的求导法则

定理 1 若函数 $u = u(x)$,$v = v(x)$ 都在点 x 具有导数,则函数 $u(x) \pm v(x)$,$u(x)v(x)$,$\dfrac{u(x)}{v(x)}(v(x) \neq 0)$ 都在点 x 具有导数,且

(1) $[u(x) \pm v(x)]' = u'(x) \pm v'(x)$;

(2) $[u(x)v(x)]' = u'(x)v(x) + u(x)v'(x)$;

(3) $\left[\dfrac{u(x)}{v(x)}\right]' = \dfrac{u'(x)v(x) - u(x)v'(x)}{[v(x)]^2} (v(x) \neq 0)$.

证 (1) 设 $f(x) = u(x) \pm v(x)$,则由导数的定义有

$$f'(x) = \lim_{\Delta x \to 0} \frac{f(x + \Delta x) - f(x)}{\Delta x}$$

$$= \lim_{\Delta x \to 0} \frac{[u(x + \Delta x) \pm v(x + \Delta x)] - [u(x) \pm v(x)]}{\Delta x}$$

$$= \lim_{\Delta x \to 0} \left[\frac{u(x + \Delta x) - u(x)}{\Delta x} \pm \frac{v(x + \Delta x) - v(x)}{\Delta x}\right]$$

$$= u'(x) \pm v'(x),$$

即

$$(u \pm v)' = u' \pm v'.$$

函数和、差的求导法则可以推广到有限个可导函数.

(2) 设 $f(x)=u(x)v(x)$，则由导数的定义有

$$f'(x) = \lim_{\Delta x \to 0} \frac{f(x+\Delta x) - f(x)}{\Delta x}$$

$$= \lim_{\Delta x \to 0} \frac{u(x+\Delta x)v(x+\Delta x) - u(x)v(x)}{\Delta x}$$

$$= \lim_{\Delta x \to 0} \frac{u(x+\Delta x)v(x+\Delta x) - u(x)v(x+\Delta x) + u(x)v(x+\Delta x) - u(x)v(x)}{\Delta x}$$

$$= \lim_{\Delta x \to 0} \left[\frac{u(x+\Delta x) - u(x)}{\Delta x} v(x+\Delta x) + u(x) \frac{v(x+\Delta x) - v(x)}{\Delta x} \right]$$

$$= u'(x)v(x) + u(x)v'(x),$$

即
$$(uv)' = u'v + uv'.$$

特别地，当 $v=c$ (c 为常数) 时，有

$$(cu)' = cu',$$

即求导数时，常数因子可以提到导数记号外面.

函数积的求导法则也可推广到任意有限个函数之积的情形，例如，

$$(uvw)' = u'vw + uv'w + uvw'.$$

(3) 设 $f(x)=\dfrac{u(x)}{v(x)}$，则由导数的定义有

$$f'(x) = \lim_{\Delta x \to 0} \frac{f(x+\Delta x) - f(x)}{\Delta x}$$

$$= \lim_{\Delta x \to 0} \frac{1}{\Delta x} \left[\frac{u(x+\Delta x)}{v(x+\Delta x)} - \frac{u(x)}{v(x)} \right]$$

$$= \lim_{\Delta x \to 0} \frac{1}{\Delta x} \cdot \frac{u(x+\Delta x)v(x) - u(x)v(x+\Delta x)}{v(x+\Delta x)v(x)}$$

$$= \lim_{\Delta x \to 0} \frac{1}{\Delta x} \cdot \frac{u(x+\Delta x)v(x) - u(x)v(x) + u(x)v(x) - u(x)v(x+\Delta x)}{v(x+\Delta x)v(x)}$$

$$= \lim_{\Delta x \to 0} \frac{1}{v(x+\Delta x)v(x)} \left[\frac{u(x+\Delta x) - u(x)}{\Delta x} v(x) - u(x) \frac{v(x+\Delta x) - v(x)}{\Delta x} \right]$$

$$= \frac{u'(x)v(x) - u(x)v'(x)}{[v(x)]^2},$$

即
$$\left(\frac{u}{v} \right)' = \frac{u'v - uv'}{v^2}.$$

例1 已知 $y=2x^3-5x^2+3x+6$，求 y'.

解 $y' = (2x^3 - 5x^2 + 3x + 6)'$
$= (2x^3)' - (5x^2)' + (3x)' + (6)'$
$= 2(x^3)' - 5(x^2)' + 3(x)'$
$= 6x^2 - 10x + 3.$

例2 已知 $f(x) = x^3 + 4\cos x - \sin\dfrac{\pi}{2}$，求 $f'(x)$ 及 $f'\left(\dfrac{\pi}{2}\right)$.

解 $f'(x) = 3x^2 - 4\sin x,$

$$f'\left(\frac{\pi}{2}\right) = 3 \cdot \left(\frac{\pi}{2}\right)^2 - 4\sin\frac{\pi}{2} = \frac{3}{4}\pi^2 - 4.$$

例3 已知 $y = x^2(\sin x + \cos x)$，求 y'.

解 $y' = (x^2)'(\sin x + \cos x) + x^2(\sin x + \cos x)'$
$= 2x(\sin x + \cos x) + x^2(\cos x - \sin x)$
$= 2x\cos x + 2x\sin x + x^2\cos x - x^2\sin x.$

例4 已知 $y = \tan x$，求 y'.

解 $y' = (\tan x)' = \left(\dfrac{\sin x}{\cos x}\right)' = \dfrac{(\sin x)'\cos x - \sin x(\cos x)'}{\cos^2 x}$
$= \dfrac{\cos^2 x + \sin^2 x}{\cos^2 x} = \sec^2 x.$

例5 已知 $y = \sec x$，求 y'.

解 $y' = (\sec x)' = \left(\dfrac{1}{\cos x}\right)' = \dfrac{-(-\sin x)}{\cos^2 x} = \sec x \tan x.$

同样可求得

$$(\cot x)' = -\csc^2 x, \quad (\csc x)' = -\csc x \cot x.$$

例6 求 $y = \dfrac{x\sin x}{1+\cos x}$ 的导数.

解 $y' = \left(\dfrac{x\sin x}{1+\cos x}\right)' = \dfrac{(x\sin x)'(1+\cos x) - x\sin x(1+\cos x)'}{(1+\cos x)^2}$
$= \dfrac{(\sin x + x\cos x)(1+\cos x) - x\sin x(-\sin x)}{(1+\cos x)^2}$
$= \dfrac{(x+\sin x)(1+\cos x)}{(1+\cos x)^2}$
$= \dfrac{x+\sin x}{1+\cos x}.$

二、反函数的求导法则

定理2 若函数 $y = f(x)$ 单调可导，且 $y' \neq 0$，则它的反函数 $x = \varphi(y)$ 也可导，且

$$\varphi'(y) = \dfrac{1}{f'(x)}.$$

证 当自变量 x 获得增量 $\Delta x (\Delta x \neq 0)$ 时，函数 y 相应地有增量 Δy，由已知 $y = f(x)$ 单调可知

$$\Delta y = f(x + \Delta x) - f(x) \neq 0,$$

又由已知 $y = f(x)$ 可导知，$y = f(x)$ 必连续，即当 $\Delta x \to 0$ 时，必有 $\Delta y \to 0$，于是有

$$\dfrac{\Delta y}{\Delta x} = \dfrac{1}{\dfrac{\Delta x}{\Delta y}},$$

所以

$$\lim_{\Delta x \to 0} \dfrac{\Delta y}{\Delta x} = \dfrac{1}{\lim\limits_{\Delta y \to 0} \dfrac{\Delta x}{\Delta y}}.$$

又由于
$$y' = f'(x) = \lim_{\Delta x \to 0} \frac{\Delta y}{\Delta x} \neq 0,$$

故
$$\lim_{\Delta y \to 0} \frac{\Delta x}{\Delta y} = \frac{1}{\lim_{\Delta x \to 0} \frac{\Delta y}{\Delta x}},$$

即
$$\varphi'(y) = \frac{1}{f'(x)}.$$

由此可知，**反函数的导数等于原函数的导数的倒数**．

例 7 求函数 $y = \arcsin x$ 的导数．

解 $(\arcsin x)' = \dfrac{1}{(\sin y)'} = \dfrac{1}{\cos y},$

又由于当 $-\dfrac{\pi}{2} < y < \dfrac{\pi}{2}$ 时，$\cos y > 0$，于是

$$\cos y = \sqrt{1 - \sin^2 y} = \sqrt{1 - x^2},$$

所以
$$(\arcsin x)' = \frac{1}{\sqrt{1 - x^2}}.$$

同理可求得
$$(\arccos x)' = -\frac{1}{\sqrt{1 - x^2}},$$

$$(\arctan x)' = \frac{1}{1 + x^2},$$

$$(\text{arccot } x)' = -\frac{1}{1 + x^2}.$$

例 8 求函数 $y = a^x (a > 0, a \neq 1)$ 的导数．

解 $(a^x)' = \dfrac{1}{(\log_a y)'} = \dfrac{1}{\dfrac{1}{y \ln a}} = y \ln a = a^x \ln a.$

特别地，当 $a = e$ 时，有

$$(e^x)' = e^x \ln e = e^x.$$

下面列出常用的导数公式．

(1) $(c)' = 0$，c 为常数；   (2) $(x^n)' = n x^{n-1}$；

(3) $(\sin x)' = \cos x$；   (4) $(\cos x)' = -\sin x$；

(5) $(\tan x)' = \sec^2 x$；   (6) $(\cot x)' = -\csc^2 x$；

(7) $(\sec x)' = \tan x \sec x$；   (8) $(\csc x)' = -\cot x \csc x$；

(9) $(a^x)' = a^x \ln a$；   (10) $(e^x)' = e^x$；

(11) $(\log_a x)' = \dfrac{1}{x \ln a}$；   (12) $(\ln x)' = \dfrac{1}{x}$；

(13) $(\arcsin x)' = \dfrac{1}{\sqrt{1 - x^2}}$；   (14) $(\arccos x)' = -\dfrac{1}{\sqrt{1 - x^2}}$；

(15) $(\arctan x)' = \dfrac{1}{1 + x^2}$；   (16) $(\text{arccot } x)' = -\dfrac{1}{1 + x^2}.$

习题 2-2

1. 求下列函数的导数：

(1) $y=2\sqrt{x}-\dfrac{1}{x}+\sqrt[4]{3}$；

(2) $y=\sin x+2\tan x$；

(3) $f(u)=\dfrac{u^2+5u+1}{u^3}$；

(4) $y=\left(\dfrac{1}{\sqrt{x}}+\sqrt{x}\right)^2$；

(5) $y=2^x\ln x$；

(6) $y=x(3-2\ln x)$；

(7) $y=x^3\ln x$；

(8) $\rho=\sqrt{\varphi}\sin\varphi$；

(9) $y=x\tan x+\sin\dfrac{\pi}{3}$；

(10) $y=\dfrac{\ln x}{x^n}$；

(11) $y=\dfrac{1}{x+\cos x}$；

(12) $y=\dfrac{1-\ln x}{1+\ln x}$；

(13) $y=\dfrac{\sin x}{1+x^2}$；

(14) $y=e^x\cos x$；

(15) $y=\dfrac{\cot x}{1+x}$；

(16) $y=(\sin x-\cos x)\tan x$；

(17) $y=\dfrac{10^x}{3^x}$；

(18) $y=\csc x$；

(19) $y=\left(\dfrac{2}{3}\right)^x+x^{\frac{3}{2}}$；

(20) $y=x^5 2^x$；

(21) $y=x\tan x-\csc x$；

(22) $y=x\sin x\arctan x$.

2. 一锥形的细铁杆，它在 $[0,x]$ 一段的质量为 $M=\dfrac{1}{3}\left(\pi\rho\tan^2\dfrac{\theta}{2}\right)x^3$（其中 ρ、θ 为常数），求在 $x=2$ 处该物体的线密度.

3. 求下列函数在指定点的导数：

(1) $f(x)=\tan\dfrac{\pi}{6}\sin x$，求 $f'(0)$，$f'\left(\dfrac{\pi}{3}\right)$；

(2) $f(x)=\sqrt{x}+2xe^x$，求 $f'(1)$；

(3) $f(x)=\dfrac{x}{2x^2-1}$，求 $f'(-2)$，$f'(1)$.

4. 一个球在斜面上向上滚动，在 $t(\text{s})$ 时与始点的距离为 $s=3t-t^2(\text{m})$，求球的初始速度；并求 t 为何值时，球开始向下滚？

第三节 复合函数的求导法则

复合函数的求导法则 若函数 $u=\varphi(x)$ 在点 x 处可导，而函数 $y=f(u)$ 在对应点 $u=\varphi(x)$ 处可导，则复合函数 $y=f[\varphi(x)]$ 在点 x 处也可导，且

$$\dfrac{\mathrm{d}y}{\mathrm{d}x}=\dfrac{\mathrm{d}y}{\mathrm{d}u}\cdot\dfrac{\mathrm{d}u}{\mathrm{d}x} \text{ 或 } y'_x=f'_u\cdot u'_x.$$

证 由于 $y=f(u)$ 在点 u 可导，于是有

$$\lim_{\Delta u\to 0}\dfrac{\Delta y}{\Delta u}=f'(u).$$

由函数极限与无穷小的关系有

$$\frac{\Delta y}{\Delta u} = f'(u) + \alpha,$$

其中 α 是当 $\Delta u \to 0$ 时的无穷小(即 $\lim\limits_{\Delta u \to 0} \alpha = 0$).

当 $\Delta u \neq 0$ 时,上式两端同乘以 Δu,得

$$\Delta y = f'(u) \Delta u + \alpha \cdot \Delta u.$$

但当 $\Delta u = 0$ 时,$\Delta y = f(u + \Delta u) - f(u) = 0$,故上式还是成立的(这时 $\alpha = 0$). 由于 $\Delta x \neq 0$,上式两端同除以 Δx,并求 $\Delta x \to 0$ 时的极限,得

$$\frac{dy}{dx} = \lim_{\Delta x \to 0} \frac{\Delta y}{\Delta x} = \lim_{\Delta x \to 0} \frac{f'(u) \Delta u + \alpha \cdot \Delta u}{\Delta x} = f'(u) \lim_{\Delta x \to 0} \frac{\Delta u}{\Delta x} + \lim_{\Delta x \to 0} \alpha \frac{\Delta u}{\Delta x}.$$

由于 $u = \varphi(x)$ 在点 x 可导,从而 $u = \varphi(x)$ 在点 x 连续,故当 $\Delta x \to 0$ 时有

$$\Delta u = \varphi(x + \Delta x) - \varphi(x) \to 0,$$

于是

$$\lim_{\Delta x \to 0} \alpha = 0,$$

所以

$$\frac{dy}{dx} = \frac{dy}{du} \cdot \frac{du}{dx} \quad \text{或} \quad y'_x = f'_u \cdot u'_x.$$

由此可见,**复合函数 y 对自变量 x 的导数是:复合函数 y 对中间变量 u 的导数与中间变量 u 对自变量 x 的导数的乘积**. 这就是复合函数的求导法则. 它在导数运算中有着非常重要的作用,利用它可以求出许多复杂的函数的导数.

例1 已知 $y = \ln\tan x$,求 $\dfrac{dy}{dx}$.

解 设 $y = \ln u$,$u = \tan x$,于是由复合函数的求导法则得

$$\frac{dy}{dx} = \frac{dy}{du} \cdot \frac{du}{dx} = \frac{1}{u} \cdot \sec^2 x = \frac{1}{\tan x} \cdot \sec^2 x = \frac{1}{\sin x \cos x} = 2\csc 2x.$$

例2 已知 $y = e^{x^3}$,求 $\dfrac{dy}{dx}$.

解 设 $y = e^u$,$u = x^3$,于是

$$\frac{dy}{dx} = \frac{dy}{du} \cdot \frac{du}{dx} = e^u \cdot 3x^2 = 3x^2 e^{x^3}.$$

例3 已知 $y = \sin\dfrac{2x}{1+x^2}$,求 $\dfrac{dy}{dx}$.

解 设 $y = \sin u$,$u = \dfrac{2x}{1+x^2}$,于是

$$\frac{dy}{dx} = \frac{dy}{du} \cdot \frac{du}{dx} = \cos u \cdot \frac{2(1+x^2) - 2x \cdot 2x}{(1+x^2)^2} = \frac{2(1-x^2)}{(1+x^2)^2} \cos \frac{2x}{1+x^2}.$$

在运算比较熟练以后,就不必再写出中间变量了,只要看清楚函数的复合过程,做到心中有数,就可以直接求出复合函数对自变量的导数. 另外,复合函数的求导法则可推广到多个中间变量的情形,例如,设 $y = f(u)$,$u = \varphi(v)$,$v = \psi(x)$,则

$$\frac{dy}{dx} = \frac{dy}{du} \cdot \frac{du}{dv} \cdot \frac{dv}{dx} \quad \text{或} \quad y'_x = y'_u \cdot u'_v \cdot v'_x.$$

注意:复合函数求导后,需要把引进的中间变量代换成原来自变量的式子.

例 4 已知 $y = e^{\sin^2 \frac{1}{x}}$，求 $\dfrac{dy}{dx}$.

解 $y' = e^{\sin^2 \frac{1}{x}} \cdot 2\sin\dfrac{1}{x} \cdot \cos\dfrac{1}{x} \cdot \left(-\dfrac{1}{x^2}\right) = -\dfrac{1}{x^2}\sin\dfrac{2}{x} e^{\sin^2 \frac{1}{x}}$.

例 5 已知 $y = \ln\cos(e^x)$，求 $\dfrac{dy}{dx}$.

解 $y' = \dfrac{1}{\cos(e^x)} \cdot [-\sin(e^x)] \cdot e^x = -e^x \tan(e^x)$.

例 6 已知 $y = \ln(x + \sqrt{x^2 + a^2})$，求 $\dfrac{dy}{dx}$.

解 $y' = \dfrac{1}{x + \sqrt{x^2 + a^2}} \left(1 + \dfrac{1}{2\sqrt{x^2 + a^2}} \cdot 2x\right) = \dfrac{1}{\sqrt{x^2 + a^2}}$.

例 7 求函数 $y = \tan\dfrac{1}{x} + e^{2x}\sin(x^2 + 1)$ 的导数.

解 $y' = \left[\tan\dfrac{1}{x} + e^{2x}\sin(x^2 + 1)\right]'$

$= \left(\tan\dfrac{1}{x}\right)' + \left[e^{2x}\sin(x^2 + 1)\right]'$

$= \sec^2\dfrac{1}{x} \cdot \left(\dfrac{1}{x}\right)' + (e^{2x})'\sin(x^2 + 1) + e^{2x}[\sin(x^2 + 1)]'$

$= \sec^2\dfrac{1}{x} \cdot \left(-\dfrac{1}{x^2}\right) + e^{2x}(2x)'\sin(x^2 + 1) + e^{2x}\cos(x^2 + 1) \cdot (x^2 + 1)'$

$= \sec^2\dfrac{1}{x} \cdot \left(-\dfrac{1}{x^2}\right) + 2e^{2x}\sin(x^2 + 1) + e^{2x}\cos(x^2 + 1) \cdot 2x$

$= -\dfrac{1}{x^2}\sec^2\dfrac{1}{x} + 2e^{2x}\sin(x^2 + 1) + 2xe^{2x}\cos(x^2 + 1)$.

习题 2-3

1. 求下列函数的导数：

(1) $y = (3x + 1)^5$；

(2) $y = \dfrac{1}{\sqrt{a^2 + x^2}}$；

(3) $y = \sqrt{1 + x + x^2}$；

(4) $y = (x^2 + 1)^5 (2 - x)^6$；

(5) $y = \dfrac{(x^2 + 3)^3}{x^2 + 1}$；

(6) $y = \ln\tan cx$；

(7) $y = \cot\sqrt[3]{1 + x^2}$；

(8) $y = \cot\dfrac{1}{x}$；

(9) $y = x^2 \sin\dfrac{1}{x}$；

(10) $y = e^{\lambda x}\sin\omega x$（$\lambda$，$\omega$ 为常数）；

(11) $y = \arcsin\dfrac{x}{2}$；

(12) $y = \arctan\dfrac{2x}{1 - x^2}$；

(13) $y = \sqrt{1 + \ln^2 x}$；

(14) $y = \sin^n x \cos nx$；

(15) $y = \cos\left(\sin\dfrac{1}{x}\right)$；

(16) $y = \ln[\ln(\ln x)]$；

(17) $y = \log_a(x^2 + x + 1)$；

(18) $y = e^{-x} + e^{-\frac{1}{x}}$；

(19) $y=\ln(x+\sqrt{1+x^2})$;

(20) $y=\arcsin(\sqrt{\sin x})$;

(21) $y=\ln^3(x^2)$;

(22) $y=e^{\arctan\sqrt{x}}$;

(23) $y=\ln\arccos 2x$;

(24) $y=x\arcsin(\ln x)$;

(25) $y=a^{e^x}$;

(26) $y=\ln\tan\left(\dfrac{x}{2}+\dfrac{\pi}{4}\right)$;

(27) $y=\arctan\sqrt{x^2-1}-\dfrac{\ln x}{\sqrt{x^2-1}}$;

(28) $y=\dfrac{\arcsin x}{\sqrt{1-x^2}}$;

(29) $y=\arctan\dfrac{x+1}{x-1}$;

(30) $y=\dfrac{\arcsin x}{\arccos x}$;

(31) $y=\sec^3(e^{2x})$;

(32) $y=e^{-\sin^2\frac{1}{x}}$.

2. 设 $f(x)$ 可导,求下列函数的导数:

(1) $y=f(x^2)$;

(2) $y=f(\sin^2 x)+f(\cos^2 x)$.

3. 设 $f(x)$、$g(x)$ 可导,且 $f^2(x)+g^2(x)\neq 0$,求 $\sqrt{f^2(x)+g^2(x)}$ 的导数.

第四节 高阶导数 隐函数及由参数方程所确定的函数的导数

一、高阶导数

我们已经知道,函数 $f(x)$ 的导数 $f'(x)$ 仍是 x 的函数,因此可将 $f'(x)$ 再对 x 求导数,所得到的结果 $[f'(x)]'$(如果存在)就称为 $f(x)$ 的二阶导数.

例如,变速直线运动的速度 $v(t)$ 就是位置函数 $s(t)$ 对时间 t 的导数,即

$$v=\frac{ds}{dt} \text{ 或 } v=s'.$$

而加速度 a 又是速度 v 对时间 t 的变化率,即速度 v 对时间 t 的导数:

$$a=\frac{dv}{dt}=\frac{d}{dt}\left(\frac{ds}{dt}\right) \text{ 或 } a=(s')'.$$

我们就说,变速直线运动的加速度 a 是位置函数 s 对时间 t 的二阶导数.

一般地,函数 $y=f(x)$ 的导数称为一阶导数,而 $y'=f'(x)$ 仍然是 x 的函数,再求导数(如果存在),得到 $(y')'=[f'(x)]'$,称为函数 $y=f(x)$ 的**二阶导数**,记作 y'' 或 $f''(x)$,也常记作 $\dfrac{d^2 y}{dx^2}$,即

$$y''=f''(x)=\frac{d^2 y}{dx^2}=(y')'.$$

类似地,如果二阶导数的导数存在,称为三阶导数,如果三阶导数的导数存在,称为四阶导数,…,如果 $n-1$ 阶导数的导数存在,称为 n **阶导数**,分别记作

$$y^{(3)}, y^{(4)}, \cdots, y^{(n)}$$

或

$$\frac{d^3 y}{dx^3}, \frac{d^4 y}{dx^4}, \cdots, \frac{d^n y}{dx^n}.$$

二阶及二阶以上的导数,称为**高阶导数**.从高阶导数的定义可知,求高阶导数无非是反复运用求一阶导数的方法.

例 1 求函数 $y=2x^3-3x^2+2x-1$ 的各阶导数.

解 $y' = 6x^2 - 6x + 2$,
$y'' = 12x - 6$,
$y''' = 12$,
$y^{(4)} = 0$.

而当 $n \geq 4$ 时，$y^{(n)} = 0$.

例 2 求函数 $y = x^n$ 的 n 阶导数．

解 $y' = nx^{n-1}$,
$y'' = n(n-1)x^{n-2}$,
$y''' = n(n-1)(n-2)x^{n-3}$.

一般地，可得
$$y^{(n)} = n(n-1)(n-2)\cdots 3 \cdot 2 \cdot 1 = n!,$$
而
$$y^{(n+1)} = 0.$$

由此可见，函数 $y = x^n$ 的 n 阶导数必为常数 $n!$，而它的高于 n 阶的导数必为零．任何首项系数为 1 的 n 阶多项式 $x^n + a_1 x^{n-1} + a_2 x^{n-2} + \cdots + a_n$ 的 n 阶导数也是 $n!$，其 $n+1$ 阶导数也是零．

例 3 求函数 $y = \sin x$ 的 n 阶导数．

解 $y' = \cos x = \sin\left(x + \dfrac{\pi}{2}\right)$,
$y'' = \cos\left(x + \dfrac{\pi}{2}\right) = \sin\left(x + 2 \cdot \dfrac{\pi}{2}\right)$,
$y''' = \cos\left(x + 2 \cdot \dfrac{\pi}{2}\right) = \sin\left(x + 3 \cdot \dfrac{\pi}{2}\right)$.

一般地，可得
$$y^{(n)} = \sin\left(x + \dfrac{n\pi}{2}\right),$$
即
$$(\sin x)^{(n)} = \sin\left(x + \dfrac{n\pi}{2}\right).$$

同样可求得
$$(\cos x)^{(n)} = \cos\left(x + \dfrac{n\pi}{2}\right).$$

例 4 求 $y = e^x$ 的 n 阶导数．

解 $y' = e^x$, $y'' = e^x$, $y''' = e^x$.

一般地，可得
$$y^{(n)} = e^x,$$
即
$$(e^x)^{(n)} = e^x.$$

例 5 求 $y = \ln(1+x)$ 的 n 阶导数．

解 $y' = \dfrac{1}{1+x}$, $y'' = -\dfrac{1}{(1+x)^2}$, $y''' = \dfrac{1 \cdot 2}{(1+x)^3}$, $y^{(4)} = -\dfrac{1 \cdot 2 \cdot 3}{(1+x)^4}$.

一般地，可得
$$y^{(n)} = (-1)^{n-1} \dfrac{(n-1)!}{(1+x)^n},$$

即
$$[\ln(1+x)]^{(n)} = (-1)^{n-1}\frac{(n-1)!}{(1+x)^n}.$$

例 6 注射某种药物的反应程度 R 与剂量 x 是相关的：
$$R(x) = x^2\left(500 - \frac{x}{3}\right),$$

(1) 如果将敏感度定义为 $\dfrac{dR}{dx}$，当 $x=350$ 和 $x=700$ 时，敏感度分别是多少？

(2) 当 $x=350$ 和 $x=700$ 时，敏感度的变化率分别是多少？

解 由于
$$\frac{dR}{dx} = 2x\left(500 - \frac{x}{3}\right) - \frac{x^2}{3} = 1000x - x^2,$$
$$\frac{d^2R}{dx^2} = 1000 - 2x,$$

因此，(1) 当 $x=350$ 时，敏感度为 $\dfrac{dR}{dx} = 1000 \times 350 - 350^2 = 227500$，

当 $x=700$ 时，敏感度为 $\dfrac{dR}{dx} = 1000 \times 700 - 700^2 = 210000$；

(2) 当 $x=350$ 时，敏感度的变化率为 $\dfrac{d^2R}{dx^2} = 1000 - 2 \times 350 = 300$，

当 $x=700$ 时，敏感度的变化率为 $\dfrac{d^2R}{dx^2} = 1000 - 2 \times 700 = -400$.

二、隐函数的导数

如果变量 y 与 x 的函数关系由方程 $F(x,y)=0$ 确定，则称这个函数 y 是 x 的**隐函数**. 如方程 $x^2+y^2=R^2$（R 为常数）及 $xy-x+e^y=0$ 中的 y 均为 x 的隐函数，而形如 $y=f(x)$ 的函数则称为**显函数**. 如 $y=\sin 2x$ 及 $y=2x+3$ 中的 y 均为 x 的显函数.

在实际中，有些隐函数可以表示成显函数，而有的隐函数要表示成显函数（即将隐函数显化）则是很困难的，甚至是不可能的. 但我们却常要计算隐函数的导数，所以我们希望有一种方法，不管隐函数能否显化，都能直接由方程求出它所确定的函数的导数.

下面我们就来举例说明隐函数的求导方法.

例 7 对于由方程 $xy - e^y = 0$ 确定的隐函数，求 $\dfrac{dy}{dx}$.

解 由于方程 $xy - e^y = 0$ 确定了 y 是 x 的函数，设为 $y=f(x)$，即有恒等式 $xf(x) - e^{f(x)} \equiv 0$，然后将 $e^{f(x)}$ 看作复合函数，对恒等式两端同时对 x 求导数，得
$$y + x\frac{dy}{dx} - e^y\frac{dy}{dx} = 0,$$
解得
$$\frac{dy}{dx} = \frac{y}{e^y - x}.$$

例 8 求曲线 $y^3 + y^2 = 2x$ 在点 $(1,1)$ 处的切线方程和法线方程.

解 方程两端同时对 x 求导，并注意到 y 是 x 的函数，于是
$$3y^2 y' + 2yy' = 2,$$
解得
$$y' = \frac{2}{3y^2 + 2y}.$$

把 $x=1$，$y=1$ 代入上式，得所求切线的斜率为
$$k = y' \Big|_{\substack{x=1 \\ y=1}} = \frac{2}{5}.$$
故所求切线方程为
$$y - 1 = \frac{2}{5}(x-1),$$
即
$$2x - 5y + 3 = 0.$$
所求法线方程为
$$y - 1 = -\frac{5}{2}(x-1),$$
即
$$5x + 2y - 7 = 0.$$

例 9 求由方程 $x-y+\frac{1}{2}\sin y = 0$ 所确定的隐函数 y 的二阶导数 $\frac{d^2 y}{dx^2}$.

解 首先，方程两端同时对 x 求导数，得
$$1 - \frac{dy}{dx} + \frac{1}{2}\cos y \cdot \frac{dy}{dx} = 0,$$
解得
$$\frac{dy}{dx} = \frac{2}{2 - \cos y}.$$
上式两端再对 x 求导数，得
$$\frac{d^2 y}{dx^2} = \frac{d}{dx}\left(\frac{dy}{dx}\right) = \frac{d}{dx}\left(\frac{2}{2-\cos y}\right)$$
$$= \frac{-2\sin y \dfrac{dy}{dx}}{(2-\cos y)^2} = \frac{-2\sin y \cdot \dfrac{2}{2-\cos y}}{(2-\cos y)^2} = \frac{-4\sin y}{(2-\cos y)^3}.$$

下面再介绍一种求幂指函数的导数的有效方法——**对数求导法**，这种方法是先在 $y = f(x)$ 的两端取自然对数，然后再利用隐函数的求导方法求出 y 的导数，现在举例说明这种方法.

例 10 求函数 $y = x^{\sin x}$ $(x > 0)$ 的导数.

解 这个函数既不是幂函数，也不是指数函数，通常称为幂指函数. 为了求出该函数的导数，先在两端取自然对数，得
$$\ln y = \sin x \cdot \ln x,$$
上式两端同时对 x 求导数，得
$$\frac{1}{y} \cdot y' = \cos x \cdot \ln x + \sin x \cdot \frac{1}{x},$$
于是
$$y' = y\left(\cos x \cdot \ln x + \frac{\sin x}{x}\right) = x^{\sin x}\left(\cos x \cdot \ln x + \frac{\sin x}{x}\right).$$

例 11 求 $y = \sqrt{\dfrac{(x-1)(x-2)}{(x-3)(x-4)}}$ 的导数.

解 直接求导显然很麻烦，于是采用对数求导法，两端取自然对数，得
$$\ln y = \frac{1}{2}[\ln(x-1) + \ln(x-2) - \ln(x-3) - \ln(x-4)],$$
上式两端对 x 求导，得

$$\frac{1}{y} \cdot y' = \frac{1}{2}\left(\frac{1}{x-1}+\frac{1}{x-2}-\frac{1}{x-3}-\frac{1}{x-4}\right),$$

于是解得

$$y' = \frac{y}{2}\left(\frac{1}{x-1}+\frac{1}{x-2}-\frac{1}{x-3}-\frac{1}{x-4}\right)$$

$$= \frac{1}{2}\sqrt{\frac{(x-1)(x-2)}{(x-3)(x-4)}}\left(\frac{1}{x-1}+\frac{1}{x-2}-\frac{1}{x-3}-\frac{1}{x-4}\right).$$

三、由参数方程所确定的函数的导数

参数方程

$$\begin{cases} x = \varphi(t), \\ y = \psi(t) \end{cases} \quad (t \text{ 为参数}) \tag{1}$$

确定了 y 与 x 之间的函数关系,我们称该函数关系所表达的函数为由参数方程(1)所确定的函数. 在实际问题中,需要计算由参数方程(1)所确定的函数的导数,但由参数方程(1)消去 t 有时很难,甚至是不可能的,因此希望有一种方法能直接由参数方程求出它所确定的函数的导数.

在(1)式中,只要函数 $x=\varphi(t)$ 具有单调连续反函数 $t=\varphi^{-1}(x)$,且此反函数能与 $y=\psi(t)$ 构成复合函数,则由参数方程(1)所确定的函数就可以看作是由 $y=\psi(t)$ 与 $t=\varphi^{-1}(x)$ 复合而成的函数 $y=\psi[\varphi^{-1}(x)]$. 现在,要计算这个复合函数的导数. 为此再假定函数 $x=\varphi(t)$、$y=\psi(t)$ 都可导,且 $\varphi'(t)\neq 0$,于是根据复合函数的求导法则与反函数的求导法则,就有

$$\frac{\mathrm{d}y}{\mathrm{d}x} = \frac{\mathrm{d}y}{\mathrm{d}t} \cdot \frac{\mathrm{d}t}{\mathrm{d}x} = \frac{\mathrm{d}y}{\mathrm{d}t} \bigg/ \frac{\mathrm{d}x}{\mathrm{d}t} = \frac{\psi'(t)}{\varphi'(t)}.$$

例 12 已知某曲线的参数方程为 $\begin{cases} x=\sin t, \\ y=\cos 2t, \end{cases}$ 求该曲线在 $t=\frac{\pi}{4}$ 处的切线方程.

解 当 $t=\frac{\pi}{4}$ 时,切点 M_0 的直角坐标为

$$x_0 = \sin\frac{\pi}{4} = \frac{\sqrt{2}}{2}, \quad y_0 = \cos\frac{\pi}{2} = 0.$$

又

$$\frac{\mathrm{d}y}{\mathrm{d}x} = \frac{\mathrm{d}y}{\mathrm{d}t} \bigg/ \frac{\mathrm{d}x}{\mathrm{d}t} = \frac{(\cos 2t)'}{(\sin t)'} = \frac{-2\sin 2t}{\cos t} = -4\sin t,$$

于是在点 M_0 处的切线斜率为

$$k = \frac{\mathrm{d}y}{\mathrm{d}x}\bigg|_{t=\frac{\pi}{4}} = -4\sin\frac{\pi}{4} = -2\sqrt{2},$$

于是该曲线在 $t=\frac{\pi}{4}$ 处的切线方程为

$$y = -2\sqrt{2}\left(x - \frac{\sqrt{2}}{2}\right),$$

即

$$2\sqrt{2}x + y - 2 = 0.$$

例 13 已知椭圆的参数方程为

$$\begin{cases} x = a\cos t, \\ y = b\sin t \end{cases} (0 < t < \pi),$$

求 $\dfrac{dy}{dx}$ 及 $\dfrac{d^2 y}{dx^2}$.

解 $\dfrac{dy}{dx} = \dfrac{dy}{dt} \Big/ \dfrac{dx}{dt} = \dfrac{(b\sin t)'}{(a\cos t)'} = \dfrac{b\cos t}{-a\sin t} = -\dfrac{b}{a}\cot t,$

$\dfrac{d^2 y}{dx^2} = \dfrac{d}{dx}\left(\dfrac{dy}{dx}\right) = \dfrac{d}{dt}\left(\dfrac{dy}{dx}\right) \cdot \dfrac{dt}{dx} = \dfrac{d}{dt}\left(\dfrac{dy}{dx}\right) \cdot \dfrac{1}{\dfrac{dx}{dt}}$

$= -\dfrac{b}{a}(-\csc^2 t) \cdot \dfrac{1}{-a\sin t} = -\dfrac{b}{a^2}\csc^3 t.$

习题 2-4

1. 求下列隐函数的导数：

(1) $x^3 + y^3 - 3axy = 0$；

(2) $xy = e^{x+y}$；

(3) $xe^y + ye^x = 0$；

(4) $y = \cos(x+y)$；

(5) $\cos(xy) = x$；

(6) $x^{\frac{1}{2}} + y^{\frac{1}{2}} = a^2$.

2. 用对数求导法求下列函数的导数：

(1) $y = x^{\frac{1}{x}}$；

(2) $y = (\ln x)^x$；

(3) $y = \left(\dfrac{x}{1+x}\right)^x$；

(4) $x^y = y^x$；

(5) $y = \sqrt[3]{\dfrac{x(x^2+1)}{(x^2-1)^2}}$；

(6) $y = x\sqrt{\dfrac{1-x}{1+x^2}}$；

(7) $y = \sqrt{x\sin x \sqrt{1-e^x}}$；

(8) $y = (\tan 2x)^{\cot\frac{x}{2}}$；

(9) $y = x^{a^x} + x^x$；

(10) $y = (1+x^2)^{\sin x}$.

3. 求下列各函数的二阶导数：

(1) $y = x\cos x$；

(2) $y = 5x^4 - 3x^2 + x + 4$；

(3) $y = x^3 \ln x$；

(4) $y = a^x \sin x$；

(5) $y = \arctan x$，求 $y''(1)$；

(6) $y = 2^x$；

(7) $y = \ln(\sin x)$；

(8) $y = \tan(x+y)$.

4. 求下列各函数的 n 阶导数的一般表达式：

(1) $y = xe^x$；

(2) $y = x\ln x$；

(3) $y = \dfrac{1}{1+x}$；

(4) $y = \dfrac{1-x}{1+x}$；

(5) $y = x^n + a_1 x^{n-1} + a_2 x^{n-2} + \cdots + a_{n-1} x + a_n$ ($a_1, a_2, \cdots, a_n$ 为常数).

5. 求参数方程所确定的函数的导数：

(1) $\begin{cases} x = \dfrac{t^2}{2}, \\ y = 1 - t; \end{cases}$

(2) $\begin{cases} x = 2e^t, \\ y = e^{-t}, \end{cases}$ 在 $t=0$ 处；

(3) $\begin{cases} x = 3e^{-t}, \\ y = 2e^t; \end{cases}$

(4) $\begin{cases} x = \ln(1+t^2), \\ y = t - \arctan t, \end{cases}$ 求 $\dfrac{dy}{dx}$ 及 $\dfrac{d^2 y}{dx^2}$；

(5) $\begin{cases} x = t(1-\sin t), \\ y = t\cos t; \end{cases}$

(6) $\begin{cases} x = 1 - t^2, \\ y = t - t^3, \end{cases}$ 求 $\dfrac{d^3 y}{dx^3}$.

6. 求曲线在已知点处的切线方程和法线方程:

(1) $\begin{cases} x = a\cos t, \\ y = b\sin t, \end{cases}$ 在 $t = \dfrac{\pi}{4}$ 处;

(2) $\begin{cases} x = \dfrac{3at}{1+t^2}, \\ y = \dfrac{3at^2}{1+t^2}, \end{cases}$ 在 $t = 2$ 处.

7. 验证函数 $y = e^x \sin x$ 满足关系式 $y'' - 2y' + 2y = 0$.

8. 验证函数 $y = e^{\sqrt{x}} + e^{-\sqrt{x}}$ 满足关系式 $xy'' + \dfrac{1}{2}y' - \dfrac{1}{4}y = 0$.

9. 验证函数 $y = c_1 e^{\lambda x} + c_2 e^{-\lambda x}$ (c_1, c_2, λ 为常数)满足关系式 $y'' - \lambda^2 y = 0$.

10. 设有物体沿 Ox 线运动的规律为 $x = \dfrac{t^3}{3} - 2t^2 + 3t$, 求其速度及加速度.

第五节 函数的微分

一、微分的概念

先考察一个具体问题:一块正方形金属薄片受温度变化的影响,其边长由 x_0 变到 $x_0 + \Delta x$(图 2-4),问该薄片的面积改变了多少?

设该薄片的边长为 x, 面积为 A, 则 A 是 x 的函数: $A = x^2$. 薄片受温度变化的影响时面积的改变量,可看作是当自变量 x 从 x_0 获得增量 Δx 时,函数值 A 相应的增量 ΔA, 即
$$\Delta A = (x_0 + \Delta x)^2 - x_0^2 = 2x_0 \Delta x + (\Delta x)^2.$$

从上式可以看出, ΔA 分为两部分:第一部分 $2x_0 \Delta x$ 是 Δx 的线性函数,即图中带有斜线的两个矩形面积之和,而第二部分 $(\Delta x)^2$ 在图中是带有交叉斜线的小正方形的面积,当 $\Delta x \to 0$ 时,第二部分 $(\Delta x)^2$ 是比 Δx 高阶的无穷小,即 $(\Delta x)^2 = o(\Delta x)(\Delta x \to 0)$. 由此可知,当边长改变很微小,即 $|\Delta x|$ 很小时,面积的改变量 ΔA 可近似地用第一部分 $2x_0 \Delta x$ 来代替.

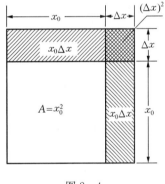

图 2-4

一般地,如果函数 $y = f(x)$ 在某点 x 处可导,且 $f'(x) \neq 0$, 即
$$\lim_{\Delta x \to 0} \frac{\Delta y}{\Delta x} = f'(x) \neq 0.$$

由函数极限的性质,有
$$\frac{\Delta y}{\Delta x} = f'(x) + \alpha \quad (\alpha \text{ 是当 } \Delta x \to 0 \text{ 时的无穷小}),$$
即
$$\Delta y = f'(x) \Delta x + \alpha \cdot \Delta x.$$

由上式可知,函数的增量 Δy 可表示成两项 $f'(x)\Delta x$ 和 $\alpha \cdot \Delta x$ 之和. 其中, $f'(x)\Delta x$ 是 Δx 的线性部分, $\alpha \cdot \Delta x$ 是较 Δx 高阶的无穷小. 因此,第一项线性部分是 Δy 的主要部分,它与 Δy 仅相差一个比 Δx 高阶的无穷小. 当 $|\Delta x|$ 很小时, 有 $\Delta y \approx f'(x)\Delta x$, 并且当 $|\Delta x|$ 越小时, 近似程度越好.

定义 设函数 $y = f(x)$ 在某区间内有定义, x_0 及 $x_0 + \Delta x$ 都在该区间内, 若函数的增量
$$\Delta y = f(x_0 + \Delta x) - f(x_0)$$

可表示为
$$\Delta y = A\Delta x + o(\Delta x),$$
其中 A 是不依赖于 Δx 的常数，而 $o(\Delta x)$ 是比 Δx 高阶的无穷小，则称函数 $y=f(x)$ 在点 x_0 是可微的，而 $A\Delta x$ 称为函数 $y=f(x)$ 在点 x_0 相应于自变量 x_0 的微分，记作
$$\mathrm{d}y = A\Delta x.$$

定理 函数 $f(x)$ 在点 x_0 可微的充要条件是函数 $f(x)$ 在点 x_0 可导，且当 $f(x)$ 在点 x_0 可微时，其微分一定是 $\mathrm{d}y=f'(x_0)\Delta x$.

若函数 $y=f(x)$ 在区间 I 上每一点都可微，则称 $f(x)$ 为区间 I 上的可微函数．函数 $y=f(x)$ 在区间 I 上的微分记作
$$\mathrm{d}y = f'(x)\Delta x.$$

设 $y=f(x)=x$，$\mathrm{d}y=\mathrm{d}x=x'\cdot\Delta x=\Delta x$，即自变量的微分恒等于自变量的增量，所以函数的微分等于函数的导数乘以自变量的微分．
$$\mathrm{d}y = f'(x)\mathrm{d}x,$$
$$\frac{\mathrm{d}y}{\mathrm{d}x} = f'(x).$$

此式还说明了函数的导数等于函数的微分与自变量的微分之商，所以函数的导数又称为函数的**微商**．

二、微分的几何意义

为了对微分有比较直观的了解，我们来说明微分的几何意义．

在直角坐标系中，函数 $y=f(x)$ 的图形是一条曲线．对于某一固定的 x_0 值，曲线上有一个确定点 $M(x_0, y_0)$，当自变量 x 有微小增量 Δx 时，就得到曲线上另一点 $N(x_0+\Delta x, y_0+\Delta y)$，由图 2-5 可知
$$MQ = \Delta x, \quad QN = \Delta y.$$

过点 M 作曲线的切线 MT，它的倾斜角为 α，则
$$QP = MQ \cdot \tan\alpha = \Delta x \cdot f'(x_0),$$
即
$$\mathrm{d}y = QP.$$

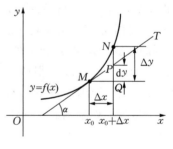

图 2-5

由此可见，当 Δy 是曲线 $y=f(x)$ 上的点的纵坐标的增量时，$\mathrm{d}y$ 就是曲线的切线上的点的纵坐标的相应增量．当 $|\Delta x|$ 很小时，$|\Delta y-\mathrm{d}y|$ 比 $|\Delta x|$ 小得多，因此在点 M 的邻近，我们可以用切线段来近似代替曲线段．

三、微分公式与微分法则

由函数微分的表达式
$$\mathrm{d}y = f'(x)\mathrm{d}x$$
可知，只要知道函数的导数，就可以求出函数的微分，反之亦然．因此求函数的导数及函数的微分的方法都叫作**微分法**．

1. 微分基本公式

由基本初等函数的导数公式，可得出相应的微分公式：

(1) $d(c)=0$；

(2) $d(x)=dx$；

(3) $d(x^n)=nx^{n-1}dx$；

(4) $d(\sin x)=\cos x dx$；

(5) $d(\cos x)=-\sin x dx$；

(6) $d(\tan x)=\sec^2 x dx$；

(7) $d(\cot x)=-\csc^2 x dx$；

(8) $d(\sec x)=\sec x \tan x dx$；

(9) $d(\csc x)=-\csc x \cot x dx$；

(10) $d(e^x)=e^x dx$；

(11) $d(a^x)=a^x \ln a dx$；

(12) $d(\ln x)=\dfrac{1}{x}dx$；

(13) $d(\log_a x)=\dfrac{1}{x\ln a}dx$；

(14) $d(\arcsin x)=\dfrac{1}{\sqrt{1-x^2}}dx$；

(15) $d(\arccos x)=-\dfrac{1}{\sqrt{1-x^2}}dx$；

(16) $d(\arctan x)=\dfrac{1}{1+x^2}dx$；

(17) $d(\operatorname{arccot} x)=-\dfrac{1}{1+x^2}dx$.

2. 微分法则

由函数的和、差、积、商的求导法则，可得微分法则：

(1) $d(u\pm v)=du\pm dv$；

(2) $d(cu)=cdu$；

(3) $d(uv)=udv+vdu$；

(4) $d\left(\dfrac{u}{v}\right)=\dfrac{vdu-udv}{v^2}$.

3. 复合函数的微分法则

设 $y=f(u)$，$u=\varphi(x)$，则复合函数 $y=f[\varphi(x)]$ 的微分为
$$dy = y'_x dx = f'(u)\varphi'(x)dx.$$
由于 $du=\varphi'(x)dx$，故上式可写成
$$dy = f'(u)du,$$
或
$$dy = y'_x dx.$$

此式表明，**不论 u 是自变量还是中间变量，$y=f(u)$ 的微分 dy 总可以用 $f'(u)$ 与 du 之积表示，这一性质称为微分形式不变性**.

例1 求函数 $y=x^2\ln x^2+\cos x$ 的微分.

解 $dy = d(x^2\ln x^2) + d(\cos x)$
$= 2x\ln x^2 dx + 2x dx - \sin x dx$
$= (2x\ln x^2 + 2x - \sin x)dx.$

例2 求函数 $y=e^{\sin(ax+b)}$ 的微分.

解 $dy = e^{\sin(ax+b)} d[\sin(ax+b)]$
$= e^{\sin(ax+b)} \cos(ax+b) d(ax+b)$
$= a\cos(ax+b)e^{\sin(ax+b)} dx.$

例3 求函数 $y=\dfrac{\sin 2x}{x^2}$ 的微分.

解 $dy = \dfrac{x^2 \cdot d(\sin 2x) - \sin 2x \cdot d(x^2)}{x^4}$

$$= \frac{2x^2\cos 2x - 2x\sin 2x}{x^4}\mathrm{d}x$$

$$= \frac{2x\cos 2x - 2\sin 2x}{x^3}\mathrm{d}x.$$

四、微分的应用

1. 微分在近似计算中的应用

在实际工作中，经常会遇到一些复杂的计算公式．如果直接用这些公式进行计算，是很麻烦的．利用微分往往可以把一些复杂的计算公式改用简单的近似公式来代替．

我们已经知道，若 $f'(x_0) \neq 0$，且 $|\Delta x|$ 很小时，有

$$\Delta y \approx \mathrm{d}y = f'(x_0)\Delta x,$$

即

$$\Delta y = f(x_0 + \Delta x) - f(x_0) \approx f'(x_0)\Delta x, \tag{1}$$

于是

$$f(x_0 + \Delta x) \approx f(x_0) + f'(x_0)\Delta x. \tag{2}$$

在(2)式中，若令 $x = x_0 + \Delta x$，即 $\Delta x = x - x_0$，则上式可写为

$$f(x) \approx f(x_0) + f'(x_0)(x - x_0), \tag{3}$$

即当 $|x - x_0|$ 很小时，可由(3)式求出 $f(x)$ 的近似值，这种近似计算的实质就是用 x 的线性函数 $f(x_0) + f'(x_0)(x - x_0)$ 来近似表达函数 $f(x)$．

从导数的几何意义可知，就是用曲线 $y = f(x)$ 在点 $(x_0, f(x_0))$ 的切线来近似代替该点邻近部分的曲线．

例 4 利用微分计算 $\sin 30°30'$ 的近似值．

解 设 $f(x) = \sin x$，则 $f'(x) = \cos x$，取 $x_0 = 30° = \frac{\pi}{6}$，$\Delta x = 30' = \frac{\pi}{360}$，则由公式(2)得

$$\sin 30°30' = \sin\left(\frac{\pi}{6} + \frac{\pi}{360}\right) \approx \sin\frac{\pi}{6} + \cos\frac{\pi}{6} \cdot \frac{\pi}{360}$$

$$= \frac{1}{2} + \frac{\sqrt{3}}{2} \cdot \frac{\pi}{360} = 0.5 + 0.0076 = 0.5076.$$

例 5 证明当 $|x|$ 很小时，有下列近似公式：

(1) $(1+x)^m \approx 1 + mx$；

(2) $\sqrt[n]{a^n + x} \approx a\left(1 + \frac{x}{na^n}\right)$（当 $a > 0$ 且 $\left|\frac{x}{a^n}\right|$ 很小时）；

(3) $e^x \approx 1 + x$；

(4) $\ln(1+x) \approx x$；

(5) $\sin x \approx x$（x 用弧度作单位）；

(6) $\tan x \approx x$（x 用弧度作单位）．

证 在公式(3)中，取 $x_0 = 0$，$\Delta x = x$，则当 $|x|$ 很小时，有

$$f(x) \approx f(0) + f'(0) \cdot x, \tag{4}$$

于是

(1) 设 $f(x) = (1+x)^m$，则 $f(0) = 1$，$f'(x) = m(1+x)^{m-1}$，所以

$$f'(0) = m(1+0)^{m-1} = m.$$

由公式(4)得
$$(1+x)^m \approx 1 + m(1+0)^{m-1}x = 1+mx.$$

(2) 设 $f(x) = \sqrt[n]{a^n+x} = a\left(1+\dfrac{x}{a^n}\right)^{\frac{1}{n}}$，当 $\left|\dfrac{x}{a^n}\right|$ 很小时，根据
$$(1+x)^m \approx 1+mx,$$

有
$$a\left(1+\dfrac{x}{a^n}\right)^{\frac{1}{n}} \approx a\left(1+\dfrac{1}{n}\cdot\dfrac{x}{a^n}\right) = a\left(1+\dfrac{x}{na^n}\right),$$

即
$$\sqrt[n]{a^n+x} \approx a\left(1+\dfrac{x}{na^n}\right).$$

类似地，可以证明(3)、(4)、(5)、(6)，这里从略．

例 6 计算 $\sqrt[3]{8.02}$ 的近似值．

解 由例 5 中的公式 $\sqrt[n]{a^n+x} \approx a\left(1+\dfrac{x}{na^n}\right)$，可得

$$\sqrt[3]{8.02} \approx \sqrt[3]{2^3+0.02} = 2\left(1+\dfrac{0.02}{3\times 2^3}\right) = 2 + \dfrac{0.01}{6} \approx 2.0017.$$

2. 微分在误差估计中的应用

在生产实践中，经常要测量各种数据．但是有的数据不易直接测量，这时我们就通过测量其他有关数据后，根据某种公式算出所要的数据．例如，要计算圆钢的截面积 A，可先用卡尺测量圆钢截面的直径 D，然后根据公式 $A = \dfrac{\pi D^2}{4}$ 算出 A．

由于测量仪器的精度、测量的条件和测量的方法等各种因素的影响，测得的数据往往带有误差，而根据带有误差的数据计算所得的结果也会有误差，我们把它叫作**间接测量误差**．

下面就讨论怎样利用微分来估计间接测量误差．

首先介绍什么叫作绝对误差，什么叫作相对误差．

如果某个量的精确值为 A，它的近似值为 a，那么 $|A-a|$ 叫作 a 的**绝对误差**，而绝对误差与 $|a|$ 的比值 $\dfrac{|A-a|}{|a|}$ 叫作 a 的**相对误差**．

在实际工作中，某个量的精确值往往是无法知道的，于是绝对误差与相对误差也就无法求得．但是根据测量仪器的精度等因素，有时能够确定误差在某一个范围内．如果某个量的精确值是 A，测得它的近似值是 a，又知道它的误差不超过 δ_A，即
$$|A-a| \leqslant \delta_A,$$

那么 δ_A 叫作测量 A 的**绝对误差限**，而 $\dfrac{\delta_A}{|a|}$ 叫作测量 A 的**相对误差限**．

例 7 设测得圆钢截面的直径 $D = 60.03$ mm，测量 D 的绝对误差限 $\delta_D = 0.05$ mm．利用公式
$$A = \dfrac{\pi D^2}{4}$$

计算圆钢的截面积时，试估计面积的误差．

解 我们把测量 D 时所产生的误差当作自变量 D 的增量 ΔD，那么利用公式 $A = \dfrac{\pi D^2}{4}$ 来

计算 A 时所产生的误差就是函数 A 的对应增量 ΔA. 当 $|\Delta D|$ 很小时,可以利用微分 $\mathrm{d}A$ 近似地代替增量 ΔA,即

$$\Delta A \approx \mathrm{d}A = A' \cdot \Delta D = \frac{\pi D}{2} \cdot \Delta D.$$

由于 D 的绝对误差限 $\delta_D = 0.05$ mm,所以

$$|\Delta D| \leqslant \delta_D = 0.05,$$

而

$$|\Delta A| \approx |\mathrm{d}A| = \frac{\pi D}{2} \cdot |\Delta D| \leqslant \frac{\pi D}{2} \cdot \delta_D.$$

因此得出 A 的绝对误差限约为

$$\delta_A = \frac{\pi D}{2} \cdot \delta_D = \frac{\pi}{2} \times 60.03 \times 0.05 \approx 4.715(\mathrm{mm}^2).$$

A 的相对误差限约为

$$\frac{\delta_A}{A} = \frac{\frac{\pi D}{2} \cdot \delta_D}{\frac{\pi D^2}{4}} = \frac{2\delta_D}{D} = \frac{2 \times 0.05}{60.03} \approx 0.17\%.$$

一般地,根据直接测量的 x 值按公式 $y = f(x)$ 计算 y 值时,如果已知测量 x 的绝对误差限是 δ_x,即

$$|\Delta x| \leqslant \delta_x,$$

那么当 $y' \neq 0$ 时,y 的绝对误差

$$|\Delta y| \approx |\mathrm{d}y| = |y'| \cdot |\Delta x| \leqslant |y'| \cdot \delta_x.$$

即 y 的绝对误差限约为

$$\delta_y = |y'| \cdot \delta_x,$$

y 的相对误差限约为

$$\frac{\delta_y}{|y|} = \left|\frac{y'}{y}\right| \cdot \delta_x.$$

以后常把绝对误差限与相对误差限简称为绝对误差与相对误差.

例8 立方体边长的精确度应为多少,才能使体积的相对误差不超过 1%?

解 设立方体的边长为 x,体积为 V,则

$$V = x^3,$$

两端取对数并微分,得

$$\frac{\mathrm{d}V}{V} = \frac{3\mathrm{d}x}{x}.$$

而

$$\left|\frac{\Delta V}{V}\right| \approx \left|\frac{\mathrm{d}V}{V}\right| = 3\left|\frac{\Delta x}{x}\right|,$$

所以,要想使体积的相对误差

$$\left|\frac{\Delta V}{V}\right| < \frac{1}{100},$$

只需
$$3\left|\frac{\Delta x}{x}\right| < \frac{1}{100},$$

即
$$\left|\frac{\Delta x}{x}\right| < \frac{1}{300} = 0.333\%.$$

所以只要边长的相对误差小于 0.333%，则体积的相对误差就不超过 1%.

习题 2-5

1. 设 $y = x^3 - x$，求 Δy 及 $\mathrm{d}y$，并求当 $x = 2$，$\Delta x = 0.1$ 时的 Δy 及 $\mathrm{d}y$ 的值.
2. 设有一半径为 2 的球，加热后半径有一改变量 0.1，求该球体积改变量的近似值及精确值.
3. 求下列函数的微分：

(1) $y = \frac{1}{x} + 2\sqrt{x}$；

(2) $y = x\cos 2x$；

(3) $y = \frac{x}{\ln x}$；

(4) $y = \arcsin\sqrt{1-x^2}$；

(5) $y = [\ln(1-x)]^2$；

(6) $y = 5^{\ln\tan x}$；

(7) $y = \arctan(e^x)$；

(8) $y = e^x \sin^2 x$；

(9) $y = -2xe^{-x^2}$；

(10) $y = \tan^2(1+2x^2)$；

(11) $y = \frac{x}{4^x}$；

(12) $y = \operatorname{arccot}\frac{1-x^2}{1+x^2}$；

(13) $y = \frac{\arctan x}{1+x^2}$；

(14) $y = \ln(1 + x + \sqrt{2x+x^2})$.

4. 求下列各数的近似值：

(1) $\cos 29°$；

(2) $\tan 136°$；

(3) $\arcsin 0.5002$；

(4) $\arctan 0.97$；

(5) $\sqrt{0.96}$；

(6) $\sqrt[3]{996}$；

(7) $(0.998)^{10}$；

(8) $e^{0.003}$；

(9) $\ln 1.002$；

(10) $\tan 45'$.

5. 设 $y = \cos^2 \varphi$，当 φ 由 $60°$ 变到 $60°30'$ 时，计算其微分的值.

6. 当 $|x|$ 较小时，证明：

(1) $\tan x \approx x$（x 以弧度为单位）；

(2) $\ln(1+x) \approx x$.

7. 设扇形的圆心角 $\alpha = 60°$，半径 $R = 100$ cm，若 R 不变，α 减少 $30'$，问扇形面积大约改变了多少？

8. 设 $f(x) = e^{0.1x(1-x)}$，求 $f(1.05)$ 的近似值.

9. 求 $y = x^2 - x$ 当 $x = 10$，$\Delta x = 0.1$ 时的增量和微分，并计算用 $\mathrm{d}y$ 代替 Δy 时的绝对误差和相对误差.

10. 计算球体的体积时，要求精确度在 2% 以内，问这时测量直径 D 的相对误差不能超过多少？

11. 有一圆柱高为 25 m，半径度量得 (20 ± 0.005) m，求该圆柱体积的相对误差及圆柱侧面积的相对误差.

*第六节　导数在经济分析中的应用

由导数的定义知道，函数在某点处的导数就是函数在该点处的变化率.

在经济分析中，经常需要使用变化率的概念来描述一个变量 y 关于另一个变量 x 的变化情况，而变化率又分平均变化率与瞬间变化率．平均变化率表示变量 x 在某一个范围内取值时 y 的变化情况．瞬间变化率表示变量 x 在某一个取值的"边缘上"变化时 y 的变化情况，即当 x 在某一给定值附近发生微小变化时 y 的变化情况，也称为函数 y 在该定值处的边际．

一、边际函数

如果函数 $y=f(x)$ 可导，则其导函数 $f'(x)$ 在经济学中也称为**边际函数**．$f'(x)$ 在 x_0 处的值称为 $f(x)$ 在点 $x=x_0$ 处的边际函数值．

设在点 $x=x_0$ 处，x 从 x_0 处改变一个单位时，函数 y 的增量为 $\Delta y=f(x_0+1)-f(x_0)$（其中 $\Delta x=1$）．由微分的应用知道，Δy 的近似值为

$$\Delta y \approx \mathrm{d}y \Big|_{\substack{x=x_0 \\ \Delta x=1}} = f'(x)\Delta x \Big|_{\substack{x=x_0 \\ \Delta x=1}} = f'(x_0).$$

当 $\Delta x=-1$ 时，标志着 x 从 x_0 处减小一个单位．

这说明 $f(x)$ 在点 $x=x_0$ 处，当 x 改变一个单位时，y 近似改变 $f'(x_0)$ 个单位．在具体经济问题中解释边际函数值时，一般都省略"近似"二字．

例如，函数 $y=x^2$，$y'=2x$，在点 $x=10$ 处的边际函数值 $y'(10)=20$，它表示当 $x=10$ 时，x 改变一个单位，y（近似）改变 20 个单位．

1. 边际成本

总成本 $C=C(q)$ 的导数 $C'(q)$ 称为**边际成本**．

对于大多数的实际问题，产品的产量只取整数单位，一个单位的变化是最小的变化．因此，边际成本 $C'(q)$ 表示当已生产了 q 个单位产品时，再增加一个单位产品总成本增加的数量．

由于总成本 $C(q)$ 等于固定成本 C_1 与可变成本 $C_2(q)$ 之和，即

$$C(q) = C_1 + C_2(q),$$

边际成本为

$$C'(q) = [C_1 + C_2(q)]' = C_2'(q),$$

因此，边际成本与固定成本无关，只与可变成本有关．

例 1 设生产某种产品 q 个单位的总成本为 $C(q)=484+12q+\dfrac{q^2}{100}$（百元），求当 $q=50$ 时的边际成本，并解释其经济意义．

解 边际成本为

$$C'(q) = 12 + \frac{q}{50},$$

于是当 $q=50$ 时，边际成本 $C'(50)=13$．它表示当生产第 51 个产品时，成本需再增加 1300 元．

2. 边际收益

总收益 $R=R(q)$ 的导数 $R'(q)$ 称为**边际收益**．它表示销售 q 个单位产品后，再销售一个单位的产品所增加的收益．

若已知需求函数 $P=P(q)$，其中 P 为价格，q 为销售量，则总收益 $R(q)=q \cdot P(q)$，边际收益为

$$R'(q) = P(q) + q \cdot P'(q).$$

例2 设某产品的价格与销售量的关系为 $P=20-\dfrac{q}{5}$，求销售量为15个单位时的边际收益.

解 总收益
$$R(q)=qP(q)=20q-\dfrac{q^2}{5},$$
边际收益为
$$R'(q)=20-\dfrac{2}{5}q,$$
故
$$R'(15)=14.$$

3. 边际利润

总利润 $L=L(q)$ 的导数 $L'(q)$ 称为**边际利润**. 它表示若已经生产了 q 个单位的产品，再多生产一个单位的产品总利润的增加量.

若总利润 $L(q)=R(q)-C(q)$，则边际利润为 $L'(q)=R'(q)-C'(q)$.

例3 已知某产品的需求函数为 $P=10-\dfrac{q}{5}$，成本函数为 $C=50+2q$，求产量为15时的边际利润，并说明其经济意义.

解 已知
$$P=10-\dfrac{q}{5},\ C=50+2q,$$
于是总收益为
$$R(q)=qP(q)=10q-\dfrac{q^2}{5},$$
总利润为
$$L(q)=R(q)-C(q)=8q-\dfrac{q^2}{5}-50,$$
边际利润为
$$L'(q)=8-\dfrac{2}{5}q,$$
故
$$L'(15)=8-\dfrac{2}{5}\times 15=2,$$
其经济意义为：产量为第16个单位时，总利润将增加2个单位.

4. 边际需求

需求函数 $Q=Q(p)$ 的导数 $Q'(p)$ 称为**边际需求函数**. 它表示当产品的价格在 p 的基础上上涨(或下降)一个单位时，需求量 Q 将减少(或增加) $Q'(p)$ 个单位.

例如，若已知需求函数 $Q=12-\dfrac{p^2}{4}$，则边际需求函数为 $Q'=-\dfrac{p}{2}$.

当 $p=8$ 时，$Q'(8)=-\dfrac{8}{2}=-4$ 称为 $p=8$ 时的边际需求，它表示：当 $p=8$ 时价格上涨(下跌)1个单位，需求将减少(增加)4个单位.

二、函数的弹性

前面所讨论的函数改变量与函数变化率是绝对改变量与绝对变化率．我们从实践中体会到，仅仅研究函数的绝对改变量与绝对变化率还是不够的．例如，商品甲每单位价格 10 元，涨价 1 元；商品乙每单位价格 1000 元，也涨价 1 元，但各与其原价相比，两者涨价的百分比却有很大的不同，商品甲涨了 10%，而商品乙涨了 0.1%．因此，我们很有必要研究函数的相对改变量与相对变化率．

定义 设函数 $y=f(x)$ 在点 $x=x_0$ 处可导，函数的相对改变量 $\dfrac{\Delta y}{y_0}=\dfrac{f(x_0+\Delta x)-f(x_0)}{f(x_0)}$ 与自变量的相对改变量 $\dfrac{\Delta x}{x_0}$ 之比

$$\frac{\Delta y/y_0}{\Delta x/x_0},$$

称为函数 $f(x)$ 从 $x=x_0$ 到 $x_0+\Delta x$ 两点间的**相对变化率**，或称为两点间的**弹性**．

当 $\Delta x \to 0$ 时，$\dfrac{\Delta y/y_0}{\Delta x/x_0}$ 的极限称为 $f(x)$ 在 x_0 处的相对变化率，或称为弹性，记作

$$\left.\frac{Ey}{Ex}\right|_{x=x_0} \text{或} \frac{E}{Ex}f(x_0),$$

即

$$\left.\frac{Ey}{Ex}\right|_{x=x_0}=\lim_{\Delta x \to 0}\frac{\Delta y/y_0}{\Delta x/x_0}=\lim_{\Delta x \to 0}\frac{\Delta y}{\Delta x}\cdot\frac{x_0}{y_0}=f'(x_0)\cdot\frac{x_0}{f(x_0)}.$$

函数 $f(x)$ 在点 x_0 处的弹性反映在点 x_0 处随 x 的变化 $f(x)$ 的变化幅度的大小，也就是 $f(x)$ 对 x 变化反应的强烈程度或灵敏度．具体地，$\dfrac{E}{Ex}f(x_0)$ 表示在点 x_0 处，当 x 改变 1% 时，$f(x)$ 近似地改变 $\dfrac{E}{Ex}f(x_0)$%．在应用问题中解释弹性的具体意义时，我们还是略去"近似"二字．

对于一般的 x，若 $y=f(x)$ 可导，则有

$$\frac{Ey}{Ex}=\lim_{\Delta x \to 0}\frac{\Delta y/y}{\Delta x/x}=\lim_{\Delta x \to 0}\frac{\Delta y}{\Delta x}\cdot\frac{x}{y}=y'\cdot\frac{x}{y}$$

是 x 的函数，称为 $f(x)$ 的弹性函数．

注意：两点间的弹性是有方向性的，因为"相对性"是对初始值相对而言的．

例 4 求函数 $y=100\,\mathrm{e}^{3x}$ 的弹性函数 $\dfrac{Ey}{Ex}$ 及 $\left.\dfrac{Ey}{Ex}\right|_{x=2}$．

解 $y'=300\mathrm{e}^{3x}$,

$$\frac{Ey}{Ex}=y'\cdot\frac{x}{y}=300\mathrm{e}^{3x}\frac{x}{100\,\mathrm{e}^{3x}}=3x,$$

$$\left.\frac{Ey}{Ex}\right|_{x=3}=3\times 2=6.$$

例 5 求幂函数 $y=x^a$（a 为常数）的弹性函数．

解 $y' = ax^{a-1}$,

$$\frac{Ey}{Ex} = y' \cdot \frac{x}{y} = ax^{a-1} \frac{x}{x^a} = a.$$

可以看到，幂函数的弹性函数为常数.

当函数的弹性函数为常数时，称为**不变弹性函数**.

在经济分析中经常用到的是需求和供给对价格的弹性.

设某商品的需求函数 $Q=Q(p)$ 在 $p=p_0$ 处可导，$Q_0=Q(p_0)$，一般情况下由于需求函数 $Q=Q(p)$ 为单调减少函数，Δp 与 ΔQ 异号，p_0、Q_0 为正数，于是 $\frac{\Delta Q/Q_0}{\Delta p/p_0}$ 及 $Q'(p_0)\frac{p_0}{Q_0}$ 都是非正数. 为了用正数表示弹性，我们称

$$\overline{\eta}(p_0, p_0+\Delta p) = -\frac{\Delta Q/Q_0}{\Delta p/p_0}$$

为该商品在 p_0 和 $p_0+\Delta p$ **两点间的需求弹性**，称

$$\eta|_{p=p_0} = \eta(p_0) = -Q'(p_0)\frac{p_0}{Q(p_0)}$$

为该商品在 p_0 处的**需求弹性**.

设某商品的供给函数 $S=S(p)$ 在 p_0 处可导，称 $\overline{\varepsilon}(p_0, p_0+\Delta p) = \frac{\Delta Q/Q_0}{\Delta p/p_0}$ 为该商品在 p_0 和 $p_0+\Delta p$ **两点间的供给弹性**，称

$$\varepsilon|_{p=p_0} = \varepsilon(p_0) = S'(p_0)\frac{p_0}{S(p_0)}$$

为该商品在 p_0 处的**供给弹性**.

例 6 已知某商品的需求函数为 $Q=\frac{1200}{p}$，求：

(1) $\overline{\eta}(30, 20)$，$\overline{\eta}(30, 50)$；(2) $\eta(30)$.

解 (1) 已知 $p_0=30$，则 $Q_0=\frac{1200}{p_0}=40$.

当 $p=20$ 时，$Q=\frac{1200}{p}=60$，故 $\Delta p=-10$，$\Delta Q=20$，所以

$$\overline{\eta}(30, 20) = -\frac{\Delta Q/Q_0}{\Delta p/p_0} = -\frac{20/40}{-10/30} = 1.5,$$

这说明当商品价格 p 从 30 降至 20 时，在该区间内，p 从 30 每降低 1%，需求量 Q 从 40 平均增加 1.5%.

当 $p=50$ 时，$Q=\frac{1200}{p}=24$，故 $\Delta p=20$，$\Delta Q=-16$，所以

$$\overline{\eta}(30, 50) = -\frac{\Delta Q/Q_0}{\Delta p/p_0} = -\frac{-16/40}{20/30} = 0.6,$$

表示当商品价格 p 从 30 涨至 50 时，在该区间内，p 从 30 每上涨 1%，需求量 Q 从 40 平均减少 0.6%.

(2) $Q' = -\dfrac{1200}{p^2}$,

$$\eta(p) = -Q'(p)\dfrac{p}{Q(p)} = \dfrac{1200}{p^2} \cdot \dfrac{p}{\dfrac{1200}{p}} = \dfrac{1200}{p^2} \cdot \dfrac{p^2}{1200} = 1,$$

故 $\eta(30) = 1$,

这说明在 $p=30$ 时,价格上涨 1%,需求则减少 1%;价格下跌 1%,需求则增加 1%.

此需求函数为幂函数,是不变弹性函数,即无论 p 为何值都有 $\eta = 1$.

在经济分析中,通常认为某种商品的需求弹性对总收益有直接的影响.根据需求弹性的大小,可分为下面三种情况:

(1) 若商品的需求量对价格的弹性 $\eta > 1$,则称该商品的需求量对价格富有弹性.说明需求变动的幅度大于价格变动的幅度.即对于富有弹性的商品,价格上涨,总收益减少;价格下跌,总收益增加.

(2) 若商品的需求量对价格的弹性 $\eta = 1$,则称该商品具有单位弹性.说明需求变动的幅度等于价格变动的幅度.即提价或降价总收益不变.

(3) 若商品的需求量对价格的弹性 $\eta < 1$,则称该商品的需求量对价格缺乏弹性.说明需求变动的幅度小于价格变动的幅度.即对于缺乏弹性的商品,价格上涨,总收益增加;价格下跌,总收益减少.

例7 设某商品的需求函数为 $Q = e^{-\frac{p}{5}}$,求:(1) 需求弹性函数;(2) $\eta(3)$,$\eta(5)$,$\eta(6)$.

解 (1) $Q' = -\dfrac{1}{5}e^{-\frac{p}{5}}$,

$$\eta(p) = -Q'(p)\dfrac{p}{Q(p)} = \dfrac{1}{5}e^{-\frac{p}{5}} \cdot \dfrac{p}{e^{-\frac{p}{5}}} = \dfrac{p}{5};$$

(2) $\eta(3) = \dfrac{3}{5} = 0.6$,$\eta(5) = \dfrac{5}{5} = 1$,$\eta(6) = \dfrac{6}{5} = 1.2$.

$\eta(5) = 1$,说明当 $p=5$ 时,价格与需求变动的幅度相同.

$\eta(3) = 0.6 < 1$,说明当 $p=3$ 时,需求变动的幅度小于价格变动的幅度,即当 $p=3$ 时,价格上涨 1%,需求只减少 0.6%.

$\eta(6) = 1.2 > 1$,说明当 $p=6$ 时,需求变动的幅度大于价格变动的幅度,即当 $p=6$ 时,价格上涨 1%,需求减少 1.2%.

习题 2-6

*1. 某化工厂日产能力最高为 1000 t,每日产品的总成本 C(单位:元)是日产量 x(单位:t)的函数 $C = C(x) = 1000 + 7x + 50\sqrt{x}$,$x \in [0, 1000]$,求当日产量为 100 t 时的边际成本.

*2. 设某产品生产 x 单位的总收益 R 是 x 的函数 $R = R(x) = 200x - 0.01x^2$,求生产 50 单位产品时的边际收益.

*3. 某商品的需求函数为 $Q = Q(p) = 75 - p^2$,求:(1) 当 $p=4$ 时的边际需求;(2) 当 $p=4$ 时的需求弹性.

自 测 题 二

一、填空题

1. 曲线 $\begin{cases} x=e^t\sin 2t, \\ y=e^t\cos t \end{cases}$ 在 $t=0$ 处的切线方程为_____，法线方程为_____；

2. 已知 $f'(2)=2$，则 $\lim\limits_{\Delta x\to 0}\dfrac{f(2-\Delta x)-f(2)}{2\Delta x}=$_____；

3. 若 $f(t)=\lim\limits_{x\to\infty}t\left(1+\dfrac{1}{x}\right)^{2tx}$，则 $f'(t)=$_____；

4. 设方程 $x=y^y$ 确定 y 是 x 的函数，则 $y'=$_____；

5. 设 $y=f(\ln x)e^{f(x)}$，其中 f 可微，则 $\mathrm{d}y=$_____.

二、多项选择题

1. 设 $f(x)$ 可导，且下列各极限均存在，则（   ）成立．

   (A) $\lim\limits_{x\to 0}\dfrac{f(x)-f(0)}{x}=f'(0)$；　　　(B) $\lim\limits_{h\to 0}\dfrac{f(a+2h)-f(a)}{h}=f'(a)$；

   (C) $\lim\limits_{\Delta x\to 0}\dfrac{f(x_0)-f(x_0-\Delta x)}{\Delta x}=f'(x_0)$；　　(D) $\lim\limits_{\Delta x\to 0}\dfrac{f(x_0+\Delta x)-f(x_0-\Delta x)}{2\Delta x}=f'(x_0)$．

2. 若 $\lim\limits_{x\to a}\dfrac{f(x)-f(a)}{x-a}=A$，$A$ 为常数，则有（   ）．

   (A) $f(x)$ 在点 $x=a$ 处连续；　　　(B) $f(x)$ 在点 $x=a$ 处可导；

   (C) $\lim\limits_{x\to a}f(x)$ 存在；　　　　　　(D) $f(x)-f(a)=A(x-a)+o(x-a)$．

3. 设函数 $f(x)$ 在点 x_0 及其邻近有定义，且有 $f(x_0+\Delta x)-f(x_0)=a\Delta x+b(\Delta x)^2$，其中 a,b 为常数，则有（   ）．

   (A) $f(x)$ 在点 $x=x_0$ 处连续；

   (B) $f(x)$ 在点 $x=x_0$ 处可导，且 $f'(x_0)=a$；

   (C) $f(x)$ 在点 $x=x_0$ 处可微，且 $\mathrm{d}f(x_0)=a\mathrm{d}x$；

   (D) $f(x_0+\Delta x)\approx f(x_0)+a\Delta x$（当 Δx 充分小时）．

4. 函数 $f(x)=\dfrac{|x|}{x}$ 是（   ）．

   (A) 奇函数；　　　　　　　　　(B) 非奇非偶函数；

   (C) 有界函数；　　　　　　　　(D) 在有定义的区间内处处可导的函数．

5. 设对任意的 x，都有 $f(-x)=-f(x)$，$f'(-x_0)=-k\neq 0$，则 $f'(x_0)=$（   ）．

   (A) k；　　　(B) $-k$；　　　(C) $\dfrac{1}{k}$；　　　(D) $-\dfrac{1}{k}$．

6. 已知 $y=e^{f(x)}$，则 $y''=$（   ）．

   (A) $e^{f(x)}$；　　　　　　　　　　(B) $e^{f(x)}f''(x)$；

   (C) $e^{f(x)}[f'(x)+f''(x)]$；　　　(D) $e^{f(x)}\{[f'(x)]^2+f''(x)\}$．

三、已知函数 $f(x)$ 连续，$F(x)=|x-a|f(x)$，问 $F(x)$ 在 $x=a$ 处是否可导？

四、求下列函数的导数

1. $y=2^x(x\sin x+\cos x)$;

2. $y=f[\ln(1+x)]$,求 y'';

3. 方程 $(\cos x)^y=(\sin y)^x$ 确定 y 是 x 的函数,求 y';

4. $\begin{cases} x=f'(t), \\ y=tf'(t)-f(t), \end{cases}$ $f''(t)$ 存在且不为零,求 $\dfrac{\mathrm{d}y}{\mathrm{d}x}$, $\dfrac{\mathrm{d}^2y}{\mathrm{d}x^2}$.

*五、设某产品的成本函数和收益函数分别为 $C(x)=100+5x+2x^2$,$R(x)=200x+x^2$,其中 x 表示产品的产量,求:(1) 边际成本函数、边际收益函数、边际利润函数;(2) 已生产并销售 25 个单位产品,第 26 个单位产品会有多少利润?

六、甲船以 6 km/h 的速度向东行驶,乙船以 8 km/h 的速度向南行驶,在中午 12 时整,乙船位于甲船之北 16 km 处,问下午 1 时整两船相离的速率为多少?

第三章 微分中值定理及导数的应用

上一章里，从分析实际问题中因变量相对于自变量的变化快慢出发，引进了导数概念，并讨论了导数的计算方法．本章我们将应用导数来研究函数以及曲线的某些性态，并利用这些知识解决一些问题．为此，先介绍微分学的几个中值定理，它们是导数应用的理论基础．

第一节　微分中值定理

我们先讲罗尔(Rolle)定理，然后根据它推出拉格朗日(Lagrange)中值定理和柯西(Cauchy)中值定理．

一、罗尔定理

罗尔定理　如果函数 $y=f(x)$ 在闭区间 $[a,b]$ 上连续，在开区间 (a,b) 内可导，且在区间端点处的函数值相等，即 $f(a)=f(b)$，那么在 (a,b) 内，至少有一点 $\xi(a<\xi<b)$，使得函数 $f(x)$ 在该点的导数等于零，即 $f'(\xi)=0$．

证　因 $f(x)$ 在闭区间 $[a,b]$ 上连续，由闭区间上连续函数的最大值最小值定理知，函数 $f(x)$ 在闭区间 $[a,b]$ 上必有最大值 M 及最小值 m 存在，下面分两种情况来讨论：

(1) 如果 $m=M$，因为 $f(x)$ 总介于 M 与 m 之间，所以 $y=f(x)$ 在闭区间 $[a,b]$ 上必恒等于常数 M，它的导数 $f'(x)$ 在该区间内为零，即取 (a,b) 内任一点 ξ，都有 $f'(\xi)=0$，于是定理得证．

(2) 如果 $m\neq M$，则 m,M 中至少有一点不在区间端点处取得，设 $M\neq f(a)=f(b)$，并设 ξ 为开区间 (a,b) 内一点，且函数 $f(x)$ 在这点取得最大值，即 $f(\xi)=M$，下面我们证明 $f(x)$ 在点 ξ 处的导数等于零：$f'(\xi)=0$．

因为 ξ 是开区间 (a,b) 内的一点，根据假设可知 $f'(\xi)$ 存在，即极限 $\lim\limits_{\Delta x \to 0}\dfrac{f(\xi+\Delta x)-f(\xi)}{\Delta x}$ 存在，而极限存在，必定左右极限都存在并且相等，因此

$$f'(\xi) = \lim_{\Delta x \to 0^+}\frac{f(\xi+\Delta x)-f(\xi)}{\Delta x} = \lim_{\Delta x \to 0^-}\frac{f(\xi+\Delta x)-f(\xi)}{\Delta x}.$$

由于 $f(\xi)=M$ 是 $f(x)$ 在 $[a,b]$ 上的最大值，因此不论 $\Delta x>0$ 还是 $\Delta x<0$，只要 $\xi+\Delta x$ 在 $[a,b]$ 上总有

$$f(\xi+\Delta x) \leqslant f(\xi),$$

即

$$f(\xi+\Delta x)-f(\xi) \leqslant 0.$$

当 $\Delta x>0$ 时，有

$$\frac{f(\xi+\Delta x)-f(\xi)}{\Delta x} \leqslant 0.$$

根据函数极限的性质有

$$f'_+(\xi) = \lim_{\Delta x \to 0^+} \frac{f(\xi+\Delta x)-f(\xi)}{\Delta x} \leqslant 0.$$

同理,当 $\Delta x < 0$ 时,有

$$\frac{f(\xi+\Delta x)-f(\xi)}{\Delta x} \geqslant 0,$$

从而

$$f'_-(\xi) = \lim_{\Delta x \to 0^-} \frac{f(\xi+\Delta x)-f(\xi)}{\Delta x} \geqslant 0.$$

因此必然有 $f'(\xi)=0$.

罗尔定理的几何意义是:设连续曲线弧$\overset{\frown}{AB}$的方程为 $y=f(x)$,若在弧$\overset{\frown}{AB}$上,除端点外处处具有不垂直于 x 轴的切线,且两端点的纵坐标相等,则在弧$\overset{\frown}{AB}$上至少有一点 C,使曲线在该点处的切线平行于 x 轴,如图 3-1 所示.

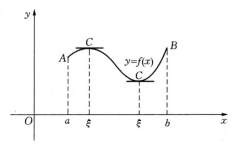

图 3-1

例 1 不求函数 $f(x)=x(x-1)(x-2)(x-3)$ 的导数,说明方程 $f'(x)=0$ 有几个实根,并指出它们所在的区间.

解 $f(x)$ 在 $(-\infty,+\infty)$ 内连续、可导,且 $f(0)=f(1)$. 由罗尔定理,在 $(0,1)$ 内至少有一点 ξ_1,使 $f'(\xi_1)=0$.

同理,$f(1)=f(2)$,在 $(1,2)$ 内至少有一点 ξ_2,使 $f'(\xi_2)=0$.

$f(2)=f(3)$,在 $(2,3)$ 内至少有一点 ξ_3,使 $f'(\xi_3)=0$.

由于 $f'(x)=0$ 是三次方程,最多有三个实根,所以 $f'(x)=0$ 有分别位于区间 $(0,1)$,$(1,2)$,$(2,3)$ 内的三个根.

二、拉格朗日中值定理

罗尔定理中 $f(a)=f(b)$ 这个条件是相当特殊的,它使罗尔定理的应用受到限制,如果把 $f(a)=f(b)$ 这个条件取消,但仍保留其余两个条件,并相应地改变结论,那么就得到微分学中十分重要的拉格朗日中值定理.

拉格朗日中值定理 如果函数 $f(x)$ 在闭区间 $[a,b]$ 上连续,在开区间 (a,b) 内可导,那么在 (a,b) 内至少有一点 $\xi(a<\xi<b)$,使得等式

$$f(b)-f(a)=f'(\xi)(b-a) \tag{1}$$

或

$$\frac{f(b)-f(a)}{b-a}=f'(\xi)$$

成立.

在证明这个定理之前,我们先介绍这个定理的几何意义.

设函数 $y=f(x)$ 的曲线如图 3-2 所示,$A(a,f(a))$,$B(b,f(b))$ 是曲线上两个点,则

连接 A、B 两点的弦 AB 的斜率为 $\dfrac{f(b)-f(a)}{b-a}$,因此,拉格朗日中值定理的几何意义是:如果连续曲线 $y=f(x)$ 的弧 $\overset{\frown}{AB}$ 上除端点外,处处具有不垂直于 x 轴的切线,那么,在这弧上至少有一点 $C(\xi,f(\xi))$ 使曲线在点 C 处的切线平行于弦 AB.

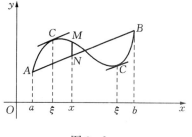

图 3-2

从罗尔定理的几何意义中(图 3-1)可看出,由于 $f(a)=f(b)$,弦 AB 是平行于 x 轴的,因此点 C 处的切线实际上也平行于弦 AB. 由此可见,罗尔定理是拉格朗日中值定理的特殊情况.

从上述拉格朗日中值定理与罗尔定理的关系,自然想到利用罗尔定理来证明拉格朗日中值定理. 但在拉格朗日中值定理中,函数 $f(x)$ 不一定具备 $f(a)=f(b)$ 这个条件,为此我们设想构造一个与 $f(x)$ 有密切联系的函数 $\varphi(x)$(称为辅助函数),使 $\varphi(x)$ 满足 $f(a)=f(b)$. 然后对 $\varphi(x)$ 应用罗尔定理,再把对 $\varphi(x)$ 所得的结论转化到 $f(x)$ 上,证得所要的结果. 我们从拉格朗日中值定理的几何解释中来寻找辅助函数,从图 3-2 中看到,有向线段 NM 的值是 x 的函数,把它表示为 $\varphi(x)$,它与 $f(x)$ 有密切的联系,且当 $x=a$ 及 $x=b$ 时,点 M 与点 N 重合,即有 $\varphi(a)=\varphi(b)=0$. 为求得函数 $\varphi(x)$ 的表达式,设直线 AB 的方程为 $y=L(x)$,则

$$L(x)=f(a)+\dfrac{f(b)-f(a)}{b-a}(x-a),$$

由于点 M、N 的纵坐标依次为 $f(x)$ 及 $L(x)$,故表示有向线段 NM 的值的函数

$$\varphi(x)=f(x)-L(x)=f(x)-f(a)-\dfrac{f(b)-f(a)}{b-a}(x-a).$$

下面就利用这个辅助函数来证明拉格朗日中值定理.

证 引进辅助函数

$$\varphi(x)=f(x)-f(a)-\dfrac{f(b)-f(a)}{b-a}(x-a).$$

显然这个函数满足罗尔定理的条件,即 $\varphi(a)=\varphi(b)=0$,$\varphi(x)$ 在闭区间 $[a,b]$ 上连续,在开区间 (a,b) 内可导,且

$$\varphi'(x)=f'(x)-\dfrac{f(b)-f(a)}{b-a}.$$

因此由罗尔定理知,在 (a,b) 内至少有一点 $\xi(a<\xi<b)$,使得

$$\varphi'(\xi)=f'(\xi)-\dfrac{f(b)-f(a)}{b-a}=0,$$

即

$$f(b)-f(a)=f'(\xi)(b-a).$$

定理证毕.

显然,公式(1)对于 $b<a$ 也成立,(1)式叫作拉格朗日中值公式.

拉格朗日中值公式有时也可写成另外的形式,如取 x 为 (a,b) 内一点,$x+\Delta x$ 为这区间内的另一点($\Delta x>0$ 或 $\Delta x<0$),则公式(1)在区间 $[x,x+\Delta x]$(当 $\Delta x>0$ 时)或在区间 $[x+\Delta x,x]$(当 $\Delta x<0$ 时)上就成为

$$f(x+\Delta x)-f(x)=f'(x+\theta\Delta x)\cdot\Delta x \quad (0<\theta<1), \tag{2}$$

这里 θ 介于 0 与 1 之间,所以 $x+\theta\Delta x$ 就介于 x 与 $x+\Delta x$ 之间. θ 的存在是肯定的,一般它的准确值是不知道的,但这并不影响公式(2)的应用. 在(2)式中,$f(x+\Delta x)-f(x)=\Delta y$,即(2)式可写成

$$\Delta y = f'(x+\theta\Delta x)\cdot\Delta x. \qquad (3)$$

函数的微分 $dy=f'(x)\cdot\Delta x$ 是函数的增量 Δy 的近似表达式,一般说来,以 dy 近似代替 Δy 时所产生的误差只有当 $\Delta x\to 0$ 时才趋于零;而(3)式则表示 $f'(x+\theta\Delta x)\cdot\Delta x$ 在 Δx 为有限时增量 Δy 的准确表达式,因此这个定理也叫作**有限增量定理**.

拉格朗日中值定理还有以下两个重要推论,今后在积分学中要用到.

推论 1 如果函数 $f(x)$ 在闭区间 $[a,b]$ 上连续,在开区间 (a,b) 内可导,且在区间 (a,b) 内处处都有 $f'(x)=0$,则 $f(x)=c$(常数).

证 设 x_1,x_2 为 $[a,b]$ 上任意两点,$a\leqslant x_1<x_2\leqslant b$,在 $[x_1,x_2]$ 上满足拉格朗日中值定理的条件,所以有

$$f(x_2)-f(x_1)=f'(\xi)(x_2-x_1),\ x_1<\xi<x_2,$$

又因 $f'(\xi)=0$,所以 $f(x_2)=f(x_1)$.

x_1,x_2 为 $[a,b]$ 上任意两点,这说明函数 $f(x)$ 在 $[a,b]$ 上任意一点的函数值都相等,故函数值是不变的,$f(x)=c$(常数). 证毕.

推论 2 如果满足中值定理条件的两函数 $f(x)$,$\varphi(x)$ 在 (a,b) 内的导数处处相等,$f'(x)=\varphi'(x)$,则在 (a,b) 内 $f(x)$ 和 $\varphi(x)$ 最多只相差一个常数.

证 设 $g(x)=f(x)-\varphi(x)$,$g(x)$ 也满足中值定理条件,当 x 为 (a,b) 内任何值时,有 $g'(x)=f'(x)-\varphi'(x)=0$,由推论 1 得 $g(x)=c$,$f(x)=\varphi(x)+c$. 证毕.

例 2 证明:当 $x>0$ 时,$\dfrac{x}{1+x}<\ln(1+x)<x$.

证 设 $f(x)=\ln(1+x)$,显然 $f(x)$ 在 $[0,x]$ 上满足拉格朗日定理的条件,根据公式(1),应有

$$f(x)-f(0)=f'(\xi)(x-0),\ 0<\xi<x.$$

由于 $f(0)=0$,$f'(x)=\dfrac{1}{1+x}$,因此上式即为 $\ln(1+x)=\dfrac{x}{1+\xi}$. 又由 $0<\xi<x$,有

$$\frac{x}{1+x}<\frac{x}{1+\xi}<x,$$

即

$$\frac{x}{1+x}<\ln(1+x)<x.$$

证毕.

例 3 证明恒等式 $\arcsin x+\arccos x=\dfrac{\pi}{2}$ $(-1\leqslant x\leqslant 1)$.

证 设 $f(x)=\arcsin x+\arccos x$,显然 $f(x)$ 在 $(-1,1)$ 内可导,

$$f'(x)=\frac{1}{\sqrt{1-x^2}}+\frac{-1}{\sqrt{1-x^2}}=0.$$

x 为 $(-1,1)$ 内任一点,由推论 1 知 $f(x)=c$(常数).

又 $f(0)=\arcsin 0+\arccos 0=\dfrac{\pi}{2}$,所以 $c=\dfrac{\pi}{2}$,则当 $x\in(-1,1)$ 时,

$$\arcsin x + \arccos x = \frac{\pi}{2}.$$

当 $x = \pm 1$ 时，原恒等式显然成立．

证毕．

三、柯西中值定理

柯西中值定理 如果 $f(x)$ 及 $g(x)$ 在闭区间 $[a, b]$ 上连续，在开区间 (a, b) 内可导，且 $g'(x)$ 在 (a, b) 内的每一点处都不为零，那么在 (a, b) 内至少有一点 ξ，使等式

$$\frac{f(b) - f(a)}{g(b) - g(a)} = \frac{f'(\xi)}{g'(\xi)} \tag{4}$$

成立．

证 我们首先注意到 $g(b) - g(a) \neq 0$，这是由于 $g(b) - g(a) = g'(\xi)(b - a)$，$\xi$ 在 a、b 之间，根据题设，$g'(\xi) \neq 0$，所以 $g(b) - g(a) \neq 0$．

引进辅助函数

$$\varphi(x) = f(x) - f(a) - \frac{f(b) - f(a)}{g(b) - g(a)} [g(x) - g(a)].$$

容易验证，这个辅助函数 $\varphi(x)$ 适合罗尔定理的条件：$\varphi(a) = \varphi(b) = 0$，$\varphi(x)$ 在闭区间 $[a, b]$ 上连续，在开区间 (a, b) 内可导，且

$$\varphi'(x) = f'(x) - \frac{f(b) - f(a)}{g(b) - g(a)} \cdot g'(x).$$

根据罗尔定理可知，在 (a, b) 内至少存在一点 ξ，使得 $\varphi'(\xi) = 0$，即

$$f'(\xi) - \frac{f(b) - f(a)}{g(b) - g(a)}, \ g'(\xi) = 0,$$

因此有

$$\frac{f(b) - f(a)}{g(b) - g(a)} = \frac{f'(\xi)}{g'(\xi)}.$$

证毕．

如果取 $g(x) = x$，则 $g'(x) = 1$，$g(b) - g(a) = b - a$，这时公式(4)可以写成

$$f(b) - f(a) = f'(\xi)(b - a) \quad (a < \xi < b),$$

这正是拉格朗日中值定理，因此，拉格朗日中值定理是柯西中值定理的一种特殊情况，或者说，柯西中值定理是拉格朗日中值定理的推广．

习题 3-1

1. 验证罗尔定理对函数 $y = \ln \sin x$ 在区间 $\left[\frac{\pi}{6}, \frac{5\pi}{6} \right]$ 上的正确性．

2. 指出函数 $y = \begin{cases} -x + 1, & 0 \leqslant x \leqslant 1, \\ x - 1, & 1 < x \leqslant 3 \end{cases}$ 在 $[0, 3]$ 上是否满足拉格朗日中值定理的条件．

3. 试证明对函数 $y = ax^2 + bx + c$ 应用拉格朗日中值定理时，所求得的点 ξ 位于区间正中间．

4. 应用拉格朗日中值定理，证明下列不等式：
   (1) $|\arctan a - \arctan b| \leqslant |a - b|$；
   (2) 当 $0 < a < b$ 时，$na^{n-1}(b - a) < b^n - a^n < nb^{n-1}(b - a) \quad (n > 1)$；
   (3) 当 $x > 1$ 时，$e^x > ex$．

第二节 洛必达法则

如果函数 $f(x)$ 和 $g(x)$ 当 $x \to x_0$（或 $x \to \infty$）时都趋向于零，或者都趋向于无穷大，这时 $\lim\limits_{\substack{x \to x_0 \\ (x \to \infty)}} \dfrac{f(x)}{g(x)}$ 可能存在，也可能不存在，通常把这种极限叫作未定式，并记作 $\dfrac{0}{0}$ 或 $\dfrac{\infty}{\infty}$. 在第一章中介绍过的重要极限 $\lim\limits_{x \to 0} \dfrac{\sin x}{x}$ 就是 $\dfrac{0}{0}$ 型未定式的一个例子. 对于这类极限，即使它存在也不能应用"商的极限等于极限的商"的法则来求得. 下面根据柯西中值定理来推出求这类极限的一种简单且重要的方法，即**洛必达法则**（L'Hospital）.

定理 1 如果

(1) $\lim\limits_{\substack{x \to x_0 \\ (x \to \infty)}} f(x) = 0$, $\lim\limits_{\substack{x \to x_0 \\ (x \to \infty)}} \varphi(x) = 0$;

(2) 在 x_0 的某邻域内（或 $|x| > N$）$f'(x)$ 及 $\varphi'(x)$ 存在且 $\varphi'(x) \neq 0$;

(3) $\lim\limits_{\substack{x \to x_0 \\ (x \to \infty)}} \dfrac{f'(x)}{\varphi'(x)}$ 存在（或无穷大），

则有
$$\lim\limits_{\substack{x \to x_0 \\ (x \to \infty)}} \dfrac{f(x)}{\varphi(x)} = \lim\limits_{\substack{x \to x_0 \\ (x \to \infty)}} \dfrac{f'(x)}{\varphi'(x)} = A (\text{有限或无穷大}).$$

证 (1) 当 $x \to x_0$ 时，由条件(1)可知，$f(x)$、$\varphi(x)$ 在 $x = x_0$ 处要么连续，要么不连续，但它是个可去间断点，所以可设 $f(x_0) = 0$，$\varphi(x_0) = 0$. 对于区间 $[x_0, x]$（x 为 x_0 邻近一点，且设 $x > x_0$），由柯西中值定理，有

$$\dfrac{f(x)}{\varphi(x)} = \dfrac{f(x) - f(x_0)}{\varphi(x) - \varphi(x_0)} = \dfrac{f'(\xi)}{\varphi'(\xi)} \qquad (\xi \text{ 在 } x \text{ 与 } x_0 \text{ 之间}).$$

当 $x \to x_0$ 时，$\xi \to x_0$，则

$$\lim\limits_{x \to x_0} \dfrac{f(x)}{\varphi(x)} = \lim\limits_{\xi \to x_0} \dfrac{f'(\xi)}{\varphi'(\xi)} = A (\text{有限或无穷大}).$$

如果考虑区间 $[x, x_0]$（$x < x_0$），也有同样结果.

(2) 当 $x \to \infty$ 时，设 $x = \dfrac{1}{y}$，当 $x \to \infty$ 时，$y \to 0$. 由(1)已证

$$\lim\limits_{x \to \infty} \dfrac{f(x)}{\varphi(x)} = \lim\limits_{y \to 0} \dfrac{f\left(\dfrac{1}{y}\right)}{\varphi\left(\dfrac{1}{y}\right)} = \lim\limits_{y \to 0} \dfrac{f'\left(\dfrac{1}{y}\right)\left(\dfrac{1}{y}\right)'}{\varphi'\left(\dfrac{1}{y}\right)\left(\dfrac{1}{y}\right)'} = \lim\limits_{x \to \infty} \dfrac{f'(x)}{\varphi'(x)}.$$

定理证毕.

此定理适用于 $\dfrac{0}{0}$ 型的未定式. 只要符合定理条件，可重复使用洛必达法则.

$$\lim\limits_{\substack{x \to x_0 \\ (x \to \infty)}} \dfrac{f(x)}{\varphi(x)} = \lim\limits_{\substack{x \to x_0 \\ (x \to \infty)}} \dfrac{f'(x)}{\varphi'(x)} = \lim\limits_{\substack{x \to x_0 \\ (x \to \infty)}} \dfrac{f''(x)}{\varphi''(x)}.$$

例1 求 $\lim\limits_{x\to 0}\dfrac{\ln(1+x)}{x}$.

解 此题属 $\dfrac{0}{0}$ 型,符合洛必达法则的条件.

$$\lim_{x\to 0}\frac{\ln(1+x)}{x}=\lim_{x\to 0}\frac{\dfrac{1}{1+x}}{1}=1.$$

例2 求 $\lim\limits_{x\to 1}\dfrac{x^3-3x+2}{x^3-x^2-x+1}$.

解 $\lim\limits_{x\to 1}\dfrac{x^3-3x+2}{x^3-x^2-x+1}=\lim\limits_{x\to 1}\dfrac{3x^2-3}{3x^2-2x-1}=\lim\limits_{x\to 1}\dfrac{6x}{6x-2}=\dfrac{3}{2}$.

例3 求 $\lim\limits_{x\to+\infty}\dfrac{\ln\left(1+\dfrac{1}{x}\right)}{\operatorname{arccot} x}$.

解 $\lim\limits_{x\to+\infty}\dfrac{\ln\left(1+\dfrac{1}{x}\right)}{\operatorname{arccot} x}=\lim\limits_{x\to+\infty}\dfrac{\dfrac{x}{1+x}\cdot\dfrac{-1}{x^2}}{\dfrac{-1}{1+x^2}}=\lim\limits_{x\to+\infty}\dfrac{1+x^2}{x(1+x)}=1$.

定理2 如果

(1) $\lim\limits_{\substack{x\to x_0\\(x\to\infty)}}f(x)=\infty$, $\lim\limits_{\substack{x\to x_0\\(x\to\infty)}}\varphi(x)=\infty$;

(2) 在 x_0 的邻域内(或 $|x|>N$), $f'(x)$, $\varphi'(x)$ 存在,且 $\varphi'(x)\neq 0$;

(3) $\lim\limits_{\substack{x\to x_0\\(x\to\infty)}}\dfrac{f'(x)}{\varphi'(x)}$ 存在(或无穷大),

则有 $$\lim_{\substack{x\to x_0\\(x\to\infty)}}\frac{f(x)}{\varphi(x)}=\lim_{\substack{x\to x_0\\(x\to\infty)}}\frac{f'(x)}{\varphi'(x)}=A(\text{有限或无穷大}).$$

该定理证明从略,可以用来解决 $\dfrac{\infty}{\infty}$ 型的极限问题.

例4 求极限 $\lim\limits_{x\to+\infty}\dfrac{\ln x}{x^n}(n>0)$.

解 $\lim\limits_{x\to+\infty}\dfrac{\ln x}{x^n}=\lim\limits_{x\to+\infty}\dfrac{\dfrac{1}{x}}{nx^{n-1}}=\lim\limits_{x\to+\infty}\dfrac{1}{nx^n}=0$.

例5 求极限 $\lim\limits_{x\to 0^+}\dfrac{\ln\sin 3x}{\ln\sin x}$.

解 $\lim\limits_{x\to 0^+}\dfrac{\ln\sin 3x}{\ln\sin x}=\lim\limits_{x\to 0^+}\dfrac{\dfrac{3\cos 3x}{\sin 3x}}{\dfrac{\cos x}{\sin x}}=\lim\limits_{x\to 0^+}\dfrac{3\cos 3x}{\cos x}\cdot\dfrac{\sin x}{\sin 3x}$

$$=3\cdot\lim_{x\to 0^+}\frac{\sin x}{\sin 3x}=3\cdot\lim_{x\to 0^+}\frac{\cos x}{3\cos 3x}=1.$$

例6 求极限 $\lim\limits_{x\to+\infty}\dfrac{x^n}{e^{\lambda x}}$ (n 为正整数,$\lambda>0$).

解 相继应用洛必达法则 n 次,得

$$\lim_{x\to+\infty}\frac{x^n}{e^{\lambda x}}=\lim_{x\to+\infty}\frac{nx^{n-1}}{\lambda e^{\lambda x}}=\lim_{x\to+\infty}\frac{n(n-1)x^{n-2}}{\lambda^2 e^{\lambda x}}=\cdots$$
$$=\lim_{x\to+\infty}\frac{n!}{\lambda^n e^{\lambda x}}=0.$$

除了 $\frac{0}{0}$, $\frac{\infty}{\infty}$ 型未定式外，还有其他类型的未定式：$0\cdot\infty$，1^∞，∞^0，0^0，$\infty-\infty$，对这些未定式经过简单的变换都可以转化为 $\frac{0}{0}$ 或 $\frac{\infty}{\infty}$ 型的未定式来计算，下面用例子来说明．

例 7 求极限 $\lim\limits_{x\to 0^+} x^\alpha \ln x\,(\alpha>0)$.

解 这是 $0\cdot\infty$ 型未定式，可转化成 $\frac{\infty}{\infty}$ 型计算．

$$\lim_{x\to 0^+}x^\alpha\ln x=\lim_{x\to 0^+}\frac{\ln x}{x^{-\alpha}}=\lim_{x\to 0^+}\frac{\frac{1}{x}}{-\alpha x^{-\alpha-1}}=\lim_{x\to 0^+}\frac{-x^\alpha}{\alpha}=0.$$

例 8 求极限 $\lim\limits_{x\to\frac{\pi}{2}}(\sec x-\tan x)$.

解 这是 $\infty-\infty$ 型未定式．

$$\lim_{x\to\frac{\pi}{2}}(\sec x-\tan x)=\lim_{x\to\frac{\pi}{2}}\frac{1-\sin x}{\cos x}=\lim_{x\to\frac{\pi}{2}}\frac{-\cos x}{-\sin x}=0.$$

例 9 求极限 $\lim\limits_{x\to+\infty}\left(\frac{\pi}{2}-\arctan x\right)^{\frac{1}{\ln x}}$.

解 这是 0^0 型未定式．令 $y=\left(\frac{\pi}{2}-\arctan x\right)^{\frac{1}{\ln x}}$，取对数有

$$\ln y=\frac{1}{\ln x}\left[\ln\left(\frac{\pi}{2}-\arctan x\right)\right].$$

应用洛必达法则，有

$$\lim_{x\to+\infty}\ln y=\lim_{x\to+\infty}\frac{-\dfrac{1}{\frac{\pi}{2}-\arctan x}\cdot\dfrac{1}{1+x^2}}{\dfrac{1}{x}}=\lim_{x\to+\infty}\frac{\dfrac{x}{1+x^2}}{\arctan x-\dfrac{\pi}{2}}$$

$$=\lim_{x\to+\infty}\frac{\dfrac{1-x^2}{(1+x^2)^2}}{\dfrac{1}{1+x^2}}=\lim_{x\to+\infty}\frac{1-x^2}{1+x^2}=-1,$$

于是 $\lim\limits_{x\to+\infty}y=\lim\limits_{x\to+\infty}e^{\ln y}=e^{\lim\limits_{x\to+\infty}\ln y}=e^{-1}$.

例 10 求 $\lim\limits_{x\to 0}(1-\sin x)^{\cot x}$.

解 这是 1^∞ 型未定式．令 $y=(1-\sin x)^{\cot x}$，取对数有

$$\ln y=\cot x\ln(1-\sin x),$$

则
$$\lim_{x \to 0} \cot x \cdot \ln(1-\sin x) = \lim_{x \to 0} \frac{\ln(1-\sin x)}{\tan x} = \lim_{x \to 0} \frac{\frac{-\cos x}{1-\sin x}}{\sec^2 x}$$
$$= \lim_{x \to 0} \frac{\cos^3 x}{\sin x - 1} = -1,$$

故
$$\lim_{x \to 0} y = e^{\lim_{x \to 0} \ln y} = e^{-1}.$$

习题 3-2

1. 计算下列极限：

(1) $\lim\limits_{x \to a} \dfrac{\sin x - \sin a}{x-a}$；

(2) $\lim\limits_{x \to \pi} \dfrac{\sin 3x}{\tan 5x}$；

(3) $\lim\limits_{x \to 0} \dfrac{x - \ln(1+x)}{x^2}$；

(4) $\lim\limits_{x \to \frac{\pi}{2}} \dfrac{\tan x}{\tan 3x}$；

(5) $\lim\limits_{x \to +\infty} \dfrac{2x^3}{e^{\frac{x}{5}}}$；

(6) $\lim\limits_{x \to 0^+} \dfrac{\ln \tan 7x}{\ln \tan 2x}$；

(7) $\lim\limits_{x \to 0} \left(\dfrac{1}{x \sin x} - \dfrac{1}{x^2} \right)$；

(8) $\lim\limits_{x \to 0} \left(\dfrac{1}{x} - \dfrac{1}{e^x - 1} \right)$；

(9) $\lim\limits_{x \to 1^-} \ln x \ln(1-x)$；

(10) $\lim\limits_{x \to 1} (1-x) \tan \dfrac{\pi}{2} x$；

(11) $\lim\limits_{x \to 0^+} x^{\sin x}$；

(12) $\lim\limits_{x \to 0} x^2 e^{\frac{1}{x^2}}$；

(13) $\lim\limits_{x \to 0^+} \left(\dfrac{1}{x} \right)^{\tan x}$；

(14) $\lim\limits_{x \to 0^+} (\cos x)^{\frac{1}{x^2}}$。

2. 验证极限 $\lim\limits_{x \to 0} \dfrac{x^2 \sin \dfrac{1}{x}}{\sin x}$ 存在，但不能用洛必达法则得出。

第三节　泰勒公式

前面学习微分时，可用微分作为函数增量的近似值，即
$$f(x) \approx f(x_0) + f'(x_0)(x-x_0).$$
该公式说明要求函数在某点处之值 $f(x)$，可用关于 $x-x_0$ 的一次函数来近似计算，随着 $(x-x_0)$ 减小，近似程度越好。若 $(x-x_0)$ 不太小时，该式就不适用了。能否另找一个关于 $(x-x_0)$ 的非一次函数来近似呢？我们想到用关于 $(x-x_0)$ 的多项式 $A_0 + A_1(x-x_0) + A_2(x-x_0)^2 + \cdots + A_n(x-x_0)^n$ 来作为 $f(x)$ 的近似式，因为多项式比其他函数都简单，如果这样做可以，那么 $A_0, A_1, \cdots, A_n$ 是什么呢？误差有多大呢？泰勒公式（Taylor）就解决了这些问题。

泰勒公式　如果函数 $y=f(x)$ 在包含 x_0 的邻域内有直到 $n+1$ 阶导数存在，x 为此邻域内任一点，则 $f(x)$ 可表示为
$$f(x) = f(x_0) + f'(x_0)(x-x_0) + \frac{f''(x_0)}{2!}(x-x_0)^2 + \cdots + \frac{f^{(n)}(x_0)}{n!}(x-x_0)^n + R_n(x),$$

其中 $R_n(x) = \dfrac{f^{(n+1)}(\xi)}{(n+1)!}(x-x_0)^{n+1}$，$\xi$ 介于 x 与 x_0 之间，当 $x \to x_0$ 时，$R_n(x)$ 是比 $(x-x_0)^n$ 更高阶的无穷小量．

该公式叫作 $f(x)$ 在点 x_0 处的 n 阶**泰勒公式**，$R_n(x)$ 称为泰勒公式的**余项**．

当 $x_0 = 0$ 时，公式变为

$$f(x) = f(0) + f'(0)x + \frac{f''(0)}{2!}x^2 + \cdots + \frac{f^{(n)}(0)}{n!}x^n + R_n(x),$$

其中，$R_n(x) = \dfrac{f^{(n+1)}(\xi)}{(n+1)!}x^{n+1}$，$\xi$ 在 0 与 x 之间，有时 ξ 用 $\theta x(0 < \theta < 1)$ 表示．

当 $x \to 0$ 时，$R_n(x)$ 是比 x^n 更高阶的无穷小量．这个公式叫作 $f(x)$ 的 n 阶**麦克劳林(Maclaurin)公式**．

例 1 求多项式 $f(x) = x^3 - x^2 + 3$ 按照 $(x-1)$ 的幂的展开式．

解 即求 $f(x)$ 在 $x = 1$ 处的泰勒展开式．因为

$$f'(x) = 3x^2 - 2x,\ f''(x) = 6x - 2,\ f'''(x) = 6,$$

所以 $A_0 = f(1) = 3,\ A_1 = f'(1) = 1,\ A_2 = \dfrac{f''(1)}{2!} = 2,\ A_3 = \dfrac{f'''(1)}{3!} = 1$，

于是，$f(x)$ 在点 $x = 1$ 处的展开式为

$$f(x) = 3 + (x-1) + 2(x-1)^2 + (x-1)^3.$$

例 2 写出 $f(x) = \mathrm{e}^x$ 的 n 阶麦克劳林公式．

解 因为 $f'(x) = \mathrm{e}^x,\ f''(x) = \mathrm{e}^x,\ \cdots,\ f^{(n)}(x) = \mathrm{e}^x,\ f^{(n+1)}(x) = \mathrm{e}^x$，

所以 $f(0) = 1,\ f'(0) = 1,\ f''(0) = 1,\ \cdots,\ f^{(n)}(0) = 1,\ f^{(n+1)}(\xi) = \mathrm{e}^\xi$，

于是

$$f(x) = 1 + x + \frac{1}{2!}x^2 + \cdots + \frac{1}{n!}x^n + R_n(x),$$

$$R_n(x) = \frac{\mathrm{e}^\xi}{(n+1)!}x^{n+1} = \frac{\mathrm{e}^{\theta x}}{(n+1)!}x^{n+1},$$

ξ 介于 0 与 x 之间，$0 < \theta < 1$，对于任何有限值 x，$\lim\limits_{n \to \infty} R_n(x) = 0$．

$$\mathrm{e}^x \approx 1 + x + \frac{1}{2!}x^2 + \cdots + \frac{1}{n!}x^n.$$

当 $x = 1$ 时，

$$\mathrm{e} \approx 1 + 1 + \frac{1}{2!} + \frac{1}{3!} + \cdots + \frac{1}{n!},$$

$$|R_n(x)| = \left|\frac{\mathrm{e}^{\theta x}}{(n+1)!}x^{n+1}\right| < \frac{\mathrm{e}}{(n+1)!}\ (0 < \theta < 1).$$

当 $n = 10$ 时，

$$\mathrm{e} \approx 1 + 1 + \frac{1}{2!} + \frac{1}{3!} + \cdots + \frac{1}{10!} \approx 2.718281801,$$

$$|R_{10}(x)| < \frac{\mathrm{e}}{11!} \approx 0.000000068.$$

例 3 求 $f(x) = \sin x$ 展开到 n 阶的麦克劳林公式．

解 因为 $f'(x) = \cos x,\ f''(x) = -\sin x,\ f'''(x) = -\cos x,\ f^{(4)}(x) = \sin x,\ \cdots$，

$f^{(n)}(x) = \sin\left(x + \dfrac{n}{2}\pi\right)$，所以

$$f(0) = 0,\ f'(0) = 1,\ f''(0) = 0,\ f'''(0) = -1,\ f^{(4)}(0) = 0, \cdots,$$

于是

$$\sin x = x - \dfrac{x^3}{3!} + \dfrac{x^5}{5!} - \cdots + (-1)^{m-1}\dfrac{x^{2m-1}}{(2m-1)!} + R_{2m}(x),$$

其中

$$R_{2m}(x) = \dfrac{\sin\left[\theta x + (2m+1)\dfrac{\pi}{2}\right]}{(2m+1)!} \cdot x^{2m+1} \quad (0 < \theta < 1).$$

如果取 $m=1$，则得近似公式 $\sin x \approx x$，这时误差为

$$|R_2| = \left|\dfrac{\sin\left(\theta x + \dfrac{3}{2}\pi\right)}{3!}x^3\right| \leqslant \dfrac{|x|^3}{6} \quad (0 < \theta < 1).$$

如果 m 分别取 2 和 3，则可得 $\sin x$ 的 3 次和 5 次近似多项式 $\sin x \approx x - \dfrac{1}{3!}x^3$ 和 $\sin x \approx x - \dfrac{1}{3!}x^3 + \dfrac{1}{5!}x^5$，其误差的绝对值依次不超过 $\dfrac{1}{5!}|x|^5$ 和 $\dfrac{1}{7!}|x|^7$.

用类似的方法还可得到某些函数的麦克劳林公式：

(1) $\cos x = 1 - \dfrac{1}{2!}x^2 + \dfrac{1}{4!}x^4 - \cdots + (-1)^{n-1}\dfrac{1}{(2n-2)!}x^{2n-2} + (-1)^n \cdot \dfrac{\cos \theta x}{(2n)!}x^{2n}$
$$(0 < \theta < 1).$$

(2) $\ln(x+1) = x - \dfrac{1}{2}x^2 + \dfrac{1}{3}x^3 - \cdots + (-1)^{n-1}\dfrac{1}{n}x^n + \dfrac{(-1)^n x^{n+1}}{(n+1)(1+\theta x)^{n+1}}$
$$(0 < \theta < 1).$$

(3) $(1+x)^m = 1 + mx + \dfrac{1}{2!}m(m-1)x^2 + \cdots + \dfrac{m(m-1)\cdots(m-n+1)}{n!}x^n +$
$\dfrac{m(m-1)\cdots(m-n)}{(n+1)!}(1+\theta x)^{m-n-1}x^{n+1} \quad (0 < \theta < 1).$

例 4 写出 $\sqrt{x}$ 在 $x_0 = 4$ 处的三阶泰勒公式，并利用该公式前三项计算 $\sqrt{4.02}$ 的近似值.

解 设 $f(x) = \sqrt{x}$，因为

$$f'(x) = \dfrac{1}{2}x^{-\frac{1}{2}},\quad f''(x) = \dfrac{1}{2}\left(-\dfrac{1}{2}\right)x^{-\frac{3}{2}},$$

$$f'''(x) = \dfrac{1}{2}\left(-\dfrac{1}{2}\right)\left(-\dfrac{3}{2}\right)x^{-\frac{5}{2}},\quad f^{(4)}(x) = \dfrac{1}{2}\left(-\dfrac{1}{2}\right)\left(-\dfrac{3}{2}\right)\left(-\dfrac{5}{2}\right)x^{-\frac{7}{2}},$$

所以 $f(4) = 2,\ f'(4) = \dfrac{1}{4},\ f''(4) = \dfrac{-1}{32},\ f'''(4) = \dfrac{3}{256},$

从而 $f(x) = 2 + \dfrac{1}{4}(x-4) + \dfrac{1}{2!}\left(-\dfrac{1}{32}\right)(x-4)^2 + \dfrac{1}{3!} \cdot \dfrac{3}{256}(x-4)^3 + R_3(x),$

其中，$R_3(x) = \dfrac{1}{4!}\left(\dfrac{-15}{16}\right)\xi^{-\frac{7}{2}}(x-4)^4 = -\dfrac{15}{384}\xi^{-\frac{7}{2}}(x-4)^4.$

对于 $\sqrt{4.02}$，令 $x_0 = 4,\ x - x_0 = 0.02$，$x - x_0$ 很小，

$$\sqrt{4.02} \approx 2 + \dfrac{1}{4} \times 0.02 + \dfrac{1}{2!}\left(\dfrac{-1}{32}\right) \times 0.02^2 = 2.0049375,$$

$$|R_2(x)| \leqslant \frac{1}{512} \times 0.02^3 \approx 0.000000016.$$

习题 3-3

1. 当 $x_0 = -1$ 时，求函数 $f(x) = \frac{1}{x}$ 的 n 阶泰勒公式．
2. 按 $(x-4)$ 的幂展开多项式 $f(x) = x^4 - 5x^3 + x^2 - 3x + 4$．
3. 求函数 $f(x) = \tan x$ 的二阶麦克劳林公式．
4. 求函数 $f(x) = x \cdot e^x$ 的 n 阶麦克劳林公式．
5. 设 $f(x) = x^{80} - x^{40} + x^{20}$，试求按 $(x-1)$ 的乘幂展开 $f(x)$ 的前三项，并用来计算 $f(1.005)$ 的近似值．

第四节　函数单调性的判定

在第一章里我们已学过了函数单调增加与单调减少的概念．但用定义直接证明函数在某区间内是单调增加还是单调减少，对于稍微复杂点的函数是很困难的．本节介绍一种用导数来判别函数单调增减性的方法．

如果函数 $y = f(x)$ 在 $[a,b]$ 上单调增加（单调减少），那么它的图形是一条沿 x 轴正向上升（下降）的曲线．这时，曲线上各点处的切线斜率是非负的（是非正的），即 $y' = f'(x) \geqslant 0$（$y' = f'(x) \leqslant 0$），如图 3-3 所示．

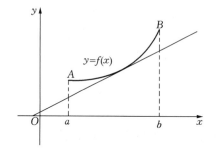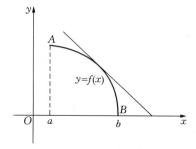

图 3-3

由此可见，函数的单调性与导数的符号有着密切的联系，反过来，可以根据导数的符号来判定函数的单调性．

判定法　设函数 $y = f(x)$ 在 $[a,b]$ 上连续，在 (a,b) 内可导，
(1) 如果在 (a,b) 内 $f'(x) > 0$，那么函数 $y = f(x)$ 在 $[a,b]$ 上单调增加；
(2) 如果在 (a,b) 内 $f'(x) < 0$，那么函数 $y = f(x)$ 在 $[a,b]$ 上单调减少．

证　在 $[a,b]$ 内任取两点 x_1, x_2，并设 $x_1 < x_2$，应用拉格朗日中值定理得
$$f(x_2) - f(x_1) = f'(\xi)(x_2 - x_1) \quad (x_1 < \xi < x_2).$$
(1) 由条件 $f'(\xi) > 0$，而 $x_2 - x_1 > 0$，所以 $f(x_2) > f(x_1)$，$f(x)$ 在 $[a,b]$ 上单调增加；
(2) 由条件 $f'(\xi) < 0$，而 $x_2 - x_1 > 0$，所以 $f(x_2) < f(x_1)$，$f(x)$ 在 $[a,b]$ 上单调减少．
定理证毕．

如果把这个判定法中的闭区间换成其他各种区间（包括无穷区间），那么结论也成立．

例 1　判定函数 $y = x - \sin x$ 在 $[0, 2\pi]$ 上的单调性．

解 因为在 $(0, 2\pi)$ 内，$y'=1-\cos x>0$，所以函数 $y=x-\sin x$ 在 $[0, 2\pi]$ 上单调增加.

例 2 确定函数 $y=2x^3+3x^2-12x+1$ 的单调区间.

解 $y'=6x^2+6x-12=6(x+2)(x-1)$.

当 x 在函数的定义域 $(-\infty, +\infty)$ 内取值时，y' 的符号是变化的，因此必须分段讨论.

解方程 $f'(x)=0$ 即解 $6(x+2)(x-1)=0$，得两个根 $x_1=-2$，$x_2=1$，这两个根把 $(-\infty, +\infty)$ 分成三个区间：$(-\infty, -2)$，$(-2, 1)$ 及 $(1, +\infty)$.

当 $x\in(-\infty, -2)$ 时，$y'>0$，函数单调增加；

当 $x\in(-2, 1)$ 时，$y'<0$，函数单调减少；

当 $x\in(1, +\infty)$ 时，$y'>0$，函数单调增加.

将上述讨论列于表 3-1 表示.

表 3-1

x	$(-\infty, -2)$	$(-2, 1)$	$(1, +\infty)$
$f'(x)$	+	−	+
$f(x)$	增	减	增

例 3 讨论函数 $y=x^3$ 的单调性.

解 函数 $y=x^3$ 的定义域为 $(-\infty, +\infty)$.
$$y'=3x^2.$$
显然除了当 $x=0$ 时，$y'=0$ 外，其余各点处均有 $y'>0$，因此函数 $y=x^3$ 在区间 $(-\infty, 0)$ 及 $(0, +\infty)$ 上都是单调增加的，从而在整个定义域 $(-\infty, +\infty)$ 内是单调增加的. 在 $x=0$ 处曲线有一水平切线，函数的图形如图 3-4 所示.

例 4 确定函数 $y=\sqrt[3]{x^2}$ 的单调区间.

解 函数的定义域为 $(-\infty, +\infty)$. 当 $x\neq 0$ 时，$y'=\dfrac{2}{3\sqrt[3]{x}}$；当 $x=0$ 时，y' 不存在. 导数不存在的点 $x=0$ 把 $(-\infty, +\infty)$ 分成两个区间 $(-\infty, 0)$ 及 $(0, +\infty)$.

当 $x\in(-\infty, 0)$ 时，$y'<0$，函数单调减少；

当 $x\in(0, +\infty)$ 时，$y'>0$，函数单调增加. 函数的图形如图 3-5 所示.

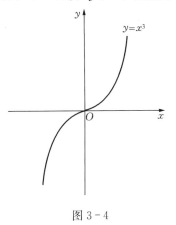

图 3-4

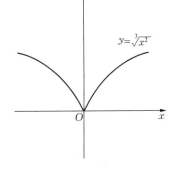

图 3-5

例 5 利用函数的单调性，证明不等式

$$1+x\ln(x+\sqrt{1+x^2}) > \sqrt{1+x^2} \quad (x>0).$$

证 设 $g(x)=1+x\ln(x+\sqrt{1+x^2})-\sqrt{1+x^2}$，则 $g(x)$ 在 $(0,+\infty)$ 内连续、可导，

$$g'(x) = \ln(x+\sqrt{1+x^2}) + x \cdot \frac{1}{\sqrt{1+x^2}} - \frac{x}{\sqrt{1+x^2}}$$

$$= \ln(x+\sqrt{1+x^2}).$$

当 $x>0$ 时，$\ln(x+\sqrt{1+x^2})>\ln 1=0$，$g'(x)>0$，$g(x)$ 为单调增加，且当 $x=0$ 时，$g(x)=0$，当 $x>0$ 时，$g(x)>0$，所以当 $x>0$ 时有

$$1+x\ln(x+\sqrt{1+x^2}) > \sqrt{1+x^2}$$

成立. 证毕.

习题 3-4

1. 求下列各函数的单调区间：
   (1) $y=x^4-2x^2-5$；
   (2) $y=x-e^x$；
   (3) $y=\arctan x - x$；
   (4) $y=x-\ln(1+x)$.

2. 利用函数单调性证明下列不等式：
   (1) 当 $0<x<\dfrac{\pi}{2}$ 时，$\tan x > x+\dfrac{1}{3}x^3$；
   (2) 当 $x>1$ 时，$2\sqrt{x}>3-\dfrac{1}{x}$；
   (3) 当 $x>4$ 时，$2^x>x^2$.

3. 证明方程 $x^5+x-1=0$ 只有一个正根.

第五节　函数的极值及其求法

定义 设函数 $f(x)$ 在区间 (a,b) 内有定义，x_0 是 (a,b) 内一点，x 是 x_0 邻近的任一点，
(1) 当 $f(x)<f(x_0)$ 时，称 $f(x_0)$ 为函数 $f(x)$ 的**极大值**(图 3-6(1))；
(2) 当 $f(x)>f(x_0)$ 时，称 $f(x_0)$ 为函数 $f(x)$ 的**极小值**(图 3-6(2)).

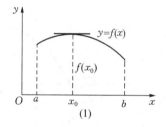
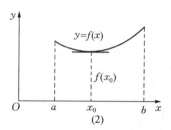

图 3-6

函数的极大值与极小值统称为函数的**极值**，使函数达到极值的点称为函数的**极值点**.

由定义可以看出，函数的极大值和极小值概念是局部性的. 如果 $f(x_0)$ 是函数 $f(x)$ 的一个极大值，$f(x_0)$ 只是比在 x_0 邻近的函数值 $f(x)$ 都大，就 $f(x)$ 的整个定义域来说，$f(x_0)$ 不见得是最大值. 关于极小值也类似. 如图 $3-7$ 所示，x_1，x_2 分别是函数的极大值点和极小值点，但相应的函数值并不是整个区间上的最大值和最小值.

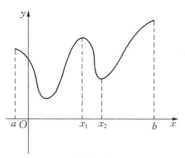

图 $3-7$

为掌握求函数极值的方法，这里先讨论函数取极值的必要条件.

定理 1（必要条件） 设函数 $f(x)$ 在点 x_0 处具有导数，且在 x_0 处取得极值，那么，这个函数在点 x_0 处的导数为零，即 $f'(x_0)=0$.

证 不妨设 $f(x_0)$ 为函数 $f(x)$ 的一个极大值，根据极大值的定义，在 x_0 的某邻域内，对于任何点 x，除了点 x_0 外，$f(x)<f(x_0)$ 成立，于是当 $x<x_0$ 时，

$$\frac{f(x)-f(x_0)}{x-x_0}>0,$$

因此
$$f'(x_0)=\lim_{x\to x_0^-}\frac{f(x)-f(x_0)}{x-x_0}\geqslant 0.$$

当 $x>x_0$ 时，

$$\frac{f(x)-f(x_0)}{x-x_0}<0,$$

因此
$$f'(x_0)=\lim_{x\to x_0^+}\frac{f(x)-f(x_0)}{x-x_0}\leqslant 0.$$

所以
$$f'(x_0)=0.$$

定理证毕.

使函数导数为零的点叫作函数 $f(x)$ 的**驻点**（稳定点）. 定理 1 可以改述为：可导的函数极值点一定是它的驻点. 但反过来，函数的驻点却不一定是极值点. 如 $f(x)=x^3$，其导数 $f'(x)=3x^2$，驻点为 $x=0$，但 $x=0$ 却不是函数 $f(x)=x^3$ 的极值点. 因此求出函数的驻点后，还需要判定求得的驻点是不是极值点，如果是极值点的话，还要判定函数在该点是取得极大值还是极小值.

定理 2（第一充分条件） 设函数 $f(x)$ 在 x_0 的一个邻域内可导，且 $f'(x_0)=0$，x 为邻域内任一值，

(1) 如果当 $x<x_0$ 时，有 $f'(x)>0$，当 $x>x_0$ 时，有 $f'(x)<0$，则 $f(x)$ 在点 x_0 处取得极大值；

(2) 如果当 $x<x_0$ 时，有 $f'(x)<0$，当 $x>x_0$ 时，有 $f'(x)>0$，则 $f(x)$ 在 x_0 处取得极小值；

(3) 如果 $f'(x)$ 在 x_0 的左右邻近不变号，则 $f(x_0)$ 不是极值.

证 x 为 x_0 的邻域内一点，由第三章第四节中定理知，当 $x<x_0$ 时，$f'(x)>0$，$f(x)$ 单调增加，当 $x>x_0$ 时，$f'(x)<0$，$f(x)$ 单调减少，故 $f(x_0)$ 为函数的极大值.

同理可证定理中的 (2)、(3). 定理证毕.

根据以上两个定理，可采取以下步骤求可导函数 $y=f(x)$ 的极值.

第 1 步　求出导数 $f'(x)$；

第 2 步　解出方程 $f'(x)=0$ 的全部实根(驻点)；

第 3 步　讨论在各个驻点的左右邻近导数的符号，根据定理 2 判定它是否为极值点，是使函数取得极大值，还是取得极小值；

第 4 步　求出全部极大值、极小值.

例 1　求函数 $f(x)=2x^3-9x^2+12x-3$ 的极值.

解　(1) $f'(x)=6x^2-18x+12=6(x-2)(x-1)$；

(2) 令 $f'(x)=6(x-2)(x-1)=0$，得 $x_1=1$，$x_2=2$；

(3) 讨论当 x 由左到右经过 $x_1=1$，$x_2=2$ 时 $f'(x)$ 符号的变化情况，见表 3-2：

表 3-2

x	$(-\infty, 1)$	1	(1, 2)	2	$(2, +\infty)$
$f'(x)$	+	0	−	0	+
$f(x)$	↗	极大	↘	极小	↗

所以函数 $f(x)$ 在 $x=1$ 处有极大值，在 $x=2$ 处有极小值；

(4) 极大值 $f(1)=2$；极小值 $f(2)=1$.

定理 3（第二充分条件）　设函数在点 x_0 处具有二阶导数且 $f'(x_0)=0$，$f''(x_0)\neq 0$，那么

(1) 当 $f''(x_0)<0$ 时，函数 $f(x)$ 在 x_0 处取得极大值；

(2) 当 $f''(x_0)>0$ 时，函数 $f(x)$ 在 x_0 处取得极小值.

证　(1) 当 $f''(x_0)<0$ 时，根据二阶导数的定义有

$$f''(x_0)=\lim_{x\to x_0}\frac{f'(x)-f'(x_0)}{x-x_0}=\lim_{x\to x_0}\frac{f'(x)}{x-x_0}<0.$$

根据函数与极限的保号性，当 x 在 x_0 的某邻域内，且 $x\neq x_0$ 时，

$$\frac{f'(x)}{x-x_0}<0.$$

因此，当 $x-x_0<0$，即 $x<x_0$ 时，$f'(x)>0$；当 $x-x_0>0$，即 $x>x_0$ 时，$f'(x)<0$，于是根据定理 2 知，$f(x)$ 在点 x_0 处取得极大值.

定理证毕.

类似地可证(2).

例 2　求 $f(x)=\mathrm{e}^{-x^2}$ 的极值.

解　$f'(x)=-2x\mathrm{e}^{-x^2}$，$f''(x)=(4x^2-2)\mathrm{e}^{-x^2}$.

令 $f'(x)=0$，得 $x=0$.

因为 $f''(0)=-2<0$，由定理 3 知，当 $x=0$ 时 $f(x)$ 有极大值且极大值为 $f(0)=1$.

例 3　求函数 $f(x)=1-(x-2)^{\frac{2}{3}}$ 的极值.

解 这个函数 $f(x)$ 在定义域 $(-\infty, +\infty)$ 内连续.

当 $x\neq 2$ 时, $f'(x)=-\dfrac{2}{3}(x-2)^{-\frac{1}{3}}$.

当 $x=2$ 时, $f'(x)$ 不存在, 而在 $x\neq 2$ 时, $f'(x)\neq 0$, 函数不可能取得极值.

当 $x\in(-\infty, 2)$ 时, $f'(x)>0$;

当 $x\in(2, +\infty)$ 时, $f'(x)<0$, 因此在 $x=2$ 处, 函数取得极大值 $f(2)=1$. 如图 3-8 所示.

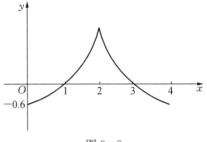

图 3-8

习题 3-5

1. 求下列函数的极值:

(1) $y=2x^3+3x^2-12x+1$;　　(2) $y=2x^3-3x^2$;

(3) $y=\dfrac{x}{1+x^2}$;　　(4) $y=2e^x+e^{-x}$;

(5) $y=x^{\frac{1}{x}}$;　　(6) $y=\dfrac{x}{\ln x}$;

(7) $y=x-\sin x$;　　(8) $y=3-2(x+1)^{\frac{1}{3}}$.

2. 试证如果函数 $y=ax^3+bx^2+cx+d$ 满足条件 $b^2-3ac<0$ (其中 $a>0$), 那么这个函数没有极值.

3. 试问 a 为何值时, 函数 $f(x)=a\sin x+\dfrac{1}{3}\sin 3x$ 在 $x=\dfrac{\pi}{3}$ 处取得极值? 是极大值还是极小值? 并求极值.

第六节　函数的最大值最小值及其应用

在工农业生产、工程技术及科学实验中, 常常会遇到这样一类问题: 在一定条件下, 怎样使 "产品最多"、"用料最省"、"成本最低"、"效率最高" 等问题, 这类问题在数学上有时可归结为求某一函数(通常称为**目标函数**)的最大值或最小值问题.

在闭区间 $[a, b]$ 上连续的函数 $f(x)$ 取得最大值和最小值可能在以下两种情形中产生:

(1) 函数的最大(小)值就是极大(小)值中的一个.

(2) 函数的最大(小)值在区间 $[a, b]$ 端点处产生.

因此, 要求函数的最大值、最小值, 首先应求出函数的驻点及导数不存在的点, 其次要求出驻点、导数不存在的点及区间端点的函数值, 然后把它们加以比较, 其中最大的一个为最大值, 最小的一个为最小值.

特别地, 函数 $f(x)$ 在一个区间(有限或无限, 开或闭)内可导且只有一个极值点 x_0, 那么, 当 $f(x_0)$ 是极大值时, $f(x_0)$ 就是 $f(x)$ 在该区间上的最大值(图 3-9(1)); 当 $f(x_0)$ 是极小值时, $f(x_0)$ 就是 $f(x)$ 在该区间上的最小值(图 3-9(2)).

例 1　求函数 $f(x)=2x^3-3x^2-12x+5$ 在 $[-2, 4]$ 上的最大值和最小值.

解　$f'(x)=6x^2-6x-12=6(x-2)(x+1)$.

令 $f'(x)=0$, 得 $x_1=-1, x_2=2$.

由于　　　　$f(-1)=12, f(2)=-15, f(-2)=1, f(4)=37$,

因此, 函数的最大值为 $f(4)=37$, 最小值为 $f(2)=-15$.

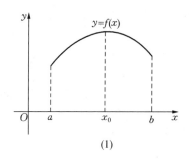
(1)

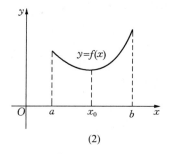
(2)

图 3-9

例 2 从一块边长为 l(单位：cm)的正方形铁皮四角各剪去一块相等的小正方形，如图 3-10 中阴影部分所示，然后折成一无盖容器，问剪去的小正方形边长是多少时，容器的容积最大？

解 设剪去的小正方形边长为 x，则容器的边长为 $l-2x$，容器之高为 x，容器的容积
$$V=(l-2x)^2 x.$$

依题意，x 的取值范围为 $\left(0, \dfrac{l}{2}\right)$，

$V'=(l-2x)^2-4x(l-2x)$
$\quad =12x^2-8lx+l^2=(l-6x)(l-2x),$
$V''=24x-8l=8(3x-l).$

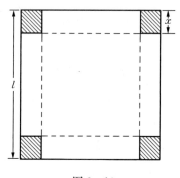

图 3-10

令 $V'=0$，则 $x=\dfrac{l}{2}$，$x=\dfrac{l}{6}$，但 $x=\dfrac{l}{2}$ 在定义域之外，应舍去．

而当 $x=\dfrac{l}{6}$ 时，$V''<0$，所以 $x=\dfrac{l}{6}$ 时，V 取极大值．又因为 V 在 $\left(0, \dfrac{l}{2}\right)$ 只有一个极大值，所以当 $x=\dfrac{l}{6}$ 时，函数 $V=(l-2x)^2 x$ 取最大值，其最大值为 $\dfrac{2}{27}l^3$．

在实际应用问题中，若驻点只有一个，而根据问题的性质可以判定确实存在一个最大值或最小值，那么这个驻点就是所求的最大值点或最小值点．

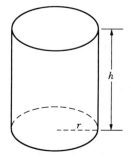

图 3-11

例 3 今欲做一个容积为 V 的无盖圆柱形容器，如图 3-11 所示，容器底材料造价为周围材料造价的 2 倍，问容器的尺寸如何设计，才能使造价最省？

解 容器造价最省就是求表示造价函数的最小值，设所做容器的底半径为 r，高为 h，则有
$$V=\pi r^2 h,\ 即\ h=\dfrac{V}{\pi r^2}. \tag{1}$$

又知容器底部造价为周围造价的 2 倍，设周围单位面积造价为 k，则底部单位面积造价为 $2k$，又设总造价为 S，则有

$$S = 2\pi r^2 k + 2\pi r h k. \tag{2}$$

将(1)式代入(2)式有

$$S = 2\pi r^2 k + 2\pi r \frac{V}{\pi r^2} k = \left(2\pi r^2 + \frac{2V}{r}\right)k,$$

$$S' = \left(4\pi r - \frac{2V}{r^2}\right)k.$$

令 $S'=0$，得

$$r = \sqrt[3]{\frac{V}{2\pi}}.$$

而且由实际问题知，应有总造价最小值，所以当 $r=\sqrt[3]{\dfrac{V}{2\pi}}$ 时，S 取得最小值，即造价最省. 这时高为 $h=\dfrac{V}{\pi r^2}=2\sqrt[3]{\dfrac{V}{2\pi}}$.

即当容器的底半径 $r=\sqrt[3]{\dfrac{V}{2\pi}}$，高 $h=2\sqrt[3]{\dfrac{V}{2\pi}}$ 时，容器造价最省，或者说容器的底的直径与高相等时造价最省.

例 4 已知某地的水稻产量 y（单位：kg/hm^2）与施氮肥量 x（单位：kg/hm^2）有如下函数关系：

$$y = 24.85 + 32.74x - 5.28x^2 (0 \leqslant x \leqslant 6).$$

稻谷售价为 0.33 元/kg，氮肥售价为 1.53 元/kg，求：(1) 当每公顷施用多少氮肥时，可使水稻产量最高？(2) 当每公顷施用多少氮肥时，可获最大利润？

解 (1) 水稻产量 y 与施肥量 x 的关系为

$$y = 24.85 + 32.74x - 5.28x^2,$$

$$y' = 32.74 - 10.56x.$$

令 $y'=0$ 时，则 $x \approx 3.1(kg)$.

答：当每公顷施氮肥 3.1 kg 时，水稻产量最高，最高产量为 $y=75.6 \ kg/hm^2$.

(2) 设 L 为每公顷所获利润，依题意有

$$L = 0.33y - 1.53x = 0.33(24.85 + 32.74x - 5.28x^2) - 1.53x,$$

$$L' = 0.33 \times 32.74 - 0.33 \times 5.28 \times 2x - 1.53.$$

令 $L'=0$ 时，$x = 2.66(kg/hm^2)$.

答：当每公顷施肥 2.66 kg 时，获最大利润 20.54 元.

例 5 某小区有 50 间房子出租，若每间房月租金定为 1000 元，可全部租出，若将月租金每调高 50 元，则会多一间房子租不出去，又知对于租出去的房子，每间的月维修费为 100 元，试问每间房子的月租金定为多少可获得最大收入？

解 设月租金为 x 元，收入为 y 元，则

$$y = \left(50 - \frac{x-1000}{50}\right)(x-100), \quad 1000 \leqslant x \leqslant 3500.$$

由 $y' = \left(50 - \frac{x-1000}{50}\right) - \frac{x-100}{50}$，令 $y' = 0$，得驻点 $x = 1800$. 又

$$y'' = -\frac{1}{50} - \frac{1}{50} < 0,$$

所以，$x = 1800$ 是 $[1000, 3500]$ 上唯一驻点且是极大值点，必是最大值点．因此，月租金为 1800 元时收入最大．

习题 3-6

1. 求下列函数在给定区间上的最大值及最小值：

(1) $y = x^3 - 3x^2 + 6x - 2$，$[-1, 1]$；

(2) $y = \frac{x-1}{x+1}$，$[0, 4]$；

(3) $y = \sin 2x - x$，$\left[-\frac{\pi}{2}, \frac{\pi}{2}\right]$；

(4) $y = \arctan \frac{1-x}{1+x}$，$[0, 1]$.

2. 要做一个底面为长方形的带盖箱子，其体积为 72 cm³，其底边成 1∶2 的关系．问各边的长是多少时，才能使表面积最小？

3. 将一根长为 L（单位：m）的铁丝分成两段，把其中一段折成一个正方形，另一段弯成一个圆，问两段分别是多长时，能使所得正方形与圆面积总和最小？

4. 某厂生产 x 个单位的商品的总费用为 $C(x) = 8x + 200$（单位：元），得到的总收入为 $R(x) = 20x - 0.01x^2$（单位：元），试求：(1) 获得最大利润时的产量；(2) 最大利润值及此时的价格．

5. 用某种仪器测量某零件的长度 n 次，所得数据（长度）为 $x_1, x_2, \cdots, x_n$，验证：当 $x = \frac{x_1 + x_2 + \cdots + x_n}{n}$ 时，使 x 与 n 个数据的差的平方和 $(x - x_1)^2 + (x - x_2)^2 + \cdots + (x - x_n)^2$ 为最小．

第七节 曲线的凸凹性及拐点

为了讨论函数的图形，前面研究了函数的单调性，又研究了函数的极值，但这还不够．比如，函数 $y = x^2$ 与 $y = \sqrt{x}$ 在区间 $(0, 1)$ 内的图形都是单调增加的，但一条曲线 $y = x^2$ 凹向上（称为**凹曲线**），一条曲线 $y = \sqrt{x}$ 凹向下（称为**凸曲线**），那么用什么方法来判别曲线是凸，还是凹呢？观察曲线各点处的切线，凸处各点的切线都在曲线的上方，凹处各点的切线都在曲线的下方，因此，有如下定义：

定义 设函数 $y = f(x)$ 及其一阶导数连续，如果函数 $y = f(x)$ 所表示的曲线的每一点处的切线都在曲线的下侧，就称这曲线是**凹**的；如果函数 $y = f(x)$ 所表示的曲线的每一点处的切线都在曲线的上侧，就称这曲线是**凸**的；如果一条曲线有凸的部分，也有凹的部分，则凸凹部分的交界点就称为曲线的**拐点**．

曲线的凸凹性也可用其切线斜率的变化趋势来判别：凹曲线上切线的斜率 $f'(x)$ 为增函数，切线的斜角逐渐增加；凸曲线上则相反，$f'(x)$ 为减函数，切线斜角逐渐减小．如图 3-12(1) 和图 3-12(2) 所示．

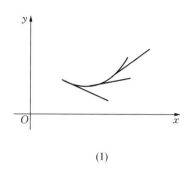
(1)
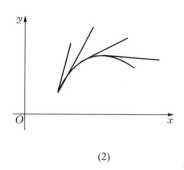
(2)

图 3-12

定理 1 如果函数 $f(x)$ 在 (a,b) 内有 $f''(x)>0$，则曲线在区间 (a,b) 内是凹的；如果 $f''(x)<0$，则曲线在区间 (a,b) 内是凸的．

证 如果 $f''(x)>0$，则 $f'(x)$ 为增函数，即切线的斜率为增函数，切线斜角随 x 增大而增加，此时切线在转动过程中，总在曲线的下侧，故曲线为凹的．

同样，如果 $f''(x)<0$，则 $f'(x)$ 为减函数，即切线的斜率为减函数，切线斜角随 x 增大而减小，此时切线在转动过程中，总在曲线的上侧，故曲线是凸的．

定理证毕．

定理 2 如果函数 $y=f(x)$ 在 x_0 处及其邻近二阶导数存在，且 $f''(x_0)=0$，(1) 若在 x_0 邻近，$f''(x)$ 的符号相反，则点 $M(x_0,f(x_0))$ 是曲线 $y=f(x)$ 的拐点；(2) 若在 x_0 邻近，$f''(x)$ 的符号相同，则点 $M(x_0,f(x_0))$ 不是曲线 $y=f(x)$ 的拐点．

证 (1) 当 $x<x_0$ 时，$f''(x)>0$；当 $x>x_0$ 时，$f''(x)<0$，则曲线由凹变凸，则点 $M(x_0,f(x_0))$ 为拐点．

当 $x<x_0$ 时，$f''(x)<0$；当 $x>x_0$ 时，$f''(x)>0$，则曲线由凸变凹，则点 $M(x_0,f(x_0))$ 也是拐点．证毕．

(2) 由拐点的定义可知，(2) 显然成立．

例 1 判断 $y=\dfrac{1}{x}$ 的凸凹性．

解 y 的定义域为 $(-\infty,0)\cup(0,+\infty)$．
$$y'=-\frac{1}{x^2},\quad y''=\frac{2}{x^3}.$$

当 $x<0$ 时，$y''<0$，曲线是凸的；当 $x>0$ 时，$y''>0$，曲线是凹的．

例 2 讨论函数 $y=x^3-2x^2+x+1$ 的拐点及凸凹区间．

解 $y'=3x^2-4x+1$，$y''=6x-4=2(3x-2)$．

令 $y''=0$，得 $x=\dfrac{2}{3}$．

点 $x=\dfrac{2}{3}$ 把 y 的定义域 $(-\infty,+\infty)$ 分成两部分 $\left(-\infty,\dfrac{2}{3}\right]$、$\left(\dfrac{2}{3},+\infty\right)$．当 $x\in\left(-\infty,\dfrac{2}{3}\right]$ 时，$y''<0$，因此在区间 $\left(-\infty,\dfrac{2}{3}\right]$ 上曲线是凸的．当 $x\in\left(\dfrac{2}{3},+\infty\right)$ 时，$y''>0$，因此曲线在区间 $\left[\dfrac{2}{3},+\infty\right)$ 上是凹的，点 $\left(\dfrac{2}{3},\dfrac{29}{27}\right)$ 为拐点．如图 3-13 所示．

例 3 讨论函数 $y=2+(x-4)^{\frac{1}{3}}$ 的凸凹性及拐点.

解 $y'=\frac{1}{3}(x-4)^{-\frac{2}{3}}$，$y''=-\frac{2}{9}(x-4)^{-\frac{5}{3}}$.

当 $x=4$ 时，y'' 及 y' 都不存在，然而当 $x<4$ 时，$y''>0$，曲线是凹的；当 $x>4$ 时，$y''<0$，曲线是凸的，所以点 $(4,2)$ 是曲线 $y=2+(x-4)^{\frac{1}{3}}$ 的拐点. 如图 3-14 所示.

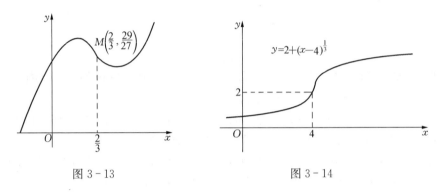

图 3-13   图 3-14

由例 3 可知，有时在一、二阶导数不存在的点 $x=x_0$ 处，$(x_0, f(x_0))$ 也可能是拐点.

习题 3-7

1. 判断下列函数的凸凹性及拐点：
(1) $y=x^3-5x^2+3x-5$；
(2) $y=xe^{-x}$；
(3) $y=\ln(1+x^2)$；
(4) $y=x+\frac{1}{x}$.

2. 问 a, b 为何值时，点 $(1,3)$ 为曲线 $y=ax^3+bx^2$ 的拐点.

第八节 曲线的渐近线及函数作图

一、曲线的渐近线

为了比较准确地作出函数的图形，有时要考虑到距原点远近的图形的变化性态，如双曲线 $\frac{x^2}{a^2}-\frac{y^2}{b^2}=1$ 上的动点无限远离原点时与直线 $y=\pm\frac{b}{a}x$ 无限接近，这种直线叫作曲线的渐近线.

定义 如果曲线 C 上的动点 P 沿着曲线无限远离原点时，点 P 与某一固定直线 L 的距离 PN 趋于零，那么称此直线 L 为曲线 C 的**渐近线**(图 3-15).

渐近线有三种情形：

1. 水平渐近线

如果当 $x\to+\infty$ 或 $x\to-\infty$ 时，函数 $y=f(x)\to c$(常数)，即 $\lim\limits_{x\to+\infty}f(x)=c$ 或 $\lim\limits_{x\to-\infty}f(x)=c$，则直线 $y=c$ 叫作曲线 $y=f(x)$ 的**水平渐近线**.

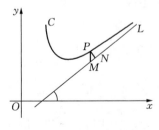

图 3-15

例如，曲线 $y=e^{-x^2}$，$\lim\limits_{x\to\infty}e^{-x^2}=0$，所以曲线 $y=e^{-x^2}$ 有水平渐近线 $y=0(x\text{轴})$.

2. 垂直渐近线

如果当 $x\to x_0^+$ 或 $x\to x_0^-$ 时，有 $\lim\limits_{x\to x_0^+}|f(x)|=\infty$ 或 $\lim\limits_{x\to x_0^-}|f(x)|=\infty$，则直线 $x=x_0$ 叫作曲线 $y=f(x)$ 的**垂直渐近线**.

例如，曲线 $y=\dfrac{1}{x-1}$，$\lim\limits_{x\to 1^+}\dfrac{1}{x-1}=+\infty$，$\lim\limits_{x\to 1^-}\dfrac{1}{x-1}=-\infty$，所以，$\dfrac{1}{x-1}$ 有垂直渐近线 $x=1$.

3. 斜渐近线

设曲线 $y=f(x)$ 有**斜渐近线** $y=kx+b(k\neq 0)$，常数 k, b 确定时，渐近线 $y=kx+b$ 就确定了. 为此根据定义，考虑曲线上动点 P 到渐近线的距离 PN，如图 3-15 所示.

$$|PN|=|PM\cdot\cos\alpha|=|PM|\cdot|\cos\alpha| \qquad \left(\alpha\neq\dfrac{\pi}{2}\right).$$

当 $|PM|\to 0$ 时，$|PN|\to 0$，因此，只要考虑 $|PM|\to 0$ 就行了.

$$|PM|=|f(x)-(kx+b)|,$$

$$\lim_{x\to\infty}|PM|=\lim_{x\to\infty}|f(x)-(kx+b)|=0,$$

或

$$\lim_{x\to\infty}x\left[\dfrac{f(x)}{x}-k-\dfrac{b}{x}\right]=0,$$

$$\lim_{x\to\infty}\left[\dfrac{f(x)}{x}-k-\dfrac{b}{x}\right]=\lim_{x\to\infty}\left[\dfrac{f(x)}{x}-k\right]=0,$$

$$k=\lim_{x\to\infty}\dfrac{f(x)}{x},\quad b=\lim_{x\to\infty}[f(x)-kx].$$

有了 k、b 的计算公式，渐近线 $y=kx+b$ 就求出来了.

例 1 求曲线 $y=\dfrac{1}{(x+2)^3}$ 的渐近线.

解 因为 $\lim\limits_{x\to -2}y=\lim\limits_{x\to -2}\dfrac{1}{(x+2)^3}=\infty$，所以曲线有垂直渐近线 $x=-2$.

又因 $\lim\limits_{x\to\infty}y=\lim\limits_{x\to\infty}\dfrac{1}{(x+2)^3}=0$，所以曲线有水平渐近线 $y=0$.

例 2 求曲线 $y=\dfrac{x^3}{x^2+2x-3}$ 的渐近线.

解 $y=\dfrac{x^3}{x^2+2x-3}=\dfrac{x^3}{(x-1)(x+3)}.$

因为
$$\lim_{x\to 1}\dfrac{x^3}{(x-1)(x+3)}=\infty,$$
$$\lim_{x\to -3}\dfrac{x^3}{(x-1)(x+3)}=\infty,$$

所以直线 $x=1$ 及 $x=-3$ 是曲线的两条垂直渐近线.

又
$$\dfrac{f(x)}{x}=\dfrac{x^3}{x(x^2+2x-3)}=\dfrac{x^2}{x^2+2x-3},$$

所以
$$k = \lim_{x\to\infty}\frac{f(x)}{x} = \lim_{x\to\infty}\frac{x^2}{x^2+2x-3} = 1,$$
$$b = \lim_{x\to\infty}[f(x)-kx] = \lim_{x\to\infty}\left(\frac{x^3}{x^2+2x-3}-x\right)$$
$$= \lim_{x\to\infty}\frac{-2x^2+3x}{x^2+2x-3} = -2,$$

因此直线 $y=x-2$ 是曲线的一条斜渐近线.

二、函数作图

借助于一阶导数的符号,可以确定函数图形在哪个区间上升,在哪个区间下降,在什么地方有极值点;借助于二阶导数的符号,可以确定函数图形在哪个区间上为凹,在哪个区间上为凸,在什么地方有拐点.知道了函数图形的升降、凸凹及极值点和拐点后,也就可以掌握函数的性态,并把函数的图形画得比较准确.作图步骤如下:

(1) 确定函数的定义域,判断函数有无奇偶性、对称性、周期性;
(2) 求出函数的一阶导数、二阶导数,再找出一阶导数、二阶导数为零的点和导数不存在的点,用这些点把定义域划分成几个部分区间;
(3) 在定义域内列表求出函数的单调性、极值、凸凹性和拐点;
(4) 求出函数的渐近线;
(5) 求出极值点、拐点、曲线与坐标轴的交点等特殊点的坐标;
(6) 根据以上资料作出函数的图形.

例 3 作出函数 $y=x^3-x^2-x+1$ 的图形.

解 (1) 函数 $y=x^3-x^2-x+1$ 定义域为 $(-\infty, +\infty)$,该函数无奇偶性、对称性、周期性.

(2) $y' = 3x^2-2x-1 = (3x+1)(x-1),$
$y'' = 6x-2 = 2(3x-1).$

令 $y'=0$,得 $x=-\frac{1}{3}$,$x=1$. 令 $y''=0$,得 $x=\frac{1}{3}$.

(3) 点 $x=-\frac{1}{3}$,$\frac{1}{3}$,1 把定义域 $(-\infty, +\infty)$ 划分成下列 4 个部分区间:

$$\left(-\infty, -\frac{1}{3}\right], \left(-\frac{1}{3}, \frac{1}{3}\right], \left(\frac{1}{3}, 1\right], (1, +\infty),$$

列表讨论见表 3-3.

表 3-3

x	$\left(-\infty, -\frac{1}{3}\right)$	$-\frac{1}{3}$	$\left(-\frac{1}{3}, \frac{1}{3}\right)$	$\frac{1}{3}$	$\left(\frac{1}{3}, 1\right)$	1	$(1, +\infty)$
y'	+	0	−	−	−	0	+
y''	−	−	−	0	+	+	+
y	↗	极大	↘	拐点	↘	极小	↗

(4) 当 $x \to +\infty$ 时，$y \to +\infty$；$x \to -\infty$ 时，$y \to -\infty$.

(5) $f\left(-\dfrac{1}{3}\right) = \dfrac{32}{27}$，$f\left(\dfrac{1}{3}\right) = \dfrac{16}{27}$，$f(1) = 0$，

从而得到函数 $y = x^3 - x^2 - x + 1$ 的图形上的 3 点 $\left(-\dfrac{1}{3}, \dfrac{32}{27}\right)$，$\left(\dfrac{1}{3}, \dfrac{16}{27}\right)$，$(1, 0)$.

补充一些点 $(-1, 0)$，$(0, 1)$，$\left(\dfrac{3}{2}, \dfrac{5}{8}\right)$.

(6) 作出图形(图 3 - 16).

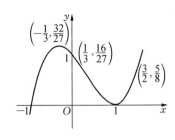

图 3 - 16

例 4 作出函数 $y = \dfrac{1}{\sqrt{2\pi}} \mathrm{e}^{-\frac{x^2}{2}}$ 的图形.

解 (1) 函数 $y = \dfrac{1}{\sqrt{2\pi}} \mathrm{e}^{-\frac{x^2}{2}}$ 的定义域为 $(-\infty, +\infty)$，该函数为偶函数，图形对称于 y 轴，所以我们可以只讨论 $[0, +\infty)$ 上该函数的图形.

(2) $y' = -\dfrac{1}{\sqrt{2\pi}} x \mathrm{e}^{-\frac{x^2}{2}}$，$y'' = \dfrac{1}{\sqrt{2\pi}} \mathrm{e}^{-\frac{x^2}{2}} \cdot (x^2 - 1)$.

(3) 在 $[0, +\infty)$ 上，方程 $y' = 0$ 的根为 0；方程 $y'' = 0$ 的根为 $x = 1$，点 $x = 0$ 和 $x = 1$ 把 $[0, +\infty)$ 划分成两个区间 $[0, 1]$，$(1, +\infty)$，列表讨论见表 3 - 4.

表 3 - 4

x	0	$(0, 1)$	1	$(1, +\infty)$
y'	0	$-$	$-$	$-$
y''	$-$	$-$	0	$+$
y	极大	↘	拐点	↘

(4) 由于 $\lim\limits_{x \to \infty} f(x) = 0$，所以图形有一条水平渐近线 $y = 0$.

(5) $f(0) = \dfrac{1}{\sqrt{2\pi}}$，$f(1) = \dfrac{1}{\sqrt{2\pi \mathrm{e}}}$，从而得到函数 $y = \dfrac{1}{\sqrt{2\pi}} \mathrm{e}^{-\frac{x^2}{2}}$ 图形上的两点 $\left(0, \dfrac{1}{\sqrt{2\pi}}\right)$，$\left(1, \dfrac{1}{\sqrt{2\pi \mathrm{e}}}\right)$，又由 $f(2) = \dfrac{1}{\sqrt{2\pi}} \mathrm{e}^{-2}$，得到点 $\left(2, \dfrac{1}{\sqrt{2\pi}} \mathrm{e}^{-2}\right)$.

(6) 作出 $[0, +\infty)$ 上的图形，最后利用对称性作出函数在 $(-\infty, 0]$ 上的图形(图 3 - 17).

例 5 作出函数 $y = \dfrac{(x-3)^2}{4(x-1)}$ 的图形.

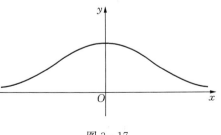

图 3 - 17

解 (1) 该函数定义域为 $(-\infty, 1) \cup (1, +\infty)$，无对称性.

(2) $y' = \dfrac{(x-3)(x+1)}{4(x-1)^2}$，$y'' = \dfrac{2}{(x-1)^3}$.

(3) 当 $y' = 0$ 时，得 $x = -1$，$x = 3$. 当 $y'' = 0$ 时，无解.
列表 3 - 5 讨论.

表 3-5

x	$(-\infty, -1)$	-1	$(-1, 1)$	1	$(1, 3)$	3	$(3, +\infty)$
y'	+	0	−	不存在	−	0	+
y''	−	−	−	不存在	+	+	+
y	↗	极大	↘		↘	极小	↗

(4) 因 $\lim\limits_{x \to 1}\dfrac{(x-3)^2}{4(x-1)}=\infty$，所以直线 $x=1$ 是函数的垂直渐近线. 又

$$k=\lim_{x\to\infty}\frac{f(x)}{x}=\lim_{x\to\infty}\frac{(x-3)^2}{4x(x-1)}=\frac{1}{4},$$

$$b=\lim_{x\to\infty}[f(x)-kx]=\lim_{x\to\infty}\left[\frac{(x-3)^2}{4(x-1)}-\frac{1}{4}x\right]$$

$$=\lim_{x\to\infty}\frac{-5x+9}{4(x-1)}=-\frac{5}{4},$$

故得斜渐近线 $y=\dfrac{1}{4}x-\dfrac{5}{4}$.

(5) $f(-1)=-2$，$f(3)=0$，得到函数 $y=\dfrac{(x-3)^2}{4(x-1)}$ 图形上的两点 $(-1, -2)$，$(3, 0)$，补充一些点 $\left(-2, -\dfrac{25}{12}\right)$，$\left(0, -\dfrac{9}{4}\right)$，$\left(2, \dfrac{1}{4}\right)$.

(6) 作出图形(图 3-18).

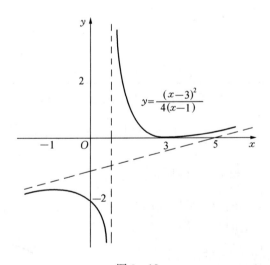

图 3-18

习题 3-8

1. 求下列函数所表示的曲线的渐近线：

(1) $y=xe^{-x}$；

(2) $y=\dfrac{1}{(x+2)^3}$；

(3) $y=\dfrac{x^2-1}{x}$；

(4) $y=x+\arctan x$.

2. 作出下列函数的图形:

(1) $y=\dfrac{1}{5}(x^4-6x^2+8x+7)$;

(2) $y=\dfrac{x}{1+x^2}$;

(3) $y=\dfrac{\ln x}{x}$;

(4) $y=x+\dfrac{1}{x}$;

(5) $y=xe^{-x^2}$;

(6) $y^2=x(x-1)^2$.

自 测 题 三

一、选择题

1. 设当 $x<x_0$ 时, $f'(x)>0$, 当 $x>x_0$ 时, $f'(x)<0$, 则 x_0 必是函数 $f(x)$ 的( ).
   (A) 驻点;   (B) 极大值点;   (C) 极小值点;   (D) 以上均不对.

2. 已知 $\lim\limits_{x\to a}\dfrac{f(x)-f(a)}{(x-a)^2}=-1$, 则在 $x=a$ 处( ).
   (A) $f(x)$ 的导数不存在;   (B) $f'(a)\neq 0$;
   (C) $f(x)$ 取极小值;   (D) $f(x)$ 取极大值.

3. 无论 b 取何值, 方程 $x^3-3x+b=0$ 在 $[-1,1]$ 上至多有( )个实根.
   (A) 1;   (B) 2;   (C) 3;   (D) 4.

4. 设函数 $f(x)$ 有二阶导数, 并满足 $f(x)=-f(-x)$, 且 $f(x)=f(x+1)$, 若 $f'(1)>0$, 则( ).
   (A) $f''(-5)\leqslant f'(-5)\leqslant f(-5)$;   (B) $f(-5)=f''(-5)<f'(-5)$;
   (C) $f'(-5)\leqslant f(-5)\leqslant f''(-5)$;   (D) $f(-5)<f'(-5)=f''(-5)$.

5. 设在 $(-\infty,+\infty)$ 内 $f''(x)>0$, $f(0)\leqslant 0$, 则函数 $\dfrac{f(x)}{x}$
( ).

   (A) 在 $(-\infty,0)$ 内单调递减, 在 $(0,+\infty)$ 内单调递增;
   (B) 在 $(-\infty,0)$ 内单调递增, 在 $(0,+\infty)$ 内单调递减;
   (C) 在 $(-\infty,0)\cup(0,+\infty)$ 单调减少;
   (D) 在 $(-\infty,0)\cup(0,+\infty)$ 单调增加.

6. 设函数 $f(x)$ 在定义域内可导, $y=f(x)$ 的图形如图 3-19 所示, 则导函数 $f'(x)$ 的图形为图 3-20 中的( ).

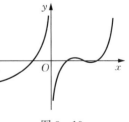

图 3-19

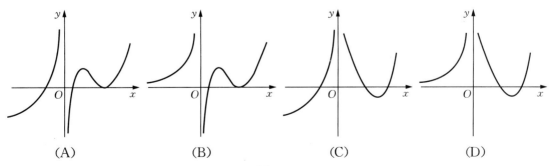

(A)   (B)   (C)   (D)

图 3-20

二、填空题

1. $\lim\limits_{x\to 0}\left[\dfrac{1}{\ln(1+x)}-\dfrac{1}{x}\right]=$ _____ ;

2. 函数 $f(x)=e^x$ 的 n 阶麦克劳林公式为 _____ ;

3. $\lim\limits_{x\to +\infty}\left(\dfrac{2}{\pi}\arctan x\right)^x=$ _____ ;

4. 设 $\lim\limits_{x\to\infty}f'(x)=k$,则 $\lim\limits_{x\to\infty}[f(x+a)-f(x)]=$ _____ ;

5. 函数 $f(x)=1-(x-2)^{\frac{2}{3}}$ 的极值为 _____ .

三、解答题

1. 求数列 $\{\sqrt[n]{n}\}$ 的最大项.

2. 求 $y=3x^4-4x^3+1$ 的拐点及凸凹区间.

四、证明题

1. 设函数 $f(x)$ 在 $[0,1]$ 上可导,且 $f(1)=0$,证明:存在 $\xi\in(0,1)$,使
$$f'(\xi)+\dfrac{1}{\xi}f(\xi)=0.$$

2. 设 $f(x)$ 在 $[a,b]$ $(0<a<b)$ 上连续,在 (a,b) 内可导,证明:在 (a,b) 内存在 ξ,η,使
$$f'(\xi)=\dfrac{\eta^2 f'(\eta)}{ab}.$$

3. 若 $0\leqslant x\leqslant 1$,$p>1$,证明:$\dfrac{1}{2^{p-1}}\leqslant x^p+(1-x)^p\leqslant 1$.

*五、设某商品的需求函数为 $Q=f(p)=12-\dfrac{p}{2}$,求:

(1) 需求弹性函数;

(2) $p=6$ 时的需求弹性;

(3) 当 $p=6$ 时,若价格上涨 1%,总收益是增加还是减少?将变化百分之几?

(4) p 为何值时,总收益最大?最大的总收益是多少?

第四章 不定积分

在微分学中,我们讨论了求已知函数的导数(或微分)的问题. 本章将讨论它的反问题, 就是寻求一个可导函数, 使它的导数等于已知函数. 这种由函数的已知导数(或微分)去求原来的函数的问题, 是积分学的基本问题之一——求不定积分.

第一节 不定积分的概念与性质

一、原函数与不定积分的概念

定义 1 设 $f(x)$ 是定义在某区间上的已知函数, 如果存在函数 $F(x)$, 对于该区间上每一点都满足
$$F'(x) = f(x) \text{ 或 } \mathrm{d}F(x) = f(x)\mathrm{d}x,$$
则称函数 $F(x)$ 是已知函数 $f(x)$ 在该区间上的**原函数**.

例如, 因为 $(\sin x)' = \cos x$, 所以 $\sin x$ 是 $\cos x$ 的原函数. 因为 $(x^4)' = 4x^3$, $(x^4+1)' = 4x^3$, $(x^4+C)' = 4x^3$ (C 为任意常数), 所以 x^4, x^4+1, x^4+C 都是 $4x^3$ 的原函数.

我们知道, 一个函数 $f(x)$ 的导函数 $f'(x)$ 只有一个, 但由上例知一个函数 $f(x)$ 的原函数却不唯一. 如果 $F(x)$ 是 $f(x)$ 的一个原函数, 则 $F(x)+C$(C 为任意常数)也都是 $f(x)$ 的原函数. 再由拉格朗日中值定理推论 2 知道, 函数的任何两个原函数之间仅相差一个常数. 所以说函数 $F(x)+C$ 就包括了 $f(x)$ 的所有原函数.

这个结论说明:如果 $f(x)$ 有原函数 $F(x)$, 那么它一定有无穷多个原函数 $F(x)+C$, 且它们彼此之间只相差一个常数. 由此可知, 若已知 $f(x)$ 的任意一个原函数 $F(x)$, 那么加上一个常数 C, 便可得到 $f(x)$ 的全体原函数 $F(x)+C$.

定义 2 函数 $f(x)$ 的全体原函数叫作 $f(x)$ 的**不定积分**, 记作
$$\int f(x)\mathrm{d}x,$$

其中 "$\int$" 叫作积分号, 函数 $f(x)$ 叫作**被积函数**, $f(x)\mathrm{d}x$ 叫作**被积表达式**, 而 x 叫作**积分变量**.

由上面的讨论可知, 如果 $F(x)$ 是 $f(x)$ 的一个原函数, 那么 $f(x)$ 的不定积分 $\int f(x)\mathrm{d}x$ 就是原函数族 $F(x)+C$, 即
$$\int f(x)\mathrm{d}x = F(x)+C.$$

因而不定积分 $\int f(x)\mathrm{d}x$ 可以表示 $f(x)$ 的任意一个原函数.

例1 求 $\int x^2 \mathrm{d}x$.

解 因为 $\left(\dfrac{x^3}{3}\right)' = x^2$，所以 $\dfrac{x^3}{3}$ 是 x^2 的一个原函数，因此

$$\int x^2 \mathrm{d}x = \dfrac{x^3}{3} + C.$$

例2 求 $\int \dfrac{\mathrm{d}x}{\sqrt{1-x^2}}$.

解 因为 $(\arcsin x)' = \dfrac{1}{\sqrt{1-x^2}}$，所以 $\arcsin x$ 是 $\dfrac{1}{\sqrt{1-x^2}}$ 的一个原函数，因此

$$\int \dfrac{\mathrm{d}x}{\sqrt{1-x^2}} = \arcsin x + C.$$

在前面的讨论中，我们假定 $f(x)$ 有原函数，那么 $f(x)$ 在什么条件下，才能保证它的原函数一定存在？这个问题将在下一章讨论，现在先给出它的结论：如果函数 $f(x)$ 在某一区间内连续，那么在该区间内它的原函数一定存在．由于初等函数在其定义域上都是连续的，所以初等函数在其定义域上都有原函数．

不定积分的几何意义 从几何上看，不定积分 $\int f(x) \mathrm{d}x$ 的图形是一族平行曲线．这族曲线称为函数 $f(x)$ 的**积分曲线族**，因为 $(F(x)+C)' = f(x)$，则 $f(x)$ 为积分曲线族的切线斜率，即各积分曲线上具有相同横坐标的点处的切线相互平行（图 4-1）．积分曲线族可由一条积分曲线沿 y 轴上下移动而得到．

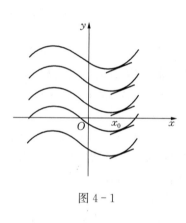

图 4-1

要想确定积分曲线族中某一条特定的曲线，必须附加一个条件，从积分曲线族中求出常数 C．例如，给定的初始条件为 $x = x_0$ 时 $y = y_0$，则由 $y_0 = F(x_0) + C$ 得到常数

$$C = y_0 - F(x_0),$$

于是就得到所求的积分曲线

$$y = F(x) + y_0 - F(x_0).$$

例3 求经过点 $(1, 2)$，且其切线斜率为 $3x^2$ 的曲线方程．

解 由 $\int 3x^2 \mathrm{d}x = x^3 + C$，得曲线族 $y = x^3 + C$，将 $x=1$，$y=2$ 代入，得 $C=1$，所以

$$y = x^3 + 1$$

就是所求曲线．

二、不定积分的性质

根据不定积分的定义，可以推出以下性质：

性质1 (1) $\left[\int f(x) \mathrm{d}x\right]' = f(x)$ 或 $\mathrm{d}\int f(x) \mathrm{d}x = f(x) \mathrm{d}x$；

(2) $\int F'(x) \mathrm{d}x = F(x) + C$ 或 $\int \mathrm{d}F(x) = F(x) + C.$

证 设 $F(x)$ 是 $f(x)$ 的一个原函数,即 $F'(x)=f(x)$,那么
$$\int f(x)\mathrm{d}x = F(x)+C,$$
于是

(1) $\left[\int f(x)\mathrm{d}x\right]' = [F(x)+C]' = F'(x) = f(x)$;

(2) $\int F'(x)\mathrm{d}x = \int f(x)\mathrm{d}x = F(x)+C.$

该性质表明了积分与微分是互为逆运算的.(1)说明先积分后微分,两种运算抵消;(2)说明先微分后积分,两种运算仅差一个常数.

性质 2 被积函数中不为零的常数因子可以提到积分号外面,即
$$\int kf(x)\mathrm{d}x = k\int f(x)\mathrm{d}x \qquad (k \text{ 是常数},k\neq 0).$$

证 因为
$$\left[k\int f(x)\mathrm{d}x\right]' = k\left[\int f(x)\mathrm{d}x\right]' = kf(x),$$
所以
$$\int kf(x)\mathrm{d}x = k\int f(x)\mathrm{d}x.$$

性质 3 函数的代数和的不定积分等于各个函数的不定积分的代数和,即
$$\int [f(x)\pm g(x)]\mathrm{d}x = \int f(x)\mathrm{d}x \pm \int g(x)\mathrm{d}x.$$

证 因为
$$\left[\int f(x)\mathrm{d}x \pm \int g(x)\mathrm{d}x\right]' = \left[\int f(x)\mathrm{d}x\right]' \pm \left[\int g(x)\mathrm{d}x\right]'$$
$$= f(x)\pm g(x),$$
所以
$$\int [f(x)\pm g(x)]\mathrm{d}x = \int f(x)\mathrm{d}x \pm \int g(x)\mathrm{d}x.$$

性质 3 对有限个函数的代数和也成立.

三、基本积分公式

由于积分运算是微分运算的逆运算,因此由导数的基本公式就可以得到相应的积分公式.

例如,因为 $\left(\dfrac{x^{n+1}}{n+1}\right)' = x^n (n\neq 1)$,所以 $\dfrac{x^{n+1}}{n+1}$ 是 x^n 的一个原函数,于是
$$\int x^n \mathrm{d}x = \dfrac{x^{n+1}}{n+1} + C \quad (n\neq -1).$$

又如,因为 $(\arctan x)' = \dfrac{1}{1+x^2}$,所以 $\arctan x$ 是 $\dfrac{1}{1+x^2}$ 的一个原函数,于是
$$\int \dfrac{1}{1+x^2}\mathrm{d}x = \arctan x + C.$$

将类似这样的一些基本公式列成一个表,即得**基本积分表**.

(1) $\int k\mathrm{d}x = kx + C \quad (k \text{ 为常数}).$

(2) $\int x^\mu dx = \dfrac{1}{\mu+1} x^{\mu+1} + C \quad (\mu \neq -1)$.

(3) $\int \dfrac{1}{x} dx = \ln|x| + C^*$.

(4) $\int a^x dx = \dfrac{a^x}{\ln a} + C$.

(5) $\int e^x dx = e^x + C$.

(6) $\int \cos x dx = \sin x + C$.

(7) $\int \sin x dx = -\cos x + C$.

(8) $\int \sec^2 x dx = \tan x + C$.

(9) $\int \csc^2 x dx = -\cot x + C$.

(10) $\int \sec x \tan x dx = \sec x + C$.

(11) $\int \csc x \cot x dx = -\csc x + C$.

(12) $\int \dfrac{dx}{\sqrt{1-x^2}} = \arcsin x + C$.

(13) $\int \dfrac{1}{1+x^2} dx = \arctan x + C$.

积分的基本公式是求不定积分的基础，必须熟记．

利用不定积分的基本公式及不定积分的性质，可直接求出一些简单函数的不定积分．

例 4 求 $\int \sqrt{x}(x^2 - 5) dx$．

解 $\int \sqrt{x}(x^2 - 5) dx = \int (x^{\frac{5}{2}} - 5 x^{\frac{1}{2}}) dx = \int x^{\frac{5}{2}} dx - \int 5 x^{\frac{1}{2}} dx = \int x^{\frac{5}{2}} dx - 5 \int x^{\frac{1}{2}} dx$

$= \dfrac{2}{7} x^{\frac{7}{2}} - 5 \cdot \dfrac{2}{3} x^{\frac{3}{2}} + C = \dfrac{2}{7} x^3 \sqrt{x} - \dfrac{10}{3} x \sqrt{x} + C$.

注意：检验不定积分结果是否正确，只要将结果求导数，看它的导数是否等于被积函数．如果相等，则结果是正确的；否则结果是错误的．

例 5 求 $\int \dfrac{x^2}{1+x^2} dx$．

解 $\int \dfrac{x^2}{1+x^2} dx = \int \left(1 - \dfrac{1}{1+x^2}\right) dx = \int dx - \int \dfrac{1}{1+x^2} dx$

$= x - \arctan x + C$.

---

* 对此公式说明如下：当 $x>0$ 时，等式 $\int \dfrac{1}{x} dx = \ln x + C$. 当 $x<0$ 时，因为 $[\ln(-x)]' = \dfrac{1}{-x} \cdot (-x)' = \dfrac{-1}{-x} = \dfrac{1}{x}$，所以 $\int \dfrac{1}{x} dx = \ln(-x) + C$. 即不论 $x>0$ 还是 $x<0$，都有一般公式 $\int \dfrac{1}{x} dx = \ln|x| + C$，但为书写方便，可以写成 $\int \dfrac{1}{x} dx = \ln x + C$.

例 6 求 $\int \cot^2 x \, dx$.

解 $\int \cot^2 x \, dx = \int (\csc^2 x - 1) \, dx = \int \csc^2 x \, dx - \int dx$
$= -\cot x - x + C.$

例 7 求 $\int \dfrac{1+x+x^2}{x(1+x^2)} dx$.

解 $\int \dfrac{1+x+x^2}{x(1+x^2)} dx = \int \dfrac{(1+x^2)+x}{x(1+x^2)} dx = \int \left(\dfrac{1}{x} + \dfrac{1}{1+x^2}\right) dx$
$= \int \dfrac{1}{x} dx + \int \dfrac{dx}{1+x^2} = \ln x + \arctan x + C.$

例 8 求 $\int \cos^2 \dfrac{x}{2} dx$.

解 $\int \cos^2 \dfrac{x}{2} dx = \int \dfrac{1+\cos x}{2} dx = \dfrac{1}{2} \int dx + \dfrac{1}{2} \int \cos x \, dx = \dfrac{1}{2} x + \dfrac{1}{2} \sin x + C.$

例 9 求 $\int 5^x e^x \, dx$.

解 $\int 5^x e^x \, dx = \int (5e)^x dx = \dfrac{(5e)^x}{\ln(5e)} + C = \dfrac{5^x e^x}{1+\ln 5} + C.$

例 10 通过加热、冷冻、药剂、紫外线照射等方法杀死细菌的消毒过程的动态，通常用如下方程表示：

$$\dfrac{dN}{dt} = -kN,$$

其中 N 代表存活的菌数，k 是单位时间的死亡率，假定有一个每毫升含 8×10^5 个病菌的悬浮液，用 5% 的酚溶液处理它，其中 $k=0.9/\text{min}$，试问到 10 min 后存活的细菌还剩多少？到 20 min 后呢？

解 所求消毒过程，即病毒在常用的消毒药剂酚溶液中存活的菌数随时间增加而减少（即所谓负增长）的规律.

将方程 $\dfrac{dN}{dt} = -kN$ 改写为 $\dfrac{1}{N} dN = -k \, dt$，两边积分

$$\int \dfrac{1}{N} dN = \int (-k) dt,$$

得 $\ln N + C_1 = -kt + C_2,$

即 $\ln N = -kt + C$ （令 $C = C_2 - C_1$）.

已知 $t=0$ 时，消毒液的菌数为 $N_0 = 8 \times 10^5$（个），则 $C = \ln(8 \times 10^5)$，所以
$$N = 8 \times 10^5 e^{-kt}.$$

当 $k=0.9/\text{min}$，$t=10 \text{ min}$ 或 20 min 时，

$$N = \begin{cases} 8 \times 10^5 e^{-9} \approx 10^2 \text{ 个病菌}/\text{mL}, & \text{当 } t = 10 \text{ min 时}, \\ 8 \times 10^5 e^{-18} \approx 10^{-2} \text{ 个病菌}/\text{mL}, & \text{当 } t = 20 \text{ min 时}. \end{cases}$$

由此我们看到积分在生物学中也有着非常重要的应用.

例 11 某机械厂除生产专用机械之外，还为其他大型机械厂生产某配件，假设其边际收入为 $R'(x) = 200 - \dfrac{x}{50}$（元/件），求 x 件产品的总收入 $R(x)$ 和平均收入 $\overline{R(x)}$，并求年产

2000 件时的总收入和平均收入.

解 根据题意，总收入为

$$R(x) = \int \left(200 - \frac{x}{50}\right)dx = 200x - \frac{x^2}{100} + C.$$

由于 $R(0)=0$，于是 $R(x)=200x-\frac{x^2}{100}$，这样，

$$\overline{R(x)} = \frac{R(x)}{x} = 200 - \frac{x}{100}(元).$$

年产 2000 件时的总收入和平均收入分别为

$$R(2000) = 400000 - \frac{2000^2}{100} = 36(万元),$$

$$\overline{R(x)} = 200 - \frac{2000}{100} = 180(元).$$

习题 4-1

1. 利用导数验证下列等式：

(1) $\int \frac{1}{\sqrt{x^2+1}}dx = \ln(x+\sqrt{x^2+1}) + C$；

(2) $\int \frac{1}{x^2\sqrt{x^2-1}}dx = \frac{\sqrt{x^2-1}}{x} + C$；

(3) $\int \frac{2x}{(x^2+1)(x+1)^2}dx = \arctan x + \frac{1}{x+1} + C$；

(4) $\int \sec x\, dx = \ln|\tan x + \sec x| + C$；

(5) $\int x\cos x\, dx = x\sin x + \cos x + C$；

(6) $\int e^x \sin x\, dx = \frac{1}{2}e^x(\sin x - \cos x) + C.$

2. 什么叫原函数？什么叫不定积分？不定积分与原函数的区别是什么？

3. 一曲线经过原点，且在每一点的切线斜率为 $2x$，试求曲线方程.

4. 填空.

(1) $d(\quad) = 5dx$, $\int 5dx = (\quad)$；

(2) $d(\quad) = 2xdx$, $\int 2xdx = (\quad)$；

(3) $d(\quad) = x^2 dx$, $\int x^2 dx = (\quad)$；

(4) $d(\quad) = e^x dx$, $\int e^x dx = (\quad)$；

(5) $d(\quad) = \sin x dx$, $\int \sin x dx = (\quad)$；

(6) $d(\quad) = \sec^2 x dx$, $\int \sec^2 x dx = (\quad)$；

(7) $d(\quad) = \frac{1}{\sqrt{x}}dx$, $\int \frac{1}{\sqrt{x}}dx = (\quad)$；

(8) $d(\quad) = x^n dx$, $\int x^n dx = (\quad)$.

5. 计算下列不定积分.

(1) $\int 3\mathrm{d}x$;

(2) $\int \left(\dfrac{1}{x^2}+1\right)\mathrm{d}x$;

(3) $\int \dfrac{\mathrm{d}x}{\sqrt{1-x^2}}$;

(4) $\int (x-2)^2 \mathrm{d}x$;

(5) $\int (\sqrt{x}+1)(\sqrt[3]{x}-1)\mathrm{d}x$;

(6) $\int \left(2\mathrm{e}^x+\dfrac{3}{x}\right)\mathrm{d}x$;

(7) $\int \dfrac{(1-x)^2}{\sqrt{x}}\mathrm{d}x$;

(8) $\int \dfrac{x^4}{1+x^2}\mathrm{d}x$;

(9) $\int \dfrac{2\cdot 3^x - 5\cdot 2^x}{3^x}\mathrm{d}x$;

(10) $\int \sec x(\tan x - \sec x)\mathrm{d}x$;

(11) $\int \sin^2 \dfrac{x}{2} \mathrm{d}x$;

(12) $\int \tan^2 x \mathrm{d}x$;

(13) $\int \dfrac{\mathrm{d}x}{1+\cos 2x}$.

6. 一物体由静止开始运动，经 t(单位：s)后的速度是 $3t^2$(m/s)，问：(1) 在 3s 后物体离开出发点的距离是多少？(2) 物体走完 360m 需要多少时间？

7. 证明函数 $\arcsin(2x-1)$，$\arccos(1-2x)$ 和 $2\arctan\sqrt{\dfrac{x}{1-x}}$ 都是 $\dfrac{1}{\sqrt{x-x^2}}$ 的原函数.

第二节　换元积分法

利用直接积分法所能计算的不定积分是非常有限的，因此本节将介绍一种求不定积分的方法——**换元积分法**．换元积分法是把复合函数的微分法反过来用于求不定积分．这种方法是通过适当的变量代换得到函数的积分．换元积分法简称换元法．换元法包括两类，第一类换元法和第二类换元法．

一、第一类换元法

设 $f(u)$ 具有原函数 $F(u)$，即

$$F'(u) = f(u), \quad \int f(u)\mathrm{d}u = F(u) + C.$$

若 u 是另一变量 x 的函数 $u=\varphi(x)$，且设 $\varphi(x)$ 可导，那么，根据复合函数的求导法则，有

$$\dfrac{\mathrm{d}}{\mathrm{d}x} F(\varphi(x)) = F'(u) \cdot \varphi'(x) = f[\varphi(x)]\varphi'(x),$$

即 $F[\varphi(x)]$ 是 $f[\varphi(x)]\varphi'(x)$ 的原函数，从而根据不定积分的定义得

$$\int f[\varphi(x)]\varphi'(x)\mathrm{d}x = F[\varphi(x)] + C = [F(u)+C]_{u=\varphi(x)}$$

$$= \left[\int f(u)\mathrm{d}u\right]_{u=\varphi(x)},$$

于是有下面的定理：

定理 1　设 $f(u)$ 具有原函数 $F(u)$，$u=\varphi(x)$ 可导，则 $F[\varphi(x)]$ 是 $f[\varphi(x)]\varphi'(x)$ 的原函数，即有如下的换元公式

$$\int f[\varphi(x)]\varphi'(x)\mathrm{d}x = F[\varphi(x)] + C = \left[\int f(u)\mathrm{d}u\right]_{u=\varphi(x)}. \tag{1}$$

此定理说明，虽然由不定积分的定义，(1)式右端的 du 是不定积分记号的一部分，并没有说它是普通的微分，但在有了(1)式以后，我们看到，在运用换元积分法时，将 du 解释为普通的微分是不会产生错误的，这样一来在基本积分表的公式中，将积分变量换成 x 的连续可微函数 u，公式仍然成立．

如何应用公式(1)来求不定积分？如要求 $\int g(x)dx$，将函数 $g(x)$ 化为 $g(x)=f[\varphi(x)]\varphi'(x)$ 的形式，令 $u=\varphi(x)$，那么

$$\int g(x)dx = \int f[\varphi(x)]\varphi'(x)dx = \left[\int f(u)du\right]_{u=\varphi(x)}.$$

如果能求得 $f(u)$ 的原函数，再将 $u=\varphi(x)$ 代回去，就得到 $g(x)$ 的不定积分．

例 1 求 $\int \dfrac{dx}{2x+1}$．

解 因为被积函数 $\dfrac{1}{2x+1}$ 是一个复合函数：$\dfrac{1}{2x+1}=\dfrac{1}{u}$，$u=2x+1$，因此作变换 $u=2x+1$，则 $du=2dx$，于是

$$\int \frac{dx}{2x+1} = \frac{1}{2}\int \frac{1}{u}du = \frac{1}{2}\ln u + C = \frac{1}{2}\ln(2x+1) + C.$$

例 2 求 $\int 2xe^{x^2}dx$．

解 设 $u=x^2$，则 $du=2xdx$，于是

$$\int 2xe^{x^2}dx = \int e^{x^2}dx^2 = \int e^u du = e^u + C = e^{x^2} + C.$$

例 3 求 $\int (3x+4)^5 dx$．

解 设 $u=3x+4$，则 $du=3dx$，于是

$$\int (3x+4)^5 dx = \frac{1}{3}\int (3x+4)^5 d(3x+4) = \frac{1}{3}\int u^5 du$$
$$= \frac{1}{18}u^6 + C = \frac{1}{18}(3x+4)^6 + C.$$

例 4 求 $\int \tan x dx$．

解 设 $u=\cos x$，$du=-\sin x dx$，于是

$$\int \tan x dx = \int \frac{\sin x}{\cos x}dx = -\int \frac{1}{\cos x}d(\cos x) = -\int \frac{1}{u}du$$
$$= [-\ln u + C]_{u=\cos x} = -\ln(\cos x) + C.$$

例 5 求 $\int \dfrac{1}{x^2}\cos\dfrac{1}{x}dx$．

解 设 $u=\dfrac{1}{x}$，$du=-\dfrac{1}{x^2}dx$，于是

$$\int \frac{1}{x^2}\cos\frac{1}{x}dx = -\int \cos\frac{1}{x}d\left(\frac{1}{x}\right) = -\int \cos u du$$
$$= [-\sin u + C]_{u=\frac{1}{x}} = -\sin\frac{1}{x} + C.$$

在解题比较熟练后，可以不设新变量 u，直接"凑成"公式形式．即将 $g(x)\mathrm{d}x$ 变成 $f[\varphi(x)]\mathrm{d}\varphi(x)$ 的形式，一般是从 $g(x)$ 中分离出一部分因式与 $\mathrm{d}x$ 相结合，凑成微分 $\mathrm{d}\varphi(x)$．必要时可把分离的因式添加适当的常数后，再与 $\mathrm{d}x$ 凑成微分 $\mathrm{d}\varphi(x)$，利用基本积分公式算出结果．因此第一类换元积分法又称为**凑微分法**．

如例 5 可以直接凑微分来计算．

$$\int \frac{1}{x^2}\cos\frac{1}{x}\mathrm{d}x = -\int \cos\frac{1}{x}\mathrm{d}\left(\frac{1}{x}\right) = -\sin\frac{1}{x} + C.$$

例 6 求 $\int \dfrac{1}{a^2+x^2}\mathrm{d}x$．

解
$$\int \frac{\mathrm{d}x}{a^2+x^2} = \frac{1}{a^2}\int \frac{1}{1+\left(\frac{x}{a}\right)^2}\mathrm{d}x = \frac{1}{a}\int \frac{1}{1+\left(\frac{x}{a}\right)^2}\mathrm{d}\left(\frac{x}{a}\right)$$
$$= \frac{1}{a}\arctan\frac{x}{a} + C.$$

例 7 求 $\int \dfrac{\mathrm{e}^x}{1+\mathrm{e}^x}\mathrm{d}x$．

解 $\displaystyle\int \frac{\mathrm{e}^x}{1+\mathrm{e}^x}\mathrm{d}x = \int \frac{\mathrm{d}(\mathrm{e}^x+1)}{1+\mathrm{e}^x} = \ln(\mathrm{e}^x+1) + C.$

例 8 求 $\int \dfrac{\ln x}{x}\mathrm{d}x$．

解 $\displaystyle\int \frac{\ln x}{x}\mathrm{d}x = \int \ln x\,\mathrm{d}(\ln x) = \frac{1}{2}(\ln x)^2 + C.$

例 9 求 $\int \dfrac{\mathrm{e}^{3\sqrt{x}}}{\sqrt{x}}\mathrm{d}x$．

解 由于 $\mathrm{d}\sqrt{x} = \dfrac{1}{2}\dfrac{\mathrm{d}x}{\sqrt{x}}$，于是

$$\int \frac{\mathrm{e}^{3\sqrt{x}}}{\sqrt{x}}\mathrm{d}x = 2\int \mathrm{e}^{3\sqrt{x}}\mathrm{d}(\sqrt{x}) = \frac{2}{3}\int \mathrm{e}^{3\sqrt{x}}\mathrm{d}(3\sqrt{x}) = \frac{2}{3}\mathrm{e}^{3\sqrt{x}} + C.$$

例 10 求 $\int \dfrac{\mathrm{d}x}{a^2-x^2}$．

解 由于 $\dfrac{1}{a^2-x^2} = \dfrac{1}{2a}\left(\dfrac{1}{a+x} + \dfrac{1}{a-x}\right)$，于是

$$\int \frac{\mathrm{d}x}{a^2-x^2} = \frac{1}{2a}\left(\int \frac{\mathrm{d}x}{a+x} + \int \frac{\mathrm{d}x}{a-x}\right) = \frac{1}{2a}\left[\int \frac{\mathrm{d}(a+x)}{a+x} - \int \frac{\mathrm{d}(a-x)}{a-x}\right]$$
$$= \frac{1}{2a}[\ln(a+x) - \ln(a-x)] + C$$
$$= \frac{1}{2a}\ln\frac{a+x}{a-x} + C.$$

例 11 求 $\int \cos^2 x\,\mathrm{d}x$．

解
$$\int \cos^2 x\,\mathrm{d}x = \frac{1}{2}\int (1+\cos 2x)\mathrm{d}x = \frac{1}{2}\int \mathrm{d}x + \frac{1}{4}\int \cos 2x\,\mathrm{d}(2x)$$
$$= \frac{x}{2} + \frac{1}{4}\sin 2x + C.$$

例 12 求 $\int \sin^2 x \cos^5 x \, dx$.

解 $\int \sin^2 x \cos^5 x \, dx = \int \sin^2 x \cos^4 x \, d(\sin x)$

$$= \int \sin^2 x (1-\sin^2 x)^2 \, d(\sin x)$$

$$= \int (\sin^2 x - 2\sin^4 x + \sin^6 x) \, d(\sin x)$$

$$= \int \sin^2 x \, d(\sin x) - 2\int \sin^4 x \, d(\sin x) + \int \sin^6 x \, d(\sin x)$$

$$= \frac{1}{3}\sin^3 x - \frac{2}{5}\sin^5 x + \frac{1}{7}\sin^7 x + C.$$

对于如下形状的不定积分 $\int \sin^m x \cos^n x \, dx$ (m、n 为非负整数)，当 m、n 中有一个为奇数时，采用"凑微分法"，如例 12；当 m、n 都为偶数时(零看作偶数)，采用"降幂法"，如例 11.

例 13 求 $\int \csc x \, dx$.

解 $\int \csc x \, dx = \int \frac{dx}{\sin x} = \int \frac{\sin x \, dx}{\sin^2 x} = -\int \frac{d(\cos x)}{\sin^2 x}$ （利用例 10）

$$= -\frac{1}{2}\ln\frac{1+\cos x}{1-\cos x} + C$$

$$= -\frac{1}{2}\ln\frac{(1+\cos x)^2}{\sin^2 x} + C$$

$$= -\ln(\csc x + \cot x) + C$$

$$= \ln(\csc x - \cot x) + C.$$

例 14 求 $\int \sec x \, dx$.

解 $\int \sec x \, dx = \int \frac{dx}{\cos x} = \int \frac{d\left(x+\frac{\pi}{2}\right)}{\sin\left(x+\frac{\pi}{2}\right)} = \int \csc\left(x+\frac{\pi}{2}\right) d\left(x+\frac{\pi}{2}\right)$

$$= \ln\left[\csc\left(x+\frac{\pi}{2}\right) - \cot\left(x+\frac{\pi}{2}\right)\right] + C$$

$$= \ln(\sec x + \tan x) + C.$$

例 15 求 $\int \tan x \sec^4 x \, dx$.

解 $\int \tan x \sec^4 x \, dx = \int \tan x \sec^2 x \, d(\tan x)$

$$= \int \tan x (\tan^2 x + 1) \, d(\tan x)$$

$$= \int (\tan^3 x + \tan x) \, d(\tan x)$$

$$= \frac{\tan^4 x}{4} + \frac{\tan^2 x}{2} + C.$$

例 16 求 $\int \tan^4 x \, dx$.

解
$$\int \tan^4 x \, dx = \int \tan^2 x (\sec^2 x - 1) \, dx = \int \tan^2 x \sec^2 x \, dx - \int \tan^2 x \, dx$$
$$= \int \tan^2 x \sec^2 x \, dx - \int (\sec^2 x - 1) \, dx$$
$$= \frac{1}{3} \tan^3 x - \int \sec^2 x \, dx + \int dx$$
$$= \frac{1}{3} \tan^3 x - \tan x + x + C.$$

通过以上例题,我们看到公式(1)在求不定积分中所起的作用. 像复合函数的求导法则在微分学中一样,公式(1)在积分学中也经常使用. 但利用公式(1)来求不定积分,一般比利用复合函数求导法则求函数的导数要来得困难. 因为其中需要一定的技巧,需要针对被积函数的不同形式,适当选择变量代换 $u = \varphi(x)$,这一步常常是变化多端的,没有一般途径可循. 因此要掌握第一类换元积分法,除了熟悉一些典型例题外,还要做较多的练习才行.

运用换元积分法求不定积分,在适当选择变量代换时,有时由于选择不同的变换,对同一个积分算出的结果在形式上还可能不一样. 只要将结果求导能得到被积函数,运算就正确,这也是求不定积分的一种自我检验方法.

二、第二类换元法

第一类换元法是通过变量代换 $u = \varphi(x)$,将积分 $\int f[\varphi(x)] \varphi'(x) \, dx$ 化为 $\int f(u) \, du$. 我们常常也会遇到相反的情形,适当选择变量代换 $x = \varphi(t)$,将积分 $\int f(x) \, dx$ 化为积分 $\int f[\varphi(t)] \varphi'(t) \, dt$. 这是另一种形式变量代换,写成公式形式

$$\int f(x) \, dx = \int f[\varphi(t)] \varphi'(t) \, dt.$$

这个公式的成立需要一定条件. 首先,等式右边的不定积分存在,即 $f[\varphi(t)] \varphi'(t)$ 有原函数;其次,$\int f[\varphi(t)] \varphi'(t) \, dt$ 求出后必须用 $x = \varphi(t)$ 的反函数 $t = \varphi^{-1}(x)$ 代回去. 为了保证这反函数存在,而且是单值可导的. 假定函数 $x = \varphi(t)$ 在 t 的某一个区间上是单调、可导的,并且 $\varphi'(t) \neq 0$.

定理 2(第二类换元积分) 设 $x = \varphi(t)$ 是单调、可导的函数,并且 $\varphi'(t) \neq 0$. 又设 $f[\varphi(t)] \varphi'(t)$ 具有原函数,则有换元公式

$$\int f(x) \, dx = \left[\int f[\varphi(t)] \varphi'(t) \, dt \right]_{t = \varphi^{-1}(x)},$$

其中 $\varphi^{-1}(x)$ 是 $x = \varphi(t)$ 的反函数.

证明 设 $f[\varphi(t)] \varphi'(t)$ 的原函数为 $\Phi(t)$.

令 $F(x) = \Phi[\varphi^{-1}(x)]$,利用复合函数求导法则及反函数的导数公式有
$$F'(x) = \frac{d\Phi}{dt} \cdot \frac{dt}{dx} = f[\varphi(t)] \varphi'(t) \cdot \frac{1}{\varphi'(t)}$$
$$= f[\varphi(t)] = f(x),$$

即 $F(x)$ 是 $f(x)$ 的原函数，所以有
$$\int f(x)dx = F(x) + C = \Phi[\varphi^{-1}(x)] + C = \left[\int f[\varphi(t)]\varphi'(t)dt\right]_{t=\varphi^{-1}(x)}.$$
证毕.

例 17 求 $\int \sqrt{a^2 - x^2}\, dx\ (a > 0)$.

解 求这个积分，困难在于根式 $\sqrt{a^2 - x^2}$，我们可以利用三角恒等式 $\sin^2 t + \cos^2 t = 1$ 来化去根式.

设 $x = a\sin t\left(-\dfrac{\pi}{2} < t < \dfrac{\pi}{2}\right)$，则 $dx = a\cos t\, dt$，于是
$$\int \sqrt{a^2 - x^2}\, dx = \int \sqrt{a^2 - a^2\sin^2 t} \cdot a\cos t\, dt$$
$$= a^2 \int \cos^2 t\, dt = a^2\left(\dfrac{t}{2} + \dfrac{1}{4}\sin 2t\right) + C\ (利用例\ 11).$$

为了将变量 t 还原为 x 的函数，可根据 $\sin t = \dfrac{x}{a}$，作辅助三角形，如图 4-2 所示，
$$t = \arcsin\dfrac{x}{a},\ \cos t = \dfrac{1}{a}\sqrt{a^2 - x^2},$$
于是所求积分为

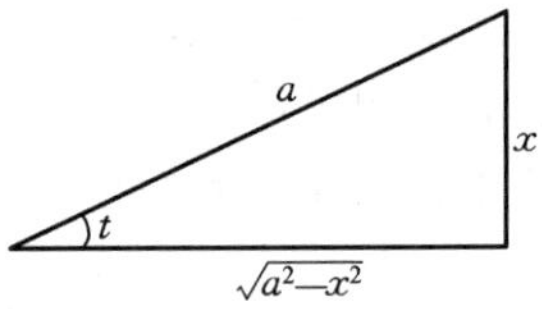

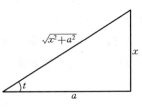

图 4-2

$$\int \sqrt{a^2 - x^2}\, dx = \dfrac{a^2}{2}\arcsin\dfrac{x}{a} + \dfrac{1}{2}x\sqrt{a^2 - x^2} + C.$$

例 18 求 $\int \dfrac{dx}{\sqrt{x^2 + a^2}}\ (a > 0)$.

解 和上题类似，利用三角公式 $1 + \tan^2 t = \sec^2 t$ 来化去根式.

设 $x = a\tan t\left(-\dfrac{\pi}{2} < t < \dfrac{\pi}{2}\right)$，则 $dx = a\sec^2 t\, dt$，于是
$$\int \dfrac{dx}{\sqrt{x^2 + a^2}} = \int \dfrac{a\sec^2 t}{a\sec t}dt = \int \sec t\, dt$$
$$= \ln(\sec t + \tan t) + C\ (利用例\ 14).$$

为了将变量 t 还原为 x 的函数，可以根据 $\tan t = \dfrac{x}{a}$ 作辅助三角形，如图 4-3 所示，于是有
$$\sec t = \dfrac{\sqrt{x^2 + a^2}}{a},$$
因此

图 4-3

$$\int \dfrac{dx}{\sqrt{x^2 + a^2}} = \ln\left(\dfrac{\sqrt{x^2 + a^2}}{a} + \dfrac{x}{a}\right) + C_1$$
$$= \ln(x + \sqrt{x^2 + a^2}) + C\quad (C = C_1 - \ln a).$$

例 19 求 $\int \dfrac{dx}{\sqrt{x^2 - a^2}}\ (a > 0)$.

解 和上两题类似，可以利用公式 $\sec^2 t - 1 = \tan^2 t$ 化去根式.

设 $x = a\sec t \left(0 < t < \dfrac{\pi}{2}\right)$，则 $\mathrm{d}x = a\sec t \tan t \mathrm{d}t$，于是

$$\int \dfrac{\mathrm{d}x}{\sqrt{x^2-a^2}} = \int \dfrac{a\sec t \tan t}{a\tan t}\mathrm{d}t = \int \sec t \mathrm{d}t$$
$$= \ln(\sec t + \tan t) + C (\text{利用例 14}).$$

为了将变量 t 还原为 x，可以根据 $\sec t = \dfrac{x}{a}$ 作辅助三角形，如图 4-4 所示，于是有

$$\tan t = \dfrac{\sqrt{x^2-a^2}}{a},$$

因此

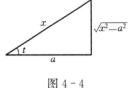

图 4-4

$$\int \dfrac{\mathrm{d}x}{\sqrt{x^2-a^2}} = \ln\left(\dfrac{x}{a} + \dfrac{\sqrt{x^2-a^2}}{a}\right) + C_1$$
$$= \ln(x + \sqrt{x^2-a^2}) + C \quad (\text{其中 } C = \ln C_1 - \ln a).$$

注：此题中作代换 $x = a\sec t$ 时，限定 $0 < t < \dfrac{\pi}{2}$，即 $x > a$ 的情形，若 $x < -a$，可作代换 $x = -a\sec t \left(0 < t < \dfrac{\pi}{2}\right)$，计算得

$$\int \dfrac{\mathrm{d}x}{\sqrt{x^2-a^2}} = \ln(-x - \sqrt{x^2-a^2}) + C.$$

把在 $x > a$ 及 $x < -a$ 内的结果合并，可写作

$$\int \dfrac{\mathrm{d}x}{\sqrt{x^2-a^2}} = \ln\left|x + \sqrt{x^2-a^2}\right| + C.$$

从上面三例子，可以看出如果被积函数含有：

(1) $\sqrt{a^2-x^2}$，可作代换 $x = a\sin t$.

(2) $\sqrt{a^2+x^2}$，可作代换 $x = a\tan t$.

(3) $\sqrt{x^2-a^2}$，可作代换 $x = a\sec t$.

利用三角函数进行的代换，称为**三角代换**.

例 20 求 $\int \dfrac{\mathrm{d}x}{(x^2+a^2)^2}$.

解 设 $x = a\tan t$，则 $\mathrm{d}x = a\sec^2 t \mathrm{d}t$，于是

$$\int \dfrac{\mathrm{d}x}{(x^2+a^2)^2} = \int \dfrac{a\sec^2 t}{a^4(\tan^2 t+1)^2}\mathrm{d}t = \int \dfrac{\sec^2 t}{a^3 \sec^4 t}\mathrm{d}t = \dfrac{1}{a^3}\int \cos^2 t \mathrm{d}t$$
$$= \dfrac{1}{a^3}\left(\dfrac{t}{2} + \dfrac{1}{4}\sin 2t\right) + C = \dfrac{1}{a^3}\left(\dfrac{t}{2} + \dfrac{1}{2}\sin t \cos t\right) + C.$$

根据 $\tan t = \dfrac{x}{a}$ 作辅助三角形，如图 4-3 所示，于是有

$$\sin t = \dfrac{x}{\sqrt{x^2+a^2}}, \quad \cos t = \dfrac{a}{\sqrt{x^2+a^2}},$$

因此 $$\int \frac{\mathrm{d}x}{(x^2+a^2)^2} = \frac{1}{2a^3}\arctan\frac{x}{a} + \frac{1}{2a^2}\cdot\frac{x}{x^2+a^2} + C.$$

在本节例题中，有几个积分是我们以后经常会遇到的，所以通常也被当作公式使用，除上节积分公式外，再添加如下：

(14) $\int \tan x \mathrm{d}x = -\ln\cos x + C.$

(15) $\int \cot x \mathrm{d}x = \ln\sin x + C.$

(16) $\int \sec x \mathrm{d}x = \ln(\sec x + \tan x) + C.$

(17) $\int \csc x \mathrm{d}x = \ln(\csc x - \cot x) + C.$

(18) $\int \dfrac{\mathrm{d}x}{x^2+a^2} = \dfrac{1}{a}\arctan\dfrac{x}{a} + C.$

(19) $\int \dfrac{\mathrm{d}x}{x^2-a^2} = \dfrac{1}{2a}\ln\dfrac{x-a}{x+a} + C.$

(20) $\int \dfrac{\mathrm{d}x}{\sqrt{a^2-x^2}} = \arcsin\dfrac{x}{a} + C.$

(21) $\int \dfrac{\mathrm{d}x}{\sqrt{x^2\pm a^2}} = \ln(x + \sqrt{x^2\pm a^2}) + C.$

例 21 求 $\int \dfrac{\mathrm{d}x}{x^2+2x+6}.$

解 $\int \dfrac{\mathrm{d}x}{x^2+2x+6} = \int \dfrac{\mathrm{d}(x+1)}{(x+1)^2+(\sqrt{5})^2},$

利用公式(18)得

$$\int \frac{\mathrm{d}x}{x^2+2x+6} = \frac{1}{\sqrt{5}}\arctan\frac{x+1}{\sqrt{5}} + C.$$

例 22 求 $\int \dfrac{\mathrm{d}x}{\sqrt{4x^2+1}}.$

解 $\int \dfrac{\mathrm{d}x}{\sqrt{4x^2+1}} = \int \dfrac{\mathrm{d}x}{\sqrt{(2x)^2+1^2}} = \dfrac{1}{2}\int \dfrac{\mathrm{d}(2x)}{\sqrt{(2x)^2+1^2}},$

利用公式(21)得

$$\int \frac{\mathrm{d}x}{\sqrt{4x^2+1}} = \frac{1}{2}\ln(2x + \sqrt{4x^2+1}) + C.$$

例 23 求 $\int \dfrac{\mathrm{d}x}{\sqrt{2+x-x^2}}.$

解 $\int \dfrac{\mathrm{d}x}{\sqrt{2+x-x^2}} = \int \dfrac{\mathrm{d}\left(x-\dfrac{1}{2}\right)}{\sqrt{\left(\dfrac{3}{2}\right)^2 - \left(x-\dfrac{1}{2}\right)^2}},$

利用公式(20)得

$$\int \frac{\mathrm{d}x}{\sqrt{2+x-x^2}} = \arcsin\frac{2x-1}{3} + C.$$

习题 4-2

1. 在下列各式等号右端的空白处填入适当的系数，使等式成立：

(1) $dx = \quad d(ax)$;

(2) $dx = \quad d(7x-3)$;

(3) $xdx = \quad d(x^2)$;

(4) $xdx = \quad d(5x^2)$;

(5) $xdx = \quad d(1-x^2)$;

(6) $x^3 dx = \quad d(3x^4 - 2)$;

(7) $e^{2x} dx = \quad d(e^{2x})$;

(8) $e^{-\frac{x}{2}} dx = \quad d(1 + e^{-\frac{x}{2}})$;

(9) $\sin\frac{3}{2}x\, dx = \quad d\left(\cos\frac{3}{2}x\right)$;

(10) $\dfrac{dx}{x} = \quad d(5\ln|x|)$;

(11) $\dfrac{dx}{x} = \quad d(3 - 5\ln|x|)$;

(12) $\dfrac{dx}{1+9x^2} = \quad d(\arctan 3x)$;

(13) $\dfrac{dx}{\sqrt{1-x^2}} = \quad d(1 - \arcsin x)$;

(14) $\dfrac{x\, dx}{\sqrt{1-x^2}} = \quad d(\sqrt{1-x^2})$.

2. 计算下列不定积分：

(1) $\displaystyle\int (2x-3)^{100} dx$;

(2) $\displaystyle\int \frac{dx}{1-2x}$;

(3) $\displaystyle\int x\sqrt{1-x^2}\, dx$;

(4) $\displaystyle\int \frac{dx}{\sqrt{3-2x}}$;

(5) $\displaystyle\int \frac{x}{\sqrt{2-3x^2}}\, dx$;

(6) $\displaystyle\int \frac{dx}{\sqrt{e^x}}$;

(7) $\displaystyle\int xe^{1-x^2}\, dx$;

(8) $\displaystyle\int \frac{dx}{\sqrt{1-4x^2}}$;

(9) $\displaystyle\int \frac{dx}{\sqrt{9-4x^2}}$;

(10) $\displaystyle\int \frac{x^2}{x^6+4}\, dx$;

(11) $\displaystyle\int \frac{x}{\sqrt{4-x^2}}\, dx$;

(12) $\displaystyle\int \frac{1+\ln x}{x}\, dx$;

(13) $\displaystyle\int \frac{dx}{x \ln x \ln \ln x}$;

(14) $\displaystyle\int \frac{\sin\sqrt{t}}{\sqrt{t}}\, dt$;

(15) $\displaystyle\int \tan\sqrt{1+x^2}\, \frac{x}{\sqrt{1+x^2}}\, dx$;

(16) $\displaystyle\int \frac{(\arctan x)^2}{1+x^2}\, dx$;

(17) $\displaystyle\int \frac{dx}{(\arcsin x)^2 \sqrt{1-x^2}}$;

(18) $\displaystyle\int \cos(\omega t + \varphi)\, dt$ (ω、φ 为常数);

(19) $\displaystyle\int \sin^2 3x\, dx$;

(20) $\displaystyle\int \cos^3 x\, dx$;

(21) $\displaystyle\int \frac{dx}{\sin x \cos x}$;

(22) $\displaystyle\int x\cos x^2\, dx$;

(23) $\displaystyle\int \frac{\sin x \cos x}{1+\sin^4 x}\, dx$;

(24) $\displaystyle\int \frac{\cos x}{\sin^3 x}\, dx$;

(25) $\displaystyle\int \frac{\sin x + \cos x}{\sqrt[3]{\cos x - \sin x}}\, dx$;

(26) $\displaystyle\int \frac{\ln\tan x}{\cos x \sin x}\, dx$;

(27) $\displaystyle\int \tan^3 x \sec x\, dx$;

(28) $\displaystyle\int \frac{x^2}{\sqrt{a^2 - x^2}}\, dx$;

(29) $\displaystyle\int \frac{dx}{x\sqrt{x^2-1}}$;

(30) $\displaystyle\int \frac{dx}{\sqrt{(x^2+a^2)^3}}$;

(31) $\displaystyle\int \frac{\sqrt{x^2-9}}{x}\, dx$.

第三节　分部积分法

上节我们将复合函数的求导法则反过来用于求不定积分，得到了换元积分法．但是，有些不定积分如 $\int xe^x dx$，$\int x\ln x dx$，$\int x\sin x dx$，$\int x\arctan x dx$ 等，虽然被积函数很简单，但用直接积分法或换元积分法都无法解决．这类积分的被积函数都具有共同点，都是两种不同类型函数的乘积．这就启发我们用两个函数乘积的微分法则反过来用于这种类型的不定积分，这种方法称为**分部积分法**．

设函数 $u=u(x)$ 及 $v=v(x)$ 具有连续导数，则有
$$d(uv) = udv + vdu,$$
移项得
$$udv = d(uv) - vdu,$$
两边积分得
$$\int udv = \int d(uv) - \int vdu,$$
得
$$\int udv = uv - \int vdu. \tag{1}$$

公式(1)称为**分部积分公式**．

此公式表明，如果 $\int udv$ 不易求出，但通过公式把它转化为右边的形式，而 $\int vdu$ 易于求出，则公式起到化难为易的作用．

例1　求 $\int x\cos x dx$．

解　运用分部积分法将 $x\cos x dx$ 看作 udv，如何选择 u 与 dv 呢？
如果设 $u=x$，$dv=\cos x dx$，则 $du=dx$，$v=\sin x$，代入公式得
$$\int x\cos x dx = \int x d(\sin x) = x\sin x - \int \sin x dx$$
$$= x\sin x + \cos x + C.$$

如果设 $u=\cos x$，$dv=x dx$，则 $du=-\sin x dx$，$v=\frac{x^2}{2}$，代入公式得
$$\int x\cos x dx = \frac{x^2}{2}\cos x - \int \frac{x^2}{2}d(\cos x) = \frac{x^2}{2}\cos x + \int \frac{x^2}{2}\sin x dx.$$

上式右端的积分比原积分更不易于积出来．由此可见，应用分部积分法时，恰当选取 u 和 dv 是一个关键问题，选择 u 和 dv 要遵循以下两个原则：

(1) 由 dv 容易求出 v；

(2) $\int vdu$ 比 $\int udv$ 容易积出．

例2　求 $\int xe^x dx$．

解　设 $u=x$，$dv=e^x dx$，则 $du=dx$，$v=e^x$，代入公式得
$$\int xe^x dx = xe^x - \int e^x dx = xe^x - e^x + C$$

$$= e^x(x-1) + C.$$

例 3 求 $\int x^2 e^x dx$.

解 设 $u = x^2$，$dv = e^x dx$，则 $du = 2x dx$，$v = e^x$，代入公式得

$$\int x^2 e^x dx = x^2 e^x - 2\int x e^x dx$$

$$= x^2 e^x - 2x e^x + 2\int e^x dx$$

$$= x^2 e^x - 2x e^x + 2e^x + C.$$

总结上面三个例子知道，如果被积函数是幂函数和正（余）弦函数的乘积或幂函数和指数函数的乘积，可以用分部积分法，设幂函数为 u，余下部分凑成 dv. 这样用一次分部积分公式就可以使幂函数的幂降低一次，这里假定幂函数是正整数.

在解题比较熟练后，就不必特别写出假设的 u 与 dv. 可以直接凑成公式左端形式即 $\int u dv$，用公式求出不定积分.

例 4 求 $\int x^2 \ln x dx$.

解 如果设 $u = x^2$，$dv = \ln x dx$，从中求不出函数 v，不符合选择 u 和 dv 的原则，所以只能选择 $\ln x$ 为 u，$x^2 dx$ 为 dv，于是有

$$\int x^2 \ln x dx = \int \ln x d\left(\frac{x^3}{3}\right) = \frac{x^3}{3}\ln x - \int \frac{x^3}{3} d(\ln x)$$

$$= \frac{x^3}{3}\ln x - \int \frac{x^3}{3} \cdot \frac{1}{x} dx = \frac{x^3}{3}\ln x - \frac{1}{3}\int x^2 dx$$

$$= \frac{x^3}{3}\ln x - \frac{x^3}{9} + C.$$

例 5 求 $\int \arcsin x dx$.

解 $\int \arcsin x dx = x\arcsin x - \int x d(\arcsin x)$

$$= x\arcsin x - \int \frac{x}{\sqrt{1-x^2}} dx$$

$$= x\arcsin x + \frac{1}{2}\int \frac{d(1-x^2)}{\sqrt{1-x^2}}$$

$$= x\arcsin x + \frac{1}{2} \frac{(1-x^2)^{\frac{1}{2}}}{\frac{1}{2}} + C$$

$$= x\arcsin x + \sqrt{1-x^2} + C.$$

总结上面 3 个例子可知道，如果被积函数是幂函数和对数函数的乘积或幂函数和反三角函数的乘积，可用分部积分法，设对数函数和反三角函数为 u，幂函数与 dx 凑成 dv.

例 6 求 $\int e^x \sin x dx$.

解 $\int e^x \sin x dx = \int \sin x d e^x$

$$= e^x \sin x - \int e^x d(\sin x)$$

$$= e^x \sin x - \int \cos x d e^x$$

$$= e^x \sin x - \left(\cos x e^x - \int e^x d\cos x\right)$$

$$= e^x \sin x - e^x \cos x - \int e^x \sin x dx,$$

移项得 $$2\int e^x \sin x dx = e^x \sin x - e^x \cos x,$$

$$\int e^x \sin x dx = \frac{e^x}{2}(\sin x - \cos x) + C.$$

例 7 求 $\int \sec^3 x dx.$

解 $\int \sec^3 x dx = \int \sec x d\tan x$

$$= \sec x \tan x - \int \tan x d(\sec x)$$

$$= \sec x \tan x - \int \tan^2 x \sec x dx$$

$$= \sec x \tan x - \int (\sec^2 x - 1) \sec x dx$$

$$= \sec x \tan x - \int \sec^3 x dx + \int \sec x dx$$

$$= \sec x \tan x + \ln(\sec x + \tan x) - \int \sec^3 x dx,$$

移项得 $$2\int \sec^3 x dx = \sec x \tan x + \ln(\sec x + \tan x),$$

$$\int \sec^3 x dx = \frac{1}{2}[\sec x \tan x + \ln(\sec x + \tan x)] + C.$$

上面两例是求不定积分常用的方法，它是利用两次分部后得到结果中有部分与原来积分一样．通过解代数方程，求出结果．

在积分的过程中，往往兼用换元法和分部积分法，如下例．

例 8 求 $\int e^{\sqrt{x}} dx.$

解 设 $\sqrt{x}=t$，则 $x=t^2$，$dx=2tdt$，于是

$$\int e^{\sqrt{x}} dx = 2\int te^t dt$$

$$= 2e^t(t-1) + C (利用例 2 的结果)$$

$$= 2e^{\sqrt{x}}(\sqrt{x}-1) + C.$$

习题 4-3

求下列不定积分.

(1) $\int x\sin x\,dx$;

(2) $\int x\mathrm{e}^{-x}\,dx$;

(3) $\int x\cos^2 x\,dx$;

(4) $\int \mathrm{e}^x \sin^2 x\,dx$;

(5) $\int \arctan x\,dx$;

(6) $\int \ln\dfrac{x}{2}\,dx$;

(7) $\int x^2 \ln x\,dx$;

(8) $\int (\arccos x)^2\,dx$;

(9) $\int (\ln x)^2\,dx$;

(10) $\int \sin\ln x\,dx$;

(11) $\int \sqrt{x}\sin\sqrt{x}\,dx$.

第四节　几种特殊类型函数的积分举例

一、有理函数的积分举例

有理函数是指由两个多项式的商所表示的函数，其具体函数形式如下：

$$\frac{P(x)}{Q(x)} = \frac{a_0 x^n + a_1 x^{n-1} + \cdots + a_{n-1}x + a_n}{b_0 x^m + b_1 x^{m-1} + \cdots + b_{m-1}x + b_m}, \tag{1}$$

其中 m 和 n 都是非负整数；$a_0, a_1, a_2, \cdots, a_n$ 及 $b_0, b_1, b_2, \cdots, b_m$ 都是实数，并且 $a_0 \neq 0, b_0 \neq 0$.

我们总假定分子多项式 $P(x)$ 与分母多项式 $Q(x)$ 之间没有公因子，当有理函数(1)的分子多项式的次数 n 小于其分母多项式的次数 m，即 $n<m$ 时，称这个有理函数是真分式；而当 $n \geq m$ 时，称这个有理函数是假分式.

利用多项式除法，假分式总可以化成一个多项式与一个真分式之和的形式. 如

$$\frac{x^3 + 2x + 1}{x^2 + 1} = x + \frac{x+1}{x^2 + 1}.$$

多项式积分我们已经会求，下面来研究真分式的积分. 首先要了解真分式有如下的性质：如果分母多项式 $Q(x)$ 在实数范围内因式分解成一次因式和二次质因式的乘积. 如

$$Q(x) = b_0(x-a)^\alpha \cdots (x-b)^\beta (x^2 + px + q)^\lambda \cdots (x^2 + rx + s)^\mu, \tag{2}$$

其中，$p^2 - 4q < 0, \cdots, r^2 - 4s < 0$，那么真分式 $\dfrac{P(x)}{Q(x)}$ 可以分解成如下部分分式之和：

$$\begin{aligned}
\frac{P(x)}{Q(x)} =\ & \frac{A_1}{(x-a)^\alpha} + \frac{A_2}{(x-a)^{\alpha-1}} + \cdots + \frac{A_\alpha}{x-a} + \cdots + \frac{B_1}{(x-b)^\beta} + \\
& \frac{B_2}{(x-b)^{\beta-1}} + \cdots + \frac{B_\beta}{x-b} + \frac{M_1 x + N_1}{(x^2+px+q)^\lambda} + \frac{M_2 x + N_2}{(x^2+px+q)^{\lambda-1}} + \cdots + \\
& \frac{M_\lambda x + N_\lambda}{x^2+px+q} + \cdots + \frac{R_1 x + S_1}{(x^2+rx+s)^\mu} + \frac{R_2 x + S_2}{(x^2+rx+s)^{\mu-1}} + \cdots + \\
& \frac{R_\mu x + S_\mu}{x^2+rx+s},
\end{aligned} \tag{3}$$

其中 $A_i, B_i, M_i, N_i, \cdots, R_i$ 及 S_i 等都是待定常数.

一个有理真分式总可以分解为部分分式之和. 当分母的多项式 $Q(x)$ 分解为(2)式时, $\dfrac{P(x)}{Q(x)}$ 就可以分解为(3)式表示的部分分式之和. 因此, 只需确定其中的待定常数. 下面通过几个例子说明具体做法.

例 1 将 $\dfrac{x}{x^2+4x+3}$ 分解为部分分式之和.

解 设 $\dfrac{x}{x^2+4x+3}=\dfrac{x}{(x+3)(x+1)}=\dfrac{A}{x+3}+\dfrac{B}{x+1}$, 其中 A、B 为待定常数. 可以用如下方法确定常数.

第一种方法, 两端去分母得恒等式
$$x \equiv A(x+1)+B(x+3), \tag{4}$$
整理得
$$x \equiv (A+B)x+A+3B,$$
比较(4)式两端同次系数相等得
$$\begin{cases} A+B=1, \\ A+3B=0, \end{cases}$$
解方程组得 $A=\dfrac{3}{2}$, $B=-\dfrac{1}{2}$.

第二种方法, 可以在恒等式(4)中代入特殊的 x 值, 在(4)式中, 令 $x=-3$, 得 $A=\dfrac{3}{2}$; 令 $x=-1$, 得 $B=-\dfrac{1}{2}$, 所以分式

$$\frac{x}{x^2+4x+3}=\frac{\frac{3}{2}}{x+3}+\frac{-\frac{1}{2}}{x+1}.$$

例 2 将 $\dfrac{1}{x(x-1)^2}$ 分解成部分分式之和.

解 设
$$\frac{1}{x(x-1)^2}=\frac{A}{x}+\frac{B}{(x-1)^2}+\frac{C}{x-1},$$
其中 A、B、C 待定, 两端去分母得
$$1 \equiv A(x-1)^2+Bx+Cx(x-1). \tag{5}$$

令 $x=0$, 得 $A=1$; 令 $x=1$, 得 $B=1$; 把 A、B 的值代入(5)式, 并令 $x=2$, 得 $1=1+2+2C$, 得 $C=-1$, 所以
$$\frac{1}{x(x-1)^2}=\frac{1}{x}+\frac{1}{(x-1)^2}-\frac{1}{x-1}.$$

例 3 将 $\dfrac{x+4}{x^3+4x}$ 分解为部分分式之和.

解 设
$$\frac{x+4}{x^3+4x}=\frac{A}{x}+\frac{Bx+C}{x^2+4},$$
其中 A、B、C 待定, 两端去分母得
$$x+4 \equiv A(x^2+4)+x(Bx+C).$$

令 $x=0$, 得 $A=1$; 比较两端对应系数得
$$\begin{cases} A+B=0, \\ C=1, \end{cases}$$

解得 $B=-1$，$C=1$，所以

$$\frac{x+4}{x^3+4x}=\frac{1}{x}-\frac{x-1}{x^2+4}.$$

将有理真分式分解成有限个部分分式之和后，再对各部分分式求不定积分，就可得到有理真分式的不定积分．

例 4 求 $\int\dfrac{x}{x^2+4x+3}\mathrm{d}x$.

解 由例 1 知

$$\frac{x}{x^2+4x+3}=\frac{\frac{3}{2}}{x+3}+\frac{-\frac{1}{2}}{x+1},$$

所以
$$\int\frac{x}{x^2+4x+3}\mathrm{d}x=\int\left(\frac{\frac{3}{2}}{x+3}+\frac{-\frac{1}{2}}{x+1}\right)\mathrm{d}x=\frac{3}{2}\int\frac{\mathrm{d}x}{x+3}-\frac{1}{2}\int\frac{\mathrm{d}x}{x+1}$$
$$=\frac{3}{2}\ln(x+3)-\frac{1}{2}\ln(x+1)+C.$$

例 5 求 $\int\dfrac{\mathrm{d}x}{x(x-1)^2}$.

解 由例 2 知

$$\frac{1}{x(x-1)^2}=\frac{1}{x}+\frac{1}{(x-1)^2}-\frac{1}{x-1},$$

所以
$$\int\frac{\mathrm{d}x}{x(x-1)^2}=\int\left[\frac{1}{x}+\frac{1}{(x-1)^2}-\frac{1}{x-1}\right]\mathrm{d}x$$
$$=\int\frac{\mathrm{d}x}{x}+\int\frac{\mathrm{d}x}{(x-1)^2}-\int\frac{\mathrm{d}x}{x-1}$$
$$=\ln x-\ln(x-1)-\frac{1}{x-1}+C$$
$$=\ln\frac{x}{x-1}-\frac{1}{x-1}+C.$$

例 6 求 $\int\dfrac{x+4}{x(x^2+4)}\mathrm{d}x$.

解 由例 3 知

$$\frac{x+4}{x(x^2+4)}=\frac{1}{x}-\frac{x-1}{x^2+4},$$

$$\int\frac{x+4}{x(x^2+4)}\mathrm{d}x=\int\left(\frac{1}{x}-\frac{x-1}{x^2+4}\right)\mathrm{d}x=\int\frac{1}{x}\mathrm{d}x-\int\frac{x-1}{x^2+4}\mathrm{d}x$$
$$=\ln x-\frac{1}{2}\int\frac{\mathrm{d}(x^2+4)}{x^2+4}+\int\frac{\mathrm{d}x}{x^2+4}$$
$$=\ln x-\frac{1}{2}\ln(x^2+4)+\frac{1}{2}\arctan\frac{x}{2}+C$$
$$=\ln\frac{x}{\sqrt{x^2+4}}+\frac{1}{2}\arctan\frac{x}{2}+C.$$

二、三角有理式的积分举例

三角函数的有理式是指由三角函数和常数经过有限次四则运算所构成的函数,由于 $\tan x$, $\cot x$, $\sec x$, $\csc x$ 都可以用 $\sin x$, $\cos x$ 表示,因此三角函数有理式一般可记作 $R(\sin x, \cos x)$.

三角有理式的积分 $\int R(\sin x, \cos x)\mathrm{d}x$ 一般可以用万能公式代换,令 $u=\tan\dfrac{x}{2}$ 换为 u 的有理函数的积分.

由于

$$\sin x = 2\sin\frac{x}{2}\cos\frac{x}{2} = \frac{2\tan\dfrac{x}{2}}{\sec^2\dfrac{x}{2}} = \frac{2\tan\dfrac{x}{2}}{1+\tan^2\dfrac{x}{2}} = \frac{2u}{1+u^2},$$

$$\cos x = \cos^2\frac{x}{2} - \sin^2\frac{x}{2} = \frac{1-\tan^2\dfrac{x}{2}}{\sec^2\dfrac{x}{2}} = \frac{1-\tan^2\dfrac{x}{2}}{1+\tan^2\dfrac{x}{2}} = \frac{1-u^2}{1+u^2},$$

因此

$$\int R(\sin x, \cos x)\mathrm{d}x = \int R\Big(\frac{2u}{1+u^2}, \frac{1-u^2}{1+u^2}\Big)\cdot\frac{2}{1+u^2}\mathrm{d}u.$$

这样就将三角有理式的积分转化为 u 的有理函数的积分,最后用 $u=\tan\dfrac{x}{2}$ 代回去即可.

例7 求 $\int\dfrac{1+\sin x}{1-\cos x}\mathrm{d}x$.

解 设 $u=\tan\dfrac{x}{2}$,于是有

$$\int\frac{1+\sin x}{1-\cos x}\mathrm{d}x = \int\frac{1+\dfrac{2u}{1+u^2}}{1-\dfrac{1-u^2}{1+u^2}}\cdot\frac{2}{1+u^2}\mathrm{d}u$$

$$= \int\frac{(1+u)^2}{u^2(1+u^2)}\mathrm{d}u$$

$$= \int\Big(\frac{1}{u^2}+\frac{2}{u}-\frac{2u}{1+u^2}\Big)\mathrm{d}u$$

$$= -\frac{1}{u}+2\ln u - \ln(1+u^2)+C$$

$$= -\cot\frac{x}{2}+2\ln\tan\frac{x}{2}-\ln\sec^2\frac{x}{2}+C.$$

例8 求 $\int\dfrac{1+\sin x}{\sin x(1+\cos x)}\mathrm{d}x$.

解 设 $u=\tan\dfrac{x}{2}$,于是有

$$\int \frac{1+\sin x}{\sin x(1+\cos x)}\mathrm{d}x = \int \frac{1+\dfrac{2u}{1+u^2}}{\dfrac{2u}{1+u^2}\Big(1+\dfrac{1-u^2}{1+u^2}\Big)} \cdot \frac{2\mathrm{d}u}{1+u^2}$$

$$= \frac{1}{2}\int \Big(u+2+\frac{1}{u}\Big)\mathrm{d}u = \frac{1}{2}\Big(\frac{u^2}{2}+2u+\ln u\Big)+C$$

$$= \frac{1}{4}\tan^2\frac{x}{2}+\tan\frac{x}{2}+\frac{1}{2}\ln\tan\frac{x}{2}+C.$$

上面这种将三角有理式的积分化为有理函数的积分的代换方法是一种普遍的方法. 但有时计算比较麻烦, 因此这种代换不一定是最简捷的代换. 有理函数的积分往往比较复杂. 因此, 对于具体问题可采用更适当的方法进行简捷的计算. 例如, $\int f(\sin x)\cos x\mathrm{d}x$, $\int f(\cos x)\sin x\mathrm{d}x$ 分别令 $u=\sin x$ 和 $u=\cos x$.

如果被积函数的表达式是只对 $\sin^2 x$, $\sin x\cos x$, $\cos^2 x$, $\tan x$ 及常数施行四则运算所得的式子, 那么可令 $\tan x=u$, 则 $\sin^2 x=\dfrac{u^2}{1+u^2}$, $\cos^2 x=\dfrac{1}{1+u^2}$, $\sin x\cos x=\dfrac{u}{1+u^2}$, $x=\arctan u$, $\mathrm{d}x=\dfrac{\mathrm{d}u}{1+u^2}$, 这样, 被积函数就成为 u 的有理函数, 可以积出.

例 9 求 $\int \dfrac{\mathrm{d}x}{1+3\cos^2 x}$.

解 $\int \dfrac{\mathrm{d}x}{1+3\cos^2 x} = \int \dfrac{\sec^2 x}{\sec^2 x+3}\mathrm{d}x = \int \dfrac{\mathrm{d}(\tan x)}{\tan^2 x+4} = \dfrac{1}{2}\arctan\dfrac{\tan x}{2}+C.$

例 10 求 $\int \dfrac{\mathrm{d}x}{\sin^3 x\cos^5 x}$.

解 设 $u=\tan x$, 则 $x=\arctan u$, $\mathrm{d}x=\dfrac{1}{1+u^2}\mathrm{d}u$, 于是

$$\int \frac{\mathrm{d}x}{\sin^3 x\cos^5 x} = \int \frac{(1+u^2)^4}{u^3}\cdot\frac{\mathrm{d}u}{1+u^2} = \int \frac{(1+u^2)^3}{u^3}\mathrm{d}u$$

$$= \int \Big(\frac{1}{u^3}+\frac{3}{u}+3u+u^3\Big)\mathrm{d}u$$

$$= -\frac{1}{2u^2}+3\ln u+\frac{3}{2}u^2+\frac{1}{4}u^4+C$$

$$= -\frac{1}{2\tan^2 x}+3\ln(\tan x)+\frac{3}{2}\tan^2 x+\frac{1}{4}\tan^4 x+C.$$

三、简单无理函数的积分举例

求简单无理函数的积分, 可通过适当的变量代换, 将其转化为有理函数的积分.

例 11 求 $\int \dfrac{\sqrt{x-1}}{x}\mathrm{d}x$.

解 为了去掉根号, 可以设 $t=\sqrt{x-1}$, 于是 $x=t^2+1$, $\mathrm{d}x=2t\mathrm{d}t$, 所以

$$\int \frac{\sqrt{x-1}}{x}dx = \int \frac{t}{t^2+1} \cdot 2t dt = 2\int \frac{t^2+1-1}{t^2+1}dt$$
$$= 2\int dt - 2\int \frac{dt}{1+t^2} = 2t - 2\arctan t + C$$
$$= 2(\sqrt{x-1} - \arctan\sqrt{x-1}) + C.$$

例 12 求 $\int \frac{dx}{1+\sqrt[3]{x+2}}$.

解 为去根号，设 $\sqrt[3]{x+2} = t$，$x = t^3 - 2$，$dx = 3t^2 dt$，于是有
$$\int \frac{dx}{1+\sqrt[3]{x+2}} = \int \frac{3t^2}{1+t}dt = 3\int \frac{t^2-1+1}{1+t}dt$$
$$= 3\int \left(t - 1 + \frac{1}{1+t}\right)dt = 3\left[\frac{t^2}{2} - t + \ln(1+t)\right] + C$$
$$= \frac{3}{2}\sqrt[3]{(x+2)^2} - 3\sqrt[3]{x+2} + 3\ln(1+\sqrt[3]{x+2}) + C.$$

例 13 求 $\int \frac{dx}{\sqrt{x}-\sqrt[3]{x}}$.

解 为了去掉根号，令 $x = t^6$，$dx = 6t^5 dt$，于是
$$\int \frac{dx}{\sqrt{x}-\sqrt[3]{x}} = \int \frac{6t^5}{t^3-t^2}dt = 6\int \frac{t^3}{t-1}dt$$
$$= 6\int \frac{(t^3-1)+1}{t-1}dt = 6\int \left(t^2+t+1+\frac{1}{t-1}\right)dt$$
$$= 2t^3 + 3t^2 + 6t + 6\ln(t-1) + C$$
$$= 2\sqrt{x} + 3\sqrt[3]{x} + 6\sqrt[6]{x} + 6\ln(\sqrt[6]{x}-1) + C.$$

习题 4-4

求下列不定积分.

(1) $\int \frac{2x+3}{x^2+3x-10}dx$;

(2) $\int \frac{3}{x^3+1}dx$;

(3) $\int \frac{x^2+1}{(x+1)^2(x-1)}dx$;

(4) $\int \frac{dx}{(x^2+1)(x^2+x)}$;

(5) $\int \frac{dx}{(x^2+1)(x^2+x+1)}$;

(6) $\int \frac{dx}{3+\cos x}$;

(7) $\int \frac{dx}{2+\sin x}$;

(8) $\int \frac{dx}{1+\sin x + \cos x}$;

(9) $\int \frac{dx}{1+\sqrt[3]{x+1}}$;

(10) $\int \frac{(\sqrt{x})^3+1}{\sqrt{x}+1}dx$;

(11) $\int \frac{dx}{\sqrt{x}+\sqrt[4]{x}}$;

(12) $\int \frac{\sqrt{x+1}-1}{\sqrt{x+1}+1}dx$;

(13) $\int \frac{dx}{e^x - e^{-x}}$;

(14) $\int \frac{x}{(1-x)^3}dx$;

(15) $\int \frac{x^2}{a^6 - x^6}dx$;

(16) $\int \frac{x+\sin x}{1+\cos x}dx$;

(17) $\int \frac{dx}{16-x^4}$;

(18) $\int \frac{dx}{(1+e^x)^2}$;

(19) $\int e^{\sin x} \cdot \dfrac{x\cos^3 x - \sin x}{\cos^2 x} dx$;

(20) $\int \dfrac{xe^x}{(1+x)^2} dx$;

(21) $\int \dfrac{x^2 \arctan x}{1+x^2} dx$;

(22) $\int \cot x \ln \sin x \, dx$;

(23) $\int \dfrac{\ln x}{\sqrt{(1+x^2)^3}} dx$;

(24) $\int \sqrt{\dfrac{e^x - 1}{e^x + 1}} dx$;

(25) $\int \dfrac{x^2 + 1}{x^4 + 1} dx$.

第五节　积分表的使用

通过前面的讨论可以看出，积分计算要比导数的计算来得灵活、复杂．在实际工作中，我们会遇到更多的不同类型的不定积分的计算问题．因此为了应用方便，往往把常用积分公式汇集成表，这种表叫作**积分表**．积分表是根据被积函数类型来排列的，求积分时，可按被积函数的类型直接或经过简单的变换后，在表内查得所需的结果．

本书末附录Ⅲ是一份简单的积分表，可供查阅．

下面举例说明积分表的使用方法．

例1　求 $\int \dfrac{x}{(2x+3)^2} dx$.

解　被积函数含有 $ax+b$，在积分表(一)中查得公式7：

$$\int \dfrac{x}{(ax+b)^2} dx = \dfrac{1}{a^2}\left(\ln|ax+b| + \dfrac{b}{ax+b}\right) + C.$$

现在 $a=2$, $b=3$，所以

$$\int \dfrac{x}{(2x+3)^2} dx = \dfrac{1}{4}\left(\ln|2x+3| + \dfrac{3}{2x+3}\right) + C.$$

例2　求 $\int \dfrac{dx}{5-4\cos x}$.

解　被积函数含有三角函数，在积分表(十一)中查得关于积分 $\int \dfrac{dx}{a+b\cos x}$ 的公式．但公式有两个，要看 $a^2 > b^2$ 或 $a^2 < b^2$ 而决定采用哪一个，因为 $a=5$, $b=-4$, $a^2 > b^2$，所以用公式105：

$$\int \dfrac{dx}{a+b\cos x} = \dfrac{2}{a+b}\sqrt{\dfrac{a+b}{a-b}} \arctan\left(\sqrt{\dfrac{a+b}{a-b}} \tan \dfrac{x}{2}\right) + C,$$

所以

$$\int \dfrac{dx}{5-4\cos x} = \dfrac{2}{3}\arctan\left(\dfrac{1}{3}\tan\dfrac{x}{2}\right) + C.$$

例3　求 $\int \dfrac{dx}{x\sqrt{4x^2+9}}$.

解　这个积分不能在表中直接查得，需要进行变量代换．

令 $2x = u$, $\sqrt{4x^2+9} = \sqrt{u^2+3^2}$, $x = \dfrac{u}{2}$, $dx = \dfrac{1}{2} du$，则

$$\int \dfrac{dx}{x\sqrt{4x^2+9}} = \int \dfrac{\dfrac{1}{2}du}{\dfrac{u}{2}\sqrt{u^2+3^2}} = \int \dfrac{du}{u\sqrt{u^2+3^2}}.$$

查表(六)，由公式 37 得
$$\int \frac{\mathrm{d}u}{u\sqrt{u^2+3}} = \frac{1}{3}\ln\frac{|u|}{3+\sqrt{u^2+3}} + C.$$
再把 $u=2x$ 代入，最后得到
$$\int \frac{\mathrm{d}x}{x\sqrt{4x^2+9}} = \frac{1}{3}\ln\frac{2|x|}{3+\sqrt{4x^2+9}} + C.$$

例 4 求 $\int \sin^4 x\, \mathrm{d}x$.

解 积分表(十一)中，查到公式 95：
$$\int \sin^n x\, \mathrm{d}x = -\frac{\sin^{n-1}x\cos x}{n} + \frac{n-1}{n}\int \sin^{n-2} x\, \mathrm{d}x.$$

当 $n=4$ 时，
$$\int \sin^4 x\, \mathrm{d}x = -\frac{\sin^3 x\cos x}{4} + \frac{3}{4}\int \sin^2 x\, \mathrm{d}x.$$

对积分 $\int \sin^2 x\, \mathrm{d}x$ 用公式：
$$\int \sin^2 x\, \mathrm{d}x = \frac{x}{2} - \frac{1}{4}\sin 2x + C,$$
所以
$$\int \sin^4 x\, \mathrm{d}x = -\frac{\sin^3 x\cos x}{4} + \frac{3}{4}\left(\frac{x}{2} - \frac{1}{4}\sin 2x\right) + C.$$

在学完本章内容之后，我们还需要知道：初等函数在其定义区间内，它的原函数一定存在，但原函数不一定都是初等函数. 如
$$\int \mathrm{e}^{-x^2}\, \mathrm{d}x,\quad \int \frac{\sin x}{x}\, \mathrm{d}x,\quad \int \frac{\mathrm{d}x}{\ln x},\quad \int \frac{\mathrm{d}x}{\sqrt{1+x^4}}$$
等都不是初等函数.

自 测 题 四

一、填空题

1. 设 $a\cos x$ 是 $f(x)$ 的一个原函数，则 $\int xf'(x)\, \mathrm{d}x =$ _____；

2. 一曲线通过点 $(\mathrm{e}^2, 3)$，且在任一点处的切线的斜率等于该点横坐标的倒数，则该曲线的方程为_____；

3. $\int \dfrac{1}{\sqrt{1+x-x^2}}\, \mathrm{d}x =$ _____；

4. $\int \dfrac{1}{1+\sin x}\, \mathrm{d}x =$ _____；

5. 把 $\dfrac{x^2+1}{x(x-1)^2}$ 分解成部分分式之和 _____，并求 $\int \dfrac{x^2+1}{x(x-1)^2}\, \mathrm{d}x =$ _____.

二、选择题

1. 若 $\int f(x)dx = x^2 e^{2x} + C$，则 $f(x) = ($ $)$.

   (A) $2xe^{2x}$；   (B) $2x^2 e^{2x}$；   (C) xe^{2x}；   (D) $2xe^{2x}(1+x)$.

2. 要使 $\int \dfrac{\ln kx}{x}dx = \ln|x| + \dfrac{1}{2}\ln^2|x| + C$，则 $k = ($ $)$.

   (A) 1；   (B) 10；   (C) e；   (D) 任意实数.

3. 若 $f(x)$ 为连续的偶函数，则 $f(x)$ 的原函数中 ($ $).

   (A) 有奇函数；   (B) 都是奇函数；
   (C) 都是偶函数；   (D) 没有奇函数也没有偶函数.

4. 函数 $f(x) = \sin 2x$ 的原函数是 ($ $).

   (A) $2\cos 2x$；   (B) $\dfrac{1}{2}\cos 2x$；   (C) $-\cos^2 x$；   (D) $\dfrac{1}{2}\sin 2x$.

5. 若 $f'(x)$ 为连续函数，则 $\int f'(2x)dx = ($ $)$.

   (A) $f(2x) + C$；   (B) $f(x) + C$；   (C) $\dfrac{1}{2}f(2x) + C$；   (D) $2f(2x) + C$.

三、求下列函数的不定积分.

1. $\int \dfrac{1 + 2\ln x}{x \ln x}dx$；

2. $\int \dfrac{\ln \sin x}{\sin^2 x}dx$；

3. $\int \dfrac{dx}{x^4(1+x^2)}$；

4. $\int \dfrac{dx}{\cos^3 x \sin x}$；

5. $\int \sin \sqrt[3]{x}\,dx$；

6. $\int \dfrac{dx}{x(x^{10}+1)^2}$；

7. $\int \dfrac{x\arctan x}{(1+x^2)^{\frac{3}{2}}}dx$；

8. $\int \dfrac{\arctan x}{x^2(1+x^2)}dx$.

四、已知 $f'(\sin^2 x) = \cos 2x + \tan^2 x \left(0 < x < \dfrac{\pi}{2}\right)$，求 $f(x)$.

五、已知 $f(x)$ 的原函数为 $\dfrac{\sin x}{x}$，求 $\int xf'(2x)dx$.

*六、设某商品的需求量 Q 是价格 p 的函数，该商品的最大需求量为 1000（即 $p=0$ 时，$Q=1000$）. 已知边际需求为 $Q'(p) = -1000\ln 3 \left(\dfrac{1}{3}\right)^p$，求需求量关于价格的弹性.

第五章 定积分及其应用

本章将讨论一元函数积分学中的另一个基本问题——定积分问题．我们将从几何与物理问题出发引出定积分的概念，进而讨论定积分的有关性质，揭示定积分与不定积分之间的内在联系，并在此基础上进一步解决定积分的计算问题，最后介绍定积分在几何、物理方面的应用．

第一节　定积分的概念

一、定积分问题举例

1. 曲边梯形的面积

所谓曲边梯形是指这样的图形，它有三条边是直线，其中两条边互相平行且与第三边垂直，第四条边是一条连续曲线，如图 5-1 所示．而曲边三角形（图 5-2）可看作曲边梯形的一边缩短为零的特殊情形．由此看出求一般曲线所围成图形的面积，就归结为求曲边梯形的面积．下面我们来考虑如何计算图 5-1 所示的曲边梯形的面积．

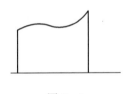

图 5-1

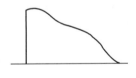

图 5-2

设曲边梯形是由连续曲线 $y=f(x)(f(x)\geqslant 0)$、x 轴以及直线 $x=a$ 与 $x=b$ 所围成，如图 5-3 所示．我们知道圆的面积是通过计算圆的内接正多边形面积的极限而得到的．这里我们同样采用极限方法计算曲边梯形的面积．从图 5-3 看出，曲边梯形在各点处的高 $y(y=f(x))$ 随 x 不断变化，但是 $y=f(x)$ 是 $[a,b]$ 区间上的连续函数，在一个相当小的区间上，它的变化很小，近似于不变．

所以我们将曲边梯形进行如下分割：用平行于 y 轴的直线将曲边梯形任意地分割成 n 个小曲边梯形，对每一个小的曲边梯形的曲边用其上一点所作的平行于 x 轴的线段代替，使之成为矩形，矩形的面积就近似等于小曲边梯形的面积，以 n 个矩形面积之和作为整个曲边梯形面积的近似值．分割得越细，所得近似值的精确程度越高，当小曲边梯形的个数无限增多时，矩形面积之和的极限就是所

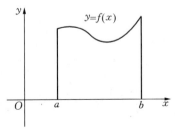

图 5-3

求曲边梯形的面积．这就是解决曲边梯形面积问题的基本想法．其具体做法如下：

首先，在区间 $[a,b]$ 内任意插入 $n-1$ 个分点：$a=x_0<x_1<x_2<\cdots<x_{n-1}<x_n=b$，把 $[a,b]$ 分成 n 个小区间 $[x_0,x_1]$，$[x_1,x_2]$，$\cdots$，$[x_{n-1},x_n]$，并用 Δx_1，Δx_2，$\cdots$，Δx_n 分别表示各小区间的长度，过各分点作垂直于 x 轴的直线，将整个曲边梯形分成 n 个小曲边梯形，小曲边梯形的面积记为 $\Delta S_i (i=1,2,\cdots,n)$．

其次，在每个小区间 $[x_{i-1},x_i]$ 上任意取一点 $\xi_i(x_{i-1}\leqslant\xi_i\leqslant x_i)$，作以 $[x_{i-1},x_i]$ 为底，$f(\xi_i)$ 为高的小矩形，如图 5-4 所示．

以这个小矩形的面积 $f(\xi_i)\Delta x_i$ 作为同底的小曲边梯形面积 ΔS_i 的近似值，即

$$\Delta S_i \approx f(\xi_i)\Delta x_i \quad (i=1,2,\cdots,n),$$

再把 n 个小矩形的面积累加起来，其和式 S_n 可表示为

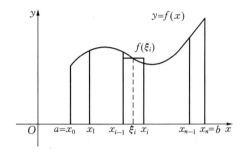

图 5-4

$$S_n = \sum_{i=1}^{n} f(\xi_i)\Delta x_i.$$

它就是所求的"曲边梯形面积 S"的一个近似值，即

$$S \approx \sum_{i=1}^{n} f(\xi_i)\Delta x_i.$$

显然，和式 $\sum_{i=1}^{n} f(\xi_i)\Delta x_i$ 依赖于区间 $[a,b]$ 的分法以及点 $\xi_i(i=1,2,\cdots,n)$ 的取法，但当我们把区间 $[a,b]$ 分得足够细时，不论点 ξ_i 怎样取，和式 S_n 可以任意接近曲边梯形的面积 S．

最后，以 λ 表示所有小区间长度的最大者，即 $\lambda=\max_{1\leqslant i\leqslant n}\{\Delta x_i\}$，那么，"$\lambda\to 0$"就刻画了区间 $[a,b]$ 的无限细分的过程．如果当 $\lambda\to 0$ 时，上述和式 S_n 存在极限，则这个极限就是所求曲边梯形的面积 S，即

$$S = \lim_{\lambda\to 0} S_n = \lim_{\lambda\to 0} \sum_{i=1}^{n} f(\xi_i)\Delta x_i.$$

这样，我们不仅给出了曲边梯形面积的定义，并且也提供了计算曲边梯形面积的方法，于是计算曲边梯形的面积，就归结为计算上式这样一个特定和式的极限．

2. 变速直线运动的路程

设一物体做变速直线运动，已知它的速度是时间 t 的函数，即 $v=v(t)$，求在时间间隔 $[T_1,T_2]$ 内物体所经过的路程 s．

因为物体做变速运动，速度 v 随时间 t 而不断变化，故不能用匀速运动公式 $s=vt$ 来计算．但由于速度是连续不断变化的，因此在很小一段时间内，速度变动不大，可以近似看成不变．这样，就可以用类似计算曲边梯形面积的方法来处理．

在时间间隔 $[T_1,T_2]$ 内任意插入 $n-1$ 个分点：$T_1=t_0<t_1<t_2<\cdots<t_{n-1}<t_n=T_2$，把 $[T_1,T_2]$ 分成 n 个小区间 $[t_0,t_1]$，$[t_1,t_2]$，$\cdots$，$[t_{n-1},t_n]$，第 i 个小区间 $[t_{i-1},t_i]$ 的长度为 $\Delta t_i=t_i-t_{i-1}(i=1,2,\cdots,n)$，在每个小区间上任取一点 $\xi_i(t_{i-1}\leqslant\xi_i\leqslant t_i)$，设物体在 ξ_i

的速度为 $v(\xi_i)$，则用 $v(\xi_i)\Delta t_i$ 近似代替物体在 Δt_i 所走过的路程，于是和式 $s_n = \sum_{i=1}^{n} v(\xi_i)\Delta t_i$ 就是物体在时间间隔 $[T_1, T_2]$ 内所经过路程的近似值，即

$$s \approx \sum_{i=1}^{n} v(\xi_i)\Delta t_i.$$

当分点增多时，且使每个小区间的长度缩小，这种近似程度就越好，以 λ 表示小区间长度的最大者，即 $\lambda = \max_{1 \leq i \leq n}\{\Delta t_i\}$. 当 $\lambda \to 0$ 时，如果上述和式存在极限，则这个极限就是物体在 $[T_1, T_2]$ 内以速度 $v = v(t)$ 运动所经过的路程，即

$$s = \lim_{\lambda \to 0} s_n = \lim_{\lambda \to 0} \sum_{i=1}^{n} v(\xi_i)\Delta t_i.$$

与求曲边梯形的面积一样，这个极限应该与区间的分法和点 ξ_i 的选取无关．

这样，变速直线运动的路程的计算问题也归结为求和式极限的问题，构造这个和式极限的过程，也是一个"无限细分，无限求和"的过程．

上面我们分析了两个具体例子，一个是几何问题，一个是物理问题．尽管它们属于不同的学科，但是反映在数量上，都是要求某个整体的量，而这种计算所遇到的困难和为克服困难而采取的方法都是类似的．都是先把整体问题通过"分割"化为局部问题，在局部上通过"以直代曲"或"以不变代变"做近似代替，由此得到整体的一个近似值，再取极限，便得所求的量．这个方法我们简称为"分割—代替—求和—取极限"．采用这种方法解决问题时，最后都归结为对某一函数 $f(x)$ 实施相同结构的数学运算——和式 $\sum_{i=1}^{n} f(\xi_i)\Delta x_i$ 的极限．事实上，在自然科学和工程技术中，还有许多问题的解决都要归结为计算这种特定和式的极限．既然计算这种极限具有如此重要的作用，就有必要把它抽象出来加以专门研究，这就是定积分概念．

二、定积分的定义

定义 设函数 $f(x)$ 在区间 $[a, b]$ 上有定义．在区间 $[a, b]$ 内任意插入 $n-1$ 个分点：$x_1, x_2, \cdots, x_{n-1}$，令 $a = x_0, b = x_n$，使 $a = x_0 < x_1 < \cdots < x_{n-1} < x_n = b$，将区间 $[a, b]$ 分成 n 个小区间 $[x_{i-1}, x_i]$ $(i = 1, 2, \cdots, n)$，各小区间 $[x_{i-1}, x_i]$ 的长度为 $\Delta x_i = x_i - x_{i-1}$，再在每一小区间 $[x_{i-1}, x_i]$ 上任取一点 ξ_i，且 $x_{i-1} \leq \xi_i \leq x_i$，求出对应的函数值，作乘积 $f(\xi_i)\Delta x_i$，再取总和

$$\sum_{i=1}^{n} f(\xi_i)\Delta x_i.$$

用 λ 表示小区间长度 Δx_i $(i = 1, 2, \cdots, n)$ 中的最大者，即 $\lambda = \max\{\Delta x_1, \Delta x_2, \cdots, \Delta x_n\}$，如果当 $\lambda \to 0$ 时，和式总趋于确定的极限，则称此极限为函数 $f(x)$ 在 $[a, b]$ 上的**定积分**，记作 $\int_a^b f(x) \mathrm{d}x$，即

$$\int_a^b f(x) \mathrm{d}x = \lim_{\lambda \to 0} \sum_{i=1}^{n} f(\xi_i)\Delta x_i,$$

其中，函数 $f(x)$ 叫作**被积函数**，$f(x)\mathrm{d}x$ 叫作**被积表达式**，x 叫作**积分变量**，a, b 分别叫作**积分的下限和上限**，$[a, b]$ 叫作**积分区间**．

和式 $\sum_{i=1}^{n} f(\xi_i) \Delta x_i$ 通常称为 $f(x)$ 的积分和．函数 $f(x)$ 具备什么条件，$f(x)$ 在 $[a,b]$ 上才可积呢？可以证明，如果 $f(x)$ 在区间 $[a,b]$ 上连续，则 $f(x)$ 在 $[a,b]$ 上可积．还可以证明如果 $f(x)$ 在区间 $[a,b]$ 上有界，且只有有限个第一类间断点，则 $f(x)$ 在 $[a,b]$ 上也可积．一般地，函数都满足上述条件，故是可积的．

从定积分的定义可以看出，定积分 $\int_a^b f(x) dx$ 是个常数，它的大小只与被积函数 $f(x)$ 及积分限 a、b 有关，而与积分变量使用的符号无关，因此有
$$\int_a^b f(x) dx = \int_a^b f(t) dt = \int_a^b f(u) du = \cdots.$$

根据定积分的定义，前面两个实例便可写成定积分的形式：

曲边梯形的面积 S 是函数 $f(x)$ 在 $[a,b]$ 上的定积分，即
$$S = \lim_{\lambda \to 0} \sum_{i=1}^{n} f(\xi_i) \Delta x_i = \int_a^b f(x) dx.$$

变速直线运动的路程 s 是函数 $v(t)$ 在时间间隔 $[T_1, T_2]$ 上的定积分，即
$$s = \lim_{\lambda \to 0} \sum_{i=1}^{n} v(\xi_i) \Delta t_i = \int_{T_1}^{T_2} v(t) dt.$$

三、定积分的几何意义

定积分 $\int_a^b f(x) dx$ 的几何意义可用曲边梯形的面积来说明．

如果 $f(x) \geq 0$，定积分 $\int_a^b f(x) dx$ 在几何上表示由曲线 $y = f(x)$，直线 $x = a$，$x = b$ 以及 x 轴所围成的曲边梯形的面积 S，如图 5-5 所示，这时积分是正的．如果 $f(x) < 0$，那么曲边梯形位于 x 轴的下方，如图 5-6 所示，由于 $\Delta x_i > 0$，$f(\xi_i) < 0$，积分和中每一项 $f(\xi_i) \Delta x_i < 0$，从而积分 $\int_a^b f(x) dx$ 的值是负的，在几何上，$\int_a^b f(x) dx$ 表示这个曲边梯形面积的负值．

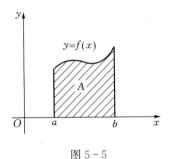

图 5-5

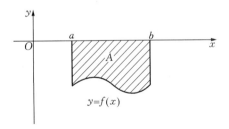

图 5-6

如果 $f(x)$ 的值在 $[a,b]$ 上有正有负，那么函数 $f(x)$ 在 $[a,b]$ 上的图形有些部分在 x 轴之上，有些部分在 x 轴之下，如图 5-7 所示，则定积分 $\int_a^b f(x) dx$ 表示 $[a,b]$ 上各个曲边梯形面积的代数和．即在 x 轴上方的各图形面积之和减去在 x 轴下

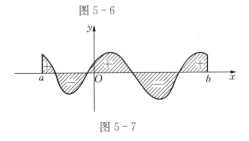

图 5-7

方的各图形面积之和.

因此，尽管连续函数 $f(x)$ 的定积分 $\int_a^b f(x)\mathrm{d}x$ 在各种具体问题中表示的具体意义不同，但它的值在几何上都可以用曲边梯形的面积来表示.

习题 5-1

1. 已知自由落体的运动速度为 $v=gt$，用定积分的定义求在时间区间 $[0,T]$ 上，物体由 0 点下落的距离 s.

2. 利用定积分定义计算由抛物线 $y=x^2+1$，两直线 $x=a$，$x=b(b>0)$ 及 x 轴围成的图形的面积.

3. 一质点以速度 $v=\frac{1}{2}t+2$ 做直线运动，试把该质点在时间间隔 $[0,4]$ 内所走过的路程 s 表达成定积分. 说明这定积分的几何意义，并借助几何意义直接给出积分值.

4. 已知某一导线中的电流 $i=f(t)$，用定积分表达从 t_1 到 t_2 这段时间内通过导线横截面的电量.

5. 已知一物体在 x 轴上做直线运动，它在 x 处所受的力为 $F=F(x)$（设这个力平行于 x 轴），用定积分表达这个物体从 $x=a$ 移动到 $x=b$ 时，变力 $F=F(x)$ 所做的功.

6. 根据定积分的几何意义，判断下列定积分的值是正值还是负值（不必计算）.

(1) $\int_0^{\frac{\pi}{2}} \sin x \mathrm{d}x$；

(2) $\int_{-\frac{\pi}{2}}^{0} \sin x \mathrm{d}x$；

(3) $\int_2^3 x \mathrm{d}x$；

(4) $\int_{-1}^{2} x^2 \mathrm{d}x$.

第二节 定积分的性质

这一节研究定积分的一些简单性质，为了使证明书写简便，有时省略求和步骤，并且直接引用极限的一些性质.

在定积分 $\int_a^b f(x)\mathrm{d}x$ 的定义中，要求 $a\neq b$ 且 $a<b$，如果 $a=b$ 或 $a>b$，为了运算的需要，作如下的补充规定：

当 $a=b$ 时，$\int_a^b f(x)\mathrm{d}x = 0$；

当 $a>b$ 时，$\int_a^b f(x)\mathrm{d}x = -\int_b^a f(x)\mathrm{d}x$.

即上、下限相同时，定积分等于零，上、下限互换，定积分改变符号.

性质 1 被积函数的常数因子可以提到积分号外面，即

$$\int_a^b kf(x)\mathrm{d}x = k\int_a^b f(x)\mathrm{d}x.$$

证 由定积分定义，得

$$\int_a^b kf(x)\mathrm{d}x = \lim_{\lambda\to 0}\sum_{i=1}^n kf(\xi_i)\Delta x_i = k\lim_{\lambda\to 0}\sum_{i=1}^n f(\xi_i)\Delta x_i$$

$$= k\int_a^b f(x)\mathrm{d}x.$$

性质 2 函数代数和的定积分等于每个函数的定积分的代数和，即

$$\int_a^b [f(x) \pm g(x)]\mathrm{d}x = \int_a^b f(x)\mathrm{d}x \pm \int_a^b g(x)\mathrm{d}x.$$

证明与性质 1 类似，从略．

该性质对于任意有限个函数都是成立的．

性质 3 对于任意三个数 a, b, c 恒有

$$\int_a^b f(x)\mathrm{d}x = \int_a^c f(x)\mathrm{d}x + \int_c^b f(x)\mathrm{d}x.$$

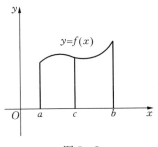

图 5-8

这一性质从几何意义上看是很明显的(图 5-8)，当 $a<c<b$ 时，由于假定这些定积分都存在，不论把 $[a,b]$ 怎样划分，和式的极限总是不变的．因此，在分区间时，可以将 $x=c$ 永远作为分点，那么由定积分的定义就可导出这个性质来，在此不作仔细推导．

当 $a<b<c$ 时，由于

$$\int_a^c f(x)\mathrm{d}x = \int_a^b f(x)\mathrm{d}x + \int_b^c f(x)\mathrm{d}x,$$

于是

$$\int_a^b f(x)\mathrm{d}x = \int_a^c f(x)\mathrm{d}x - \int_b^c f(x)\mathrm{d}x$$
$$= \int_a^c f(x)\mathrm{d}x + \int_c^b f(x)\mathrm{d}x.$$

性质 4 如果在 $[a,b]$ 上，$f(x)\geqslant 0$，则 $\int_a^b f(x)\mathrm{d}x \geqslant 0$；如果在 $[a,b]$ 上，$f(x)\leqslant 0$，则 $\int_a^b f(x)\mathrm{d}x \leqslant 0$.

证 因为 $f(x)\geqslant 0$，且 $\Delta x_i > 0$，所以 $\sum_{i=1}^n f(\xi_i)\Delta x_i$ 中各项均为非负的，因此 $\lim_{\lambda\to 0}\sum_{i=1}^n f(\xi_i)\Delta x_i$ 也不可能是负的，于是

$$\int_a^b f(x)\mathrm{d}x \geqslant 0.$$

同样可证 $f(x)\leqslant 0$ 的情形．

性质 5 如果在 $[a,b]$ 上，$f(x)\leqslant g(x)$，则

$$\int_a^b f(x)\mathrm{d}x \leqslant \int_a^b g(x)\mathrm{d}x.$$

证 因为在 $[a,b]$ 上，$f(x)-g(x)\leqslant 0$，由性质 4 知

$$\int_a^b [f(x)-g(x)]\mathrm{d}x \leqslant 0,$$

于是

$$\int_a^b f(x)\mathrm{d}x - \int_a^b g(x)\mathrm{d}x \leqslant 0,$$

即

$$\int_a^b f(x)\mathrm{d}x \leqslant \int_a^b g(x)\mathrm{d}x.$$

性质 6 如果在 $[a,b]$ 上，$f(x)\equiv 1$，则

$$\int_a^b 1\mathrm{d}x = \int_a^b \mathrm{d}x = b-a.$$

证 $\int_a^b 1 \mathrm{d}x = \lim_{\lambda \to 0} \sum_{i=1}^n 1 \Delta x_i = b - a$.

结合性质 1 有结论,任何常数 c 在区间 $[a, b]$ 上都可积,且有

$$\int_a^b c \mathrm{d}x = c \int_a^b \mathrm{d}x = c(b - a).$$

性质 7 设 M, m 分别是函数 $f(x)$ 在区间 $[a, b]$ 上的最大值与最小值,则

$$m(b - a) \leqslant \int_a^b f(x) \mathrm{d}x \leqslant M(b - a).$$

证 因为在 $[a, b]$ 上,$m \leqslant f(x) \leqslant M$,所以由性质 1、5、6 得

$$\int_a^b m \mathrm{d}x \leqslant \int_a^b f(x) \mathrm{d}x \leqslant \int_a^b M \mathrm{d}x,$$

$$m(b - a) \leqslant \int_a^b f(x) \mathrm{d}x \leqslant M(b - a).$$

性质 8(积分中值定理) 如果函数 $f(x)$ 在闭区间 $[a, b]$ 上连续,则在 $[a, b]$ 上至少存在一点 ξ,使下式成立:

$$\int_a^b f(x) \mathrm{d}x = f(\xi)(b - a) \quad (a \leqslant \xi \leqslant b).$$

这个公式叫作**积分中值公式**.

证 因为 $f(x)$ 在 $[a, b]$ 上连续,所以它有最小值 m 与最大值 M,由性质 7,有

$$m(b - a) \leqslant \int_a^b f(x) \mathrm{d}x \leqslant M(b - a),$$

各项除以 $(b - a)$ 得

$$m \leqslant \frac{1}{b - a} \int_a^b f(x) \mathrm{d}x \leqslant M.$$

这表明,$\frac{1}{b - a} \int_a^b f(x) \mathrm{d}x$ 是介于函数 $f(x)$ 的最小值与最大值之间的一个数值,根据闭区间上连续函数的介值定理,在 $[a, b]$ 上至少存在一点 ξ,使得

$$f(\xi) = \frac{1}{b - a} \int_a^b f(x) \mathrm{d}x,$$

即 $\int_a^b f(x) \mathrm{d}x = f(\xi)(b - a) \quad (a \leqslant \xi \leqslant b).$

性质 8 的几何意义是:如果 $f(x) \geqslant 0$,那么以 $f(x)$ 为曲边,以 $[a, b]$ 为底的曲边梯形的面积等于以 $[a, b]$ 上某一点 ξ 的函数值 $f(\xi)$ 为高,以 $[a, b]$ 为底的矩形的面积,如图 5-9 所示.

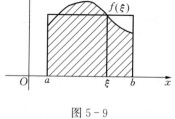

图 5-9

习题 5-2

1. 不计算积分值,利用定积分性质直接比较下列各组积分的大小.

(1) $\int_0^1 x \mathrm{d}x$ 与 $\int_0^1 x^2 \mathrm{d}x$;

(2) $\int_1^2 x \mathrm{d}x$ 与 $\int_1^2 x^2 \mathrm{d}x$;

(3) $\int_1^2 \ln x \, dx$ 与 $\int_1^2 (\ln x)^2 \, dx$;　　(4) $\int_0^1 e^x \, dx$ 与 $\int_0^1 (x+1) \, dx$.

2. 估计下列积分的值.

(1) $\int_1^4 (x^2+1) \, dx$;　　(2) $\int_0^1 \dfrac{1}{\sqrt{1+x^2}} \, dx$;

(3) $\int_{\frac{\pi}{4}}^{\frac{5\pi}{4}} (1+\sin^2 x) \, dx$;　　(4) $\int_{\frac{1}{\sqrt{3}}}^{\sqrt{3}} x \arctan x \, dx$;

(5) $\int_0^2 e^{x^2-x} \, dx$;　　(6) $\int_{-1}^2 e^{-x^2} \, dx$.

第三节　微积分学基本定理

从前面的讨论可以看出，如果按照定积分的定义，用求和式极限的方法计算定积分是相当困难的，因此，必须寻求计算定积分的简单方法.

本节将介绍微积分基本定理和以它为基础的定积分的实用计算方法.

一、可变上限积分及其导数

定义　若函数 $f(x)$ 在 $[a,b]$ 上可积，对 $[a,b]$ 上任一点 x，变动上限的积分 $\int_a^x f(x) \, dx$ 便给出了一个定义在 $[a,b]$ 上的函数，记作 $\Phi(x) = \int_a^x f(x) \, dx \ (a \leqslant x \leqslant b)$，并称 $\Phi(x)$ 是**可变上限积分**或**积分上限函数**.

为了避免积分变量 x 与积分上限 x 的混淆，根据定积分与积分变量的符号无关的事实，我们用 t 代替积分变量 x，于是，上式可写成

$$\Phi(x) = \int_a^x f(t) \, dt.$$

可变上限积分的几何意义是明显的. 若函数 $f(x)$ 在 $[a,b]$ 上连续，且 $f(x) \geqslant 0$，则积分上限函数 $\Phi(x)$ 就是在 $[a,x]$ 上方，在曲线 $f(x)$ 下方的曲边梯形的面积，如图 5-10 中阴影部分所示.

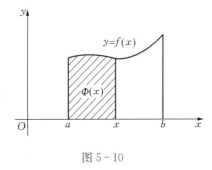

图 5-10

可变上限积分具有下述重要的性质：

定理 1　若函数 $f(x)$ 在区间 $[a,b]$ 上连续，则可变上限积分

$$\Phi(x) = \int_a^x f(t) \, dt \ (a \leqslant x \leqslant b)$$

在 $[a,b]$ 上可导，且

$$\Phi'(x) = \dfrac{d}{dx} \left[\int_a^x f(t) \, dt \right] = f(x).$$

证　设给 x 以增量 Δx，则函数 $\Phi(x)$ 的相应增量为

$$\Delta \Phi(x) = \Phi(x+\Delta x) - \Phi(x) = \int_a^{x+\Delta x} f(t) \, dt - \int_a^x f(t) \, dt$$

$$= \int_a^x f(t)\mathrm{d}t + \int_x^{x+\Delta x} f(t)\mathrm{d}t - \int_a^x f(t)\mathrm{d}t$$

$$= \int_x^{x+\Delta x} f(t)\mathrm{d}t.$$

由积分中值定理有

$$\Delta \Phi(x) = \int_x^{x+\Delta x} f(t)\mathrm{d}t = f(\xi)\Delta x,$$

其中 ξ 介于 x 与 $x+\Delta x$ 之间,用 Δx 除上式两端,得

$$\frac{\Delta \Phi(x)}{\Delta x} = f(\xi).$$

由于假设 $f(x)$ 在 $[a,b]$ 上连续,而 $\Delta x \to 0$ 时 $\xi \to x$,因此 $\lim\limits_{\Delta x \to 0} f(\xi) = f(x)$,从而令 $\Delta x \to 0$,对上式两端取极限便得到

$$\Phi'(x) = f(x).$$

定理得证.

定理 1 告诉我们:如果函数 $f(x)$ 在 $[a,b]$ 上连续,则它的原函数必定存在,并且它的一个原函数可以用定积分的形式表达为

$$\Phi(x) = \int_a^x f(t)\mathrm{d}t.$$

二、牛顿—莱布尼茨公式

定理 2 若函数 $f(x)$ 在 $[a,b]$ 上连续,且 $F(x)$ 是 $f(x)$ 在 $[a,b]$ 上的任一原函数,则

$$\int_a^b f(x)\mathrm{d}x = F(b) - F(a).$$

证 由定理 1 知,$\Phi(x) = \int_a^x f(t)\mathrm{d}t$ 是 $f(x)$ 在 $[a,b]$ 上的一个原函数,又已知 $F(x)$ 也是 $f(x)$ 在 $[a,b]$ 上的一个原函数,因为两个原函数只差一个常数,所以

$$\int_a^x f(t)\mathrm{d}t = F(x) + C.$$

在上式中令 $x=a$,并注意到 $\int_a^a f(t)\mathrm{d}t = 0$,得 $C = -F(a)$,代入上式,得

$$\int_a^x f(t)\mathrm{d}t = F(x) - F(a).$$

在上式中再令 $x=b$,并把积分变量 t 换为 x,便得到

$$\int_a^b f(x)\mathrm{d}x = F(b) - F(a).$$

定理 2 中的公式叫作**牛顿(Newton)—莱布尼茨(Leibniz)公式**,它是计算定积分的基本公式.牛顿—莱布尼茨公式揭示了定积分与不定积分的内在联系,这个公式也称微积分基本公式.

为了方便起见,以后把 $F(b) - F(a)$ 记为 $[F(x)]_a^b$ 或 $F(x)\big|_a^b$,于是牛顿—莱布尼茨公式可写成

$$\int_a^b f(x)\mathrm{d}x = F(x)\big|_a^b \quad \text{或} \quad \int_a^b f(x)\mathrm{d}x = [F(x)]_a^b.$$

定理 2 告诉我们：**连续函数的定积分等于被积函数的任一原函数在积分区间上的增量**. 从而把连续函数的定积分计算问题转化为求不定积分的问题.

下面举几个定积分的计算例题.

例 1 求 $\int_{-1}^{2} x^2 \mathrm{d}x$.

解 $\int_{-1}^{2} x^2 \mathrm{d}x = \dfrac{x^3}{3}\Big|_{-1}^{2} = \dfrac{1}{3}[2^3 - (-1)^3] = 3.$

例 2 求 $\int_{0}^{\frac{\pi}{2}} \sin x \mathrm{d}x$.

解 $\int_{0}^{\frac{\pi}{2}} \sin x \mathrm{d}x = [-\cos x]_{0}^{\frac{\pi}{2}} = 1.$

例 3 计算 $\int_{0}^{\pi} \sqrt{1+\cos 2x}\, \mathrm{d}x$.

解 $\int_{0}^{\pi} \sqrt{1+\cos 2x}\,\mathrm{d}x = \int_{0}^{\pi} \sqrt{2\cos^2 x}\,\mathrm{d}x = \sqrt{2}\int_{0}^{\pi} |\cos x|\,\mathrm{d}x$

$\qquad = \sqrt{2}\int_{0}^{\frac{\pi}{2}} \cos x \mathrm{d}x + \sqrt{2}\int_{\frac{\pi}{2}}^{\pi} (-\cos x)\mathrm{d}x$

$\qquad = \sqrt{2}[\sin x]_{0}^{\frac{\pi}{2}} - \sqrt{2}[\sin x]_{\frac{\pi}{2}}^{\pi}$

$\qquad = 2\sqrt{2}.$

应当注意，牛顿—莱布尼茨公式适用的条件是被积函数 $f(x)$ 连续，如果对有间断点的函数 $f(x)$ 的积分，用牛顿—莱布尼茨公式就会出现错误. 即使 $f(x)$ 连续，但 $f(x)$ 是分段函数，其定积分也不能直接用牛顿—莱布尼茨公式，而应当依 $f(x)$ 的不同表达式按段分成几个积分之和，再分别运用牛顿—莱布尼茨公式计算.

例 4 设 $f(x)$ 为分段函数，在 $[0, 2]$ 上连续，

$$f(x) = \begin{cases} 2-x^2, & 0 \leqslant x \leqslant 1, \\ x, & 1 < x \leqslant 2, \end{cases}$$

求 $\int_{0}^{2} f(x)\mathrm{d}x$.

解 $\int_{0}^{2} f(x)\mathrm{d}x = \int_{0}^{1} (2-x^2)\mathrm{d}x + \int_{1}^{2} x \mathrm{d}x$

$\qquad = \left(2x - \dfrac{x^3}{3}\right)\Big|_{0}^{1} + \dfrac{x^2}{2}\Big|_{1}^{2}$

$\qquad = \dfrac{5}{3} + \dfrac{3}{2} = \dfrac{19}{6}.$

例 5 若 $f(x)$ 连续，且 $u=u(x), v=v(x)$ 可导，则

$$\dfrac{\mathrm{d}}{\mathrm{d}x}\int_{u(x)}^{v(x)} f(t)\mathrm{d}t = f[v(x)]v'(x) - f[u(x)]u'(x).$$

证 由定积分性质

$$\int_{u(x)}^{v(x)} f(t)\mathrm{d}t = \int_{c}^{v(x)} f(t)\mathrm{d}t - \int_{c}^{u(x)} f(t)\mathrm{d}t,$$

其中 c 为常数，根据复合函数求导法则和定理 1 有

$$\frac{\mathrm{d}}{\mathrm{d}x}\int_{u(x)}^{v(x)} f(t)\mathrm{d}t = \frac{\mathrm{d}}{\mathrm{d}x}\int_{c}^{v(x)} f(t)\mathrm{d}t - \frac{\mathrm{d}}{\mathrm{d}x}\int_{c}^{u(x)} f(t)\mathrm{d}t$$

$$= \frac{\mathrm{d}}{\mathrm{d}v}\left[\int_{c}^{v} f(t)\mathrm{d}t\right] \cdot \frac{\mathrm{d}v(x)}{\mathrm{d}x} - \frac{\mathrm{d}}{\mathrm{d}u}\left[\int_{c}^{u} f(t)\mathrm{d}t\right] \cdot \frac{\mathrm{d}u(x)}{\mathrm{d}x}$$

$$= f[v(x)]v'(x) - f[u(x)]u'(x).$$

例 6 求：(1) $\dfrac{\mathrm{d}}{\mathrm{d}x}\int_{1}^{x^2} \mathrm{e}^{t}\mathrm{d}t$；(2) $\dfrac{\mathrm{d}}{\mathrm{d}x}\int_{\cos x}^{1} \mathrm{e}^{-t^2}\mathrm{d}t$.

解 由例 5 知

(1) $v = x^2$，$u = 1$，

$$\frac{\mathrm{d}}{\mathrm{d}x}\int_{1}^{x^2} \mathrm{e}^{t}\mathrm{d}t = 2x\mathrm{e}^{x^2}.$$

(2) $u = \cos x$，$v = 1$，

$$\frac{\mathrm{d}}{\mathrm{d}x}\int_{\cos x}^{1} \mathrm{e}^{-t^2}\mathrm{d}t = -\frac{\mathrm{d}}{\mathrm{d}x}\int_{1}^{\cos x} \mathrm{e}^{-t^2}\mathrm{d}t = -\mathrm{e}^{-\cos^2 x}(\cos x)' = \sin x \mathrm{e}^{-\cos^2 x}.$$

例 7 已知 $y = \displaystyle\int_{x^2}^{x^4} \dfrac{1}{\sqrt{1+t^4}}\mathrm{d}t$，求 $\dfrac{\mathrm{d}y}{\mathrm{d}x}$.

解 $u = x^2$，$v = x^4$，由例 5 知

$$\frac{\mathrm{d}y}{\mathrm{d}x} = \frac{\mathrm{d}}{\mathrm{d}x}\int_{x^2}^{x^4} \frac{1}{\sqrt{1+t^4}}\mathrm{d}t = \frac{1}{\sqrt{1+x^{16}}} \cdot 4x^3 - \frac{1}{\sqrt{1+x^8}} \cdot 2x$$

$$= \frac{4x^3}{\sqrt{1+x^{16}}} - \frac{2x}{\sqrt{1+x^8}}.$$

例 8 一物体由静止开始做直线运动，在 t s 末的速度是 $3t^2$ m/s，问：

(1) 在 3 s 末时，物体离开出发点的距离是多少？

(2) 需要多少时间走完 343 m？

解 (1) 设物体的位移方程为 $s = s(t)$，由题设

$$v(t) = s'(t) = 3t^2,$$

$$s(t) = \int_{0}^{t} 3u^2 \mathrm{d}u = t^3,$$

于是，$s(3) = 3^3 = 27$. 因此，在 3 s 末时，物体离开出发点的距离是 27 m.

(2) 当 $s = 343$ 时，即 $343 = t^3$，于是，$t = 7$，因此，需要 7 s 时间走完 343 m.

例 9 某地观察到夏季绿肥生长量 y(kg/天)关于生长天数 t 的变化率为

$$y' = N_0 k \mathrm{e}^{kt}(15 \leqslant t \leqslant 50),$$

已知常数 $k = 0.074$，初始量 $N_0 = 15.5$ kg，求从 $t_0 = 20$ 到 $t_1 = 30$ 天间的绿肥生长量.

解 生长量是其变化率的原函数，所求绿肥生长量为

$$\int_{20}^{30} N_0 k \mathrm{e}^{kt} \mathrm{d}t = N_0 \int_{20}^{30} \mathrm{e}^{kt} \mathrm{d}(kt) = N_0 \mathrm{e}^{kt}\Big|_{20}^{30}$$

$$= 15.5 \times (\mathrm{e}^{0.074 \times 30} - \mathrm{e}^{0.074 \times 20}) \approx 74.6 (\mathrm{kg}/\text{天}).$$

习题 5-3

1. 试求函数 $\varphi(x) = \displaystyle\int_{0}^{x} \sin t \mathrm{d}t$ 在 $x = 0$，$x = \dfrac{\pi}{4}$，$x = \dfrac{\pi}{2}$ 处的函数值及导数值.

2. 求函数 $y=\int_0^{x^2}\sqrt{1+t^2}\,dt$ 的导数.

3. 求 $z=\int_{-\sqrt{y}}^{\sqrt{y}}\frac{1}{\sqrt{2\pi}}e^{-\frac{x^2}{2}}dx$ 对 y 的导数.

4. 试讨论 $y=\int_0^x te^{-t^2}dt$ 的极值点与拐点.

5. 求函数 $\varphi(x)=\int_0^x\frac{3t+1}{t^2-t+1}dt$ 在 $[0,1]$ 上的最大值与最小值.

6. 求由参数表达式 $x=\int_0^t\sin u\,du$，$y=\int_0^t\cos u\,du$ 所给定的函数 y 对 x 的导数.

7. 求由 $\int_0^y e^t dt+\int_0^x\cos t\,dt=0$ 所决定的隐函数 y 对 x 的导数 $\frac{dy}{dx}$.

8. 求下列极限.

(1) $\lim\limits_{x\to 0}\dfrac{\int_0^x\cos^2 t\,dt}{x}$；

(2) $\lim\limits_{x\to 0}\dfrac{x-\int_0^x\frac{\sin t}{t}dt}{x-\sin x}$；

(3) $\lim\limits_{x\to\infty}\dfrac{\left(\int_0^x e^{t^2}dt\right)^2}{\int_0^x e^{2t^2}dt}$；

(4) $\lim\limits_{x\to 0}\dfrac{\int_0^{\sin x}\sqrt{t}\,dt}{\int_0^{\tan x}\sqrt{t}\,dt}$.

9. 设 $f(x)$ 是连续函数，$F(x)=\int_0^x xf(t)dt$，求 $F'(x)$.

10. 证明：若 $f(x)$ 在 $[0,+\infty)$ 上是连续正函数，则 $g(x)=\dfrac{\int_0^x tf(t)dt}{\int_0^x f(t)dt}$ 在 $[0,+\infty)$ 上是单调递增函数.

11. 物体运动的速度与时间的平方成正比，设从时间 $t=0$ 开始后 3s 内，物体经过的路程为 18cm，试求路程 s 和时间 t 的关系.

12. 计算下列定积分：

(1) $\int_{-1}^3(3x^2-2x+1)dx$；

(2) $\int_1^2\left(x+\frac{1}{x}\right)^2 dx$；

(3) $\int_{\frac{1}{\sqrt{3}}}^{\sqrt{3}}\dfrac{dx}{1+x^2}$；

(4) $\int_{-\frac{1}{2}}^{\frac{1}{2}}\dfrac{dx}{\sqrt{1-x^2}}$；

(5) $\int_a^{\sqrt{3}a}\dfrac{dx}{a^2+x^2}$；

(6) $\int_0^{\frac{\pi}{2}}(a\sin x+b\cos x)dx$；

(7) $\int_0^{\frac{\pi}{4}}\tan^2\theta\,d\theta$；

(8) $\int_0^2|1-x|\,dx$.

13. 设 $f(x)=\begin{cases}x^2,&0\leqslant x\leqslant 1\\2-x,&1<x\leqslant 2\end{cases}$，求 $\int_0^2 f(x)dx$.

14. 设 k,l 为整数，且 $k\neq l$，试证下列等式：

(1) $\int_{-\pi}^{\pi}\cos kx\,dx=0$；

(2) $\int_{-\pi}^{\pi}\sin kx\,dx=0$；

(3) $\int_{-\pi}^{\pi}\cos^2 kx\,dx=\pi$；

(4) $\int_{-\pi}^{\pi}\sin^2 kx\,dx=\pi$；

(5) $\int_{-\pi}^{\pi}\cos kx\sin lx\,dx=0$；

(6) $\int_{-\pi}^{\pi}\cos kx\cos lx\,dx=0$；

(7) $\int_{-\pi}^{\pi}\sin kx\sin lx\,dx=0\,(k\neq l)$.

第四节 定积分的计算

牛顿—莱布尼茨公式给出了计算定积分的方法，只要能求出被积函数的一个原函数，再将定积分的上、下限代入，计算其差即可．因此在定积分的计算中处理好积分限是一个重要问题．但在有些情况下，这样运算比较复杂，为此，根据牛顿—莱布尼茨公式和不定积分的换元积分法和分部积分法可类似地推导出定积分的换元积分法和分部积分法．

一、定积分的换元积分法

定理 1 设函数 $f(x)$ 在区间 $[a, b]$ 上连续，且 $x=\varphi(t)$ 满足：

(1) $\varphi(t)$ 在 $[\alpha, \beta]$ 上单值且有连续导数 $\varphi'(t)$；

(2) 当 t 在 $[\alpha, \beta]$ 上变化时，$x=\varphi(t)$ 的值在 $[a, b]$ 上变化，且有 $\varphi(\alpha)=a$，$\varphi(\beta)=b$，

则有

$$\int_a^b f(x)\mathrm{d}x = \int_\alpha^\beta f[\varphi(t)]\varphi'(t)\mathrm{d}t. \tag{1}$$

证 根据定理的条件，公式(1)两端的定积分都是存在的，现只需证明它们相等即可．

设 $F(x)$ 是 $f(x)$ 的一个原函数，则由复合函数的求导法则，$F[\varphi(t)]$ 也是 $f[\varphi(t)]\varphi'(t)$ 的一个原函数，于是，由牛顿—莱布尼茨公式，有

$$\int_a^b f(x)\mathrm{d}x = F(b) - F(a)$$

及

$$\int_\alpha^\beta f[\varphi(t)]\varphi'(t)\mathrm{d}t = F[\varphi(\beta)] - F[\varphi(\alpha)] = F(b) - F(a),$$

因此

$$\int_a^b f(x)\mathrm{d}x = \int_\alpha^\beta f[\varphi(t)]\varphi'(t)\mathrm{d}t.$$

定理 1 说明，在应用换元积分法计算定积分时，有两点值得注意：(1) 用 $x=\varphi(t)$ 把原来变量 x 代换成新变量 t 时，积分限也要换成相应于新变量 t 的积分限；(2) 求出 $f[\varphi(t)]\varphi'(t)$ 的一个原函数后，不必像计算不定积分那样再把新变量 t 变换成原来变量 x 的函数，只要代入新变量 t 的上、下限，然后相减即可．

例 1 求 $\int_0^a \sqrt{a^2-x^2}\,\mathrm{d}x\,(a>0)$．

解 设 $x=a\sin t$，则 $\mathrm{d}x=a\cos t\,\mathrm{d}t$，且当 $x=0$ 时，$t=0$；当 $x=a$ 时，$t=\dfrac{\pi}{2}$，因此有

$$\int_0^a \sqrt{a^2-x^2}\,\mathrm{d}x = a^2\int_0^{\frac{\pi}{2}} \cos^2 t\,\mathrm{d}t = \frac{a^2}{2}\int_0^{\frac{\pi}{2}}(1+\cos 2t)\mathrm{d}t$$

$$= \frac{a^2}{2}\left[t+\frac{1}{2}\sin 2t\right]_0^{\frac{\pi}{2}} = \frac{1}{4}\pi a^2.$$

例 2 求 $\int_1^4 \dfrac{\mathrm{d}x}{x+\sqrt{x}}$．

解 设 $\sqrt{x}=t$，则 $x=t^2$，$\mathrm{d}x=2t\,\mathrm{d}t$，当 $x=1$ 时，$t=1$；当 $x=4$ 时，$t=2$，于是有

$$\int_1^4 \frac{\mathrm{d}x}{x+\sqrt{x}} = \int_1^2 \frac{2t\mathrm{d}t}{t^2+t} = 2\int_1^2 \frac{1}{t+1}\mathrm{d}t$$
$$= 2[\ln(t+1)]_1^2 = 2(\ln 3 - \ln 2) = 2\ln\frac{3}{2}.$$

例 3 求 $\int_0^{\ln 2} \sqrt{e^x - 1}\,\mathrm{d}x$.

解 令 $e^x - 1 = t^2$，即 $x = \ln(1+t^2)$，$\mathrm{d}x = \frac{2t}{1+t^2}\mathrm{d}t$，当 $x = 0$ 时，$t = 0$；当 $x = \ln 2$ 时，$t = 1$，则

$$\int_0^{\ln 2} \sqrt{e^x - 1}\,\mathrm{d}x = \int_0^1 \frac{2t^2}{1+t^2}\mathrm{d}t = 2\left(\int_0^1 \mathrm{d}t - \int_0^1 \frac{1}{1+t^2}\mathrm{d}t\right)$$
$$= 2\left(t\Big|_0^1 - \arctan t\Big|_0^1\right) = 2 - \frac{\pi}{2}.$$

对照不定积分的第一种换元法，换元公式(1)也可以倒过来使用，把公式(1)左、右两端位置对调，同时把 t 改为 x，x 改为 t 得

$$\int_\alpha^\beta f[\varphi(x)]\varphi'(x)\mathrm{d}x = \int_a^b f(t)\mathrm{d}t.$$

这样，我们可用 $t = \varphi(x)$ 来引入新变量.

例 4 $\int_0^{\frac{\pi}{2}} \cos^5 x \sin x\,\mathrm{d}x$.

解 设 $t = \cos x$，$\mathrm{d}t = -\sin x\,\mathrm{d}x$，且当 $x = 0$ 时，$t = 1$；当 $x = \frac{\pi}{2}$ 时，$t = 0$，于是有

$$\int_0^{\frac{\pi}{2}} \cos^5 x \sin x\,\mathrm{d}x = -\int_1^0 t^5 \mathrm{d}t = \int_0^1 t^5 \mathrm{d}t = \frac{t^6}{6}\Big|_0^1 = \frac{1}{6}.$$

在例 4 中，如果不明显地写出新变量 t，那定积分的上、下限就不用变更．现用这种记法计算如下：

$$\int_0^{\frac{\pi}{2}} \cos^5 x \sin x\,\mathrm{d}x = -\int_0^{\frac{\pi}{2}} \cos^5 x\,\mathrm{d}\cos x = -\left[\frac{\cos^6 x}{6}\right]_0^{\frac{\pi}{2}}$$
$$= -\left(0 - \frac{1}{6}\right) = \frac{1}{6}.$$

用这种不出现新变量的方法计算更简便实用．

例 5 证明：

(1) 如果 $f(x)$ 是 $[-a, a]$ 上的连续奇函数，则
$$\int_{-a}^a f(x)\mathrm{d}x = 0.$$

(2) 如果 $f(x)$ 是 $[-a, a]$ 上的连续偶函数，则
$$\int_{-a}^a f(x)\mathrm{d}x = 2\int_0^a f(x)\mathrm{d}x.$$

证 因为 $\int_{-a}^a f(x)\mathrm{d}x = \int_{-a}^0 f(x)\mathrm{d}x + \int_0^a f(x)\mathrm{d}x$,

在上式右边第一个积分中作代换 $x = -t$，则

$$\int_{-a}^0 f(x)\mathrm{d}x = -\int_a^0 f(-t)\mathrm{d}t = \int_0^a f(-t)\mathrm{d}t = \int_0^a f(-x)\mathrm{d}x,$$

于是
$$\int_{-a}^{a} f(x)dx = \int_0^a f(-x)dx + \int_0^a f(x)dx$$
$$= \int_0^a [f(-x) + f(x)]dx.$$

(1) 如果 $f(x)$ 是奇函数，则 $f(-x) = -f(x)$，即 $f(-x) + f(x) = 0$，从而
$$\int_{-a}^{a} f(x)dx = 0.$$

(2) 如果 $f(x)$ 是偶函数，则 $f(-x) = f(x)$，即 $f(-x) + f(x) = 2f(x)$，从而
$$\int_{-a}^{a} f(x)dx = \int_0^a [f(x) + f(x)]dx = 2\int_0^a f(x)dx.$$

根据例 5 的结论，可简化一些对称区间 $[-a, a]$ 上的定积分的计算，例如，
$$\int_{-\frac{\pi}{2}}^{\frac{\pi}{2}} \sin^{2n-1} x dx = 0,$$
$$\int_{-1}^{1} x^2 dx = 2\int_0^1 x^2 dx = 2\left[\frac{x^3}{3}\right]_0^1 = \frac{2}{3}.$$

例 5 的性质有明显的几何意义：图 5-11 是 $y = f(x)$ 为奇函数的情形；图 5-12 是 $y = f(x)$ 为偶函数的情形．

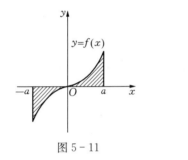

图 5-11

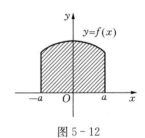

图 5-12

二、定积分的分部积分法

定理 2 若 $u(x)$，$v(x)$ 在 $[a, b]$ 上有连续导数，则
$$\int_a^b u dv = [uv]_a^b - \int_a^b v du. \tag{2}$$

证 由函数乘积的导数公式有
$$[u(x)v(x)]' = u'(x)v(x) + u(x)v'(x),$$
等式两边分别求在 $[a, b]$ 上的定积分，并注意到
$$\int_a^b (uv)' dx = [uv]_a^b,$$
于是
$$[uv]_a^b = \int_a^b vu' dx + \int_a^b uv' dx,$$
移项简写成
$$\int_a^b u dv = [uv]_a^b - \int_a^b v du.$$

定理证毕．

定理 2 中的公式称为**定积分的分部积分公式**．

例 6 计算 $\int_1^e x\ln x\,dx$.

解 设 $u=\ln x$, $dv=x\,dx$, 则 $du=\dfrac{1}{x}dx$, $v=\dfrac{x^2}{2}$, 由分部积分公式有

$$\int_1^e x\ln x\,dx = \left[\frac{x^2}{2}\ln x\right]_1^e - \int_1^e \frac{x^2}{2}\cdot\frac{1}{x}dx$$
$$= \frac{e^2}{2} - \frac{x^2}{4}\bigg|_1^e = \frac{e^2+1}{4}.$$

例 7 计算 $\int_0^1 e^{\sqrt{x}}\,dx$.

解 先用换元法, 令 $\sqrt{x}=t$, 则 $x=t^2$, $dx=2t\,dt$, 且当 $x=0$ 时, $t=0$; 当 $x=1$ 时, $t=1$, 于是

$$\int_0^1 e^{\sqrt{x}}\,dx = 2\int_0^1 t e^t\,dt.$$

再用分部积分法计算, 令 $u=t$, $dv=e^t dt$, 则 $du=dt$, $v=e^t$, 于是

$$\int_0^1 t e^t\,dt = \left[t e^t\right]_0^1 - \int_0^1 e^t dt = e - \left[e^t\right]_0^1$$
$$= e - (e-1) = 1,$$

因此

$$\int_0^1 e^{\sqrt{x}}\,dx = 2.$$

例 8 计算定积分

$$I_n = \int_0^{\frac{\pi}{2}} \cos^n x\,dx\ (n\ \text{为正整数}).$$

解 $I_n = \int_0^{\frac{\pi}{2}} \cos^n x\,dx = \int_0^{\frac{\pi}{2}} \cos^{n-1} x \cos x\,dx$

$$= \left[\sin x \cos^{n-1} x\right]_0^{\frac{\pi}{2}} + (n-1)\int_0^{\frac{\pi}{2}} \sin^2 x \cos^{n-2} x\,dx$$

$$= (n-1)\int_0^{\frac{\pi}{2}} (1-\cos^2 x)\cos^{n-2} x\,dx$$

$$= (n-1)\int_0^{\frac{\pi}{2}} \cos^{n-2} x\,dx - (n-1)\int_0^{\frac{\pi}{2}} \cos^n x\,dx,$$

即

$$I_n = (n-1)I_{n-2} - (n-1)I_n,$$

移项得

$$I_n = \frac{n-1}{n}I_{n-2}.$$

这是一个递推公式, 它把计算 I_n 转化为计算 I_{n-2}, 连续使用此公式可逐渐降低 $\cos^n x$ 的方次, 当 n 为奇数时, 可降到 1, 当 n 为偶数时, 可降到 0.

因为

$$I_1 = \int_0^{\frac{\pi}{2}} \cos x\,dx = 1,\ I_0 = \int_0^{\frac{\pi}{2}} dx = \frac{\pi}{2},$$

于是

$$\int_0^{\frac{\pi}{2}} \cos^n x\,dx = \begin{cases} \dfrac{n-1}{n}\cdot\dfrac{n-3}{n-2}\cdot\dfrac{n-5}{n-4}\cdot\cdots\cdot\dfrac{4}{5}\cdot\dfrac{2}{3} & (n\ \text{为大于 1 的正奇数}), \\ \dfrac{n-1}{n}\cdot\dfrac{n-3}{n-2}\cdot\dfrac{n-5}{n-4}\cdot\cdots\cdot\dfrac{3}{4}\cdot\dfrac{1}{2}\cdot\dfrac{\pi}{2} & (n\ \text{为正偶数}). \end{cases}$$

这个公式对 $\int_0^{\frac{\pi}{2}} \sin^n x \, dx$ 也适用，因为可以证明

$$\int_0^{\frac{\pi}{2}} \sin^n x \, dx = \int_0^{\frac{\pi}{2}} \cos^n x \, dx,$$

事实上，设 $x = \frac{\pi}{2} - t$，则有

$$\int_0^{\frac{\pi}{2}} \sin^n x \, dx = \int_0^{\frac{\pi}{2}} \cos^n \left(\frac{\pi}{2} - x\right) dx = -\int_{\frac{\pi}{2}}^{0} \cos^n t \, dt$$

$$= \int_0^{\frac{\pi}{2}} \cos^n t \, dt = \int_0^{\frac{\pi}{2}} \cos^n x \, dx,$$

因此，上面公式对 $\int_0^{\frac{\pi}{2}} \sin^n x \, dx$ 也适用．

习题 5-4

1. 计算下列定积分．

(1) $\int_{-1}^{1} \frac{x}{\sqrt{5-4x}} dx$;

(2) $\int_0^2 \frac{1}{2+x^2} dx$;

(3) $\int_0^{\pi} \sin^2 \varphi \cos \varphi \, d\varphi$;

(4) $\int_0^{\sqrt{2}} \sqrt{2-x^2} \, dx$;

(5) $\int_{-\sqrt{2}}^{\sqrt{2}} \sqrt{8-2y^2} \, dy$;

(6) $\int_{\frac{\sqrt{2}}{2}}^{1} \frac{\sqrt{1-x^2}}{x^2} dx$;

(7) $\int_0^a x^2 \sqrt{a^2 - x^2} \, dx$;

(8) $\int_1^{\sqrt{3}} \frac{1}{x^2 \sqrt{1+x^2}} dx$;

(9) $\int_{\frac{3}{4}}^{1} \frac{1}{\sqrt{1-x}-1} dx$;

(10) $\int_0^1 t e^{-\frac{t^2}{2}} dt$;

(11) $\int_1^{e^2} \frac{1}{x \sqrt{1+\ln x}} dx$;

(12) $\int_{-2}^{0} \frac{1}{x^2 + 2x + 2} dx$;

(13) $\int_{-1}^{0} \frac{3x^4 + 3x^2 + 1}{x^2 + 1} dx$;

(14) $\int_0^1 \frac{\arcsin \sqrt{x}}{\sqrt{x(1-x)}} dx$;

(15) $\int_1^4 \frac{1}{1+2\sqrt{x}} dx$;

(16) $\int_0^3 \frac{x}{1+\sqrt{1+x}} dx$;

(17) $\int_1^3 \sqrt{3+2x-x^2} \, dx$;

(18) $\int_0^a \sqrt{ax - x^2} \, dx \, (a > 0)$.

2. 设 $f(x)$ 是周期为 T 的连续函数，证明：

(1) $\int_a^b f(x) dx = \int_{a+T}^{b+T} f(x) dx$;

(2) $\int_0^T f(x) dx = \int_a^{a+T} f(x) dx$.

3. 设 $f(x)$ 是连续函数，证明：

(1) $\int_0^{\frac{\pi}{2}} f(\sin x) dx = \int_0^{\frac{\pi}{2}} f(\cos x) dx$;

(2) $\int_0^a f(a-x) dx = \int_0^a f(x) dx$;

(3) $\int_x^1 \frac{1}{1+x^2} dx = \int_1^{\frac{1}{x}} \frac{1}{1+x^2} dx \, (x > 0)$;

(4) $\int_0^1 x^m (1-x)^n dx = \int_0^1 x^n (1-x)^m dx \, (n, m > 0)$.

4. 利用函数的奇偶性计算下列积分：

(1) $\int_{-\pi}^{\pi} x^4 \sin x \, dx$；

(2) $\int_{-\frac{\pi}{2}}^{\frac{\pi}{2}} 4\cos^4 \theta \, d\theta$；

(3) $\int_{-\frac{1}{2}}^{\frac{1}{2}} \frac{(\arcsin x)^2}{\sqrt{1-x^2}} \, dx$；

(4) $\int_{-3}^{3} \frac{x^3 \sin^2 x}{x^4 + 2x^2 + 1} \, dx$.

5. 若 $f(x)$ 是连续函数，且为奇函数，证明：$\int_0^x f(t) \, dt$ 是偶函数；若 $f(x)$ 是连续函数，且为偶函数，证明：$\int_0^x f(t) \, dt$ 是奇函数.

6. 计算下列定积分：

(1) $\int_0^{2\pi} x^2 \cos x \, dx$；

(2) $\int_0^{\pi} e^x \cos x \, dx$；

(3) $\int_{\frac{\pi}{4}}^{\frac{\pi}{3}} \frac{x}{\sin^2 x} \, dx$；

(4) $\int_1^4 \frac{\ln x}{\sqrt{x}} \, dx$；

(5) $\int_0^1 x \arctan x \, dx$；

(6) $\int_1^e (\ln x)^3 \, dx$；

(7) $\int_0^1 (\arcsin x)^2 \, dx$；

(8) $\int_0^{e-1} \ln(x+1) \, dx$；

(9) $\int_0^{\frac{\pi}{2}} \sin^8 x \, dx$；

(10) $\int_0^{\frac{\pi}{2}} \cos^7 x \, dx$；

(11) $\int_0^{\pi} \sin^6 \frac{x}{2} \, dx$；

(12) $\int_0^{\frac{\pi}{4}} \cos^8 2x \, dx$.

第五节　定积分的近似计算

牛顿—莱布尼茨公式提供了用原函数计算定积分的方法，但在实际问题中，常会遇到原函数不易求出或原函数不能用初等函数的有限形式表示出来的情形，如 $\int e^{-x^2} dx, \int \frac{\sin x}{x} dx$ 等. 这时，牛顿—莱布尼茨公式就用不上；另一方面，在实际应用中，一般只需求出定积分的一定精确度的近似值，就能满足实际问题的需要，因此研究定积分的近似计算是有实际意义的. 下面介绍三种常用近似计算法.

一、矩 形 法

矩形法就是把曲边梯形分成若干窄曲边梯形，然后用窄矩形来近似代替窄曲边梯形，如图 5-13 所示，从而求得定积分的近似值，具体步骤如下：

(1) 用分点：$a = x_0, x_1, x_2, \cdots, x_{n-1}, x_n = b$ 将区间$[a, b]$分成 n 等分，每个小区间的长为

$$\Delta x = \frac{b-a}{n}.$$

(2) 用 $y_0, y_1, y_2, \cdots, y_{n-1}, y_n$ 表示函数 $y = f(x)$ 在分点 $x_0, x_1, x_2, \cdots, x_{n-1}, x_n$ 处的函数值.

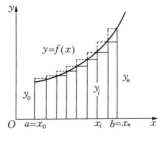

图 5-13

(3) 如果取小区间左端的函数值作为窄矩形的高，将各小区间上的小矩形的面积加起

来，就得到近似公式

$$\int_a^b f(x)dx \approx y_0\Delta x + y_1\Delta x + \cdots + y_{n-1}\Delta x$$
$$= \frac{b-a}{n}(y_0 + y_1 + \cdots + y_{n-1}).$$

如果用各小区间的右端点处函数值作为小矩形的高，就得到近似公式

$$\int_a^b f(x)dx \approx \frac{b-a}{n}(y_1 + y_2 + \cdots + y_n).$$

显然，如果分得越细，即 n 越大，近似程度越好．

二、梯形法

矩形法是用小矩形代替小曲边梯形，而梯形法是用小梯形代替小曲边梯形，如图 5-14 所示，于是得到梯形法公式

$$\int_a^b f(x)dx \approx \frac{1}{2}(y_0 + y_1)\Delta x + \frac{1}{2}(y_1 + y_2)\Delta x + \cdots + \frac{1}{2}(y_{n-1} + y_n)\Delta x$$
$$= \frac{b-a}{n}\left(\frac{y_0}{2} + y_1 + y_2 + \cdots + y_{n-1} + \frac{y_n}{2}\right).$$

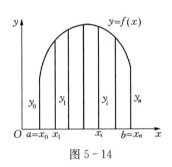

图 5-14

三、抛物线法

抛物线法是用通过曲线上三点的抛物线近似代替曲线弧，从而用以抛物线为曲边的曲边梯形代替原曲边梯形，从而得到定积分的近似值．具体步骤如下：

将区间 $[a, b]$ 等分为 $2n$ 个小区间，分点是

$$a = x_0 < x_1 < x_2 < \cdots < x_{2n-1} < x_{2n} = b,$$

其中 $x_i - x_{i-1} = \frac{b-a}{2n}$ ($i=1, 2, \cdots, 2n$)，各分点的纵坐标是 $y_0 = f(a)$，$y_1 = f(x_1)$，$\cdots$，$y_{2n} = f(b)$．

在第一个与第二个小区间 $[x_0, x_1]$，$[x_1, x_2]$ 上，用通过曲线上的三点 (x_0, y_0)，(x_1, y_1)，(x_2, y_2) 的抛物线 $y = \alpha x^2 + \beta x + \gamma$ 代替在区间 $[x_0, x_2]$ 上的曲线 $f(x)$ 的一段弧，如图 5-15 所示．

下面求以上述抛物线为曲边，以 $[x_0, x_2]$ 为底的曲边梯形的面积．

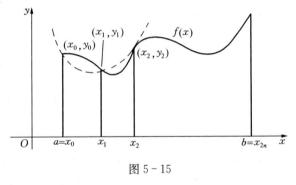

图 5-15

$$\int_{x_0}^{x_2}(\alpha x^2 + \beta x + \gamma)dx = \left[\frac{\alpha}{3}x^3 + \frac{\beta}{2}x^2 + \gamma x\right]_{x_0}^{x_2}$$
$$= \frac{\alpha}{3}(x_2^3 - x_0^3) + \frac{\beta}{2}(x_2^2 - x_0^2) + \gamma(x_2 - x_0)$$

$$= \frac{x_2-x_0}{6}[2\alpha(x_2^2+x_0x_2+x_0^2)+3\beta(x_2+x_0)+6\gamma]$$

$$= \frac{x_2-x_0}{6}[(\alpha x_2^2+\beta x_2+\gamma)+(\alpha x_0^2+\beta x_0+\gamma)+$$

$$\alpha(x_0+x_2)^2+2\beta(x_0+x_2)+4\gamma].$$

在上式右端项中,

$$\alpha x_2^2+\beta x_2+\gamma=y_2,$$
$$\alpha x_0^2+\beta x_0+\gamma=y_0,$$
$$x_0+x_2=2x_1,$$
$$x_2-x_0=2\cdot\frac{b-a}{2n}=\frac{b-a}{n}.$$

而 $\alpha x_1^2+\beta x_1+\gamma=y_1$,故有

$$\int_{x_0}^{x_2}(\alpha x^2+\beta x+\gamma)\mathrm{d}x=\frac{b-a}{6n}(y_0+4y_1+y_2).$$

这就是 $[x_0,x_2]$ 上的小曲边梯形面积的近似值. 依此类推, 得到 n 个以抛物线弧为曲边的曲边梯形面积依次为

$$\frac{b-a}{6n}(y_0+4y_1+y_2),$$

$$\frac{b-a}{6n}(y_2+4y_3+y_4),$$

$$\cdots\cdots$$

$$\frac{b-a}{6n}(y_{2n-2}+4y_{2n-1}+y_{2n}).$$

由此得到定积分的近似计算公式.

$$\int_a^b f(x)\mathrm{d}x\approx\frac{b-a}{6n}[(y_0+4y_1+y_2)+(y_2+4y_3+y_4)+\cdots+(y_{2n-2}+4y_{2n-1}+y_{2n})]$$

$$=\frac{b-a}{6n}[y_0+y_{2n}+2(y_2+y_4+\cdots+y_{2n-2})+4(y_1+y_3+\cdots+y_{2n-1})].$$

这就是抛物线法公式,也叫**辛普森**(Simpson)公式. 它一般比矩形公式、梯形公式精确,而计算工作量并未增加,因此比较常用. 显然,对每种方法来说,区间分得越细,即 n 越大,精确程度越高.

下面举例说明这些公式的应用.

例 河床的横断面积如图 5-16 所示. 设河宽 10 m,每隔 1 m 测出河深,为了计算最大排水量,需计算它的横断面面积,试根据图示的测量数据,用三种方法计算横断面面积.

解 河床的横断面是一个曲边梯形,曲

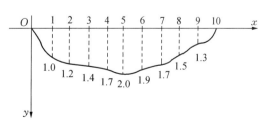

图 5-16

边的函数关系由表 5-1 给出.

表 5-1

x	0	1	2	3	4	5	6	7	8	9	10
y(m)	0	1.0	1.2	1.4	1.7	2.0	1.9	1.7	1.5	1.3	0

即将区间分成 10 等份，每等份长 $\Delta x = \dfrac{10-0}{10} = 1$，下面我们分别用三种方法进行计算.

(1) 矩形法：

由公式(1)

$$A \approx \frac{b-a}{10}(y_0 + y_1 + y_2 + \cdots + y_9)$$

$$= 1 \times (0 + 1.0 + 1.2 + 1.4 + 1.7 + 2.0 + 1.9 + 1.7 + 1.5 + 1.3)$$

$$= 13.7 \, (\text{m}^2).$$

显然用公式(2)的结果与用公式(1)相同.

(2) 梯形法：

$$A \approx \frac{b-a}{10}\left[\frac{1}{2}(y_0 + y_{10}) + y_1 + y_2 + \cdots + y_9\right]$$

$$= 1 \times \left[\frac{1}{2}(0+0) + 1.0 + 1.2 + 1.4 + 1.7 + 2.0 + 1.9 + 1.7 + 1.5 + 1.3\right]$$

$$= 13.7 \, (\text{m}^2).$$

(3) 抛物线法：

把区间[0，10]分成 10 等份，公式中 n 应取 5，所以

$$A \approx \frac{10-0}{6 \cdot 5}[y_0 + y_{10} + 4(y_1 + y_3 + \cdots + y_9) + 2(y_2 + y_4 + \cdots + y_8)]$$

$$= \frac{1}{3} \times [0 + 0 + 4(1 + 1.4 + 2 + 1.7 + 1.3) + 2(1.2 + 1.7 + 1.9 + 1.5)]$$

$$= 14.1 \, (\text{m}^2).$$

习题 5-5

1. 某河床的横断面如图 5-17 所示，为了计算最大排洪量，需要计算它的横截面积，试根据图示的测量数据(单位为 m)，用梯形法计算其断面积.

2. 用两种积分近似计算法(梯形法和抛物线法)计算 $\displaystyle\int_1^2 \frac{1}{x}\,\mathrm{d}x$，并求 ln2 的近似值(取 $n=10$，被积函数取四位小数).

3. 用矩形法、梯形法、抛物线法计算 $\displaystyle\int_0^1 \frac{1}{1+x^2}\,\mathrm{d}x$ 的近似值(取 $n=4$，计算取四位小数)，并与 $\dfrac{\pi}{4} = 0.785398$ 对照.

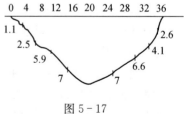

图 5-17

第六节 广义积分

前面我们讨论的定积分的概念，必须满足两个条件：(1) 积分区间有限；(2) 被积函数

在积分区间上有界. 但实际问题中, 我们常遇到积分区间为无穷区间, 或者被积函数为无界函数的积分, 因此对定积分做如下两种推广, 这种推广后的积分称为**广义积分**, 以前定义的积分称为**常义积分**.

一、无穷区间上的广义积分

定义 1 设 $f(x)$ 在无穷区间 $[a,+\infty)$ 上连续, 任取 $b>a$, 如果极限 $\lim\limits_{b\to+\infty}\int_a^b f(x)\mathrm{d}x$ 存在, 则称此极限为函数 $f(x)$ 在区间 $[a,+\infty)$ 上的**广义积分**, 记作

$$\int_a^{+\infty}f(x)\mathrm{d}x=\lim_{b\to+\infty}\int_a^b f(x)\mathrm{d}x.$$

这时也称广义积分 $\int_a^{+\infty}f(x)\mathrm{d}x$ 收敛, 如果极限不存在, 就称广义积分 $\int_a^{+\infty}f(x)\mathrm{d}x$ 发散.

类似地, 可以定义函数 $f(x)$ 在 $(-\infty,b]$ 上的广义积分

$$\int_{-\infty}^b f(x)\mathrm{d}x=\lim_{a\to-\infty}\int_a^b f(x)\mathrm{d}x.$$

也可定义 $f(x)$ 在 $(-\infty,+\infty)$ 上的广义积分.

$$\int_{-\infty}^{+\infty}f(x)\mathrm{d}x=\int_{-\infty}^c f(x)\mathrm{d}x+\int_c^{+\infty}f(x)\mathrm{d}x$$
$$=\lim_{a\to-\infty}\int_a^c f(x)\mathrm{d}x+\lim_{b\to+\infty}\int_c^b f(x)\mathrm{d}x,$$

其中 c 是任一指定的实数, a 与 b 各自独立趋向无穷大. 并规定当且仅当上式右端两个广义积分都收敛时, 称广义积分 $\int_{-\infty}^{+\infty}f(x)\mathrm{d}x$ 收敛; 只要有一个广义积分发散, 则称 $\int_{-\infty}^{+\infty}f(x)\mathrm{d}x$ 发散.

例 1 计算广义积分 $\int_{-\infty}^{+\infty}\dfrac{\mathrm{d}x}{1+x^2}$.

解
$$\begin{aligned}\int_{-\infty}^{+\infty}\frac{\mathrm{d}x}{1+x^2}&=\int_{-\infty}^0\frac{\mathrm{d}x}{1+x^2}+\int_0^{+\infty}\frac{\mathrm{d}x}{1+x^2}\\&=\lim_{a\to-\infty}\int_a^0\frac{\mathrm{d}x}{1+x^2}+\lim_{b\to+\infty}\int_0^b\frac{\mathrm{d}x}{1+x^2}\\&=\lim_{a\to-\infty}[\arctan x]_a^0+\lim_{b\to+\infty}[\arctan x]_0^b\\&=-\lim_{a\to-\infty}\arctan a+\lim_{b\to+\infty}\arctan b\\&=-\left(-\frac{\pi}{2}\right)+\frac{\pi}{2}=\pi.\end{aligned}$$

这个广义积分值的几何意义是: 当 $a\to -\infty$, $b\to+\infty$ 时, 虽然图 5-18 中阴影部分向左、右无限延伸, 但其面积却有极限值 π. 简单地说, 它是位于曲线 $y=\dfrac{1}{1+x^2}$ 的下方, x 轴上方的图形面积.

广义积分可以表示成牛顿—莱布尼茨公式的形式: 设 $F(x)$ 是 $f(x)$ 在相应无穷区间

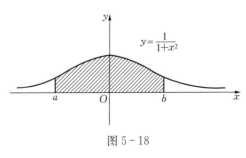

图 5-18

上的原函数，记 $F(-\infty)=\lim\limits_{x\to-\infty}F(x)$，$F(+\infty)=\lim\limits_{x\to+\infty}F(x)$，此时广义积分可记为

$$\int_a^{+\infty}f(x)\mathrm{d}x=\lim_{b\to+\infty}\int_a^b f(x)\mathrm{d}x=F(x)\Big|_a^{+\infty}=F(+\infty)-F(a),$$

$$\int_{-\infty}^b f(x)\mathrm{d}x=\lim_{a\to-\infty}\int_a^b f(x)\mathrm{d}x=F(x)\Big|_{-\infty}^b=F(b)-F(-\infty),$$

$$\int_{-\infty}^{+\infty}f(x)\mathrm{d}x=F(x)\Big|_{-\infty}^{+\infty}=F(+\infty)-F(-\infty).$$

如例 1 可写为

$$\int_{-\infty}^{+\infty}\frac{\mathrm{d}x}{1+x^2}=\arctan x\Big|_{-\infty}^{+\infty}=\pi.$$

例 2 讨论广义积分 $\int_a^{+\infty}\dfrac{\mathrm{d}x}{x^m}(a>0)$ 的敛散性.

解 当 $m=1$ 时，

$$\int_a^{+\infty}\frac{\mathrm{d}x}{x}=\ln x\Big|_a^{+\infty}=+\infty.$$

当 $m\neq 1$ 时，

$$\int_a^{+\infty}\frac{\mathrm{d}x}{x^m}=\frac{1}{1-m}x^{1-m}\Big|_a^{+\infty}=\begin{cases}\dfrac{1}{m-1}a^{1-m}, & m>1,\\ +\infty, & m<1.\end{cases}$$

因此，当 $m>1$ 时，这个广义积分收敛，其值为 $\dfrac{a^{1-m}}{m-1}$，当 $m\leqslant 1$ 时，这个广义积分发散.

例 3 计算广义积分 $\int_0^{+\infty}x\mathrm{e}^{-px}\mathrm{d}x$，$p$ 是常数，且 $p>0$.

解 $\int_0^{+\infty}x\mathrm{e}^{-px}\mathrm{d}x=\left[-\dfrac{x}{p}\mathrm{e}^{-px}\right]_0^{+\infty}+\dfrac{1}{p}\int_0^{+\infty}\mathrm{e}^{-px}\mathrm{d}x$

$=0-\dfrac{1}{p^2}\mathrm{e}^{-px}\Big|_0^{+\infty}=\dfrac{1}{p^2}.$

二、被积函数无界的广义积分

定义 2 设函数 $f(x)$ 在 $(a,b]$ 上连续，且 $\lim\limits_{x\to a^+}f(x)=\infty$，如果极限 $\lim\limits_{\varepsilon\to 0^+}\int_{a+\varepsilon}^b f(x)\mathrm{d}x$ 存在，则称此极限为函数 $f(x)$ 在 $(a,b]$ 上的**广义积分**，并记作 $\int_a^b f(x)\mathrm{d}x$，即

$$\int_a^b f(x)\mathrm{d}x=\lim_{\varepsilon\to 0^+}\int_{a+\varepsilon}^b f(x).$$

这时也称广义积分 $\int_a^b f(x)\mathrm{d}x$ 收敛，如果上述极限不存在就称广义积分 $\int_a^b f(x)\mathrm{d}x$ 发散.

无界点 $x=a$ 通常也叫**瑕点**，因此无界函数的广义积分也叫**瑕积分**.

类似地，当函数 $y=f(x)$ 在 $[a,b)$ 上连续，且 $\lim\limits_{x\to b^-}f(x)=\infty$，定义广义积分

$$\int_a^b f(x)\mathrm{d}x=\lim_{\varepsilon\to 0^+}\int_a^{b-\varepsilon}f(x)\mathrm{d}x.$$

若瑕点在积分区间内部，即 $a<c<b$，且除 $x=c$ 外，$f(x)$ 在 $[a,b]$ 上处处连续，而

$\lim\limits_{x \to c} f(x) = \infty$，则广义积分

$$\int_a^b f(x)\mathrm{d}x = \int_a^c f(x)\mathrm{d}x + \int_c^b f(x)\mathrm{d}x$$
$$= \lim_{\varepsilon_1 \to 0^+} \int_a^{c-\varepsilon_1} f(x)\mathrm{d}x + \lim_{\varepsilon_2 \to 0^+} \int_{c+\varepsilon_2}^b f(x)\mathrm{d}x,$$

ε_1，ε_2 各自独立趋于 0.

当且仅当上式右端两个瑕积分都收敛，才称瑕积分 $\int_a^b f(x)\mathrm{d}x$ 收敛. 只要有一个瑕积分发散，则称 $\int_a^b f(x)\mathrm{d}x$ 发散.

例 4 求 $\int_0^a \dfrac{\mathrm{d}x}{\sqrt{a^2-x^2}} (a>0)$.

解 因为 $\lim\limits_{x \to a^-} \dfrac{1}{\sqrt{a^2-x^2}} = +\infty$，所以 $x=a$ 为被积函数的无穷间断点，于是

$$\int_0^a \frac{\mathrm{d}x}{\sqrt{a^2-x^2}} = \lim_{\varepsilon \to 0^+} \int_0^{a-\varepsilon} \frac{\mathrm{d}x}{\sqrt{a^2-x^2}} = \lim_{\varepsilon \to 0^+} \left[\arcsin \frac{x}{a}\right]_0^{a-\varepsilon}$$
$$= \lim_{\varepsilon \to 0^+} \left(\arcsin \frac{a-\varepsilon}{a} - 0\right) = \frac{\pi}{2}.$$

例 5 讨论广义积分 $\int_a^b \dfrac{\mathrm{d}x}{(x-a)^p} (a<b, p>0)$ 的敛散性.

解 因为 $\lim\limits_{x \to a^+} \dfrac{1}{(x-a)^p} = +\infty$，所以 $x=a$ 是瑕点.

当 $p=1$ 时，

$$\int_a^b \frac{\mathrm{d}x}{x-a} = \lim_{\varepsilon \to 0^+} \int_{a+\varepsilon}^b \frac{\mathrm{d}x}{x-a} = \lim_{\varepsilon \to 0^+} [\ln(x-a)]_{a+\varepsilon}^b$$
$$= \lim_{\varepsilon \to 0^+} [\ln(b-a) - \ln \varepsilon] = +\infty.$$

当 $p \neq 1$ 时，

$$\int_a^b \frac{\mathrm{d}x}{(x-a)^p} = \lim_{\varepsilon \to 0^+} \int_{a+\varepsilon}^b \frac{\mathrm{d}x}{(x-a)^p}$$
$$= \lim_{\varepsilon \to 0^+} \left[\frac{1}{1-p}(x-a)^{1-p}\right]_{a+\varepsilon}^b$$
$$= \lim_{\varepsilon \to 0^+} \frac{1}{1-p}[(b-a)^{1-p} - \varepsilon^{1-p}]$$
$$= \begin{cases} +\infty, & p>1, \\ \dfrac{1}{1-p}(b-a)^{1-p}, & p<1. \end{cases}$$

所以当 $p<1$ 时，广义积分 $\int_a^b \dfrac{\mathrm{d}x}{(x-a)^p}$ 收敛，其值等于 $\dfrac{1}{1-p}(b-a)^{1-p}$；当 $p \geqslant 1$ 时，广义积分 $\int_a^b \dfrac{\mathrm{d}x}{(x-a)^p}$ 发散.

三、Γ 函 数

对于广义积分 $\int_0^{+\infty} x^{\alpha-1}e^{-x}dx$，当 $\alpha>0$ 时是收敛的．因此，在 $\alpha>0$ 的范围内确定一个以 α 为自变量的函数，这个函数通常记为 $\Gamma(\alpha)$，即

$$\Gamma(\alpha) = \int_0^{+\infty} x^{\alpha-1}e^{-x}dx,$$

称为 Γ 函数，它在科学技术的研究中有广泛的应用，在概率论与数理统计中经常用到它．

下面介绍 Γ 函数的一些性质：

(1) $\Gamma(1)=1$.

证 $\Gamma(1) = \int_0^{+\infty} e^{-x}dx = (-e^{-x})\big|_0^{+\infty} = 1$.

(2) $\Gamma(\alpha+1) = \alpha\Gamma(\alpha)$ $(\alpha>0)$.

证 $\Gamma(\alpha+1) = \int_0^{+\infty} x^{\alpha} e^{-x} dx$

$= -(x^{\alpha}e^{-x})\big|_0^{+\infty} + \alpha\int_0^{+\infty} x^{\alpha-1}e^{-x}dx$

$= 0 + \alpha\int_0^{+\infty} x^{\alpha-1}e^{-x}dx$

$= \alpha\Gamma(\alpha)$.

(3) $\Gamma(n+1) = n!$ （n 为正整数）.

证 $\Gamma(n+1) = n\Gamma(n) = n(n-1)\Gamma(n-1)$
$= n(n-1)(n-2)\cdots 2\Gamma(2)$
$= n!\Gamma(1) = n!$．

(4) $\Gamma\left(\dfrac{1}{2}\right) = \sqrt{\pi}$.

证 利用二重积分可算出 $\Gamma\left(\dfrac{1}{2}\right) = \sqrt{\pi}$．

例 6 求 $\Gamma(5)$ 和 $\Gamma\left(\dfrac{7}{2}\right)$.

解 $\Gamma(5) = \Gamma(4+1) = 4! = 24$.

$\Gamma\left(\dfrac{7}{2}\right) = \Gamma\left(\dfrac{5}{2}+1\right) = \dfrac{5}{2}\Gamma\left(\dfrac{5}{2}\right) = \dfrac{5}{2}\cdot\dfrac{3}{2}\Gamma\left(\dfrac{3}{2}\right)$
$= \dfrac{5}{2}\cdot\dfrac{3}{2}\cdot\dfrac{1}{2}\Gamma\left(\dfrac{1}{2}\right) = \dfrac{15}{8}\sqrt{\pi}$.

习题 5-6

1. 判断下列广义积分的敛散性，如果收敛，计算出广义积分值．

(1) $\int_e^{+\infty} \dfrac{\ln x}{x} dx$;

(2) $\int_e^{+\infty} \dfrac{dx}{x(\ln x)^2}$;

(3) $\int_0^{+\infty} \sin x\, dx$;

(4) $\int_0^{+\infty} x^n e^{-x} dx$ （n 为自然数）;

(5) $\int_1^e \dfrac{\mathrm{d}x}{x\sqrt{1-(\ln x)^2}}$;

(6) $\int_{-\frac{\pi}{4}}^{\frac{3\pi}{4}} \dfrac{\mathrm{d}x}{\cos^2 x}$;

(7) $\int_0^1 \dfrac{\mathrm{d}x}{\sqrt{2x-x^2}}$;

(8) $\int_{-1}^1 \dfrac{1}{x}\mathrm{d}x$;

(9) $\int_1^{+\infty} \dfrac{1}{\sqrt{x}}\mathrm{d}x$;

(10) $\int_a^{+\infty} \dfrac{\mathrm{d}x}{x^2}(a>0)$;

(11) $\int_0^{+\infty} \mathrm{e}^{-pt}\sin\omega t\, \mathrm{d}t\,(p>0,\omega>0)$;

(12) $\int_0^2 \dfrac{1}{x^2-4x+3}\mathrm{d}x$;

(13) $\int_{-\infty}^{+\infty} \dfrac{1}{x^2+2x+2}\mathrm{d}x$;

(14) $\int_1^2 \dfrac{x}{\sqrt{x-1}}\mathrm{d}x$.

2. 当 k 为何值时，广义积分 $\int_2^{+\infty} \dfrac{1}{x(\ln x)^k}\mathrm{d}x$ 收敛？当 k 为何值时，这个广义积分发散？又当 k 为何值时，这个广义积分取得最小值？

3. 计算 Γ 函数.

(1) $\Gamma(4)$;

(2) $\Gamma(7)/[2\Gamma(4)\Gamma(3)]$;

(3) $\Gamma\left(\dfrac{5}{2}\right)\Big/\Gamma\left(\dfrac{1}{2}\right)$;

(4) $\Gamma\left(\dfrac{1}{2}\right)\Gamma\left(\dfrac{3}{2}\right)\Gamma\left(\dfrac{5}{2}\right)$.

第七节 定积分在几何学及物理学上的应用

本节介绍定积分在几何学和物理学上的一些应用．更重要的还在于介绍运用定积分解决实际问题时常用的一种方法——**微元法**．

一、定积分的微元法

在用定积分的概念解决曲边梯形的面积、变速直线运动的路程问题中，我们将具体问题所求的量 U 表达成定积分 $\int_a^b f(x)\mathrm{d}x$ 时，总是把所求量 U 看作是与变量 x 的变化区间 $[a,b]$ 相联系的整体量．

具体步骤如下：

(1) 将所求量 U 分割成部分量之和：

用一组分点 $a=x_0<x_1<\cdots<x_{n-1}<x_n=b$ 将区间 $[a,b]$ 分割成 n 个小区间．整体量 U 就相应地分为 n 个部分量 $\Delta U_i(i=1,2,\cdots,n)$，而

$$U = \sum_{i=1}^n \Delta U_i.$$

这一性质称为所求量对于区间 $[a,b]$ 具有**可加性**．

(2) 求出部分量的近似表达式：

$$\Delta U_i \approx f(\xi_i)\Delta x_i \quad (i=1,2,\cdots,n).$$

(3) 求和得 U 的近似值：

$$U = \sum_{i=1}^n \Delta U_i \approx \sum_{i=1}^n f(\xi_i)\Delta x_i.$$

(4) 取极限：

$$U = \lim_{\lambda \to 0} \sum_{i=1}^{n} f(\xi_i) \Delta x_i = \int_a^b f(x) \mathrm{d}x.$$

由此可知，所求量 U 表达成定积分的关键性的一步是确定部分量 ΔU 的近似值 $f(x)\Delta x$，根据牛顿—莱布尼茨公式，U 是 $f(x)$ 的原函数在整个区间 $[a,b]$ 上的增量，而被积式 $f(x)\mathrm{d}x$ 是 $U(x)$ 的微分 $\mathrm{d}U(x)$，即 $f(x)\mathrm{d}x$ 是增量 $\Delta U(x)$ 的线性主部，而增量 $\Delta U(x)$ 正是 U 的部分量 ΔU. 因此，在考虑用定积分来表达所求量 U 时，通常所采用的方法是：任取一个微小部分区间上的部分量 ΔU，然后求出它的线性主部 $\mathrm{d}U = f(x)\mathrm{d}x$，以它作为被积式，则由 a 到 b 所求的定积分就是所求量 U.

这里 $\mathrm{d}U = \mathrm{d}U(x)$ 通常称为所求量 U 的微分或量 U 的元素。这种直接在部分区间上找微分表达式从而得出定积分表达式的方法，通常称为**微元法**或**元素法**。

例如，为了求出速度为 $v = v(t)$ 的变速直线运动在时间间隔 $[T_1, T_2]$ 内的路程 s，则可在任意小的区间 $[t, t+\Delta t]$ 上找出部分路程 Δs 的线性主部，在时间间隔 $[t, t+\Delta t]$ 内，用 $v(t)$ 来代表其中各时刻的速度，根据等速直线运动公式，就可得出 Δs 的近似值 $v(t)\Delta t$，它就是 s 的微分 $\mathrm{d}s = v(t)\mathrm{d}t$，于是

$$s = \int_{T_1}^{T_2} v(t) \mathrm{d}t.$$

下面将用这个方法来讨论几何、物理中的一些问题。

二、平面图形的面积

1. 直角坐标系下面积的计算

前面我们已经解决了曲边梯形面积的计算，即由曲线 $y = f(x)(f(x) \geqslant 0)$ 及直线 $x = a$，$x = b$，$y = 0$ 所围成的曲边梯形面积为

$$S = \int_a^b f(x) \mathrm{d}x.$$

下面讨论一般情形。

如果一个平面图形由连续曲线 $y = f(x)$，$y = g(x)$ 及直线 $x = a$，$x = b$ 所围成，并且在 $[a, b]$ 上 $f(x) \geqslant g(x)$，如图 5 - 19 所示，那么这块图形的面积

$$A = \int_a^b [f(x) - g(x)] \mathrm{d}x.$$

用微元法证明这个公式。

取 x 为积分变量，它的积分区间为 $[a, b]$，相应于 $[a, b]$ 上的任一小区间 $[x, x+\mathrm{d}x]$ 的窄条面积近似等于高为 $f(x) - g(x)$，底为 $\mathrm{d}x$ 的窄矩形面积，即面积微元为

$$\mathrm{d}A = [f(x) - g(x)] \mathrm{d}x.$$

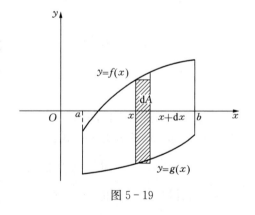

图 5 - 19

以 $[f(x)-g(x)]dx$ 为被积表达式在 $[a,b]$ 上作定积分，便得所求面积为

$$A=\int_a^b [f(x)-g(x)]dx.$$

类似地，如果平面图形由曲线 $x=\varphi(y)$，$x=\psi(y)$ 及直线 $y=c$，$y=d$ 所围成，并且在 $[c,d]$ 上 $\varphi(y)\geqslant\psi(y)$，如图 5-20 所示，那么这块图形的面积为

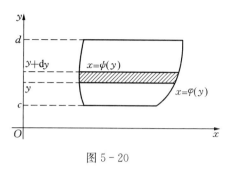

图 5-20

$$S=\int_c^d [\varphi(y)-\psi(y)]dy.$$

例1 求由两条抛物线 $y=x^2$ 与 $y^2=x$ 所围图形的面积．

解 先作出图形（图 5-21）．

为了确定积分的上、下限，先求出这两条曲线的交点 $(0,0)$ 和 $(1,1)$．在区间 $[0,1]$ 上，曲线 $y=\sqrt{x}$ 在曲线 $y=x^2$ 的上方，由公式

$$A=\int_a^b [f(x)-g(x)]dx$$

得所求面积

$$S=\int_0^1 (\sqrt{x}-x^2)dx$$
$$=\left[\frac{2}{3}x^{\frac{3}{2}}-\frac{1}{3}x^3\right]_0^1=\frac{1}{3}.$$

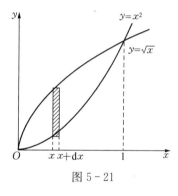

图 5-21

例2 求由抛物线 $y^2=2x$ 及直线 $x-y=4$ 所围成的图形的面积．

解 作出图形（图 5-22），解方程组

$$\begin{cases} y^2=2x, \\ y=x-4, \end{cases}$$

求出交点 $A(2,-2)$ 和 $B(8,4)$．

此题如果以 x 作积分变量，则计算麻烦，而以 y 作积分变量，则计算较简单．积分区间为 $[-2,4]$，直线 $x=4+y$ 在抛物线 $x=\dfrac{y^2}{2}$ 的右边，于是由公式 $\int_c^d [\varphi(y)-\psi(y)]dy$ 得到所求面积

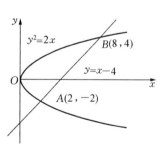

图 5-22

$$S=\int_{-2}^4 \left(y+4-\frac{1}{2}y^2\right)dy$$
$$=\left[\frac{1}{2}y^2+4y-\frac{1}{6}y^3\right]_{-2}^4=18.$$

在同一问题中，有时可以选取不同的积分变量来进行计算，但选择的不同，难易程度往往不同．因此在解决定积分应用问题时，应注意把积分变量选得合适，使列出的积分容易计算．

如果曲边梯形的曲边由参数方程

给出时，当 x 由 a 变到 b 时，t 由 α 变到 β，且在 $[\alpha,\beta]$ 上或 $[\beta,\alpha]$ 上，$x=\varphi(t)$ 具有连续导数，$y=\psi(t)$ 连续，则曲边梯形的面积为

$$\begin{cases} x=\varphi(t), \\ y=\psi(t) \end{cases}$$

$$S=\int_\alpha^\beta \psi(t)\varphi'(t)\mathrm{d}t.$$

例 3 求椭圆 $\dfrac{x^2}{a^2}+\dfrac{y^2}{b^2}=1$ 的面积.

解 如图 5-23 所示，因为椭圆关于两个坐标轴都是对称的，所以它的面积为

$$S=4\int_0^a y(x)\mathrm{d}x.$$

为了避免从椭圆方程中解出 y，以及烦琐的计算，利用椭圆的参数方程

$$\begin{cases} x=a\cos t, \\ y=b\sin t \end{cases}$$

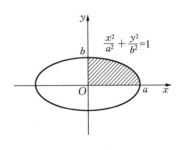

图 5-23

表示的曲边梯形面积公式计算. 因为只考虑第一象限的面积，当 x 从 0 变到 a 时，t 从 $\dfrac{\pi}{2}$ 变到 0，所以

$$\begin{aligned} S &= 4\int_{\frac{\pi}{2}}^0 b\sin t(-a\sin t)\mathrm{d}t \\ &= 4ab\int_0^{\frac{\pi}{2}} \sin^2 t\,\mathrm{d}t \\ &= 4ab\cdot\frac{1}{2}\cdot\frac{\pi}{2}=\pi ab. \end{aligned}$$

2. 极坐标系下面积的计算

有些平面图形用极坐标来计算它们的面积比较方便.

设曲线 $r=\varphi(\theta)$，$\varphi(\theta)$ 在 $[\alpha,\beta]$ 上连续，且 $\varphi(\theta)\geqslant 0$. 我们称由曲线 $r=\varphi(\theta)$ 及射线 $\theta=\alpha$ 与 $\theta=\beta$ 围成的图形为**曲边扇形**，如图 5-24 所示. 下面用微元法计算曲边扇形的面积.

取 θ 为积分变量，在 θ 的变化范围 $[\alpha,\beta]$ 内，取一微小区间 $[\theta,\theta+\mathrm{d}\theta]$，在这个小区间上相应的小曲边扇形的面积，近似等于半径为 $\varphi(\theta)$、中心角为 $\mathrm{d}\theta$ 的圆扇形的面积. 即曲边扇形的面积微元为

$$\mathrm{d}A=\frac{1}{2}[\varphi(\theta)]^2\mathrm{d}\theta.$$

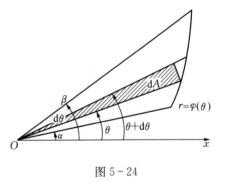

图 5-24

以 $\frac{1}{2}[\varphi(\theta)]^2 \mathrm{d}\theta$ 为被积表达式，在闭区间 $[\alpha,\beta]$ 上作定积分，得曲边扇形的面积为

$$A = \int_\alpha^\beta \frac{1}{2}[\varphi(\theta)]^2 \mathrm{d}\theta.$$

例 4 求心形线 $r=a(1+\cos\theta)(a>0)$ 所围成图形的面积，如图 5-25 所示.

解 心形线所围成的图形对称于极轴，所求面积是极轴以上部分面积的两倍，极轴以上的图形，θ 的变化范围为 $[0,\pi]$，于是全部图形的面积为

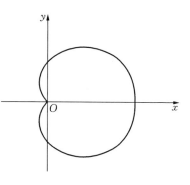

图 5-25

$$\begin{aligned}S &= 2\int_0^\pi \frac{1}{2}[a(1+\cos\theta)]^2 \mathrm{d}\theta = a^2\int_0^\pi (1+2\cos\theta+\cos^2\theta)\mathrm{d}\theta\\ &= a^2\int_0^\pi \left(\frac{3}{2}+2\cos\theta+\frac{1}{2}\cos 2\theta\right)\mathrm{d}\theta\\ &= a^2\left[\frac{3}{2}\theta+2\sin\theta+\frac{1}{4}\sin 2\theta\right]_0^\pi\\ &= \frac{3}{2}\pi a^2.\end{aligned}$$

例 5 求双纽线 $r^2=a^2\cos 2\theta(a>0)$ 所围成平面图形的面积，如图 5-26 所示.

解 因为 $r^2\geqslant 0$，所以 θ 的取值范围是 $\left[-\frac{\pi}{4},\frac{\pi}{4}\right]$，$\left[\frac{3\pi}{4},\frac{5\pi}{4}\right]$，又由于图形关于两个坐标轴对称，只考虑第一象限的面积，于是全部图形的面积为

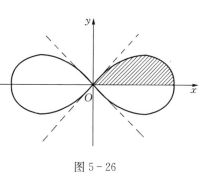

图 5-26

$$\begin{aligned}S &= 4\int_0^{\frac{\pi}{4}} \frac{1}{2}a^2\cos 2\theta \mathrm{d}\theta\\ &= 2a^2\int_0^{\frac{\pi}{4}} \cos 2\theta \mathrm{d}\theta = a^2.\end{aligned}$$

三、体　积

1. 平行截面面积为已知的立体体积

设有一立体，如图 5-27 所示，其垂直于 x 轴的截面面积是已知的连续函数 $S(x)$，且立体位于 $x=a$、$x=b$ 两点处垂直于 x 轴的两个平面之间，求此立体的体积.

取 x 为积分变量，它的变化区间为 $[a,b]$，立体相应于小区间 $[x,x+\mathrm{d}x]$ 上的那一块薄片体积，近

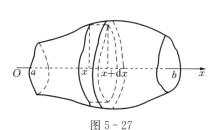

图 5-27

似等于底面为 $S(x)$、高为 dx 的扁柱体的体积，即所求体积 V 的体积元素为

$$dV = S(x)dx,$$

于是所求立体的体积为

$$V = \int_a^b S(x)dx.$$

例 6 一圆柱体的底半径为 R，被一过底直径 AB 且与底面交成定角 α 的平面所截，求截得的立体的体积，如图 5-28 所示.

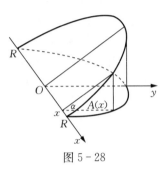

图 5-28

解 取 AB 所在直线作 x 轴，底面中心为原点，这时垂直于 x 轴的各个截面都是直角三角形，它的一个锐角等于 α，这个锐角的邻边长度为 $\sqrt{R^2-x^2}$，这样截面面积为

$$S(x) = \frac{1}{2}(R^2-x^2)\tan\alpha,$$

因此所求体积为

$$V = 2\left[\int_0^R \frac{1}{2}(R^2-x^2)\tan\alpha dx\right]$$
$$= \int_0^R (R^2-x^2)\tan\alpha dx$$
$$= \left[R^2 x - \frac{x^3}{3}\right]_0^R \cdot \tan\alpha = \frac{2}{3}R^3\tan\alpha.$$

2. 旋转体的体积

旋转体是由一个平面图形绕此平面内的一条直线旋转一周而形成的立体，如圆锥、圆柱、圆台、球等都是旋转体.

现在我们来计算由连续曲线 $y=f(x)$、x 轴及直线 $x=a$、$x=b$ 所围成的曲边梯形绕 x 轴旋转一周所成旋转体 (图 5-29) 的体积 V.

这是平行截面面积为已知的立体的一种特殊情况，因为旋转体在任一点处垂直于 x 轴的截面面积为

$$S(x) = \pi y^2 = \pi[f(x)]^2,$$

于是由公式 $V = \int_a^b S(x)dx$ 得到

$$V = \pi\int_a^b y^2 dx = \pi\int_a^b [f(x)]^2 dx.$$

类似地，由平面曲线 $x=\varphi(y)$、y 轴及直线 $y=c$、$y=d$ 所围成的曲边梯形绕 y 轴旋转而成的旋转体的体积 (图 5-30) 为

$$V = \pi\int_c^d x^2 dy = \pi\int_c^d [\varphi(y)]^2 dy.$$

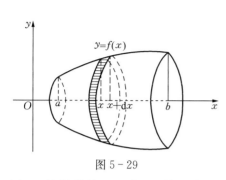

图 5-29

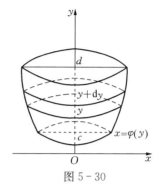

图 5-30

例 7 将抛物线 $y=x^2$, x 轴及直线 $x=2$ 所围成的平面图形绕 x 轴旋转,求所形成的旋转体的体积.

解 根据旋转体的体积公式,得

$$V = \pi\int_0^2 y^2 \mathrm{d}x = \pi\int_0^2 x^4 \mathrm{d}x$$

$$= \pi\left[\frac{x^5}{5}\right]_0^2 = \frac{32}{5}\pi.$$

例 8 计算由椭圆 $\dfrac{x^2}{a^2}+\dfrac{y^2}{b^2}=1$ 所围成的图形绕 x 轴旋转而成的立体(旋转椭球体)的体积,如图 5-31 所示.

解 椭球体也可以看作是由半个椭圆

$$y = \frac{b}{a}\sqrt{a^2 - x^2}$$

及 x 轴围成图形绕 x 轴旋转而成的立体,由对称性,所求体积是右半部体积的两倍,因此所求体积为

$$V = 2\int_0^a \pi \frac{b^2}{a^2}(a^2 - x^2)\mathrm{d}x$$

$$= 2\pi \frac{b^2}{a^2}\left(a^2 x - \frac{1}{3}x^3\right)\Big|_0^a$$

$$= \frac{4}{3}\pi ab^2.$$

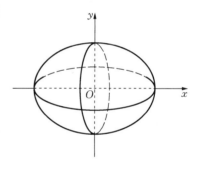

图 5-31

特别地,当 $a=b=R$ 时,就得熟知的球体体积 $V=\dfrac{4}{3}\pi R^3$.

四、平面曲线的弧长

1. 直角坐标情形

设函数 $y=f(x)$ 具有一阶连续导数,现在来计算曲线 $y=f(x)$ 上相应于 x 从 a 到 b 的一段弧的长度,如图 5-32 所示.

取 x 为积分变量，它的变化区间为 $[a,b]$. 任取一小区间 $[x, x+dx]$，曲线 $y=f(x)$ 相应于 $[x, x+dx]$ 的一小段弧的长度，可用该曲线在点 $(x, f(x))$ 处的切线上相应的一段的长度来近似代替，从而得到弧微分（微元）

$$ds = \sqrt{(dx)^2+(dy)^2},$$

于是所求弧长为

$$s = \int_a^b \sqrt{(dx)^2+(dy)^2}$$
$$= \int_a^b \sqrt{1+(y')^2} \, dx.$$

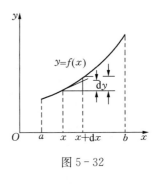

图 5-32

例 9 两根电线杆之间的电线，由于其本身的重量，下垂成曲线形，这样的曲线叫作**悬链线**，适当选取坐标后，悬链线的方程为

$$y = \frac{c}{2}(e^{\frac{x}{c}} + e^{-\frac{x}{c}}),$$

其中 c 为常数，计算悬链上介于 $x=-b$，$x=b$ 之间的一段弧长，如图 5-33 所示.

解 由于对称性，$[-b, b]$ 上的弧长是 $[0, b]$ 上的一段弧的两倍.

$$y' = \frac{1}{2}(e^{\frac{x}{c}} - e^{-\frac{x}{c}}),$$

$$ds = \sqrt{1 + \left[\frac{1}{2}(e^{\frac{x}{c}} - e^{-\frac{x}{c}})\right]^2} \, dx$$
$$= \frac{1}{2}(e^{\frac{x}{c}} + e^{-\frac{x}{c}}) \, dx,$$

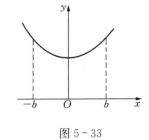

图 5-33

因此，所求弧长为

$$s = 2\int_0^b \frac{1}{2}(e^{\frac{x}{c}} + e^{-\frac{x}{c}}) \, dx$$
$$= c(e^{\frac{x}{c}} - e^{-\frac{x}{c}}) \Big|_0^b$$
$$= c(e^{\frac{b}{c}} - e^{-\frac{b}{c}}).$$

2. 参数方程情形

设曲线的参数方程为

$$\begin{cases} x = \varphi(t), \\ y = \psi(t) \end{cases} (\alpha \leqslant t \leqslant \beta),$$

现在来计算这段弧的长度.

取参变量 t 为积分变量，它的变化区间为 $[\alpha, \beta]$，根据 $ds = \sqrt{(dx)^2+(dy)^2}$，对于任取的小区间 $[t, t+dt]$，曲线上相应的弧微分为

$$ds = \sqrt{(dx)^2+(dy)^2} = \sqrt{[\varphi'(t)dt]^2 + [\psi'(t)dt]^2},$$

于是所求弧长为
$$s=\int_\alpha^\beta \sqrt{[\varphi'(t)\mathrm{d}t]^2+[\psi'(t)\mathrm{d}t]^2}$$
$$=\int_\alpha^\beta \sqrt{[\varphi'(t)]^2+[\psi'(t)]^2}\,\mathrm{d}t.$$

例 10 计算摆线
$$\begin{cases} x=a(t-\sin t),\\ y=a(1-\cos t)\end{cases}$$
的一拱($0\leqslant t\leqslant 2\pi$)的长度($a>0$).

解 如图 5-34 所示，由公式
$$s=\int_\alpha^\beta \sqrt{[\varphi'(t)]^2+[\psi'(t)]^2}\,\mathrm{d}t,$$
所求弧长为
$$s=\int_0^{2\pi}\sqrt{a^2(1-\cos t)^2+a^2\sin^2 t}\,\mathrm{d}t$$
$$=a\int_0^{2\pi}\sqrt{2(1-\cos t)}\,\mathrm{d}t$$
$$=2a\int_0^{2\pi}\sin\frac{t}{2}\,\mathrm{d}t$$
$$=2a\left[-2\cos\frac{t}{2}\right]_0^{2\pi}=8a.$$

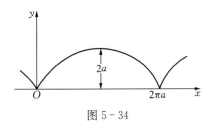

图 5-34

3. 极坐标情形

若曲线由极坐标方程
$$r=\varphi(\theta),\ \alpha\leqslant\theta\leqslant\beta$$
给出，这时由于直角坐标 x,y 与极坐标 r,θ 之间的关系
$$x=\varphi(\theta)\cos\theta,\ y=\varphi(\theta)\sin\theta,$$
则
$$x'(\theta)=\varphi'(\theta)\cos\theta-\varphi(\theta)\sin\theta,$$
$$y'(\theta)=\varphi'(\theta)\sin\theta+\varphi(\theta)\cos\theta,$$
$$\mathrm{d}s=\sqrt{x'^2(\theta)+y'^2(\theta)}\,\mathrm{d}\theta=\sqrt{r^2(\theta)+r'^2(\theta)}\,\mathrm{d}\theta,$$
从而所求弧长为
$$s=\int_\alpha^\beta \sqrt{r^2(\theta)+r'^2(\theta)}\,\mathrm{d}\theta.$$

例 11 求心形线的全长(图 5-35).

解 心形线的极坐标方程为
$$r=a(1+\cos\theta),\ 0\leqslant\theta\leqslant 2\pi.$$
由于心形线关于 x 轴对称，所以可先求出在 $[0,\pi]$ 上一段的弧长，全长是它的两倍．
$$r'(\theta)=-a\sin\theta,$$

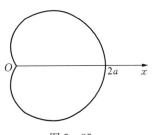

图 5-35

$$\sqrt{r^2(\theta)+r'^2(\theta)} = \sqrt{[a(1+\cos\theta)]^2+(-a\sin\theta)^2}$$
$$= a\sqrt{2(1+\cos\theta)},$$

所以，所求弧长为

$$s = 2\int_0^\pi a\sqrt{2(1+\cos\theta)}\,d\theta$$
$$= 4a\int_0^\pi \cos\frac{\theta}{2}\,d\theta$$
$$= 8a\sin\frac{\theta}{2}\bigg|_0^\pi = 8a.$$

五、变力做功

设物体在变力 $F=f(x)$ 的作用下沿直线运动，力的方向与物体运动的方向一致，求变力作用下物体从点 a 移到点 b 所做的功 W。

如果力 F 是常数，那么所求的功就是

$$W = F(b-a).$$

现在力 $F=f(x)$ 是变化的，计算功就不能直接用上述公式，下面我们用微元法来计算功 W。

以 x 为积分变量，它的变化区间为 $[a,b]$，在任一小区间 $[x,x+dx]$ 上，变力 F 所做的功 ΔW，可用 Fdx 作它的近似值，即功的微元

$$dW = Fdx = f(x)dx,$$

从而所求的功为

$$W = \int_a^b f(x)dx.$$

例 12 设在点 O 放置一个带电量为 $+q$ 的点电荷，由物理学知，这时它周围会产生一个电场，这个电场对周围的电荷有作用力。今有一单位正电荷被从点 A 沿直线 OA 方向移至点 B，求电场力 F 对它所做的功。

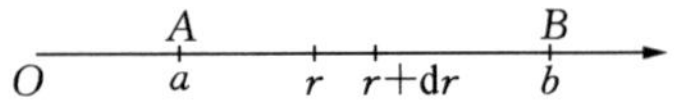

解 取过 O、A 的直线为 r 轴，OA 的方向为轴的正向，如图 5-36 所示，设点 A、B 的坐标分别为 a、b。

图 5-36

由物理学知，单位正电荷在点 r 时，电场对它的作用力的大小为

$$f(r) = k\frac{q}{r^2},$$

于是由公式 $W = \int_a^b f(x)dx$ 得所求的功为

$$W = \int_a^b k\frac{q}{r^2}dr = kq\left[-\frac{1}{r}\right]_a^b = kq\left(\frac{1}{a}-\frac{1}{b}\right).$$

例 13 有一圆锥形蓄水池，池口直径为 20 m，池深 15 m，池中盛满了水，欲将池内的水全部抽出池外，问需做多少功？

解 建立坐标系,如图 5-37 所示,在 $[0,15]$ 上任取一小区间 $[x,x+\mathrm{d}x]$,相应取出池中高为 $\mathrm{d}x$ 的圆台形的一层水,把这层水抽出池外所做的功 ΔW 近似等于把以 $\mathrm{d}x$ 为高,以点 x 截面圆为底的圆柱体中的水从 x 处抽出池外所做的功.

设点 x 截面圆的半径为 r,有 $\dfrac{r}{10}=\dfrac{15-x}{15}$,从而 $r=\dfrac{2}{3}(15-x)$,$\Delta W\approx\dfrac{4}{9}\pi(15-x)^2\cdot x\mathrm{d}x$,即功的微元为

$$\mathrm{d}W=\dfrac{4}{9}\pi(15-x)^2 x\mathrm{d}x,$$

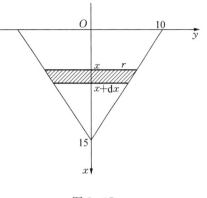

图 5-37

所以 $\quad W=\displaystyle\int_0^{15}\dfrac{4}{9}\pi(15-x)^2 x\mathrm{d}x$

$=\dfrac{4}{9}\pi\left(\dfrac{225}{2}x^2-10x^3+\dfrac{x^4}{4}\right)\Big|_0^{15}$

$=1875\pi(\mathrm{kJ}).$

例 13 中所求的功,不属变力做功,而是在抽水过程中,做功行程在变化.

六、水 压 力

从物理学知道,水平放置于水中的平板上的压力与水深 h 和平板的面积 A 成正比,即 $F=\gamma hA$,其中 γ 是水的比重,一般情况下 $\gamma=1$,γh 为水深 h 处的压强. 然而如果平板垂直放置于水中,平板一侧所受的压力就不能使用上式公式. 因为水的深度不一样,平板上的侧压力随水的深度变化而变化. 这个问题也可以用微元法解决.

设竖立的平板的形状是一个由曲线 $y=f(x)$ 及直线 $y=0$,$x=a$,$x=b$ 所围成的曲边梯形,建立坐标系,取 x 轴正向垂直向下,取 y 轴在水平线上,如图 5-38 所示,求此平板所受的压力.

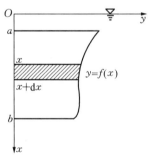

图 5-38

取水深 x 为积分变量,积分区间为 $[a,b]$,对于 $[a,b]$ 上的任一小区间 $[x,x+\mathrm{d}x]$,相应于小区间上的小曲边梯形可以近似看作 $f(x)$ 为长,$\mathrm{d}x$ 为宽的矩形,小曲边梯形各点处的压强用水深 x 处的压强近似代替,于是小曲边梯形上的压力微元为

$$\mathrm{d}F=\gamma x f(x)\mathrm{d}x,$$

于是,整个曲边梯形平板上所受的侧压力为

$$F=\gamma\int_a^b x f(x)\mathrm{d}x.$$

例 14 一闸门为梯形,其上底为 $6\,\mathrm{m}$,下底为 $2\,\mathrm{m}$,深为 $10\,\mathrm{m}$,求当水灌满时,闸门所受的压力(水的比重 $\gamma=10^4\,\mathrm{N/m^3}$).

解 取坐标如图 5-39 所示. 梯形右腰 AB 的方程为

$$y = -\frac{1}{5}x + 3.$$

根据公式 $F = \gamma \int_a^b x f(x) \mathrm{d}x$,又由于对称,整个闸门所受压力为

$$F = 2 \times 10^4 \int_0^{10} x \left(3 - \frac{1}{5}x\right) \mathrm{d}x = 2 \times 10^4 \left[\frac{3}{2}x^2 - \frac{1}{15}x^3\right]_0^{10}$$

$$= \frac{500}{3} \times 10^4 = 1.67 \times 10^6 (\mathrm{N}).$$

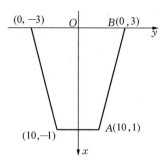

图 5-39

习题 5-7

1. 求下列平面曲线所围成的图形的面积:
(1) $2y = x^2$, $y = 4 + x$;
(2) $y^2 = 4(x+1)$, $y^2 = 4(1-x)$;
(3) $y = \sin x$, $y = 0$, $x = \frac{\pi}{4}$, $x = \pi$;
(4) $y = x$, $y = x + \sin^2 x$, $x = 0$, $x = \pi$;
(5) $y = x^2$, $y = x$, $y = 2x$;
(6) $y = \frac{x^2}{2}$, $x^2 + y^2 = 8$(两部分);
(7) $y = \mathrm{e}^x$, $y = \mathrm{e}^{-x}$, $x = 1$;
(8) $y^2 = 2px$ 及其在点 $\left(\frac{p}{2}, p\right)$ 处的法线.

2. 求由下列曲线所围成的面积:
(1) $\gamma = 2a\cos\theta$;
(2) $\gamma = 2a(2 + \cos\theta)$.

3. 计算下列各曲线的内部区域的公共部分的面积:
(1) $\gamma = 3\cos\theta$ 及 $\gamma = 1 + \cos\theta$;
(2) $\gamma = \sqrt{2}\sin\theta$ 及 $\gamma^2 = \cos 2\theta$.

4. 计算下列曲线围成的图形绕 x 轴旋转所成旋转体的体积:
(1) $y = x^3$, $x = 2$, $y = 0$;
(2) $y = \sin x$, $y = 0$, $x = 0$, $x = \pi$;
(3) $y = x^2$, $y = \sqrt{x}$;
(4) $y = 1 + \sqrt{x}$, $y = 3$, $x = 0$.

5. 求由直线 $y = \frac{R}{H}x (R > 0, H > 0)$, x 轴和 $x = H$ 所围成图形绕 x 轴旋转一周所成旋转体的体积. 其几何意义表示什么?

6. 求由 $y = x^2$, y 轴和 $y = 4$ 所围成图形分别绕 y 轴和 x 轴旋转一周所成立体的体积.

7. 求圆 $x^2 + (y-b)^2 \leqslant a^2 (0 < a < b)$ 绕 x 轴旋转一周所成的旋转体体积.

8. 求圆 $(x-R)^2 + y^2 = R^2$ 及直线 $x = h(0 < h < 2R)$ 所围成的弓形绕 x 轴旋转而成的立体的体积.

9. 计算由 $xy = 4$ 与直线 $x = 4$, $x = 8$ 及 $y = 0$ 所围成的图形绕 x 轴及 y 轴旋转而成的立体的体积.

10. 证明:由平面图形 $0 \leqslant a \leqslant x \leqslant b$, $0 \leqslant y \leqslant f(x)$ 绕 y 轴旋转所成旋转体的体积为

$$V = 2\pi \int_a^b x f(x) \mathrm{d}x.$$

11. 计算以半径 R 的圆为底,以平行于底且长度等于该圆直径的线段为顶,高为 h 的正劈锥体(图 5-40)的体积.

12. 计算底面是半径为 R 的圆,而垂直于底面上一条固定直径的所有截面都是等边三角形(图 5-41)的立体体积.

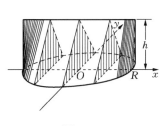

图 5-40

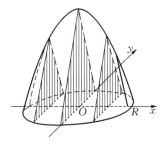

图 5-41

13. 求下列曲线的一弧长:

(1) $y=\ln(1-x^2)$, $0 \leqslant x \leqslant \dfrac{1}{2}$;

(2) $y=\dfrac{\sqrt{x}}{3}(3-x)$, $0 \leqslant x \leqslant 3$;

(3) $y^2=2px$ 自点 $(0, 0)$ 至点 $\left(\dfrac{p}{2}, p\right)$;

(4) $y=\displaystyle\int_0^x \sqrt{\sin t}\,dt$, $0 \leqslant x \leqslant \pi$.

14. 求星形线 $x=a\cos^3 t$, $y=a\sin^3 t$ 的全长.

15. 今有一弹簧,原长 10 cm,每伸长 1 cm 需要力 5 N,若拉长弹簧到 15 cm,做功多少?

16. 物体按规律 $x=ct^3$ 做直线运动,式中 x 为时间 t 内所通过的距离,介质的阻力正比于速度的平方,试求物体由 $x=0$ 至 $x=a$ 点时阻力所做的功.

17. 半径为 R 的半球水池,其中充满了水,把池内的水完全吸尽,问做功多少?

18. 半径为 R 的球沉入水中,它与水面相接,球的比重为 1,现将球从水中取出,需做多少功?

19. 水闸门为矩形,宽 20 m,高 16 m,铅直立于水中,若它的上边与水平面相齐,求水作用在闸门上的压力.

20. 闸门形状为等腰梯形,铅直立于水中,闸门的两水平边的长分别为 200 m 与 50 m,而高等于 10 m,若较长上底与水的自由表面相齐,求水作用在闸门上的压力.

21. 设直立于水坝中的矩形闸门宽 10 m,高 6 m,试求:

(1) 当水面在闸顶上 8 m 时,闸门所受的压力;

(2) 如欲使压力加倍,则水面应升高多少.

22. 一等腰三角形垂直闸门,底为 6 m,高为 3 m,底与水面平行且在水上 1 m 处,问闸门所受压力是多少?

23. 一圆形闸门,半径为 2 m,且圆心离水面 3 m,问闸门所受的压力是多少?

*第八节 定积分在经济学上的应用

一、已知边际函数求总函数

已知一个函数(如总成本函数、总收益函数等),总可以利用微分或导数运算,求出其边际函数(边际成本、边际收益). 反过来,如已知边际函数,也可通过积分确定其总函数.

例1 设某产品在时刻 t 总产量的变化率为 $f(t)=100+12t-0.6t^2$(单位/h),求从 $t=2$ 到 $t=4$ 这两小时内的总产量.

解 因为总产量是它的变化率的原函数,所以从 $t=2$ 到 $t=4$ 这两个小时的总产量为

$$\int_2^4 f(t)dt = \int_2^4 (100+12t-0.6t^2)dt$$

$$= (100t+6t^2-0.2t^3)\big|_2^4$$

$$= 260.8(单位).$$

例2 设某种商品每天生产 x 单位时固定成本为 20 元,边际成本函数为 $C'(x)=0.4x+2$(元/单位),求总成本函数 $C(x)$. 如果这种商品规定的销售单价为 18 元,且产品可以全部售出,求总利润函数 $L(x)$,并问每天生产多少单位才能获得最大利润?

解 由已知固定成本设为 $C(0)=20$,则每天生产 x 单位时总成本为

$$C(x) = \int_0^x (0.4t+2)dt + C(0)$$

$$= (0.2t^2+2t)\big|_0^x + 20$$

$$= 0.2x^2+2x+20.$$

设销售 x 单位得到的总收益为 $R(x)$,由题意,得

$$R(x) = 18x,$$

而

$$L(x) = R(x) - C(x)$$
$$= 18x - (0.2x^2+2x+20)$$
$$= -0.2x^2+16x-20.$$

由 $L'(x)=-0.4x+16=0$,得 $x=40$,而 $L''(40)=-0.4<0$,所以每天生产 40 单位时才能获得最大利润,最大利润为

$$L(40) = -0.2 \times 40^2 + 16 \times 40 - 20 = 300(元).$$

例3 已知生产某产品 x 单位时,边际收益函数为 $R(x)=200-\dfrac{x}{50}$(元/单位),试求生产 x 单位时的总收益和平均单位收益,并求出生产这种商品 2000 单位时的总收益和平均单位收益.

解 因为总收益是边际收益函数在 $[0, x]$ 上的定积分,所以生产 x 单位时的总收益为

$$R(x) = \int_0^x \left(200-\dfrac{t}{50}\right)dt = \left(200t-\dfrac{t^2}{100}\right)\bigg|_0^x$$

$$= 200x-\dfrac{x^2}{100},$$

$$\bar{R}(x) = \dfrac{R(x)}{x} = 200 - \dfrac{x}{100}.$$

当 $x=2000$ 时,有

$$R(2000) = 400000 - \frac{2000^2}{100} = 360000(元),$$

$$\bar{R}(2000) = 180(元).$$

例 4 在某地区当前消费者个人收入为 x 时，消费支出 $W(x)$ 的变化率 $W'(x) = \frac{15}{\sqrt{x}}$，当个人收入由 900 增加到 1600 时，消费支出增加多少？

解 $W = \int_{900}^{1600} \frac{15}{\sqrt{x}} \mathrm{d}x = \left[30\sqrt{x}\right]_{900}^{1600} = 300.$

二、求收益流的现值和将来值

若某公司的收益是连续地获得，则其收益可被看作是一种随时间连续变化的收益流函数，而收益流对时间的变化率称为**收益流量**．收益流量实际上是一种速率，一般用 $p(t)$ 表示；若时间 t 以年为单位，收益以元为单位，则收益流量的单位为元/年，时间 t 一般从现在开始计算，若 $p(t)=b$ 为常数，则称该收益具有常数收益流量．

和单笔款项一样，**收益流量的将来值**定义为将其存入银行并加上利息之后的存款值；而**收益流的现值**是这样一笔款项，若把它存入可获息的银行，将来从收益流中获得的总收益，与包括利息在内的银行存款值，有相同的价值，若以连续利率 r 计息，一笔人民币 P 元从现在起存入银行，n 年后的将来值为

$$B = P\mathrm{e}^{rt}.$$

若 t 年后得到 B 元人民币，则现值（现在需要存入银行的金额）为

$$P = B\mathrm{e}^{-rt}.$$

若有一笔收益流的收益流量为 $p(t)$（元/年），假设以连续利率 r 计息，下面计算其现值及将来值．

此类问题可由定积分的元素法得到．考虑从现在（$t=0$）开始到 T 年后这一时间段，在区间 $[0,T]$ 内任取一小区间 $[t, t+\mathrm{d}t]$，在 $[t, t+\mathrm{d}t]$ 内将 $p(t)$ 近似看作常数，则所应获得的金额近似等于 $p(t)\mathrm{d}t$（元）．

从现在（$t=0$）算起，$p(t)\mathrm{d}t$ 这笔金额是在 t 年后的将来获得，因此在 $[t, t+\mathrm{d}t]$ 内，

$$收益的现值 \approx [p(t)\mathrm{d}t]\mathrm{e}^{-rt} = p(t)\mathrm{e}^{-rt}\mathrm{d}t,$$

从而

$$总现值 = \int_0^T p(t)\mathrm{e}^{-rt}\mathrm{d}t.$$

在计算将来值时，收入 $p(t)\mathrm{d}t$ 在以后的 $T-t$ 年期间内获息，故在 $[t, t+\mathrm{d}t]$ 内，

$$收益流的将来值 \approx [p(t)\mathrm{d}t]\mathrm{e}^{r(T-t)} = p(t)\mathrm{e}^{r(T-t)}\mathrm{d}t,$$

从而

$$将来值 = \int_0^T p(t)\mathrm{e}^{r(T-t)}\mathrm{d}t.$$

例 5 假设以年连续利率 $r=0.1$ 计息，

(1) 求收益流量为 100 元/年的收益流在 20 年期间的现值和将来值；

(2) 将来值和现值的关系如何？解释这一关系．

解 (1) 现值 $= \int_0^{20} 100\mathrm{e}^{-0.1t}\mathrm{d}t = 1000(1-\mathrm{e}^{-2}) \approx 864.66(元),$

$$\text{将来值} = \int_0^{20} 100\mathrm{e}^{0.1\times(20-t)}\mathrm{d}t = \int_0^{20} 100\mathrm{e}^2\mathrm{e}^{-0.1t}\mathrm{d}t$$
$$= 1000\mathrm{e}^2(1-\mathrm{e}^{-2}) \approx 6389.06(\text{元}).$$

(2) 显然将来值 = 现值 $\cdot \mathrm{e}^2$.

若在 $t=0$ 时刻以现值 $1000(1-\mathrm{e}^{-2})$ 作为一笔款项存入银行,以年连续等利率 $r=0.1$ 计息,则 20 年中这笔单独款项的将来值为
$$1000\mathrm{e}^2(1-\mathrm{e}^{-2})\mathrm{e}^{0.1\times 20} = 100\mathrm{e}^2(1-\mathrm{e}^{-2})\mathrm{e}^2.$$
而这正好是上述收益在 20 年期间的将来值.

例 6 设有一项计划在 $t=0$ 需要投入 1000 万元,在 10 年中每年收益为 200 万元,若连续利率为 5%,求收益资本价值 W(设购置的设备 10 年后完全失去价值).

解 资本价值 = 收益流的现值 - 投入资金的现值.
$$W = \int_0^{10} 200\mathrm{e}^{-0.05t}\mathrm{d}t - 1000 = \left(\frac{-200}{0.05}\mathrm{e}^{-0.05t}\right)\bigg|_0^{10} - 1000$$
$$= 4000(1-\mathrm{e}^{-0.5}) - 1000 = 573.88(\text{万元}).$$

习题 5-8

*1. 已知边际成本为 $C'(x) = 7 + \dfrac{25}{\sqrt{x}}$,固定成本为 1000,求总成本函数.

*2. 求 30000 元的定常收入流经过 15 年时期的现值和将来值,这里假设利息是以每年 6% 的年利率按连续复利方式支付的.

自 测 题 五

一、填空题

1. 设 $f(x) = \dfrac{1}{1+x^2} + x^3\displaystyle\int_0^1 f(x)\mathrm{d}x$,则 $\displaystyle\int_0^1 f(x)\mathrm{d}x = $ _____;

2. 设 y 由 $\displaystyle\int_0^y \mathrm{e}^t\mathrm{d}t + \int_0^x \cos t\,\mathrm{d}t = 0$ 所确定的隐函数,则 $\dfrac{\mathrm{d}^2 y}{\mathrm{d}x^2} = $ _____;

3. 设 $f(x)$ 为连续函数,则 $\displaystyle\lim_{x\to a}\dfrac{x}{x-a}\int_a^x f(t)\mathrm{d}t = $ _____;

4. 设 $f(x)$ 是连续函数,且 $\displaystyle\int_0^{x^3-1} f(t)\mathrm{d}t = x + C$,则 $C = $ _____,$f(7) = $ _____;

5. 积分 $\displaystyle\int_0^\pi \sqrt{\cos^2 x - \cos^4 x}\,\mathrm{d}x = $ _____;

6. 曲线 $y = \dfrac{2}{3}x^{\frac{3}{2}}$ 上相应于 x 从 a 到 b 的一段弧长为 _____.

二、选择题

1. 若 $f(x)$ 为连续函数,且为奇函数,则下列说法正确的是( ).

(A) $\displaystyle\int_0^x f(x)\mathrm{d}x$ 为奇函数;   (B) $\displaystyle\int_0^x f(x)\mathrm{d}x$ 为偶函数;

(C) $\int_0^x f(x)\mathrm{d}x$ 的奇偶性不能判断；　　　(D) $\int_0^x f(x)\mathrm{d}x$ 为非奇非偶函数.

2. 设 $f(x)=\int_0^x \dfrac{\cos t}{1+\sin^2 t}\mathrm{d}t$，则 $\int_0^{\frac{\pi}{2}} \dfrac{f'(x)\mathrm{d}x}{1+f^2(x)}=$ (　　).

(A) arctan1;　　(B) 0;　　(C) $\arctan\dfrac{\pi}{4}$;　　(D) $\dfrac{\pi}{4}$.

3. 设 $f(x)$ 在 $[0,1]$ 上连续，在 $(0,1)$ 内可导，且 $f'(x)<0$，令 $F(x)=\dfrac{1}{x}\int_0^x f(t)\mathrm{d}t$，则 $F'(x)$(　　).

(A) >0;　　(B) $=0$;　　(C) $\leqslant 0$;　　(D) 不能确定.

4. 若连续函数 $f(x)$ 满足关系式 $f(x)=\int_0^{2x} f\left(\dfrac{t}{2}\right)\mathrm{d}t+\ln 2$，则 $f'(x)=$(　　).

(A) $\mathrm{e}^x\ln 2$;　　(B) $2\mathrm{e}^{2x}\ln 2$;　　(C) e^x;　　(D) $2\mathrm{e}^{2x}$.

5. 下列说法正确的是(　　).

(A) 广义积分 $\int_a^{+\infty}\dfrac{\mathrm{d}x}{x^p}(a>0)$ 与 $\int_a^b\dfrac{\mathrm{d}x}{(x-a)^p}$ 在 $p>1$ 时收敛；

(B) 广义积分 $\int_a^{+\infty}\dfrac{\mathrm{d}x}{x^p}(a>0)$ 与 $\int_a^b\dfrac{\mathrm{d}x}{(x-a)^p}$ 在 $p<1$ 时收敛；

(C) 广义积分 $\int_a^{+\infty}\dfrac{\mathrm{d}x}{x^p}(a>0)$ 在 $p>1$ 时发散，$\int_a^b\dfrac{\mathrm{d}x}{(x-a)^p}$ 在 $p<1$ 时收敛；

(D) 广义积分 $\int_a^{+\infty}\dfrac{\mathrm{d}x}{x^p}(a>0)$ 在 $p>1$ 时收敛，$\int_a^b\dfrac{\mathrm{d}x}{(x-a)^p}$ 在 $p>1$ 时发散.

三、计算下列各题

1. $\lim\limits_{x\to+\infty}\dfrac{\int_0^x(\arctan t)^2\mathrm{d}t}{\sqrt{x^2+1}}$;

2. $\int_0^1 x|x-a|\mathrm{d}x$($a$ 为实数);

3. $f(x)=\begin{cases}\dfrac{1}{1+x}, & x\geqslant 0,\\ \dfrac{1}{1+\mathrm{e}^x}, & x<0,\end{cases}$ 求 $\int_0^2 f(x-1)\mathrm{d}x$.

四、证明题

1. 设 $f(x)$ 是以 l 为周期的连续函数，证明 $\int_a^{a+l}f(x)\mathrm{d}x$ 的值与 a 无关；

2. 设 $f(x)$ 在 $[a,b]$ 上连续，且 $f(x)>0$，又 $F(x)=\int_a^x f(t)\mathrm{d}t+\int_b^x\dfrac{1}{f(t)}\mathrm{d}t$，证明函数 $F(x)$ 在 (a,b) 内有且仅有一个零点.

五、求圆盘 $x^2+y^2\leqslant a^2$ 绕 $x=-b(b>a>0)$ 旋转所成旋转体的体积.

六、若 $f(x)$ 在 $[0,1]$ 上连续，证明：

(1) $\int_0^{\frac{\pi}{2}}f(\sin x)\mathrm{d}x=\int_0^{\frac{\pi}{2}}f(\cos x)\mathrm{d}x$;

(2) $\int_0^\pi xf(\sin x)\mathrm{d}x = \frac{\pi}{2}\int_0^\pi f(\sin x)\mathrm{d}x$，由此计算 $\int_0^\pi \frac{x\sin x}{1+\cos^2 x}\mathrm{d}x$.

七、求曲线 $y=\mathrm{e}^{-x}$ 与过点 $(-1,\mathrm{e})$ 的切线及 x 轴所围成的图形的面积及此图形绕 x 轴旋转而成的立体的体积.

*八、某产品的边际成本 $C'(x)=2-x$，固定成本 $C_0=100$，边际收益 $R'(x)=20-4x$（万元/台），求：

(1) 总成本函数；(2) 收益函数；(3) 生产量为多少台时，总利润最大？

*九、某公司按利率 10%（连续复利）贷款 100 万元购买某设备，该设备使用 10 年后报废，公司每年可收入 b 元.

(1) b 为何值时公司不会亏本？

(2) 当 $b=20$ 万元时，求收益的资本价值（资本价值＝收益流的现值－投入资金的现值）.

第六章 微分方程与差分方程

在自然科学、社会科学等科学领域中,常常需要研究变量之间的依赖关系——函数关系,但在实际应用中,往往不容易直接找出所需要的函数关系. 但是根据问题所提供的条件,却比较容易建立起含有待求的函数及其导数或微分的关系式. 这样的关系式就是所谓的**微分方程**. 微分方程建立以后,对它进行研究,找出未知函数,这就是**解微分方程**. 本章主要介绍微分方程的一些基本概念和几种常见的微分方程的解法.

第一节 微分方程的基本概念

下面我们通过几个简单的实例初步了解微分方程所讨论的问题,进而建立微分方程的基本概念.

例 1 一条曲线通过点 $(0,0)$,且在该曲线上任一点 $M(x,y)$ 处的切线的斜率为 x^2,求这曲线方程.

解 设所求曲线的方程为 $y=f(x)$,根据导数的几何意义,y 应满足方程

$$\frac{\mathrm{d}y}{\mathrm{d}x}=x^2, \tag{1}$$

此外,未知函数 $y=f(x)$ 还应满足如下条件:

$$y|_{x=0}=0. \tag{2}$$

把方程(1)两端积分,得

$$y=\frac{x^3}{3}+C, \tag{3}$$

其中 C 是任意常数.

把条件(2)代入(3)式,有 $0=\frac{0^3}{3}+C$,得 $C=0$,再把 $C=0$ 代入(3)式,即得所求曲线方程为

$$y=\frac{x^3}{3}. \tag{4}$$

例 2 设质点 A 以初速度 v_0 垂直上抛,试求质点的运动规律 $s(t)$.

解 选取坐标系如图 6-1 所示,因质点 A 在运动过程中只受到引力 $(-mg)$ 的作用,所以由牛顿第二定律,有

$$m\frac{\mathrm{d}^2 s(t)}{\mathrm{d}t^2}=-mg,$$

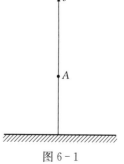

图 6-1

即
$$\frac{d^2 s(t)}{dt^2} = -g, \tag{5}$$

其中 m 为质点的质量,负号表示 s 的正方向和引力方向相反.

此例和前例不同,这里我们得到的是含有 $s(t)$ 的二阶导数关系式. 依题意还应满足以下两个条件.

$$\begin{cases} s(t)|_{t=0} = s_0 \text{(初始位置)}, \\ \dfrac{ds}{dt}\bigg|_{t=0} = v_0 \text{(初始速度)}. \end{cases} \tag{6}$$

对(5)式积分,得

$$\frac{ds}{dt} = -gt + C_1, \tag{7}$$

对(7)式再积分,得

$$s(t) = -\frac{1}{2} g t^2 + C_1 t + C_2, \tag{8}$$

其中 C_1 和 C_2 均为任意常数. 现利用条件(6)来确定任意常数 C_1 和 C_2 的值. 把(6)式中第二式代入(7)式中,得 $C_1 = v_0$,再把(6)式中第一式代入(8)式中,得 $C_2 = s_0$. 所以由(8)式得

$$s(t) = -\frac{1}{2} g t^2 + v_0 t + s_0, \tag{9}$$

即为所求的函数关系.

例 3 列车在平直线路上以 20 m/s(相当于 72 km/h)的速度行驶;当制动时列车获得加速度 -0.4 m/s^2. 问开始制动后多长时间列车才能停住,以及列车在这段时间里行驶了多少路程?

解 设列车开始制动后 t s 内行驶了 s m. 根据题意,反映制动阶段列车运动规律的函数 $s = s(t)$ 应满足方程

$$\frac{d^2 s}{dt^2} = -0.4, \tag{10}$$

此外,未知函数 $s = s(t)$ 还应满足以下条件:

$$s|_{t=0} = 0, \quad \frac{ds}{dt}\bigg|_{t=0} = 20. \tag{11}$$

把方程(10)两端积分一次,得

$$v = \frac{ds}{dt} = -0.4 t + C_1, \tag{12}$$

再积分一次,得

$$s = -0.2 t^2 + C_1 t + C_2. \tag{13}$$

这里 C_1, C_2 都是任意常数.

把条件 $\dfrac{ds}{dt}\bigg|_{t=0} = 20$ 代入(12)式,得

$$C_1 = 20;$$

把条件 $s|_{t=0} = 0$ 代入(13)式,得

$$C_2 = 0.$$

把 C_1, C_2 的值代入(12)式及(13)式,得

$$v = -0.4t + 20, \tag{14}$$
$$s = -0.2t^2 + 20t. \tag{15}$$

在(14)式中令 $v=0$，得到列车从开始制动到完全停住所需的时间
$$t = \frac{20}{0.4} = 50(\text{s}).$$

再把 $t=50$ 代入(15)式，得到列车在制动阶段行驶的路程
$$s = -0.2 \times 50^2 + 20 \times 50 = 500(\text{m}).$$

从以上的例子可以看到，许多实际问题的解决需要先找出变量间含有导数或微分的关系式，然后通过积分找出变量间的函数关系．这就是建立微分方程及求解微分方程．

下面我们介绍微分方程的一些基本概念．

定义 1 表示未知函数、未知函数的导数或微分及自变量之间的关系的方程，叫作**微分方程**．

如方程(1)、(5)、(10)都是微分方程；又如，
$$\frac{dy}{dx} + 3y = e^x, \tag{16}$$
$$y''(x^2+1) = 2xy', \tag{17}$$
$$\frac{\partial^2 u}{\partial x^2} + \frac{\partial^2 u}{\partial y^2} + \frac{\partial^2 u}{\partial z^2} = 0, \tag{18}$$

也都是微分方程．

需要指出的是，在微分方程中，自变量及未知函数可以不出现，但未知函数的导数或微分则必须出现．

未知函数为一元函数的微分方程叫作**常微分方程**．如方程(1)、(5)、(10)、(16)、(17)都是常微分方程．

未知函数为多元函数，从而出现多元函数偏导数的方程叫作**偏微分方程**．如方程(18)就是偏微分方程．

本章只限于讨论常微分方程的基本概念和解法，并简称常微分方程为微分方程．

定义 2 微分方程中所出现的未知函数的最高阶导数的阶数，叫作**微分方程的阶**．

如方程(1)为一阶微分方程，(5)为二阶微分方程．又如，方程
$$x^2(y''')^2 + x^2 y'' - 4xy' = 3x^2$$
是三阶微分方程，而方程
$$y^{(4)} - 4y''' + 10y'' - 12y' + 5y = \sin 2x$$
是四阶微分方程．

定义 3 如果将一个函数代入微分方程后，能使该方程成为恒等式，则这个函数就叫作**微分方程的解**．

例如，函数(3)和(4)都是微分方程(1)的解；函数(8)和(9)都是微分方程(5)的解．而函数(13)、(15)则为微分方程(10)的解．

从这些具体问题可以看到，微分方程的解有两种不同的形式．一种是微分方程的解中含有任意常数，且所含独立的任意常数(指这些任意常数相互不能合并)的个数与微分方程的阶数相同，这样的解叫作**微分方程的通解**．例如，函数(3)、(8)、(13)分别为微分方程(1)、

(5)、(10)的通解.

由于通解中含有任意常数,所以它还不能完全确定地反映某一客观事物的规律性.要完全确定地反映事物的规律性,必须确定这些常数的值.为此,要根据问题的实际情况,提出确定这些常数的条件.例如,例1中的条件(2),例2中的条件(6)以及例3中的条件(11)均为这样的条件.

用来确定微分方程通解中任意常数的条件,叫作**初始条件**.初始条件的个数由通解中任意常数的个数(也就是方程的阶数)决定.如果含有未知函数 $y=y(x)$ 的微分方程是一阶的,那么初始条件通常是

$$当 x=x_0 时,y=y_0,$$

或写成

$$y\big|_{x=x_0}=y_0,$$

其中 x_0、y_0 都是给定的值;如果微分方程是二阶的,那么初始条件通常是

$$当 x=x_0 时,y=y_0,y'=y_0',$$

或写成

$$y\big|_{x=x_0}=y_0,\ y'\big|_{x=x_0}=y_0',$$

其中 x_0、y_0、y_0' 都是给定的值.

另一种是确定了通解中的任意常数以后,也就是不含任意常数的解叫作**微分方程的特解**.例如,(4)式是方程(1)满足条件(2)的特解;(9)式是方程(5)满足条件(6)的特解;而(15)式则为方程(10)满足条件(11)的特解.一般说来,根据不同的初始条件可以得到不同的特解.

微分方程的解所对应的图形叫作微分方程的**积分曲线**.通解的图形是**一族积分曲线**.特解的图形是一族积分曲线中的某一特定的曲线.

例如,例1中方程 $\dfrac{dy}{dx}=x^2$ 的通解是 $y=\dfrac{x^3}{3}+C$.它所对应的是积分曲线族(图6-2),满足初始条件 $y\big|_{x=0}=0$ 的特解的图形,就是这族曲线中通过坐标原点$(0,0)$的那条积分曲线 $y=\dfrac{x^3}{3}$.

例 4 验证函数 $y=2x+Ce^x$ 是方程 $\dfrac{dy}{dx}-y=2(1-x)$ 的通解.并求该方程的通过点$(0,3)$的那条积分曲线.

解 根据有关定义,要验证一个函数是否为方程的通解,只要将函数代入方程,看是否恒等,再看函数式中所含独立的任意常数的个数是否与方程的阶数相同.

将函数 $y=2x+Ce^x$ 代入方程左端:

$$\frac{dy}{dx}-y=2+Ce^x-2x-Ce^x=2(1-x).$$

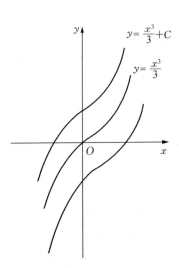

图 6-2

左端与右端恒等,且 y 只含有一个任意常数,所以,y 是所给一阶微分方程的通解.

现在我们将初始条件 $y\big|_{x=0}=3$ 代入通解

中，得 $C=3$，因此，所求积分曲线为
$$y = 2x + 3e^x.$$

例 5 求如下曲线族所满足的微分方程
$$y = A\cos ax + B\sin ax,$$
其中 A 与 B 是任意常数．

解 由曲线族方程含有两个任意常数知，所求微分方程为二阶方程，可对 y 求两次导数，再消去任意常数 A, B 即为所求．

对所给曲线方程两边求导，得
$$\frac{dy}{dx} = -Aa\sin ax + Ba\cos ax,$$
两边再次对 x 求导，得
$$\frac{d^2 y}{dx^2} = -Aa^2 \cos ax - Ba^2 \sin ax$$
$$= -a^2 (A\cos ax + B\sin ax)$$
$$= -a^2 y,$$
故所求微分方程为
$$\frac{d^2 y}{dx^2} + a^2 y = 0.$$

习题 6-1

1. 试说出下列各微分方程的阶数：
   (1) $x(y')^2 - 2yy' + x = 0$;
   (2) $x^2 y'' - xy' + y = 0$;
   (3) $xy''' + 2y'' + x^2 y = 0$;
   (4) $(7x - 6y)dx + (x + y)dy = 0$;
   (5) $L\dfrac{d^2 Q}{dt^2} + R\dfrac{dQ}{dt} + \dfrac{Q}{C} = 0$;
   (6) $\dfrac{d\rho}{d\theta} + \rho = \sin^2 \theta$.

2. 指出下列各题中的函数是否为所给微分方程的解：
   (1) $xy' = 2y$, $y = 5x^2$;
   (2) $y'' + y = 0$, $y = 3\sin x - 4\cos x$;
   (3) $y'' - 2y' + y = 0$, $y = x^2 e^x$;
   (4) $y'' - (\lambda_1 + \lambda_2)y' + \lambda_1 \lambda_2 y = 0$, $y = C_1 e^{\lambda_1 x} + C_2 e^{\lambda_2 x}$.

3. 根据下列给出的微分方程的通解和初始条件确定特解：
   (1) $x^2 - y^2 = C$, $y|_{x=0} = 5$;
   (2) $y = (C_1 + C_2 x)e^{2x}$, $y|_{x=0} = 0$, $y'|_{x=0} = 1$;
   (3) $y = C_1 \sin(x - C_2)$, $y|_{x=\pi} = 1$, $y'|_{x=\pi} = 0$.

4. 求下列已给曲线族所满足的微分方程：
   (1) $(x - C)^2 + y^2 = 1$;
   (2) $y = Cx + C^2$;
   (3) $y = C_1 x + C_2 x^2$;
   (4) $y = C_1 \cos 2x + C_2 \sin 2x$.

5. 写出由下列条件确定的曲线所满足的微分方程：
   (1) 曲线上任意一点 $M(x, y)$ 处的切线与过原点 O 及点 M 的直线垂直；
   (2) 曲线上任意一点处的切线与横轴交点的横坐标等于切点横坐标的一半．

6. 将下列各个物理叙述以微分方程形式表示：
(1) 镭的分解率正比例于现存量 Q；
(2) 城市人口 p 的增长率正比例于人口且正比例于 200000 与人口的差；
(3) 某种物质的气压 p 对温度 T 的变化率正比例于气压且反比例于温度的平方；
(4) 电感 L 横跨一元件的电位差 E 等于 L 与电感中电流 i 的时间变化率之乘积．

第二节　一阶微分方程

从本节开始，我们将在微分方程基本概念的基础上，从求解最简单的微分方程——可分离变量的微分方程入手，从简单到复杂、由低阶到高阶、由易到难地介绍一些最常用的微分方程的解法．

我们先来研究一阶微分方程．

一阶微分方程的一般形式可以写作
$$F(x, y, y') = 0.$$
如果由这个方程可以解出 y'，那么我们有
$$y' = f(x, y).$$
本节只讨论这种导数已解出的方程．这种方程的微分形式为
$$M(x, y)dx + N(x, y)dy = 0.$$
下面我们介绍两种最简单的基本类型的一阶微分方程的解法．

一、可分离变量的微分方程

一般地，如果一个一阶微分方程能化成
$$g(y)dy = f(x)dx \tag{1}$$
的形式，就是说，把微分方程化成一端只含 y 的函数和 dy，另一端只含 x 的函数和 dx，那么原方程就叫作**可分离变量的微分方程**．

对(1)式两端积分，得 $\int g(y)dy = \int f(x)dx$，便可得到该微分方程的通解．因此，求解这类方程的关键是将方程变形为(1)的形式．

可分离变量的微分方程经常以微分的形式出现，即
$$M(x)N(y)dx + P(x)Q(y)dy = 0. \tag{2}$$

例 1　求微分方程
$$\frac{dy}{dx} = 2xy \tag{3}$$
的通解．

解　方程(3)是可分离变量的微分方程，分离变量得
$$\frac{dy}{y} = 2xdx \quad (y \neq 0).$$
对方程两边积分，得
$$\ln|y| = x^2 + C_1,$$
从而
$$y = \pm e^{x^2 + C_1} = \pm e^{C_1} e^{x^2}.$$

因为 $\pm e^{C_1}$ 仍是常数，把它记作 C，便得通解为
$$y = Ce^{x^2}.$$

易知，$y=0$ 也是方程(3)的解，但通解中当 $C=0$ 时，包括了该解．

例2 求解微分方程
$$x(y^2-1)dx + y(x^2-1)dy = 0. \tag{4}$$

解 首先，易于看出 $y=\pm 1$，$x=\pm 1$ 为方程的解．分离变量，将方程化为
$$\frac{ydy}{y^2-1} = -\frac{xdx}{x^2-1}.$$

两边积分，得
$$\ln(y^2-1) = -\ln(x^2-1) + \ln C \quad (C\neq 0),$$

化简为
$$(x^2-1)(y^2-1) = C \quad (C\neq 0).$$

我们注意到，这个通解中当 $C=0$ 时，包括了前面的特解 $y=\pm 1$ 和 $x=\pm 1$．

注意：（ⅰ）在运算时，可根据需要将任意常数写成 $\ln C$，使整理通解时，表达式简便；

（ⅱ）为了方便，在计算 $\int \frac{dy}{y}$ 时，可将结果 $\ln|y|$ 直接写成 $\ln y$，只要记住最后得到的任意常数可正可负即可．

例3 求微分方程
$$y' = \frac{y}{1+4x^2} \tag{5}$$

满足条件 $y|_{x=0}=1$ 的特解．

解 这是一个可分离变量的方程，它可以改写为
$$\frac{dy}{y} = \frac{dx}{1+4x^2},$$

两边积分，得
$$\ln y = \frac{1}{2}\arctan 2x + \ln C,$$

通解为
$$y = Ce^{\frac{1}{2}\arctan 2x}. \tag{6}$$

将 $y|_{x=0}=1$ 代入(6)式，得 $C=1$，故所求特解为
$$y = e^{\frac{1}{2}\arctan 2x}.$$

例4 根据牛顿冷却定律，物体在空气中的冷却速度与物体与空气的温度差成正比．如果物体在 20 min 内由 100 ℃冷却至 60 ℃，那么在多长时间内这个物体的温度达到 30 ℃（假设空气温度为 20 ℃，在冷却过程中保持不变）？

解 设时间 t（单位：h）为自变量，物体的温度 $T=T(t)$ 为未知函数，根据牛顿冷却定律，得下列方程
$$\frac{dT}{dt} = -k(T-20), \tag{7}$$

其中 $k>0$ 为比例常数，负号表示温度随时间而下降，并且由题意知该问题的初始条件为

$$T|_{t=0}=100, \quad T|_{t=\frac{1}{3}}=60.$$

方程(7)属于可分离变量的微分方程,分离变量得

$$\frac{\mathrm{d}T}{T-20}=-k\mathrm{d}t,$$

两边积分,得

$$\ln(T-20)=-kt+C_1,$$

或

$$T=C\mathrm{e}^{-kt}+20 \quad (C=\mathrm{e}^{C_1}). \tag{8}$$

将初始条件 $T|_{t=0}=100$ 代入(8)式,得 $C=80$,从而

$$T=80\mathrm{e}^{-kt}+20,$$

再由初始条件 $T|_{t=\frac{1}{3}}=60$ 代入上式得

$$\mathrm{e}^{-k}=\left(\frac{1}{2}\right)^3,$$

所以

$$T=80\left(\frac{1}{2}\right)^{3t}+20. \tag{9}$$

将 $T=30$ 代入(9)式,得

$$30=80\left(\frac{1}{2}\right)^{3t}+20,$$

求得 $t=1$,因此,经过 1 h 后,物体的温度降至 30 ℃.

例 5 在缺氧的条件下,酵母在发酵过程中会产生酒精,而酒精将抑制酵母的继续发酵. 在酵母量增长的同时,酒精量也相应增加,酒精的抑制作用也相应地加强,致使酵母的增长率逐渐下降,直到稳定地接近一个极限值为止. 此过程的数学表达式为

$$\frac{\mathrm{d}A}{\mathrm{d}t}=kA(A_\mathrm{m}-A), \tag{10}$$

其中 A_m 为酵母量的最后极限值,是一个常数,试确定酵母在任何时刻的现有量 A 与时间 t 的函数关系.

解 式(10)是一个可分离变量的微分方程,我们来求其通解.

分离变量,得

$$\frac{\mathrm{d}A}{A(A_\mathrm{m}-A)}=k\mathrm{d}t,$$

两边积分,得

$$\int\frac{\mathrm{d}A}{A(A_\mathrm{m}-A)}=\int k\mathrm{d}t,$$

于是

$$\frac{1}{A_\mathrm{m}}\int\left(\frac{1}{A_\mathrm{m}-A}+\frac{1}{A}\right)\mathrm{d}A=k\int \mathrm{d}t,$$

即

$$-\ln(A_\mathrm{m}-A)+\ln A=kA_\mathrm{m}t+\ln C,$$

故所求方程的通解为

$$\frac{A}{A_\mathrm{m}-A}=C\mathrm{e}^{kA_\mathrm{m}t}. \tag{11}$$

设酵母发酵前的量为 A_0，即 $A|_{t=0}=A_0$，代入(11)式有 $\dfrac{A_0}{A_m-A_0}=C$，于是得方程的特解为

$$\frac{A}{A_m-A}=\frac{A_0}{A_m-A_0}e^{kA_m t},$$

即

$$A=\frac{A_m}{1+\left(\dfrac{A_m}{A_0}-1\right)e^{-kA_m t}}.$$

这就是在缺氧条件下，酵母的现有量 A 与时间 t 的函数关系，其图形如图 6-3 所示，此曲线叫作**生物生长曲线**，又名 Logistic 曲线. 在生物科学和农业科学中经常用到.

由图 6-3 可以看出，在前期酵母量增长很快，后期增长速度减慢，酵母量逐渐趋于极限 A_m.

可以求得当 $A=\dfrac{A_m}{2}$，$t=\dfrac{1}{kA_m}\ln\dfrac{A_m-A_0}{A_0}$ 时，对应曲线上的点总是曲线的拐点. 在拐点处，酵母的增长率达到极大值.

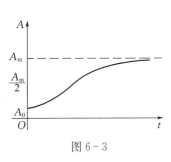

图 6-3

例 6 在某池塘内养鱼，该池塘最多能养鱼 1000 条，鱼数 y 是时间 t 的函数 $y=y(t)$，其变化率与鱼数 y 及 $1000-y$ 的乘积成正比. 已知池塘内放养鱼 100 条，3 个月后池塘内有鱼 250 条，求放养 7 个月后池塘内鱼数 $y(t)$ 的公式.

解 由题意知

$$\frac{dy}{dt}=ky(1000-y),$$

分离变量，得

$$\frac{dy}{y(1000-y)}=k dt.$$

两边积分

$$\int\frac{dy}{y(1000-y)}=\frac{1}{1000}\int\left(\frac{1}{y}+\frac{1}{1000-y}\right)dy=\int k dt,$$

于是得

$$\frac{y}{1000-y}=Ce^{1000kt}.$$

由题意的初始条件：

$$y|_{t=0}=100,\quad y|_{t=3}=250,$$

代入上式解得 $C=\dfrac{1}{9}$，$k=\dfrac{\ln 3}{3000}$，所以满足初始条件的特解为

$$\frac{y}{1000-y}=\frac{1}{9}3^{\frac{t}{3}},$$

即

$$y=\frac{1000\times 3^{\frac{t}{3}}}{9+3^{\frac{t}{3}}}.$$

这就是时间与鱼数的公式.

二、齐次方程

如果一阶微分方程可化成

$$\frac{dy}{dx} = f\left(\frac{y}{x}\right) \tag{12}$$

的形式，那么就称这方程为**齐次方程**．

在齐次方程

$$\frac{dy}{dx} = f\left(\frac{y}{x}\right)$$

中，引进新的未知函数

$$u = \frac{y}{x}, \tag{13}$$

就可把它化为可分离变量的方程．因为由(13)式有

$$y = ux, \quad \frac{dy}{dx} = u + x\frac{du}{dx},$$

代入方程(12)，便得方程

$$u + x\frac{du}{dx} = f(u),$$

$$x\frac{du}{dx} = f(u) - u.$$

分离变量，得

$$\frac{du}{f(u) - u} = \frac{dx}{x},$$

两端积分，得

$$\int \frac{du}{f(u) - u} = \int \frac{dx}{x},$$

求出积分后，再以 $\frac{y}{x}$ 代替 u，便得所给齐次方程的通解．

例7 求微分方程 $\frac{dy}{dx} = \frac{x+y}{x-y}$ 的通解．

解 原方程可写成

$$\frac{dy}{dx} = \frac{1 + \frac{y}{x}}{1 - \frac{y}{x}},$$

因此是齐次方程．令 $\frac{y}{x} = u$，则

$$y = ux, \quad \frac{dy}{dx} = u + x\frac{du}{dx},$$

于是原方程变为

$$u + x\frac{du}{dx} = \frac{1+u}{1-u},$$

即
$$x\frac{\mathrm{d}u}{\mathrm{d}x}=\frac{1+u^2}{1-u}.$$

分离变量，得
$$\frac{1-u}{1+u^2}\mathrm{d}u=\frac{1}{x}\mathrm{d}x.$$

两端积分，得
$$\arctan u-\frac{1}{2}\ln(1+u^2)=\ln x+\ln C,$$

或写为
$$\mathrm{e}^{\arctan u}=Cx\sqrt{1+u^2}.$$

以 $\frac{y}{x}$ 代上式中的 u，便得所给方程的通解为
$$\mathrm{e}^{\arctan\frac{y}{x}}=C\sqrt{x^2+y^2}.$$

例 8 求微分方程 $x\frac{\mathrm{d}y}{\mathrm{d}x}+y=2\sqrt{xy}$ 满足 $y(1)=0$ 的特解.

解 原方程可写成
$$\frac{\mathrm{d}y}{\mathrm{d}x}+\frac{y}{x}=2\sqrt{\frac{y}{x}},$$

因此是齐次方程. 令 $\frac{y}{x}=u$，则
$$y=ux,\ \frac{\mathrm{d}y}{\mathrm{d}x}=u+x\frac{\mathrm{d}u}{\mathrm{d}x},$$

于是原方程变为
$$u+x\frac{\mathrm{d}u}{\mathrm{d}x}+u=2\sqrt{u},$$

即
$$x\frac{\mathrm{d}u}{\mathrm{d}x}=2(\sqrt{u}-u).$$

分离变量，得
$$\frac{\mathrm{d}u}{\sqrt{u}-u}=\frac{2\mathrm{d}x}{x}.$$

两端积分，得
$$\ln(1-\sqrt{u})=-\ln x+\ln C,$$

或写为
$$\ln(1-\sqrt{u})=\ln\frac{C}{x}.$$

以 $\frac{y}{x}$ 代上式中的 u，便得所给方程的通解为
$$x\left(1-\sqrt{\frac{y}{x}}\right)=C.$$

利用初始条件 $y(1)=0$，可得 $C=1$，所以，所求方程的特解为
$$x\left(1-\sqrt{\frac{y}{x}}\right)=1.$$

三、一阶线性微分方程

方程

$$\frac{dy}{dx} + P(x)y = Q(x) \tag{14}$$

叫作**一阶线性微分方程**，因为它对于未知函数 y 及其导数 y' 是一次方程．

当 $Q(x) \equiv 0$ 时，方程

$$\frac{dy}{dx} + P(x)y = 0 \tag{15}$$

称为**一阶线性齐次方程**；如果 $Q(x)$ 不恒等于 0，方程(14)称为**一阶线性非齐次方程**．

一阶线性方程(15)是可分离变量的方程，用前面学过的方法很容易求出通解．先将(15)式分离变量，得

$$\frac{dy}{y} = -P(x)dx,$$

两边积分，得

$$\ln y = -\int P(x)dx + \ln C,$$

即

$$y = Ce^{-\int P(x)dx}. \tag{16}$$

(16)式即为一阶线性齐次方程(15)的通解．

现在我们使用所谓**常数变易法**来求非齐次线性方程(14)的通解．这方法是把方程(15)的通解中的任意常数 C 换成 x 的未知函数 $C(x)$，即作变换

$$y = C(x)e^{-\int P(x)dx}, \tag{17}$$

于是

$$\frac{dy}{dx} = C'(x)e^{-\int P(x)dx} - C(x)P(x)e^{-\int P(x)dx}. \tag{18}$$

将(17)、(18)式代入方程(14)，得

$$C'(x)e^{-\int P(x)dx} - C(x)P(x)e^{-\int P(x)dx} + C(x)P(x)e^{-\int P(x)dx} = Q(x),$$

即

$$C'(x) = Q(x)e^{\int P(x)dx}.$$

两边积分得

$$C(x) = \int Q(x)e^{\int P(x)dx}dx + C.$$

把上式代入(17)式，便得非齐次线性方程(14)的通解为

$$y = e^{-\int P(x)dx}\left[\int Q(x)e^{\int P(x)dx}dx + C\right], \tag{19}$$

将(19)式改写成两项之和

$$y = Ce^{-\int P(x)dx} + e^{-\int P(x)dx}\int Q(x)e^{\int P(x)dx}dx.$$

上式右端第一项是对应的齐次线性方程(15)的通解，第二项是非齐次方程(14)的一个特解

(在(14)的通解(19)中取 $C=0$ 便得到这个特解). 由此可知: **一阶非齐次线性方程的通解等于对应的齐次方程的通解与非齐次方程的一个特解之和.**

例 9 求微分方程 $\dfrac{dy}{dx} - \dfrac{2y}{x+1} = (x+1)^{\frac{5}{2}}$ 的通解.

解 这是一个非齐次线性方程,先求对应的齐次方程的通解,

$$\frac{dy}{dx} - \frac{2y}{x+1} = 0,$$

分离变量得

$$\frac{dy}{y} = \frac{2}{x+1}dx, \tag{20}$$

两边积分得

$$\ln y = 2\ln(x+1) + \ln C,$$

即

$$y = C(x+1)^2.$$

将通解中的常数 C 换成待定函数 $C(x)$,即令

$$y = C(x)(x+1)^2, \tag{21}$$

则有

$$y' = C'(x)(x+1) + 2C(x)(x+1),$$

代入原方程

$$C'(x)(x+1)^2 + 2C(x)(x+1) - \frac{2C(x)(x+1)^2}{x+1} = (x+1)^{\frac{5}{2}},$$

即

$$C'(x) = (x+1)^{\frac{1}{2}},$$

积分得

$$C(x) = \frac{2}{3}(x+1)^{\frac{3}{2}} + C,$$

再把上式代入(21)式,即得所求方程的通解为

$$y = (x+1)^2 \left[\frac{2}{3}(x+1)^{\frac{3}{2}} + C \right].$$

例 10 求微分方程 $\dfrac{dy}{dx} = \dfrac{y}{2x-y^2}$ 的通解.

解 原方程不是未知函数 y 的线性方程,但我们可以将它改写为

$$\frac{dx}{dy} = \frac{2x-y^2}{y},$$

即

$$\frac{dx}{dy} - \frac{2}{y}x = -y. \tag{22}$$

把 x 看作未知函数,y 看作自变量,这样,对于 x 及 $\dfrac{dx}{dy}$ 来说,方程(22)就是形如 $\dfrac{dx}{dy} + P(y)x = Q(y)$ 的一个线性方程.

首先,求出齐次方程

$$\frac{dx}{dy} - \frac{2}{y}x = 0$$

的通解为

$$x = Cy^2. \tag{23}$$

其次，利用常数变易法求非齐次方程(22)的通解．为此令
$$x = C(y)y^2, \tag{24}$$
则
$$\frac{\mathrm{d}x}{\mathrm{d}y} = C'(y)y^2 + 2yC(y).$$
将上式代入(22)式，有
$$C'(y)y^2 + 2yC(y) - \frac{2}{y}y^2C(y) = -y,$$
即
$$C'(y) = -\frac{1}{y},$$
积分得
$$C(y) = -\ln y + C,$$
将上式代入(24)式得所求方程的通解为
$$x = y^2(-\ln y + C).$$

例 11 求一曲线，使其每点处的切线斜率为 $2x+y$，且通过点 $(0, 0)$．

解 设所求曲线方程为 $y = f(x)$，根据题意，得
$$\frac{\mathrm{d}y}{\mathrm{d}x} = 2x + y, \tag{25}$$
且曲线方程满足条件
$$y|_{x=0} = 0. \tag{26}$$
方程(25)为一阶线性非齐次方程，它所对应的齐次方程为
$$\frac{\mathrm{d}y}{\mathrm{d}x} = y.$$
分离变量，两边积分得
$$\ln y = x + \ln C,$$
即
$$y = Ce^x.$$
设非齐次方程的通解为
$$y = C(x)e^x,$$
将其代入方程(25)得
$$C'(x)e^x + C(x)e^x = 2x + C(x)e^x,$$
即
$$C'(x) = 2xe^{-x},$$
积分得
$$C(x) = -2(x+1)e^{-x} + C,$$
故得方程(25)的通解为
$$y = [-2(x+1)e^{-x} + C]e^x.$$
将条件(26)代入上式，得
$$C = 2,$$
故所求曲线方程为
$$y = 2(e^x - x - 1).$$

习题 6-2

1. 求下列微分方程的通解：

(1) $xy' - y\ln y = 0$;

(2) $(3y^2 + e^y)y' - \cos x = 0$;

(3) $\sec^2 t \tan\theta dt + \sec^2\theta \tan t d\theta = 0$;　　(4) $y' = 10^{x+y}$;

(5) $(xy^2 + x)dx + (y - x^2 y)dy = 0$;　　(6) $y' - xy' = a(y^2 + y')$;

(7) $(e^{x+y} - e^x)dx + (e^{x+y} + e^y)dy = 0$.

2. 试求满足下列方程及初始条件的特解：

(1) $y' = e^{2x-y}$, $y|_{x=0} = 0$;

(2) $x\sqrt{1+y^2}dx + y\sqrt{1+x^2}dy = 0$, $y|_{x=0} = 1$.

3. 求下列方程的通解：

(1) $y' + y\tan x = \sec x$;　　(2) $\dfrac{ds}{dt} + 2s = 3$;

(3) $xy' - 3y = x^4 e^x$;　　(4) $(x^2 - 1)y' + 2xy - \cos x = 0$;

(5) $2ydx + (y^2 - 6x)dy = 0$.

4. 求下列微分方程满足初始条件的特解：

(1) $y' + \dfrac{2}{x}y = \dfrac{\sin x}{x}$, $y|_{x=\pi} = \dfrac{1}{\pi}$;　　(2) $(1-x^2)y' + xy = 1$, $y|_{x=0} = 1$.

5. 若一曲线通过 $(2,3)$，且曲线在两坐标轴间的任意切线被切点所平分，试求曲线方程.

6. 设有连接点 $O(0,0)$ 和 $A(1,1)$ 的一段向上凸的曲线弧 $\overparen{OA}$，对于 $\overparen{OA}$ 上任一点 $P(x,y)$，曲线弧 $\overparen{OP}$ 与直线段 $\overline{OP}$ 所围图形的面积为 x^2，求曲线弧 $\overparen{OA}$ 的方程.

7. 在某种细菌培养中，细菌的增长率与存在数成正比.

(1) 若过 4 h 后，细菌数为原细菌数的 2 倍，那么经过 12 h 应有多少？

(2) 若在 3 h 末有 10^4 个细菌而在 5 h 末有 4×10^4 个，试问开始时有多少细菌？

8. 设一个质量为 m 的质点做直线运动，从速度等于零的时刻起，有一个与运动方向一致，大小与时间成正比(比例系数 k_1 为正常数)的力作用于它，此外受到一个与速度成正比(比例系数 k_2 为正常数)的阻力作用，求质点运动的速度 v 与时间 t 的函数关系.

第三节　可降阶的二阶微分方程

从这一节起我们将讨论二阶微分方程．二阶微分方程的一般形式为

$$F(x, y, y', y'') = 0.$$

如果 y'' 可以解出，则方程可以变为

$$y'' = f(x, y, y').$$

二阶微分方程的求解一般来说要比一阶微分方程复杂一些．但是有些二阶微分方程，可以用变量替换的方法把方程从二阶降至一阶，从而就有可能利用已知的一阶微分方程的求解方法求解了．

下面我们将介绍三种可降阶的二阶微分方程及其求解方法．

一、$y'' = f(x)$ 型的微分方程

方程

$$y'' = f(x) \tag{1}$$

的左端是未知函数的二阶导数，右端只是 x 的函数，两端同时积分一次，就化为一阶方程

$$y' = \int f(x)dx + C_1.$$

再积分一次，得到通解
$$y = \int\left[\int f(x)\mathrm{d}x + C_1\right]\mathrm{d}x + C_2.$$

因此，对于形如 $y'' = f(x)$ 的二阶方程，只需连续积分两次，便可以得到所求的通解．

我们可将(1)式推广到一般的形式，即形如
$$y^{(n)} = f(x) \tag{2}$$

的方程，只需将方程(2)连续积分 n 次，便得该方程的含有 n 个任意常数的通解．

例 1 求微分方程 $y'' = x + \sin x$ 的通解．

解 对所给方程连续积分两次，得
$$y' = \frac{x^2}{2} - \cos x + C_1,$$
$$y = \frac{x^3}{6} - \sin x + C_1 x + C_2.$$

例 2 试求 $y'' = x$ 的经过点 $M(0, 1)$，且在此点与直线 $y = \frac{x}{2} + 1$ 相切的积分曲线．

解 将方程积分，得
$$y' = \frac{x^2}{2} + C_1. \tag{3}$$

由题意可知，初始条件为 $y'|_{x=0} = \frac{1}{2}$，将其代入(3)式，得 $C_1 = \frac{1}{2}$，则有
$$y' = \frac{x^2}{2} + \frac{1}{2}.$$

再对上式积分，得
$$y = \frac{x^3}{6} + \frac{1}{2}x + C_2. \tag{4}$$

再把初始条件 $y|_{x=0} = 1$ 代入(4)式，得 $C_2 = 1$. 故所求积分曲线为
$$y = \frac{1}{6}x^3 + \frac{1}{2}x + 1.$$

二、$y'' = f(x, y')$ 型的微分方程

方程
$$y'' = f(x, y') \tag{5}$$

是右端不显含未知函数 y 的二阶微分方程，对此类型的微分方程，只需作如下变换：

令 $y' = p$，则 $y'' = \frac{\mathrm{d}p}{\mathrm{d}x} = p'$，代入(5)式，便会将原方程变为以 x 为自变量，p 为未知函数的一阶微分方程
$$p' = f(x, p).$$

解此一阶微分方程，若其通解为 $p = \varphi(x, C_1)$，则由关系式 $p = \frac{\mathrm{d}y}{\mathrm{d}x}$，又得到一个一阶微分方程
$$\frac{\mathrm{d}y}{\mathrm{d}x} = \varphi(x, C_1),$$

上式两边积分，便得方程(5)的通解为
$$y = \int \varphi(x, C_1) \mathrm{d}x + C_2.$$

例 3 求微分方程 $y'' = \dfrac{1}{x} y' + x \mathrm{e}^x$ 的通解.

解 所给方程是 $y'' = f(x, y')$ 型的. 令 $y' = p$, 则 $y'' = \dfrac{\mathrm{d}p}{\mathrm{d}x}$, 代入原方程, 得
$$\frac{\mathrm{d}p}{\mathrm{d}x} = \frac{1}{x} p + x \mathrm{e}^x,$$
即
$$\frac{\mathrm{d}p}{\mathrm{d}x} - \frac{1}{x} p = x \mathrm{e}^x.$$

这是一个关于 p 的一阶线性微分方程，利用常数变易法求得其通解为
$$\frac{\mathrm{d}y}{\mathrm{d}x} = p = x(\mathrm{e}^x + C_1),$$

对上式两边积分即得所给微分方程的通解为
$$y = (x-1) \mathrm{e}^x + \frac{1}{2} C_1 x^2 + C_2.$$

例 4 求微分方程 $y'' = \dfrac{2xy'}{x^2+1}$ 满足条件 $y|_{x=0} = 1$ 及 $y'|_{x=0} = 3$ 的特解.

解 所给方程是 $y'' = f(x, y')$ 型的. 设 $y' = p$, 代入原方程, 得
$$\frac{\mathrm{d}p}{\mathrm{d}x} = \frac{2xp}{x^2+1},$$

分离变量, 得
$$\frac{\mathrm{d}p}{p} = \frac{2x}{1+x^2} \mathrm{d}x,$$

两边积分, 得
$$\ln p = \ln(x^2+1) + \ln C_1,$$
即
$$y' = p = C_1(x^2+1).$$

由初始条件 $y'|_{x=0} = 3$, 得 $C_1 = 3$. 因此 $y' = p = 3(x^2+1)$, 再积分, 得
$$y = x^3 + 3x + C_2.$$

由初始条件 $y|_{x=0} = 1$, 得 $C_2 = 1$, 于是所求的特解为
$$y = x^3 + 3x + 1.$$

三、$y'' = f(y, y')$ 型的微分方程

方程
$$y'' = f(y, y') \tag{6}$$
是右端不显含 x 的二阶微分方程，对这种类型的微分方程，若仍按方程(5)的方法求解，即令 $y' = p$, $y'' = \dfrac{\mathrm{d}p}{\mathrm{d}x}$, 则方程(6)变成
$$\frac{\mathrm{d}p}{\mathrm{d}x} = f(y, p).$$

此时方程虽降为一阶，但由于涉及三个变量 x、y、p，故无法求解．但如果上式中出现的一阶导数不是关于 x 而是关于 y 的，则方程可以求解．为此，令 $y'=p$，并利用复合函数的求导法则再将 y'' 化成对 y 的导数，即

$$y''=\frac{\mathrm{d}p}{\mathrm{d}x}=\frac{\mathrm{d}p}{\mathrm{d}y}\cdot\frac{\mathrm{d}y}{\mathrm{d}x}=p\frac{\mathrm{d}p}{\mathrm{d}y},$$

则方程(6)变成

$$p\frac{\mathrm{d}p}{\mathrm{d}y}=f(y,p).$$

这是一个以 y 为自变量，p 为未知函数的一阶微分方程，设其通解为

$$p=\varphi(y,C_1),$$

则由

$$\frac{\mathrm{d}y}{\mathrm{d}x}=p,$$

有

$$\frac{\mathrm{d}y}{\mathrm{d}x}=\varphi(y,C_1),$$

分离变量得

$$\frac{\mathrm{d}y}{\varphi(y,C_1)}=\mathrm{d}x,$$

两边积分得方程(6)的通解为

$$\int\frac{\mathrm{d}y}{\varphi(y,C_1)}=x+C_2.$$

例 5 求微分方程 $y''=\dfrac{1+(y')^2}{2y}$ 的通解．

解 方程的右端不显含 x，令 $y'=p$，则 $y''=p\dfrac{\mathrm{d}p}{\mathrm{d}y}$，代入原方程，得

$$p\frac{\mathrm{d}p}{\mathrm{d}y}=\frac{1+p^2}{2y},$$

分离变量，得

$$\frac{2p}{1+p^2}\mathrm{d}p=\frac{1}{y}\mathrm{d}y,$$

两边积分，得

$$\ln(1+p^2)=\ln y+\ln C_1,$$

或

$$1+p^2=C_1 y,$$

即

$$y'=\pm(C_1 y-1)^{\frac{1}{2}},$$

于是

$$\frac{\mathrm{d}y}{\pm(C_1 y-1)^{\frac{1}{2}}}=\mathrm{d}x,$$

两边积分，得

$$\pm\frac{(C_1 y-1)^{\frac{1}{2}}}{\frac{1}{2}C_1}=x+C_2,$$

化简后，得所求方程的通解为

$$y = \frac{C_1}{4}(x+C_2)^2 + \frac{1}{C_1}.$$

例 6 求微分方程 $y'' = \frac{3}{2}y^2$ 满足初始条件 $y|_{x=3}=1$，$y'|_{x=3}=1$ 的特解．

解 此方程右端不显含 x，令 $y'=p$，则 $y''=p\dfrac{\mathrm{d}p}{\mathrm{d}y}$，代入原方程，得

$$p\frac{\mathrm{d}p}{\mathrm{d}y} = \frac{3}{2}y^2,$$

分离变量，得

$$2p\mathrm{d}p = 3y^2\mathrm{d}y,$$

两边积分，得

$$p^2 = y^3 + C_1.$$

由初始条件 $y|_{x=3}=1$，$y'|_{x=3}=1$，得 $C_1=0$，所以 $p^2=y^3$ 或 $p=y^{\frac{3}{2}}$（因为 $y'|_{x=3}=1$，所以方程开方取正号），即

$$\frac{\mathrm{d}y}{\mathrm{d}x} = y^{\frac{3}{2}},$$

分离变量后积分得

$$-2y^{-\frac{1}{2}} = x + C_2.$$

再由初始条件 $y|_{x=3}=1$，得 $C_2=-5$．代入上式得所求特解为

$$y = \frac{4}{(x-5)^2}.$$

注意：一般在求可降阶的二阶微分方程的特解时，通常采用边求解边定任意常数的做法．

习题 6-3

1. 求下列方程的通解：
   (1) $y''=x+\sec^2 x$；
   (2) $y''=\ln x$；
   (3) $y''=y'+x$；
   (4) $2yy''=(y')^2$；
   (5) $xy''+y'=x^2+3x+2$；
   (6) $(x-2)y''-y'=2(x-2)^3$．

2. 求下列方程满足初始条件的特解：
   (1) $y''+2x(y')^2=0$，$y|_{x=0}=1$，$y'|_{x=0}=\dfrac{1}{4}$；
   (2) $y''-(y')^2=0$，$y|_{x=0}=1$，$y'|_{x=0}=-1$．

第四节　二阶常系数线性微分方程

方程

$$y'' + py' + qy = f(x) \tag{1}$$

称为**二阶常系数线性微分方程**，其中 p，q 为实常数，$f(x)$ 是 x 的已知函数．这里的线性是指方程(1)关于 y、y'、y'' 是一次的．

当 $f(x)\equiv 0$ 时，方程(1)变为
$$y'' + py' + qy = 0, \tag{2}$$
称方程(2)为**二阶常系数齐次线性微分方程**.

若 $f(x)\not\equiv 0$，称方程(1)为**二阶常系数非齐次线性微分方程**.

下面对方程(1)、(2)的解法分别进行讨论.

一、二阶常系数齐次线性微分方程

我们先讨论解的结构定理：

定理 1 如果函数 y_1 和 y_2 是方程(2)的两个特解，且 $\dfrac{y_2}{y_1}\neq k$（k 为常数），则
$$y = C_1 y_1 + C_2 y_2$$
是方程(2)的通解，其中 C_1，C_2 是任意常数.

证 由于 y_1 与 y_2 是方程(2)的解，故有
$$y_1'' + py_1' + qy_1 = 0,$$
$$y_2'' + py_2' + qy_2 = 0.$$
将 $y = C_1 y_1 + C_2 y_2$ 代入(2)式左端，有
$$(C_1 y_1 + C_2 y_2)'' + p(C_1 y_1 + C_2 y_2)' + q(C_1 y_1 + C_2 y_2)$$
$$= C_1(y_1'' + py_1' + qy_1) + C_2(y_2'' + py_2' + qy_2)$$
$$= C_1 \cdot 0 + C_2 \cdot 0$$
$$= 0.$$

这说明 $y = C_1 y_1 + C_2 y_2$ 是方程(2)的解. 又由于 $\dfrac{y_2}{y_1}\neq k$（k 为常数），故 y 中含有的两个任意常数 C_1，C_2 是相互独立的，所以，y 是方程(2)的通解.

注意：（ⅰ）由证明过程可知，二阶常系数齐次线性微分方程的任意两个解的线性组合仍为该方程的解，但未必是通解.

（ⅱ）$\dfrac{y_2}{y_1}\neq k$（k 为常数）这个条件很重要，如果这个条件不满足，即 $y_2 = ky_1$，则
$$y = C_1 y_1 + C_2 y_2 = C_1 y_1 + C_2 ky_1 = Cy_1,$$
其中 $C = C_1 + C_2 k$ 为任意常数. 此时 y 中只含有一个任意常数，故 y 不是方程(2)的通解.

根据定理1，要确定方程(2)的通解，只需求出方程(2)的两个不成比例的特解就可以了.

要确定方程(2)的特解，也就是要找到一个函数 $y(x)$，将其代入(2)中使(2)成为等式. 观察(2)我们可以想到方程(2)的解 y 应具有这样的性质：y、y'、y'' 应是某同一函数的常数倍. 因为只有这样，才能使它们分别乘以实常数 q、p、1 后有可能合并为零. 在我们熟悉的初等函数中，只有指数函数 $y = e^{rx}$ 具有此性质. 因此，我们不妨假设 $y = e^{rx}$ 是方程(2)的解，看是否能选取 r，使 $y = e^{rx}$ 满足(2). 为此，我们将 $y = e^{rx}$，$y' = re^{rx}$，$y'' = r^2 e^{rx}$ 代入方程(2)中，得
$$e^{rx}(r^2 + pr + q) = 0.$$
由于 $e^{rx}\neq 0$，所以要使上式成立，只需
$$r^2 + pr + q = 0. \tag{3}$$

这就是说，只要 r 满足代数方程(3)，则 $y=\mathrm{e}^{rx}$ 便是方程(2)的解．从而，求二阶常系数齐次线性方程的解的问题就转化为求代数方程(3)的根的问题．

我们把代数方程(3)叫作微分方程(2)的**特征方程**．特征方程(3)的根叫作**特征根**．

下面我们就特征根的各种情况来讨论微分方程(2)的通解．

（i）特征方程(3)有两个不相等的实根 $r_1 \neq r_2$．

由一元二次方程求根公式有 $p^2-4q>0$，且
$$r_1=\frac{-p+\sqrt{p^2-4q}}{2}, \quad r_2=\frac{-p-\sqrt{p^2-4q}}{2}$$
为所求的两个相异实根．由前面的讨论知，此时 $y_1=\mathrm{e}^{r_1 x}$，$y_2=\mathrm{e}^{r_2 x}$ 均为方程(2)的解，且由于 $\frac{y_2}{y_1}=\mathrm{e}^{(r_2-r_1)x}$ 不是常数，由定理1，可得方程(2)的通解为
$$y=C_1 \mathrm{e}^{r_1 x}+C_2 \mathrm{e}^{r_2 x}.$$

（ii）特征方程有两个相等的实根 $r_1=r_2$．

此时 $p^2-4q=0$ 且 $r_1=r_2=-\frac{p}{2}$，因此我们只能得到微分方程(2)的一个特解 $y_1=\mathrm{e}^{r_1 x}$，为了求得方程(2)的通解，还需求出方程(2)的另一个特解 y_2，并要求 $\frac{y_2}{y_1} \neq$ 常数．

设 $\frac{y_2}{y_1}=u(x)$，即 $y_2=\mathrm{e}^{r_1 x}u(x)$，下面我们来求 $u(x)$．

将 y_2 求导，得
$$y_2'=\mathrm{e}^{r_1 x}(u'+r_1 u),$$
$$y_2''=\mathrm{e}^{r_1 x}(u''+2r_1 u'+r_1^2 u),$$
将 y_2、y_2' 和 y_2'' 代入微分方程(2)，得
$$\mathrm{e}^{r_1 x}[(u''+2r_1 u'+r_1^2 u)+p(u'+r_1 u)+qu]=0,$$
约去 $\mathrm{e}^{r_1 x}$，并以 u''、u'、u 为准合并同类项，得
$$u''+(2r_1+p)u'+(r_1^2+pr_1+q)u=0.$$

由于 r_1 是特征方程(3)的二重根，因此 $r_1^2+pr_1+q=0$，且 $2r_1+p=0$，于是得
$$u''=0.$$

因为我们只需要得到一个不为常数的解，所以不妨选取 $u=x$，由此得到微分方程(2)的另一解为
$$y_2=x\mathrm{e}^{r_1 x},$$
从而微分方程(2)的通解为
$$y=C_1 \mathrm{e}^{r_1 x}+C_2 x\mathrm{e}^{r_1 x},$$
即
$$y=(C_1+C_2 x)\mathrm{e}^{r_1 x}.$$

（iii）特征方程有一对共轭复根：
$$r_1=\alpha+\mathrm{i}\beta, \quad r_2=\alpha-\mathrm{i}\beta(\beta \neq 0).$$
这时，$y_1=\mathrm{e}^{(\alpha+\mathrm{i}\beta)x}$，$y_2=\mathrm{e}^{(\alpha-\mathrm{i}\beta)x}$ 是微分方程的两个解，但它们是复值函数形式．为了得出实值函数形式，我们先利用欧拉公式 $\mathrm{e}^{\mathrm{i}\theta}=\cos\theta+\mathrm{i}\sin\theta$ 把 y_1、y_2 改写为
$$y_1=\mathrm{e}^{(\alpha+\mathrm{i}\beta)x}=\mathrm{e}^{\alpha x} \cdot \mathrm{e}^{\mathrm{i}\beta x}=\mathrm{e}^{\alpha x}(\cos\beta x+\mathrm{i}\sin\beta x),$$

$$y_2 = e^{(\alpha - i\beta)x} = e^{\alpha x} \cdot e^{-i\beta x} = e^{\alpha x}(\cos\beta x - i\sin\beta x).$$

令
$$\bar{y}_1 = \frac{1}{2}(y_1 + y_2), \quad \bar{y}_2 = \frac{1}{2i}(y_1 - y_2),$$

则
$$\bar{y}_1 = e^{\alpha x}\cos\beta x, \quad \bar{y}_2 = e^{\alpha x}\sin\beta x.$$

由本节定理 1 可知，$\bar{y}_1$、$\bar{y}_2$ 仍为微分方程(2)的解，又由于 $\frac{\bar{y}_2}{\bar{y}_1} = \tan\beta x$ 不是常数，故得微分方程(2)的通解为

$$y = e^{\alpha x}(C_1\cos\beta x + C_2\sin\beta x).$$

综上所述，求二阶常系数齐次线性微分方程通解的步骤可概括如下：

（ⅰ）写出微分方程(2)的特征方程 $r^2 + pr + q = 0$，并求出其特征根 r_1，r_2.

（ⅱ）根据特征根的不同情形，按照表 6-1 写出微分方程(2)的通解：

表 6-1

特征方程 $r^2 + pr + q = 0$ 的两个根 r_1，r_2	微分方程 $y'' + py' + qy = 0$ 的通解
两个不相等的实根 r_1，r_2	$y = C_1 e^{r_1 x} + C_2 e^{r_2 x}$
两个相等的实根 r_1，r_2	$y = (C_1 + C_2 x)e^{r_1 x}$
一对共轭复根 $r_{1,2} = \alpha \pm i\beta$	$y = e^{\alpha x}(C_1\cos\beta x + C_2\sin\beta x)$

例 1 求微分方程 $y'' - 3y' + 2y = 0$ 的通解.

解 所给微分方程的特征方程为 $r^2 - 3r + 2 = 0$，特征根为
$$r_1 = 1, \quad r_2 = 2,$$
于是所求微分方程的通解为
$$y = C_1 e^x + C_2 e^{2x}.$$

例 2 求方程 $y'' + 2y' + y = 0$ 满足初始条件 $y|_{x=0} = 0$，$y'|_{x=0} = 1$ 的特解.

解 先求通解，其特征方程为 $r^2 + 2r + 1 = 0$，$r_1 = r_2 = -1$ 是特征方程两个相等的实根，故所求微分方程的通解为
$$y = (C_1 + C_2 x)e^{-x}.$$

将初始条件 $y|_{x=0} = 0$ 代入上式，得 $C_1 = 0$，从而得
$$y = C_2 x \cdot e^{-x},$$
对上式求导，得
$$y' = e^{-x}(C_2 - C_2 x).$$

再把初始条件 $y'|_{x=0} = 1$ 代入上式，得 $C_2 = 1$，于是所求方程的特解为
$$y = xe^{-x}.$$

例 3 求方程 $y'' + 2y' + 10y = 0$ 的通解.

解 特征方程为 $r^2 + 2r + 10 = 0$，特征根为
$$r_{1,2} = -1 \pm 3i,$$
故所求方程的通解为
$$y = e^{-x}(C_1\cos 3x + C_2\sin 3x).$$

例 4（简谐振动） 设质量为 m 的质点受力的作用沿 x 轴运动，质点的平衡位置取作原

点，力的方向指向原点，力的大小与质点到原点的距离成正比，求质点的运动规律（已知初始时刻 $t=0$ 时，位置为 $x=x_0$，初始速度为 v_0）.

解 设 $x(t)$ 表示质点 t 时刻的位置，依牛顿第二定律，有

$$m\frac{d^2x}{dt^2}=-kx,$$

这里常数 $k>0$ 叫作恢复系数. 设 $\frac{k}{m}=w^2$，有

$$\frac{d^2x}{dt^2}+w^2x=0.$$

这是二阶常系数齐次线性方程，其特征方程为 $r^2+w^2=0$，特征根为 $r=\pm wi$，方程的通解为

$$x=C_1\cos wt+C_2\sin wt,$$

求导得

$$x'=-C_1w\sin wt+C_2w\cos wt.$$

依题意，将初始条件 $x|_{t=0}=x_0$，$x'|_{t=0}=v_0$ 代入 x、x' 的表达式，得

$$C_1=x_0,\ C_2=\frac{v_0}{w},$$

故所求特解为

$$x(t)=x_0\cos wt+\frac{v_0}{w}\sin wt.$$

为了便于说明特解所反映的振动现象，我们令

$$x_0=A\sin\varphi,\ \frac{v_0}{\omega}=A\cos\varphi\quad(0\leqslant\varphi\leqslant 2\pi),$$

则特解为

$$x(t)=A\sin(wt+\varphi),$$

其中

$$A=\sqrt{x_0^2+\frac{v_0^2}{\omega^2}},\ \tan\varphi=\frac{\omega x_0}{v_0}.$$

所得函数反映的运动是简谐振动. 这个振动的振幅为 A，初相为 φ，周期为 $T=\frac{2\pi}{w}$，角频率为 w.

二、二阶常系数非齐次线性微分方程

对于一阶非齐次线性方程，我们曾得到结论：非齐次方程的通解等于对应的齐次方程的通解与非齐次方程的一个特解之和. 这个结论，对于二阶常系数非齐次线性方程也是适用的.

定理 2 设 y^* 是二阶非齐次线性微分方程

$$y''+py'+qy=f(x) \tag{4}$$

的一个特解，而 Y 是与方程(4)所对应的齐次方程

$$y''+py'+qy=0 \tag{5}$$

的通解，则

$$y=Y+y^*$$

是二阶非齐次线性微分方程(4)的通解.

证 把 $y=Y+y^*$ 代入方程(4)的左端,得
$$(Y''+y^{*''})+p(Y'+y^{*'})+q(Y+y^*)$$
$$=(Y''+pY'+qY)+(y^{*''}+py^{*'}+qy^*).$$

由于 Y 是方程(5)的解,y^* 是方程(4)的解,可知第一个括号内的表达式等于 0,第二个等于 $f(x)$. 这样,$y=Y+y^*$ 使(4)的两端恒等,即 $y=Y+y^*$ 是方程(4)的解.

由于对应的齐次方程(5)的通解 $Y=C_1y_1+C_2y_2$ 中含有两个任意常数,所以 $y=Y+y^*$ 中也含有两个任意常数,从而它就是二阶常系数非齐次线性方程(4)的通解.

由定理 2 可知,求二阶常系数非齐次线性微分方程(4)的通解,归结为求对应的齐次方程(5)的通解和非齐次方程(4)本身的一个特解,由于二阶常系数齐次线性微分方程的通解的求法在前面已得到解决,所以这里只需要讨论求二阶常系数非齐次线性微分方程的一个特解 y^* 的方法.

本书只介绍当方程(4)中的 $f(x)$ 取两种常见形式时,用待定系数法求 y^* 的方法. $f(x)$ 的两种形式是

(ⅰ) $f(x)=P_m(x)e^{\lambda x}$,其中 λ 是常数,$P_m(x)$ 是 x 的一个 m 次多项式;

(ⅱ) $f(x)=e^{\lambda x}[P_l(x)\cos wx+P_n(x)\sin wx]$,其中 λ、w 是常数,$P_l(x)$、$P_n(x)$ 分别是 x 的 l 次、n 次多项式,其中有一个可为零.

下面分别介绍 $f(x)$ 为上述两种形式时 y^* 的求法.

1. $f(x)=P_m(x)e^{\lambda x}$ 型

我们知道,方程(4)的特解 y^* 是使(4)式成为恒等式的函数. 怎样的函数能使(4)式成为恒等式呢?因为(4)式右端 $f(x)$ 是多项式 $P_m(x)$ 与指数函数 $e^{\lambda x}$ 的乘积,而多项式与指数函数的导数仍然是同一类型,因此,我们推测 $y^*=Q(x)e^{\lambda x}$(其中 $Q(x)$ 是某个多项式)可能是方程(4)的特解. 把 y^*、$y^{*'}$ 及 $y^{*''}$ 代入方程(4). 然后考虑能否选取适当的多项式 $Q(x)$,使 $y^*=Q(x)e^{\lambda x}$ 满足方程(4). 为此,将
$$y^*=Q(x)e^{\lambda x},$$
$$y^{*'}=e^{\lambda x}[\lambda Q(x)+Q'(x)],$$
$$y^{*''}=e^{\lambda x}[\lambda^2 Q(x)+2\lambda Q'(x)+Q''(x)],$$
代入方程(4)并约去 $e^{\lambda x}$,得
$$Q''(x)+(2\lambda+p)Q'(x)+(\lambda^2+p\lambda+q)Q(x)=P_m(x). \tag{6}$$

(ⅰ) 如果 λ 不是特征方程 $r^2+pr+q=0$ 的根,即 $\lambda^2+p\lambda+q\neq 0$,由于 $P_m(x)$ 是一个 m 次多项式,要使(6)式的两端恒等,可令 $Q(x)$ 为另一个 m 次多项式 $Q_m(x)$:
$$Q_m(x)=b_0x^m+b_1x^{m-1}+\cdots+b_{m-1}x+b_m,$$
代入(6)式,比较等式两端 x 同次幂的系数,就得到含有 $b_0, b_1, \cdots, b_m$ 作为未知函数的 $m+1$ 个方程的联立方程组. 从而定出这些 $b_i(i=0,1,\cdots,m)$,并得到所求的特解 $y^*=Q_m(x)e^{\lambda x}$.

(ⅱ) 如果 λ 是特征方程的单根,即 $\lambda^2+p\lambda+q=0$,但 $2\lambda+p\neq 0$,要使(6)式的两端恒等,那么 $Q'(x)$ 必须是 m 次多项式. 此时可令
$$Q(x)=xQ_m(x),$$
并且可用同样的方法来确定 $Q_m(x)$ 的系数 $b_i(i=0,1,\cdots,m)$.

(ⅲ) 如果 λ 是特征方程的重根,即 $\lambda^2+p\lambda+q=0$,且 $2\lambda+p=0$,要使(6)式的两端恒等,则 $Q''(x)$ 必须是 m 次多项式. 此时可令

$$Q(x) = x^2 Q_m(x),$$

并用同样的方法来确定 $Q_m(x)$ 中的系数.

综上所述,我们有如下讨论:

如果 $f(x) = P_m(x)e^{\lambda x}$,则二阶常系数非齐次线性微分方程(1)具有形如

$$y^* = x^k Q_m(x)e^{\lambda x} \tag{7}$$

的特解,其中 $Q_m(x)$ 是与 $P_m(x)$ 同次(m 次)的多项式,而 k 按 λ 不是特征方程的根、是特征方程的单根或是特征方程的重根依次取为 0、1 或 2.

例 5 求微分方程 $y'' + y' + y = x + 2$ 的一个特解.

解 这是二阶常系数非齐次线性方程,且 $f(x)$ 是 $P_m(x)e^{\lambda x}$ 型(其中 $P_m(x) = x+2$,$\lambda = 0$).

所给方程对应的齐次方程为

$$y'' + y' + y = 0,$$

它的特征方程为 $r^2 + r + 1 = 0$.

由于这里 $\lambda = 0$ 不是特征方程的根,所以应设特解为

$$y^* = b_0 x + b_1,$$

把它代入所给的方程,得

$$b_0 + b_0 x + b_1 = x + 2,$$

比较两端 x 同次幂的系数得

$$\begin{cases} b_0 = 1, \\ b_0 + b_1 = 2, \end{cases}$$

因此求得 $b_0 = 1$,$b_1 = 1$,于是求得一个特解为

$$y^* = x + 1.$$

例 6 求微分方程 $y'' - 5y' + 6y = xe^{2x}$ 的通解.

解 所给方程也是二阶常系数非齐次线性微分方程,且 $f(x)$ 是 $P_m(x)e^{\lambda x}$ 型(其中 $P_m(x) = x$,$\lambda = 2$).

与所给方程对应的齐次方程为

$$y'' - 5y' + 6y = 0,$$

它的特征方程

$$r^2 - 5r + 6 = 0$$

有两个实根 $r_1 = 2$,$r_2 = 3$,于是与所给方程对应的齐次方程的通解为

$$Y = C_1 e^{2x} + C_2 e^{3x}.$$

由于 $\lambda = 2$ 是特征方程的单根,所以应设 y^* 为

$$y^* = x(b_0 x + b_1)e^{2x},$$

把它代入方程,得

$$-2b_0 x + 2b_0 - b_1 = x,$$

比较等式两端同次幂的系数,得

$$\begin{cases} -2b_0 = 1, \\ 2b_0 - b_1 = 0, \end{cases}$$

解得 $b_0 = -\dfrac{1}{2}$,$b_1 = -1$,因此求得一个特解为

$$y^* = x\left(-\frac{1}{2}x - 1\right)e^{2x}.$$

从而所求的通解为

$$y = C_1 e^{2x} + C_2 e^{3x} - \frac{1}{2}(x^2 + 2x)e^{2x}.$$

例7 求微分方程 $y'' - 4y' + 4y = e^{2x}$ 的一个特解.

解 所给方程是二阶常系数非齐次线性微分方程,且 $f(x)$ 是 $P_m(x)e^{\lambda x}$ 型(其中 $P_m(x) = 1$,$\lambda = 2$).

与所给方程对应的齐次方程为

$$y'' - 4y' + 4y = 0,$$

它的特征方程

$$r^2 - 4r + 4 = 0$$

有两个实根 $r_1 = r_2 = 2$.

由于 $\lambda = 2$ 是特征方程的重根,所以应设 y^* 为

$$y^* = b_0 x^2 e^{2x},$$

将其代入所给方程,得

$$2b_0 = 1,$$

求得 $b_0 = \frac{1}{2}$,故所求微分方程的一个特解为

$$y^* = \frac{1}{2}x^2 e^{2x}.$$

2. $f(x) = e^{\lambda x}[P_l(x)\cos\omega x + P_n(x)\sin\omega x]$ 型

可以证明,如果 $f(x) = e^{\lambda x}[P_l(x)\cos wx + P_n(x)\sin wx]$,则二阶常系数非齐次线性微分方程(4)具有形如

$$y^* = x^k e^{\lambda x}[Q_m(x)\cos wx + R_m(x)\sin wx] \tag{8}$$

的特解,其中 $Q_m(x)$、$R_m(x)$ 是 m 次多项式,$m = \max\{l, n\}$,而 k 按 $\lambda + iw$ 不是特征方程的根,或是特征方程的单根依次取 0 或 1.

例8 求微分方程 $y'' - y = (2x + 1)\sin x$ 的通解.

解 所给方程是二阶常系数非齐次线性方程,且 $f(x)$ 属于 $e^{\lambda x}[P_l(x)\cos wx + P_n(x)\sin wx]$ 型(其中 $\lambda = 0$,$w = 1$,$P_l(x) = 0$,$P_n(x) = 2x + 1$).

与所给方程对应的齐次方程为

$$y'' - y = 0,$$

它的特征方程

$$r^2 - 1 = 0$$

有两个不相等实根 $r_1 = -1$,$r_2 = 1$,故与所给方程对应的齐次方程的通解为

$$Y = C_1 e^x + C_2 e^{-x}.$$

由于 $0 + i$ 不是特征方程的根,故可设所给方程的一个特解为

$$y^* = (a_0 x + a_1)\cos x + (b_0 x + b_1)\sin x,$$

将 y^*、$y^{*''}$ 代入所给方程,得

$$(2b_0 - a_0 x - a_1)\cos x + (-2a_0 - b_0 x - b_1)\sin x -$$

$$(a_0 x + a_1)\cos x - (b_0 x + b_1)\sin x = (2x+1)\sin x,$$
即 $$(2b_0 - 2a_0 x - 2a_1)\cos x + (-2a_0 - 2b_0 x - 2b_1)\sin x = (2x+1)\sin x.$$
比较等式两端同类项的系数，得
$$\begin{cases} -2a_0 = 0, \\ 2b_0 - 2a_1 = 0, \\ -2b_0 = 2, \\ -2a_0 - 2b_1 = 1, \end{cases}$$

解得 $a_0 = 0$，$b_0 = -1$，$a_1 = -1$，$b_1 = -\dfrac{1}{2}$，故所给非齐次方程的一个特解为
$$y^* = \left(-x - \frac{1}{2}\right)\sin x - \cos x.$$

综上，得所求微分方程的通解为
$$y = Y + y^* = C_1 e^x + C_2 e^{-x} - \left(x + \frac{1}{2}\right)\sin x - \cos x.$$

习题 6-4

1. 解下列微分方程：
   (1) $y'' + y' - 2y = 0$；
   (2) $y'' - 16y = 0$；
   (3) $y'' - 3y' = 0$；
   (4) $y'' + y' + y = 0$；
   (5) $4y'' - 8y' + 5y = 0$；
   (6) $y'' + 6y' + 9y = 0$.

2. 求下列微分方程满足初始条件的特解：
   (1) $y'' - 4y' + 3y = 0$，$y|_{x=0} = 6$，$y'|_{x=0} = 10$；
   (2) $4y'' + 4y' + y = 0$，$y|_{x=0} = 6$，$y'|_{x=0} = 10$；
   (3) $y'' + 4y' + 29y = 0$，$y|_{x=0} = 0$，$y'|_{x=0} = 15$.

3. 求解下列微分方程：
   (1) $2y'' + 5y' = 5x^2 - 2x + 1$；
   (2) $y'' + 3y' + 2y = 3xe^{-x}$；
   (3) $y'' - 2y' + 5y = e^x \sin 2x$；
   (4) $y'' + 4y = x\cos x$.

4. 设 $f(x) = e^x - \int_0^x (x-t)f(t)\mathrm{d}t$，其中 $f(x)$ 为连续函数，求函数 $f(x)$.

*第五节　差分方程

微分方程是自变量连续取值的问题，但在许多实际问题中，有些自变量不是连续取值的，如银行中的定期存款是按所设定的时间等间隔计息、外贸出口额按月统计、国民收入按年统计等，数学上把这种变量统称为离散型变量，通常用差商来描述这种因变量对自变量的变化速度．

设函数 $y_x = y(x)$，称改变量 $y_{x+1} - y_x$ 为函数 y_x 的差分，也称为函数 y_x 的**一阶差分**，记为 Δy_x，即 $\Delta y_x = y_{x+1} - y_x$ 或 $\Delta y(x) = y(x+1) - y(x)$．

一阶差分的差分称为**二阶差分** $\Delta^2 y_x$，即
$$\Delta^2 y_x = \Delta(\Delta y_x) = \Delta y_{x+1} - \Delta y_x = (y_{x+2} - y_{x+1}) - (y_{x+1} - y_x) = y_{x+2} - 2y_{x+1} + y_x.$$

类似可定义三阶差分，四阶差分，…，即

$$\Delta^3 y_x = \Delta(\Delta^2 y_x), \quad \Delta^4 y_x = \Delta(\Delta^3 y_x), \quad \cdots.$$

例1 设 $y_x = x^2 + 2x - 3$，求 Δy_x，$\Delta^2 y_x$.

解 $\Delta y_x = y_{x+1} - y_x = [(x+1)^2 + 2(x+1) - 3] - (x^2 + 2x - 3) = 2x + 3.$

$\Delta^2 y_x = \Delta(\Delta y_x) = y_{x+2} - 2y_{x+1} + y_x$
$= [(x+2)^2 + 2(x+2) - 3] - 2[(x+1)^2 + 2(x+1) - 3] + x^2 + 2x - 3 = 2.$

含有未知函数 y_x 的差分的方程称为**差分方程**.

差分方程的一般形式：

$$F(x, y_x, \Delta y_x, \Delta^2 y_x, \cdots, \Delta^n y_x) = 0 \text{ 或 } G(x, y_x, y_{x+1}, y_{x+2}, \cdots, y_{x+n}) = 0.$$

差分方程中所含未知函数差分的最高阶数称为该**差分方程的阶**.

满足差分方程的函数称为该**差分方程的解**.

如果差分方程的解中含有相互独立的任意常数的个数恰好等于方程的阶数，则称这个解为该差分方程的**通解**.

我们往往要根据系统在初始时刻所处的状态对差分方程附加一定的条件，这种附加条件称为**初始条件**，满足初始条件的解称为**特解**.

若差分方程中所含未知函数及未知函数的各阶差分均为一次的，则称该差分方程为**线性差分方程**.

线性差分方程的一般形式是

$$y_{x+n} + a_1(x) y_{x+n-1} + \cdots + a_{n-1}(x) y_{x+1} + a_n(x) y_x = f(x),$$

其特点是 y_{x+n}，y_{x+n-1}，$\cdots$，y_x 都是一次的.

一、一阶常系数线性差分方程

一阶常系数线性差分方程的一般形式为

$$y_{x+1} - p y_x = f(x), \tag{1}$$

其中，p 为非零常数，$f(x)$ 为已知函数. 如果 $f(x) \equiv 0$，则方程变为

$$y_{x+1} - p y_x = 0, \tag{2}$$

称为**一阶常系数齐次线性差分方程**，相应地，方程(1)称为**一阶常系数非齐次线性差分方程**.

下面给出一阶常系数线性差分方程的迭代解法.

首先，求齐次线性差分方程(2)的通解.

把方程(2)写作 $y_{x+1} = p y_x$，假设在初始时刻，即 $x = 0$ 时，函数 y_x 取任意常数 C. 分别以 $x = 0, 1, 2, \cdots$ 代入上式，得

$$y_1 = p y_0 = C p, \quad y_2 = p y_1 = C p^2, \quad \cdots,$$
$$y_x = p^x y_0 = C p^x, \quad x = 0, 1, 2, \cdots.$$

最后一式就是齐次差分方程(2)的通解.

特别地，当 $p = 1$ 时，齐次差分方程(2)的通解为

$$y_x = C, \quad x = 0, 1, 2, \cdots.$$

其次，求非齐次线性差分方程(1)的通解.

设 $f(x) = b$ 为常数.

此时，非齐次差分方程(1)可写作：
$$y_{x+1}=py_x+b,$$
分别以 $x=0,1,2,\cdots$ 代入上式，得

$$\begin{aligned}
y_1 &= py_0+b, \\
y_2 &= py_1+b = p^2 y_0 + b(1+p), \\
y_3 &= py_2+b = p^3 y_0 + b(1+p+p^2), \\
&\cdots\cdots \\
y_x &= p^x y_0 + b(1+p+p^2+\cdots+p^{x-1}).
\end{aligned} \tag{3}$$

若 $p\neq 1$，则由(3)式用等比级数求和公式，得

$$y_x = p^x y_0 + b\frac{1-p^x}{1-p}, \quad x=0,1,2,\cdots,$$

或

$$y_x = p^x\left(y_0-\frac{b}{1-p}\right)+\frac{b}{1-p}=Cp^x+\frac{b}{1-p}, \quad x=0,1,2,\cdots,$$

其中 $C=y_0-\dfrac{b}{1-p}$ 为任意常数．

若 $p=1$，则由(3)式，得

$$y_x = y_0+bx = C+bx, \quad x=0,1,2,\cdots,$$

其中 $C=y_0$ 为任意常数．

综上讨论，差分方程 $y_{x+1}-py_x=b$ 的通解为

$$y_x = \begin{cases} Cp^x+\dfrac{b}{1-p}, & p\neq 1, \\ C+bx, & p=1. \end{cases} \tag{4}$$

上述通解的表达式是两项之和，其中第一项是齐次差分方程(2)的通解，第二项是非齐次差分方程(1)的一个特解．

例 2 求解差分方程 $y_{x+1}-\dfrac{2}{3}y_x=\dfrac{1}{5}$．

解 由于 $p=\dfrac{2}{3}$，$b=\dfrac{1}{5}$，$\dfrac{b}{1-p}=\dfrac{3}{5}$，由通解公式(4)，差分方程的通解为

$$y_x = C\left(\frac{2}{3}\right)^x+\frac{3}{5}\quad (C \text{ 为任意常数}).$$

若 $f(x)$ 为一般情形．

此时，非齐次差分方程可写作：$y_{x+1}=py_x+f(x)$，分别以 $x=0,1,2,\cdots$ 代入上式，得

$$\begin{aligned}
y_1 &= py_0+f(0), \\
y_2 &= py_1+f(1) = p^2 y_0+pf(0)+f(1), \\
y_3 &= py_2+f(2) = p^3 y_0+p^2 f(0)+pf(1)+f(2), \\
&\cdots\cdots \\
y_x &= p^x y_0+p^{x-1}f(0)+p^{x-2}f(1)+\cdots+pf(x-2)+f(x-1) \\
&= Cp^x+\sum_{k=0}^{x-1} p^k f(x-k-1),
\end{aligned} \tag{5}$$

其中 $C=y_0$ 是任意常数.(5)式就是非齐次差分方程(1)的通解.其中第一项是齐次差分方程(2)的通解,第二项是非齐次线性差分方程(1)的一个特解.由此可知,**一阶非齐次线性差分方程的通解等于对应的齐次方程的通解与非齐次方程的一个特解之和**.

例 3 求差分方程 $y_{x+1}+y_x=2^x$ 的通解.

解 由于 $p=-1$,$f(x)=2^x$,由式(5)得非齐次线性差分方程的特解

$$y_x^* = \sum_{k=0}^{x-1}(-1)^k 2^{x-k-1} = 2^{x-1}\sum_{k=0}^{x-1}\left(-\frac{1}{2}\right)^k = 2^{x-1}\frac{1-\left(-\frac{1}{2}\right)^x}{1+\frac{1}{2}} = \frac{1}{3}2^x - \frac{1}{3}(-1)^x,$$

于是,所求通解为

$$y_x = C_1(-1)^x + \frac{1}{3}2^x - \frac{1}{3}(-1)^x = C(-1)^x + \frac{1}{3}2^x,$$

其中 $C=C_1-\frac{1}{3}$ 为任意常数.

此外,对于右端为 $f(x)=a_0+a_1x+\cdots+a_mx^m$ 的特殊方程,有形如

$$y_x^* = B_0+B_1x+\cdots+B_mx^m \quad (p \neq 1) \tag{6}$$

或

$$y_x^* = (B_0+B_1x+\cdots+B_mx^m)x \quad (p=1) \tag{7}$$

的特解,其中,B_0,B_1,$\cdots$,B_m 为待定系数,可通过代入原方程求出.

例 4 求差分方程 $y_{x+1}-2y_x=3x^2$ 的通解.

解 这里 $p=2$,方程有形如(6)式的特解,不妨设 $y_x^*=B_0+B_1x+B_2x^2$,代入差分方程,得

$$B_0+B_1(x+1)+B_2(x+1)^2-2(B_0+B_1x+B_2x^2)=3x^2,$$

整理得

$$(-B_0+B_1+B_2)+(-B_1+2B_2)x-B_2x^2=3x^2.$$

比较该方程的两端关于 x 的同次幂的系数得

$$\begin{cases} -B_0+B_1+B_2=0, \\ -B_1+2B_2=0, \\ -B_2=3, \end{cases}$$

可解得 $B_0=-9$,$B_1=-6$,$B_2=-3$,故所求特解为

$$y_x^* = -9-6x-3x^2,$$

于是,所求通解为

$$y_x = y_C+y_x^* = C \cdot 2^x-9-6x-3x^2 \quad (C \text{ 为任意常数}).$$

例 5 求差分方程 $y_{x+1}-y_x=x+1$ 的通解.

解 这里 $p=1$,方程有形如(7)式的特解,不妨设 $y_x^*=x(B_0+B_1x)$,代入差分方程,得

$$(x+1)[B_0+B_1(x+1)]-x(B_0+B_1x)=x+1,$$

整理得

$$2B_1x+B_0+B_1=x+1.$$

比较该方程的两端关于 x 的同次幂的系数得

$$\begin{cases} 2B_1=1, \\ B_0+B_1=1, \end{cases}$$

可解得 $B_0=B_1=\frac{1}{2}$，故所求特解为

$$y_x^*=\frac{1}{2}x(x+1),$$

于是，所求通解为

$$y_x=y_C+y_x^*=C+\frac{1}{2}x(x+1)\ (C\text{ 为任意常数}).$$

对于右端为 $f(x)=ab^x$ 的方程，有形如

$$y_x^*=kb^x(b\neq p) \tag{8}$$

或

$$y_x^*=kxb^x(b=p) \tag{9}$$

的特解，其中，k 为待定系数，可通过代入原方程求出．

例6 求差分方程 $y_{x+1}-\frac{1}{2}y_x=\left(\frac{5}{2}\right)^x$ 的通解．

解 这里 $p=\frac{1}{2}$，$b=\frac{5}{2}$，方程有形如(8)式的特解，不妨设 $y_x^*=k\left(\frac{5}{2}\right)^x$，代入差分方程，得

$$k\left(\frac{5}{2}\right)^{x+1}-\frac{1}{2}k\left(\frac{5}{2}\right)^x=\left(\frac{5}{2}\right)^x,$$

整理得

$$\frac{5}{2}k-\frac{1}{2}k=1,$$

解得 $k=\frac{1}{2}$，故所求特解为

$$y_x^*=\frac{1}{2}\left(\frac{5}{2}\right)^x,$$

于是，所求通解为

$$y_x=y_C+y_x^*=C\left(\frac{1}{2}\right)^x+\frac{1}{2}\left(\frac{5}{2}\right)^x(C\text{ 为任意常数}).$$

例7 某家庭从现在着手，从每月工资中拿出一部分资金存入银行，用于投资子女的教育．并计划 20 年后开始从投资账户中每月支取 1000 元，直到 10 年后子女大学毕业用完全部资金．要实现这个投资目标，20 年内共要筹措多少资金？每月要向银行存入多少钱？假设投资的月利率为 0.5%．

解 设第 x 个月投资账户资金为 y_x 元，每月存入资金为 a 元，于是，20 年后关于 y_x 的差分方程模型为 $y_{x+1}=1.005y_x-1000$，并且 $y_{120}=0$，$y_0=k$．

解上述一阶线性差分方程得通解

$$y_x=1.005^xC-\frac{1000}{1-1.005}=1.005^xC+200000,$$

以及

$$y_{120}=1.005^{120}C+200000=0,$$
$$y_0=C+200000=k,$$

从而有

$$k=200000-\frac{200000}{1.005^{120}}=90073.45.$$

从现在到 20 年内，y_x 满足的差分方程为 $y_{x+1}=1.005y_x+a$，且 $y_0=0$，$y_{240}=90073.45$.

解上述一阶线性差分方程得通解

$$y_n=1.005^x C+\frac{a}{1-1.005}=1.005^x C-200a,$$

以及

$$y_{240}=1.005^{240}C-200a=90073.45,$$

$$y_0=C-200a=0,$$

从而有

$$a=194.95.$$

即要达到投资目标，20 年内要筹措资金 90073.45 元，平均每月要存入银行 194.95 元．

二、二阶常系数线性差分方程

二阶常系数线性差分方程的一般形式为

$$y_{x+2}-py_{x+1}-qy_x=f(x), \tag{10}$$

其中，p、q 为常数，且 $q\neq 0$，$f(x)$ 为已知函数．如果 $f(x)\equiv 0$，则方程变为

$$y_{x+2}-py_{x+1}-qy_x=0, \tag{11}$$

称为**二阶常系数齐次线性差分方程**，相应地，方程(10)称为**二阶常系数非齐次线性差分方程**．

下面给出二阶常系数线性差分方程的特征根解法．

首先，求齐次线性差分方程(11)的通解．

设 $\bar{y}_x=r^x(r\neq 0)$ 为(11)的一个解，代入(11)并化简，得特征方程为

$$r^2-pr-q=0, \tag{12}$$

$$r=\frac{p\pm\sqrt{p^2+4q}}{2}.$$

若 $\Delta=p^2+4q>0$，则(11)有两个不相等实特征根 r_1，r_2，(11)的通解为

$$y_x=C_1 r_1^x+C_2 r_2^x (C_1, C_2 \text{为任意常数}).$$

若 $\Delta=p^2+4q=0$，则(11)式有两个相等实特征根 $r_1=r_2=\frac{p}{2}$，(11)式的通解为

$$y_x=(C_1+C_2 x)\left(\frac{p}{2}\right)^x (C_1, C_2 \text{为任意常数}).$$

若 $\Delta=p^2+4q<0$，则(11)有两个共轭复特征根 $r_{1,2}=\frac{p}{2}\pm\frac{\sqrt{-p^2-4q}}{2}\text{i}$，其三角表示为

$$r_1=r(\cos\theta+\text{i}\sin\theta),$$

$$r_2=r(\cos\theta-\text{i}\sin\theta),$$

其中

$$r=\sqrt{\frac{p^2}{4}+\frac{-p^2-4q}{4}}=\sqrt{-q}.$$

当 $p\neq 0$ 时，$\tan\theta=\frac{\sqrt{-p^2-4q}}{p}$，$\theta\in(0, \pi)$．

当 $p=0$ 时，$\theta=\frac{\pi}{2}$．

容易证明，(11)式的通解为

$$y_x=r^x(C_1\cos\theta x+C_2\sin\theta x)(C_1, C_2 \text{为任意常数}).$$

下面给出方程(10)的解法，关键是求出方程(10)的一个特解．

设 $f(x)=a^x P_m(x)(a\neq 0)$,其中 $P_m(x)$ 为已知的 m 次多项式,可证明(10)的特解形式为

$$y_x^* = \begin{cases} a^x Q_m(x), & a \text{ 不是特征根}, \\ xa^x Q_m(x), & a \text{ 是特征方程的单根}, \\ x^2 a^x Q_m(x), & a \text{ 是特征方程的重根}. \end{cases}$$

例 8 求差分方程 $y_{x+2}+y_{x+1}-2y_x=12x$ 的通解.

解 由特征方程 $r^2+r-2=0$,解得特征根 $r_1=-2$,$r_2=1$,所以相应的齐次方程的通解为 $y_x=C_1+C_2(-2)^x$.

又 $f(x)=12x$,$a=1$ 是特征方程的单根,故二阶常系数非齐次线性差分方程有形式为 $y_x^*=x(B_0+B_1x)$ 的特解,代入原方程得

$$[B_0+B_1(x+2)](x+2)+[B_0+B_1(x+1)](x+1)-2(B_0+B_1x)x=12x,$$

整理得

$$6B_1x+3B_0+5B_1=12x,$$

比较系数得

$$\begin{cases} 6B_1=12, \\ 3B_0+5B_1=0, \end{cases}$$

解得 $B_0=-\dfrac{10}{3}$,$B_1=2$,则原差分方程的通解为

$$y_x=C_1+C_2(-2)^x-\dfrac{10}{3}x+2x^2.$$

习题 6-5

*1. 求差分方程 $y_{x+1}-y_x=3+2x$ 的通解.

*2. 求差分方程 $y_{x+2}-4y_{x+1}+4y_x=3\cdot 2^x$ 的通解.

自 测 题 六

一、填空题

1. 曲线在点 (x,y) 处的切线的斜率等于该点横坐标的平方,则该曲线所满足的微分方程为_____;

2. 微分方程 $y''+2y'+y=3xe^{-x}$ 的特解形式为_____;

3. 微分方程 $y''+2y=0$ 的通解为_____;

4. 设函数 $f(x)$ 是方程 $y''-2y'+4y=0$ 的一个特解.如果 $f(x_0)>0$ 且 $f'(x_0)=0$,则 $f(x)$ 在点 x_0 取得极_____值;

5. 方程 $y'=e^{2x-y}$ 满足初始条件 $y|_{x=0}=0$ 的特解为_____.

二、选择题

1. 若 y_1,y_2 是方程 $y'+P(x)y=Q(x)(Q(x)\neq 0)$ 的两个解,要使 $\alpha y_1+\beta y_2$ 也是解,则 α 与 β 应满足关系式(   ).

(A) $\alpha+\beta=\dfrac{1}{2}$; (B) $\alpha+\beta=1$; (C) $\alpha\beta=0$; (D) $\alpha=\beta=\dfrac{1}{2}$.

2. 设 λ 是实常数, 方程 $y''+2\lambda y'+\lambda^2 y=0$ 的通解为( ).

   (A) $(C_1+C_2 x)\mathrm{e}^{-\lambda x}$; (B) $C_1+C_2\mathrm{e}^{-\lambda x}$;

   (C) $C_1\cos\lambda x+C_2\sin\lambda x$; (D) $\mathrm{e}^{-\lambda x}(C_1\cos\lambda x+C_2\sin\lambda x)$.

3. 若 $y_1(x), y_2(x), y_3(x)$ 是微分方程 $y''+P(x)y'+Q(x)y=f(x)$ 的三个线性无关的特解, 且 $P(x)、Q(x)、f(x)$ 为连续函数, 则该方程的通解为( ).

   (A) $C_1[y_1(x)-y_2(x)]+C_2 y_3(x)$;

   (B) $C[y_1(x)-y_2(x)]+y_3(x)$;

   (C) $y_1(x)+C_1[y_1(x)-y_2(x)]+C_2[y_2(x)-y_3(x)]$;

   (D) $C_1 y_1(x)+C_2 y_2(x)+y_3(x)$.

4. 设函数 $f(x)$ 连续, 满足 $f(x)=\int_0^{2x}f\left(\dfrac{t}{2}\right)\mathrm{d}t+\ln 2$, 则 $f(x)=$( ).

   (A) $\mathrm{e}^{2x}\ln 2$; (B) e^{2x}; (C) $\dfrac{1}{2}\mathrm{e}^{2x}\ln 2$; (D) $\mathrm{e}^x\ln 2$.

5. 设函数 $y=f(x)$ 是微分方程 $y''+y'+\mathrm{e}^{\sin x}$ 的解, 并且 $f'(x_0)=0$, 则 $f(x)$ 在( ).

   (A) x_0 的某邻域内单调增加; (B) x_0 的某邻域内单调减少;

   (C) x_0 处取得极大值; (D) x_0 处取得极小值.

三、计算下列各题

1. 求微分方程 $y^2\mathrm{d}x+(x-2xy-y^2)\mathrm{d}y=0$ 满足初始条件 $y|_{x=2}=1$ 的特解;

2. 求微分方程 $y''=\dfrac{2y-1}{y^2+1}(y')^2$ 的通解;

3. 求微分方程 $x^3 y''-(y')^2=0$ 满足初始条件 $y|_{x=1}=2, y'|_{x=1}=1$ 的特解;

4. 求 $y''-7y'+6y=x$ 的通解.

四、设二阶常系数微分方程 $y''+\alpha y'+\beta y=\gamma\mathrm{e}^x$ 的一个特解为 $y=\mathrm{e}^{2x}+(1+x)\mathrm{e}^x$, 试确定常数 $\alpha、\beta、\gamma$, 并求该方程的解.

五、设 $f(x)=\sin x-\int_0^x(x-t)f(t)\mathrm{d}t$, 其中 $f(x)$ 为连续函数, 求 $f(x)$.

六、一条连接 $A(1,1)$, $B(0,1)$ 两点的曲线 L 位于弦 AB 的上方, $M(x,y)$ 为曲线 L 上任意一点, 已知曲线 L 与弦 AM 之间的面积为 x^3, 求曲线 L 的方程.

七、设 $f(x)$ 为可导函数, 且对任何 x, y 有 $f(x+y)=\mathrm{e}^y f(x)+\mathrm{e}^x f(y)$, $f'(0)=\mathrm{e}$, 求函数 $f(x)$.

*八、某年轻夫妇为买房需要银行贷款 6 万元, 月利率为 1‰, 贷款期 25 年(300 个月), 这对夫妇每月要还多少钱, 25 年就可还清贷款?

第七章 空间解析几何

解析几何的突出特点是用代数方法研究几何问题. 空间解析几何是通过建立空间直角坐标系,把空间的点与有序实数组对应起来,从而把空间图形与代数方程联系起来,通过方程研究空间曲线、曲面等形体的图形与性质. 因此,它是学习多元函数微积分的基础.

本章首先建立空间直角坐标系,并引进有着广泛应用的向量,再以向量为工具,通过方程研究空间曲面和空间曲线的部分内容,为后面继续学习多元函数微积分做好准备.

第一节 向量及其线性运算

一、空间直角坐标系

在一定条件下,三个有序的实数可以确定一个点在空间的位置,为了研究空间点与有序数组的对应关系,进而讨论空间图形与代数方程的联系,必须首先建立空间直角坐标系.

过空间一个定点 O,作三条互相垂直的数轴,它们都以 O 为原点且一般具有相同的长度单位. 这三条轴分别叫作 x 轴(横轴)、y 轴(纵轴)、z 轴(竖轴),统称为坐标轴. 它们的正向要符合右手法则. 这样的三条坐标轴就组成了一个空间直角坐标系. 点 O 叫作坐标原点(或原点).

一般情况下,把 x 轴和 y 轴配置在水平面上,而 z 轴与 x 轴、y 轴都垂直,则是铅垂线. x 轴、y 轴和 z 轴两两决定一个平面,分别叫作 xOy 面、yOz 面、zOx 面,统称为坐标面. 三个坐标面把空间分成八个部分,每一部分叫作**卦限**. 含有 x 轴、y 轴与 z 轴正半轴的那个卦限叫作第一卦限,其他第二、三、四卦限在 xOy 面上方,按逆时针方向确定. 在 xOy 面下方与第一至第四卦限相对应的有第五至第八卦限. 这八个卦限分别用字母 Ⅰ、Ⅱ、Ⅲ、Ⅳ、Ⅴ、Ⅵ、Ⅶ、Ⅷ 表示(图 7-1).

设 M 是空间的一个点,过点 M 作三个平面分别垂直于 x 轴、y 轴、z 轴,它们与 x 轴、y 轴、z 轴的交点分别为 P、Q、R(图 7-2),点 P、Q、R 在三个轴上的坐标分别为 x、y、z. 这

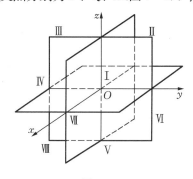

图 7-1

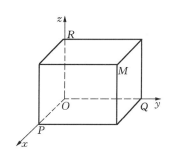

图 7-2

样，空间一点 M 就唯一地确定了一个有序数组 (x, y, z)，数组 (x, y, z) 叫作点 M 的空间直角坐标，记为 $M(x, y, z)$，并依次称 x、y 和 z 为点 M 的横坐标、纵坐标和竖坐标.

反之，任意给定一有序数组 (x, y, z)，我们分别在 x 轴、y 轴和 z 轴上取 $OP=x$，$OQ=y$，$OR=z$，过点 P、Q、R 分别作垂直于 x 轴、y 轴和 z 轴的平面，这三个平面的交点 M 就是有序数组 (x, y, z) 所确定的唯一的点. 这样，空间的点 M 与有序数组 (x, y, z) 之间建立了一一对应的关系.

不难看出，点 M 所在的卦限与它坐标的符号之间存在下列关系（表 7-1）：

表 7-1

符号 卦限 坐标	I	II	III	IV	V	VI	VII	VIII
横坐标 x	+	−	−	+	+	−	−	+
纵坐标 y	+	+	−	−	+	+	−	−
竖坐标 z	+	+	+	+	−	−	−	−

坐标面和坐标轴上的点，其坐标各有一定的特征. 例如，在坐标面 xOy、yOz、zOx 上的点的坐标分别是 $(x, y, 0)$、$(0, y, z)$、$(x, 0, z)$. 在 x 轴、y 轴、z 轴上的点的坐标分别是 $(x, 0, 0)$、$(0, y, 0)$、$(0, 0, z)$. 坐标原点的坐标是 $(0, 0, 0)$.

二、空间两点间的距离

设 $M_1(x_1, y_1, z_1)$ 与 $M_2(x_2, y_2, z_2)$ 是空间的两点，求两点间的距离 $d=|M_1M_2|$.

过 M_1、M_2 两点各作三个分别垂直于三条坐标轴的平面. 这六个平面构成了一个以 M_1M_2 为对角线的长方体（图 7-3）.

由于 $\triangle M_1NM_2$ 是直角三角形，$\angle M_1NM_2$ 是直角，所以

$$d^2=|M_1M_2|^2=|M_1N|^2+|NM_2|^2.$$

又因为 $\triangle M_1PN$ 也是直角三角形，所以

$$|M_1N|^2=|M_1P|^2+|PN|^2,$$

因此 $d^2=|M_1P|^2+|PN|^2+|NM_2|^2.$

由于 $|M_1P|=|P_1P_2|=|x_2-x_1|$，

$|PN|=|Q_1Q_2|=|y_2-y_1|$，

$|NM_2|=|R_1R_2|=|z_2-z_1|$，

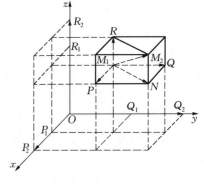

图 7-3

所以 $d=|M_1M_2|=\sqrt{(x_2-x_1)^2+(y_2-y_1)^2+(z_2-z_1)^2}.$

这就是空间两点间的距离公式.

特殊地，当其中一点为坐标原点时，点 $M(x, y, z)$ 与坐标原点 $O(0, 0, 0)$ 的距离为

$$d=|OM|=\sqrt{x^2+y^2+z^2}.$$

例 1 证明以 $M_1(4, 3, 1)$、$M_2(7, 1, 2)$、$M_3(5, 2, 3)$ 三点为顶点的三角形是等腰

三角形.

证 因为
$$|M_1M_2|^2 = (7-4)^2 + (1-3)^2 + (2-1)^2 = 14,$$
$$|M_2M_3|^2 = (5-7)^2 + (2-1)^2 + (3-2)^2 = 6,$$
$$|M_3M_1|^2 = (4-5)^2 + (3-2)^2 + (1-3)^2 = 6,$$
所以 $|M_2M_3| = |M_3M_1|$，即 $\triangle M_1M_2M_3$ 是等腰三角形.

例 2 在 yOz 平面上，求与已知三点 $A(3, 1, 2)$，$B(4, -2, -2)$，$C(0, 5, 1)$ 等距离的点.

解 因为所求的点在 yOz 平面上，所以可设该点为 $M(0, y, z)$，依题意有
$$|MA| = |MB| = |MC|,$$
即
$$\sqrt{(3-0)^2 + (1-y)^2 + (2-z)^2} = \sqrt{(4-0)^2 + (-2-y)^2 + (-2-z)^2}$$
$$= \sqrt{(0-0)^2 + (5-y)^2 + (1-z)^2},$$
解得 $y=1$，$z=-2$，所以，所求的点为 $M(0, 1, -2)$.

三、向量及其线性运算

1. 向量的概念

在我们所研究的量中，把既有大小又有方向的量叫作向量．如力、力矩、位移、速度、加速度等，都是向量．

在数学上，常用一条有方向的线段，即有向线段来表示一个向量．以 M_1 为始点，M_2 为终点的向量记为 $\overrightarrow{M_1M_2}$．有时也用一个粗体字母表示向量，如向量 $\boldsymbol{a}$、$\boldsymbol{b}$、$\boldsymbol{i}$ 等．

向量的大小叫作向量的**模**．向量 $\overrightarrow{M_1M_2}$ 或 $\boldsymbol{a}$ 的模用 $|\overrightarrow{M_1M_2}|$ 或 $|\boldsymbol{a}|$ 表示．

模等于 1 的向量叫作**单位向量**．与向量 $\boldsymbol{a}$ 具有同一方向的单位向量记作 $\boldsymbol{a}^0$．模等于零的向量叫作**零向量**，记为 **0**．零向量的始点与终点重合，所以它表示一个点．零向量的方向是任意的．

如果两个向量 $\boldsymbol{a}$、$\boldsymbol{b}$ 的模相等，且方向相同，则称向量 $\boldsymbol{a}$ 和 $\boldsymbol{b}$ 是相等的，记作 $\boldsymbol{a}=\boldsymbol{b}$（图 7-4）. 在这种规定下，一个向量经过平行移动（保持大小、方向不变，而起点可以任意选取）得到的向量，认为是同一个向量．可以自由平行移动的向量叫作**自由向量**．显然，一个自由向量可以使它的起点附着于任意点，在以后如果没有特别说明，我们所说的向量都是自由向量．

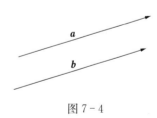

图 7-4

两个模相等、方向相反的向量叫作**相反向量**或**负向量**．向量 $\boldsymbol{a}$ 的负向量用 $-\boldsymbol{a}$ 表示.

2. 向量的加减法

向量的加法类似于物理学中力的合成法则．因此，类似地可以定义两个向量的加法．

设 $\boldsymbol{a} = \overrightarrow{OA}$，$\boldsymbol{b} = \overrightarrow{OB}$，以 $\overrightarrow{OA}$、$\overrightarrow{OB}$ 为边作一平行四边形 $OACB$，取对角线 $\overrightarrow{OC}$，它也表示一向量，记作 $\boldsymbol{c} = \overrightarrow{OC}$（图 7-5），我们称向量 $\boldsymbol{c}$ 为向量 $\boldsymbol{a}$ 与向量 $\boldsymbol{b}$ 的和，记作
$$\boldsymbol{c} = \boldsymbol{a} + \boldsymbol{b}.$$

这种用平行四边形的对角线向量来规定两个向量和的方法叫作向量加法的**平行四边形法则**.

求两个向量 a 与 b 的和,还可以用**三角形法则**求得.将向量 b 附着于向量 a 的终点,则以向量 a 的始点为始点,以向量 b 的终点为终点的向量 c(图 7-6)就是向量 a 与 b 的和.

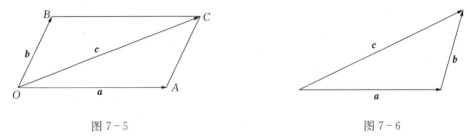

图 7-5　　　　　　　　　　　　图 7-6

很明显,如果向量 a 与向量 b 同向,它们的和向量方向不变,和向量的模等于两向量模的和;如果 a 与 b 的方向相反,和向量的方向与较长的向量的方向相同,而模等于两向量模的差.

任意一个向量与零向量的和等于它本身.

向量的加法具有下列运算规律:

(1) 交换律:$a+b=b+a$.

(2) 结合律:$(a+b)+c=a+(b+c)$.

由向量加法的三角形法则及交换律与结合律可得任意多个向量相加的法则如下:以前一个向量的终点作下一个向量的始点,相继作向量 a_1,a_2,…,a_n,再以第一向量的始点为始点,最后一向量的终点为终点作一向量,这向量即为所求的和.

设已知两个非零向量 a 与 b.如果有一向量 c 与 b 的和等于向量 a,即 $c+b=a$,则我们称 c 为 a 与 b 的**差**,记作 $c=a-b$.

我们不难用平行四边形法则求两向量 a 与 b 的差:以两向量 a、b 为邻边作一平行四边形 $OACB$,把对角线向量 $\overrightarrow{AB}$ 记作 c,则向量 c 就是 a 与 b 的差(图 7-7).

两向量 a 与 b 的差可用三角形法则求:将向量 a 与 b 移到共同起点,则以减向量 b 的终点为起点,被减向量 a 的终点为终点的向量 c,就是向量 a 与 b 的差(图 7-8).

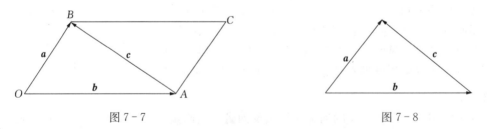

图 7-7　　　　　　　　　　　　图 7-8

在引进负向量的概念之后,可将向量的减法转化为向量的加法,即
$$a-b=a+(-b).$$
特殊地,
$$a-a=a+(-a)=0.$$

3. 数与向量的乘法

设 λ 是一个数,向量 a 与 λ 的乘积规定如下:

当 $\lambda>0$ 时,λa 表示一个向量,它的方向与 a 的方向相同,它的模等于 $|a|$ 的 λ 倍,即

$|\lambda a|=\lambda|a|$；

当 $\lambda<0$ 时，λa 表示一个向量，它的方向与 a 的方向相反，它的模等于 $|a|$ 的 $|\lambda|$ 倍，即 $|\lambda a|=|\lambda||a|$；

当 $\lambda=0$ 时，λa 表示零向量，即 $\lambda a=\mathbf{0}$.

数与向量的乘积具有下列运算规律：

(1) 结合律：$\lambda(\mu a)=\mu(\lambda a)=(\lambda\mu)a$；

(2) 分配律：$\lambda(a+b)=\lambda a+\lambda b$.

根据数与向量乘积的规定，如果 $a=\lambda b$，则向量 a 与 b **平行**；反之，如果向量 a 与 b 平行，则总有一实数 λ 存在，使得 $a=\lambda b$.

相互平行的向量叫作**共线向量**. 两个向量 a 与 b 共线的充分必要条件是：$a=\lambda b$，其中 λ 是一实数.

如果用 e 表示单位向量，则任意向量 a 可表示为 $a=\pm|a|e$.

一般地，用 a^0 表示与非零向量 a 同方向的单位向量. 这时有

$$a=|a|a^0,$$

由此得到

$$a^0=\frac{a}{|a|}.$$

例 3 证明三角形两边中点连线平行第三边且等于第三边的一半.

证 如图 7-9 所示，设 $\triangle ABC$ 的两边 AB 与 AC 的中点分别为 M、N，则

$$\overrightarrow{MN}=\overrightarrow{AN}-\overrightarrow{AM}=\frac{1}{2}\overrightarrow{AC}-\frac{1}{2}\overrightarrow{AB}$$
$$=\frac{1}{2}(\overrightarrow{AC}-\overrightarrow{AB})=\frac{1}{2}\overrightarrow{BC},$$

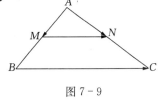

图 7-9

所以，向量 $\overrightarrow{MN}$ 平行向量 $\overrightarrow{BC}$，且

$$|\overrightarrow{MN}|=\frac{1}{2}|\overrightarrow{BC}|.$$

例 4 已知 AD，BE，CF 是 $\triangle ABC$ 的三条中线（图 7-10），试证 $\overrightarrow{AD}+\overrightarrow{BE}+\overrightarrow{CF}=\mathbf{0}$.

证 因为

$$\overrightarrow{AD}=\overrightarrow{AB}+\overrightarrow{BD}=\overrightarrow{AB}+\frac{1}{2}\overrightarrow{BC}.$$

同理 $\overrightarrow{BE}=\overrightarrow{BC}+\frac{1}{2}\overrightarrow{CA}$,

$$\overrightarrow{CF}=\overrightarrow{CA}+\frac{1}{2}\overrightarrow{AB}.$$

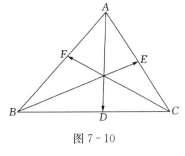

图 7-10

所以 $\overrightarrow{AD}+\overrightarrow{BE}+\overrightarrow{CF}=(\overrightarrow{AB}+\overrightarrow{BC}+\overrightarrow{CA})+\frac{1}{2}(\overrightarrow{BC}+\overrightarrow{CA}+\overrightarrow{AB})$

$$=\frac{3}{2}(\overrightarrow{AB}+\overrightarrow{BC}+\overrightarrow{CA}).$$

因为 $\vec{AB}+\vec{BC}+\vec{CA}=\vec{AC}+\vec{CA}=\mathbf{0}$,

所以 $\vec{AD}+\vec{BE}+\vec{CF}=\mathbf{0}.$

四、向量在轴上的投影

首先引进空间两向量夹角的概念.

设有两向量 $\boldsymbol{a}$、$\boldsymbol{b}$，相交于点 S（如果 $\boldsymbol{a}$ 与 $\boldsymbol{b}$ 不相交，可将其中一向量平行移动，使它们相交于一点）. 在两向量 $\boldsymbol{a}$、$\boldsymbol{b}$ 所决定的平面内，规定不超过 π 的角 $\varphi(0\leqslant\varphi\leqslant\pi)$ 叫作向量 $\boldsymbol{a}$ 与 $\boldsymbol{b}$ 的**夹角**，记为 $\varphi=(\widehat{\boldsymbol{a},\boldsymbol{b}})$ 或 $\varphi=(\widehat{\boldsymbol{b},\boldsymbol{a}})$.

显然，如果向量 $\boldsymbol{a}$ 与向量 $\boldsymbol{b}$ 平行且方向相同，则 $\varphi=0$；如果向量 $\boldsymbol{a}$ 与 $\boldsymbol{b}$ 平行而方向相反，则 $\varphi=\pi$；如果向量 $\boldsymbol{a}$ 与 $\boldsymbol{b}$ 中有一个是零向量，则它们的夹角可取 0 与 π 之间的任意值.

类似地，可以规定一个向量与数轴的夹角.

其次，我们来定义空间一点和一个向量在轴上的投影. 设空间一点 A 及任意轴 u，过点 A 作一平面 α 垂直于轴 u，则平面 α 与轴 u 的交点 A' 就叫作点 A 在轴 u 上的**投影**（图 7-11）.

设已知向量 $\vec{AB}$ 和任意轴 u. 点 A 与 B 在轴 u 上的投影分别为点 A' 与 B'，则轴 u 上有向线段 $\vec{A'B'}$ 的值 $A'B'$* 叫作向量 $\vec{AB}$ 在轴 u 上的**投影**（图 7-12），记作 $\mathrm{Prj}_u\vec{AB}=A'B'$.

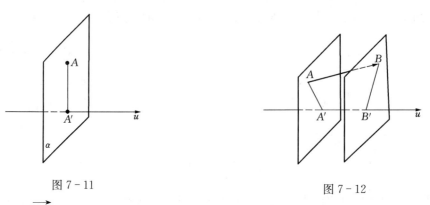

图 7-11　　　　　　　　　图 7-12

定理　向量 $\vec{AB}$ 在轴 u 上的投影等于此向量的模和向量与轴 u 之间夹角 φ 的余弦的乘积：

$$\mathrm{Prj}_u\vec{AB}=|\vec{AB}|\cos\varphi.$$

显然，当一非零向量与其投影轴成锐角时，向量的投影为正；成钝角时，向量的投影为负；成直角时，向量的投影为零.

五、向量的坐标及利用坐标作向量的线性运算

引进空间直角坐标系后，在 x 轴、y 轴、z 轴的正向各取一个单位向量，分别记作 $\boldsymbol{i}$、$\boldsymbol{j}$、$\boldsymbol{k}$，我们称它们为**基本单位向量**. 空间任意向量都可以用基本单位向量表示.

---

*　轴上有向线段 $\vec{A'B'}$ 的值是指这样一个数，这数的绝对值等于 $\vec{A'B'}$ 的长度，符号由 $\vec{A'B'}$ 的方向决定：如果 $\vec{A'B'}$ 的方向与轴的正向相同，取正号；如果 $\vec{A'B'}$ 的方向与轴的正向相反，取负号. $\vec{A'B'}$ 的值用 $A'B'$ 表示.

设空间有一点 P，以坐标原点 O 为起点，点 P 为终点的向量 $\overrightarrow{OP}$，叫作 **P 对点 O 的向径**. 设点 P 的坐标为 (x, y, z). 过点 P 作 xOy 坐标平面的垂线，垂足为 M(图 7-13)，则
$$\overrightarrow{OP} = \overrightarrow{OM} + \overrightarrow{MP}.$$
向量 $\overrightarrow{OM}$ 在 xOy 坐标平面上，且有
$$\overrightarrow{OM} = x\boldsymbol{i} + y\boldsymbol{j},$$
而且

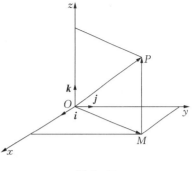

图 7-13

$$\overrightarrow{MP} = z\boldsymbol{k},$$
于是
$$\overrightarrow{OP} = x\boldsymbol{i} + y\boldsymbol{j} + z\boldsymbol{k}.$$

我们把上式叫作**向量 $\overrightarrow{OP}$ 的坐标表示式**，x、y、z 叫作**向量 $\overrightarrow{OP}$ 的坐标**. 向量坐标就是向量在各坐标轴上的投影. 向量 $x\boldsymbol{i}$、$y\boldsymbol{j}$、$z\boldsymbol{k}$ 分别叫作向量 $\overrightarrow{OP}$ 在 x 轴、y 轴、z 轴上的分向量.

向量 $\overrightarrow{OP}$ 的坐标表示式可简写为
$$\overrightarrow{OP} = \{x, y, z\}.$$

如果一向量 $\overrightarrow{M_1M_2}$ 的起点 M_1 与终点 M_2 的坐标分别为 (x_1, y_1, z_1)、(x_2, y_2, z_2)，作两个向径 $\overrightarrow{OM_1}$、$\overrightarrow{OM_2}$，就得到 $\overrightarrow{M_1M_2} = \overrightarrow{OM_2} - \overrightarrow{OM_1}$(图 7-14).

因为

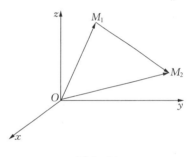

图 7-14

$$\overrightarrow{OM_1} = \{x_1, y_1, z_1\}, \quad \overrightarrow{OM_2} = \{x_2, y_2, z_2\},$$
所以，向量 $\overrightarrow{M_1M_2}$ 的坐标表示式为
$$\overrightarrow{M_1M_2} = (x_2 - x_1)\boldsymbol{i} + (y_2 - y_1)\boldsymbol{j} + (z_2 - z_1)\boldsymbol{k},$$
或
$$\overrightarrow{M_1M_2} = \{x_2 - x_1, y_2 - y_1, z_2 - z_1\}.$$

有了向量的坐标表示式，向量的加法、减法及乘法可以用坐标的代数运算表示.
设已知向量 $\boldsymbol{a} = \{a_x, a_y, a_z\}$，$\boldsymbol{b} = \{b_x, b_y, b_z\}$，则
$$\boldsymbol{a} = a_x\boldsymbol{i} + a_y\boldsymbol{j} + a_z\boldsymbol{k}, \quad \boldsymbol{b} = b_x\boldsymbol{i} + b_y\boldsymbol{j} + b_z\boldsymbol{k}.$$
根据向量的和、差以及数与向量的乘积的性质可得
$$\boldsymbol{a} + \boldsymbol{b} = (a_x + b_x)\boldsymbol{i} + (a_y + b_y)\boldsymbol{j} + (a_z + b_z)\boldsymbol{k},$$
$$\boldsymbol{a} - \boldsymbol{b} = (a_x - b_x)\boldsymbol{i} + (a_y - b_y)\boldsymbol{j} + (a_z - b_z)\boldsymbol{k},$$
$$\lambda\boldsymbol{a} = (\lambda a_x)\boldsymbol{i} + (\lambda a_y)\boldsymbol{j} + (\lambda a_z)\boldsymbol{k} \ (\lambda \text{ 为数}),$$
或
$$\boldsymbol{a} + \boldsymbol{b} = \{a_x + b_x, a_y + b_y, a_z + b_z\},$$
$$\boldsymbol{a} - \boldsymbol{b} = \{a_x - b_x, a_y - b_y, a_z - b_z\},$$
$$\lambda\boldsymbol{a} = \{\lambda a_x, \lambda a_y, \lambda a_z\}.$$

例 5 已知向量 $\boldsymbol{a} = 5\boldsymbol{i} + 7\boldsymbol{j} + 2\boldsymbol{k}$，$\boldsymbol{b} = 3\boldsymbol{i} + 4\boldsymbol{j}$，$\boldsymbol{c} = -6\boldsymbol{i} + \boldsymbol{j} - \boldsymbol{k}$，求 $3\boldsymbol{a} - 2\boldsymbol{b} + \boldsymbol{c}$ 在 x 轴上的投影及在 y 轴上的分向量.

解 因为
$$a = 5i+7j+2k, \quad 3a = 15i+21j+6k,$$
$$b = 3i+4j, \quad 2b = 6i+8j,$$
$$c = -6i+j-k,$$

所以 $3a-2b+c = 3i+14j+5k$.

由此可得，$3a-2b+c$ 在 x 轴上的投影为 3，在 y 轴上的分向量为 $14j$.

例 6 设点 M 把 $M_1(x_1, y_1, z_1)$、$M_2(x_2, y_2, z_2)$ 两点的连线分为两段，使 $\dfrac{M_1M}{MM_2} = \lambda (\lambda \neq -1)$（图 7-15），求点 M 的坐标.

解 设点 M 的坐标为 (x, y, z). 由于向量 $\overrightarrow{M_1M}$ 与 $\overrightarrow{MM_2}$ 共线，依题意有
$$\overrightarrow{M_1M} = \lambda \overrightarrow{MM_2}.$$

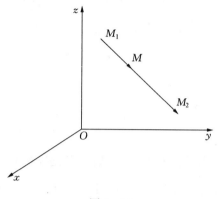

图 7-15

因为 $\overrightarrow{M_1M} = \{x-x_1, y-y_1, z-z_1\}$,
$\overrightarrow{MM_2} = \{x_2-x, y_2-y, z_2-z\}$,

所以 $\{x-x_1, y-y_1, z-z_1\} = \lambda\{x_2-x, y_2-y, z_2-z\}$,

即
$$x-x_1 = \lambda(x_2-x),$$
$$y-y_1 = \lambda(y_2-y),$$
$$z-z_1 = \lambda(z_2-z),$$

从而得到
$$x = \frac{x_1+\lambda x_2}{1+\lambda}, \quad y = \frac{y_1+\lambda y_2}{1+\lambda}, \quad z = \frac{z_1+\lambda z_2}{1+\lambda}.$$

上式叫作**定比分点坐标公式**，点 M 叫作有向线段 $\overrightarrow{M_1M_2}$ 的**定比分点**.

特殊地，当 $\lambda = 1$ 时，点 M 是有向线段 $\overrightarrow{M_1M_2}$ 的中点，其坐标为
$$x = \frac{x_1+x_2}{2}, \quad y = \frac{y_1+y_2}{2}, \quad z = \frac{z_1+z_2}{2}.$$

六、向量的模与方向余弦

向量是既有大小又有方向的量，向量的大小与方向这两个要素均可用有关该向量的坐标的式子来表达.

设非零向量 $a = \overrightarrow{M_1M_2} = \{a_x, a_y, a_z\}$，过 M_1、M_2 分别作垂直于坐标轴的平面，它们围成一个长方体，M_1M_2 是一条对角线（图 7-16）.

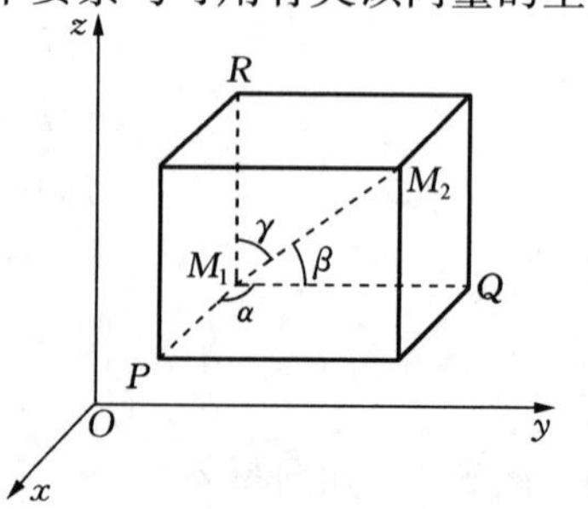

向量的大小就是向量的模，从图中可看出向量 a 的模为
$$|a| = |\overrightarrow{M_1M_2}| = \sqrt{|M_1P|^2 + |M_1Q|^2 + |M_1R|^2}.$$

而 $M_1P = a_x$，$M_1Q = a_y$，$M_1R = a_z$，故

图 7-16

$$|a| = \sqrt{a_x^2 + a_y^2 + a_z^2}.$$

特别地,若一向径$\overrightarrow{OP}$的终点坐标为(x, y, z),则模为
$$|\overrightarrow{OP}| = \sqrt{x^2 + y^2 + z^2}.$$

对于非零向量$\overrightarrow{M_1M_2}$的方向,可以用它与三条坐标轴正向之间的夹角α、β、γ来表示,并规定$0 \leqslant \alpha \leqslant \pi$,$0 \leqslant \beta \leqslant \pi$,$0 \leqslant \gamma \leqslant \pi$,称$\alpha$、$\beta$、$\gamma$为向量$\overrightarrow{M_1M_2}$的**方向角**. 而$\cos\alpha$,$\cos\beta$,$\cos\gamma$叫作向量$\overrightarrow{M_1M_2}$的**方向余弦**.

因为向量的坐标就是向量在坐标轴上的投影,所以
$$a_x = |a|\cos\alpha, \quad a_y = |a|\cos\beta, \quad a_z = |a|\cos\gamma.$$

特殊地,若向量a为单位向量,则有
$$a_x = \cos\alpha, \quad a_y = \cos\beta, \quad a_z = \cos\gamma.$$

由此可知,单位向量的坐标等于它的方向余弦.

由于$|a| = \sqrt{a_x^2 + a_y^2 + a_z^2}$,当$|a| \neq 0$时,有
$$\cos\alpha = \frac{a_x}{\sqrt{a_x^2 + a_y^2 + a_z^2}}, \quad \cos\beta = \frac{a_y}{\sqrt{a_x^2 + a_y^2 + a_z^2}}, \quad \cos\gamma = \frac{a_z}{\sqrt{a_x^2 + a_y^2 + a_z^2}},$$

显然有
$$\cos^2\alpha + \cos^2\beta + \cos^2\gamma = 1,$$

即任一非零向量的方向余弦的平方和等于1.

与方向余弦成比例的一组数,叫作**方向数**.

例7 设已知两点$M_1(2, 2, \sqrt{2})$与$M_2(1, 3, 0)$,求向量$\overrightarrow{M_1M_2}$的模、方向余弦和方向角.

解 向量 $\overrightarrow{M_1M_2} = \{1-2, 3-2, 0-\sqrt{2}\} = \{-1, 1, -\sqrt{2}\}$,
$$|\overrightarrow{M_1M_2}| = \sqrt{(-1)^2 + 1^2 + (-\sqrt{2})^2} = 2,$$
$$\cos\alpha = -\frac{1}{2}, \quad \cos\beta = \frac{1}{2}, \quad \cos\gamma = -\frac{\sqrt{2}}{2},$$
$$\alpha = \frac{2\pi}{3}, \quad \beta = \frac{\pi}{3}, \quad \gamma = \frac{3\pi}{4}.$$

例8 已知两向量$\overrightarrow{OM_1} = 2i + j$,$\overrightarrow{OM_2} = j + k$,求向量$\overrightarrow{M_1M_2}$的模、方向余弦和方向角.

解
$$\overrightarrow{M_1M_2} = -2i + k,$$
$$|\overrightarrow{M_1M_2}| = \sqrt{(-2)^2 + 0^2 + 1^2} = \sqrt{5},$$
$$\cos\alpha = -\frac{2}{\sqrt{5}}, \quad \cos\beta = 0, \quad \cos\gamma = \frac{1}{\sqrt{5}},$$

所以 $\alpha = \arccos\left(-\frac{2}{\sqrt{5}}\right)$,$\beta = \frac{\pi}{2}$,$\gamma = \arccos\frac{1}{\sqrt{5}}$.

习题 7−1

1. 在空间直角坐标系中,指出下列各点位置:
   $A(-4, 3, 2)$;　　　$B(1, 1, -1)$;　　　$C(2, -3, -4)$;

$D(5, 0, 0)$; $\quad\quad\quad E(0, 5, 1)$; $\quad\quad\quad F(3, 2, 0)$.

2. 自点 $P(x, y, z)$ 分别作各坐标面和各坐标轴的垂线，写出各垂足的坐标.
3. 在 x 轴上找一点 P，使它与点 $M(4, 1, 2)$ 的距离为 $\sqrt{30}$.
4. 证明以三点 $A(4, 1, 9)$，$B(10, -1, 6)$，$C(2, 4, 3)$ 为顶点的三角形是等腰直角三角形.
5. 设 $u = a - b + 2c$，$v = -a + 3b - c$，试用 a，b，c 表示 $2u - 3v$.
6. 如果平面上一个四边形的对角线互相平行，试应用向量证明它是平行四边形.
7. 已知 $\triangle ABC$ 两边向量 $\overrightarrow{AB}$ 与 $\overrightarrow{AC}$，求 BC 边上的中线向量.
8. 已知向量 $\boldsymbol{a} = \{4, -1, 3\}$，$\boldsymbol{b} = \{5, 2, -2\}$，求 $2\boldsymbol{a} + 3\boldsymbol{b}$.
9. 求平行于向量 $\boldsymbol{a} = \{6, 7, -6\}$ 的单位向量.
10. 设已知两点 $M_1(4, \sqrt{2}, 1)$ 和 $M_2(3, 0, 2)$，计算向量 $\overrightarrow{M_1M_2}$ 的模、方向余弦和方向角.
11. 设已知两点 $A(4, 0, 5)$ 和 $B(7, 1, 3)$，求方向和 $\overrightarrow{AB}$ 一致的单位向量.
12. 设向量的方向余弦满足下列条件：
(1) $\cos\alpha = 0$；(2) $\cos\beta = 1$；(3) $\cos\alpha = \cos\beta = 0$,
指出这些向量与坐标轴或坐标面的关系.
13. 求过两点 $A(1, 0, -1)$，$B(4, -1, 1)$ 的直线与过两点 $C(-4, -2, 0)$，$D(-2, 3, -3)$ 的直线的夹角.

第二节　数量积　向量积

一、向量的数量积

设一物体在力 $\boldsymbol{F}$ 作用下沿直线运动，移动的位移为 $\boldsymbol{s}$，力 $\boldsymbol{F}$ 与位移 $\boldsymbol{s}$ 的夹角为 θ，那么力 $\boldsymbol{F}$ 所做的功为

$$W = |\boldsymbol{F}||\boldsymbol{s}|\cos\theta.$$

功是一个数量，像这样由两个向量经过如上式中的运算得出一个数量，在其他问题中也常遇到. 为此，我们把它规定为一种向量的乘法运算.

定义 1　两个向量 $\boldsymbol{a}$、$\boldsymbol{b}$ 的模与它们的夹角 θ 的余弦的乘积叫作两个向量 $\boldsymbol{a}$ 与 $\boldsymbol{b}$ 的**数量积**，记作

$$\boldsymbol{a} \cdot \boldsymbol{b} = |\boldsymbol{a}||\boldsymbol{b}|\cos\theta,$$

其中 $0 \leqslant \theta \leqslant \pi$. 数量积有时也称为**点积**或**内积**.

由定义可知，上述问题中力所做的功 W 是力 $\boldsymbol{F}$ 与位移 $\boldsymbol{s}$ 的数量积，即

$$W = \boldsymbol{F} \cdot \boldsymbol{s}.$$

由于 $|\boldsymbol{b}|\cos\theta = |\boldsymbol{b}|\cos(\widehat{\boldsymbol{a}, \boldsymbol{b}})$ 是向量 $\boldsymbol{b}$ 在向量 $\boldsymbol{a}$ 方向上的投影，用 $\mathrm{Prj}_{\boldsymbol{a}}\boldsymbol{b}$ 表示这个投影，便有

$$\boldsymbol{a} \cdot \boldsymbol{b} = |\boldsymbol{a}| \cdot \mathrm{Prj}_{\boldsymbol{a}}\boldsymbol{b}.$$

同样有

$$\boldsymbol{a} \cdot \boldsymbol{b} = |\boldsymbol{b}| \cdot \mathrm{Prj}_{\boldsymbol{b}}\boldsymbol{a}.$$

即两向量的数量积等于其中一个向量的模和另一个向量在这向量方向上的投影的乘积.

由数量积定义可得到：

(1) $\boldsymbol{a} \cdot \boldsymbol{a} = |\boldsymbol{a}|^2$.

因为 $a \cdot a = |a||a|\cos 0 = |a|^2$.

(2) 两个非零向量 a 与 b 互相垂直的充分必要条件是它们的数量积等于零.

若向量 a 与 b 互相垂直, 则它们的夹角 $\theta = \dfrac{\pi}{2}$, 所以 $a \cdot b = |a||b|\cos \dfrac{\pi}{2} = 0$.

反之, 若 $a \cdot b = 0$, 即 $|a||b|\cos \theta = 0$, 由于 $|a| \neq 0$, $|b| \neq 0$, 则 $\cos \theta = 0$, 所以 $\theta = \dfrac{\pi}{2}$, 因而, 向量 a 与 b 互相垂直.

向量的数量积满足下列运算规律:
(1) 交换律: $a \cdot b = b \cdot a$.
(2) 结合律: $(\lambda a)b = a(\lambda b) = \lambda(ab)$, λ 为数.
(3) 分配律: $a \cdot (b+c) = a \cdot b + a \cdot c$.

二、数量积的坐标表达式

设向量 $a = a_x i + a_y j + a_z k$, $b = b_x i + b_y j + b_z k$, 则
$$\begin{aligned} a \cdot b &= (a_x i + a_y j + a_z k) \cdot (b_x i + b_y j + b_z k) \\ &= a_x i \cdot (b_x i + b_y j + b_z k) + a_y j \cdot (b_x i + b_y j + b_z k) + a_z k \cdot (b_x i + b_y j + b_z k) \\ &= a_x b_x i \cdot i + a_x b_y i \cdot j + a_x b_z i \cdot k + a_y b_x j \cdot i + a_y b_y j \cdot j + \\ &\quad a_y b_z j \cdot k + a_z b_x k \cdot i + a_z b_y k \cdot j + a_z b_z k \cdot k, \end{aligned}$$
因为 i、j、k 为基本单位向量, 根据数量积的定义得出:
$$i \cdot i = j \cdot j = k \cdot k = 1,$$
$$i \cdot j = j \cdot i = j \cdot k = k \cdot j = i \cdot k = 0,$$
因此可以得到两向量数量积的坐标表达式:
$$a \cdot b = a_x b_x + a_y b_y + a_z b_z.$$
由此可知, 两个向量的数量积等于它们的对应坐标乘积之和.

根据上面的讨论我们可以得出两个重要结论:
(1) 两个向量互相垂直的充分必要条件是它们的对应坐标乘积之和等于零.

由数量积的定义可得, 两个向量 a 与 b 之间夹角余弦的计算公式为
$$\cos \theta = \frac{a \cdot b}{|a||b|}$$
或
$$\cos \theta = \frac{a_x b_x + a_y b_y + a_z b_z}{\sqrt{a_x^2 + a_y^2 + a_z^2} \sqrt{b_x^2 + b_y^2 + b_z^2}}.$$
从上式可以看出, 两向量 a 与 b 相互垂直(即 $\cos \theta = 0$)相当于
$$a_x b_x + a_y b_y + a_z b_z = 0.$$

例1 已知向量 $a = \{1, 1, 0\}$, $b = \{1, 0, 1\}$, 求 a 与 b 的夹角 θ.

解 因为 $a \cdot b = 1 \times 1 + 1 \times 0 + 0 \times 1 = 1$,
$$|a| = \sqrt{1^2 + 1^2 + 0^2} = \sqrt{2},$$
$$|b| = \sqrt{1^2 + 0^2 + 1^2} = \sqrt{2},$$
所以
$$\cos \theta = \frac{1}{\sqrt{2} \times \sqrt{2}} = \frac{1}{2},$$

因而 $\theta = \dfrac{\pi}{3}$.

例 2 在 xOy 平面上，求出与向量 $\boldsymbol{a}=\{-4, 3, 7\}$ 垂直的单位向量.

解 因为所求的向量在 xOy 平面上，所以可设所求向量为 $\boldsymbol{b}=\{x, y, 0\}$.
因为 $\boldsymbol{a}=\{-4, 3, 7\}$ 与 $\boldsymbol{b}=\{x, y, 0\}$ 垂直，所以
$$-4x + 3y = 0. \tag{1}$$
又因为 $\boldsymbol{b}$ 为单位向量，所以
$$x^2 + y^2 = 1. \tag{2}$$
由(1)式、(2)式得
$$x = \pm \dfrac{3}{5},\ y = \pm \dfrac{4}{5},$$
故所求的向量为
$$\boldsymbol{b}_1 = \left\{\dfrac{3}{5}, \dfrac{4}{5}, 0\right\},\ \boldsymbol{b}_2 = \left\{-\dfrac{3}{5}, -\dfrac{4}{5}, 0\right\}.$$

例 3 求向量 $\boldsymbol{a}=\{4, -3, 4\}$ 在向量 $\boldsymbol{b}=\{2, 2, 1\}$ 上的投影.

解 因为
$$\boldsymbol{a} \cdot \boldsymbol{b} = |\boldsymbol{b}| \mathrm{Prj}_{\boldsymbol{b}} \boldsymbol{a},$$
所以
$$\mathrm{Prj}_{\boldsymbol{b}} \boldsymbol{a} = \dfrac{\boldsymbol{a} \cdot \boldsymbol{b}}{|\boldsymbol{b}|} = \dfrac{4 \times 2 - 3 \times 2 + 4 \times 1}{\sqrt{2^2 + 2^2 + 1}} = 2.$$

三、向量的向量积

在研究物体转动问题时，不仅要考虑物体所受的力，还要分析这些力所产生的力矩.

力矩可用本节将要讲到的向量的一种新的运算来表达. 设有一个力 $\boldsymbol{F}$ 作用在一杠杆上点 P 处，杠杆的支点为 O，力 $\boldsymbol{F}$ 与 $\overrightarrow{OP}$ 的夹角为 θ（图 7-17），那么力 $\boldsymbol{F}$ 对支点 O 的力矩 $\boldsymbol{M}$ 是一个向量，其模为
$$|\boldsymbol{M}| = |\overrightarrow{OP}||\boldsymbol{F}| \sin \theta.$$

力矩 $\boldsymbol{M}$ 的指向是按右手法则，即当右手的四个手指从 $\overrightarrow{OP}$ 以不超过 π 的角转向 $\boldsymbol{F}$ 握拳时，大拇指的指向就是力矩 $\boldsymbol{M}$ 的指向.

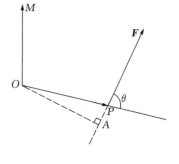

图 7-17

这种由两个已知向量按上述法则确定另一个向量的情况，在其他问题中经常遇到，我们把它规定为向量的一种新的运算，叫作**向量积**.

定义 2 两个向量 $\boldsymbol{a}$ 与 $\boldsymbol{b}$ 的**向量积**是一个向量，它的模为 $|\boldsymbol{a}||\boldsymbol{b}|\sin\theta$（其中 θ 为 $\boldsymbol{a}$ 与 $\boldsymbol{b}$ 的夹角），它的方向与 $\boldsymbol{a}$ 和 $\boldsymbol{b}$ 都垂直，其指向按右手法则从 $\boldsymbol{a}$ 转向 $\boldsymbol{b}$ 来确定，记为 $\boldsymbol{a} \times \boldsymbol{b}$.

向量积也叫作**叉积**或**外积**.

因此，上面的力矩 $\boldsymbol{M}$ 等于 $\overrightarrow{OP}$ 与 $\boldsymbol{F}$ 的向量积，即
$$\boldsymbol{M} = \overrightarrow{OP} \times \boldsymbol{F}.$$

由向量积的定义可以推得：

(1) $\boldsymbol{a} \times \boldsymbol{a} = \boldsymbol{0}$.

因为夹角 $\theta=0$，所以 $|a\times a|=|a||a|\sin\theta=0$.

(2) 两个非零向量 a、b 平行的充分必要条件是它们的向量积是零向量.

事实上，若向量 a、b 平行，则它们的夹角等于 0 或 π，于是 $\sin\theta=0$，所以 $|a\times b|=0$，即 $a\times b=\mathbf{0}$.

反之，若 $a\times b=\mathbf{0}$，由于 $|a|\neq 0$，$|b|\neq 0$，所以 $\sin\theta=0$，于是 $\theta=0$ 或 $\theta=\pi$，即 a 与 b 平行.

向量的向量积满足下列运算规律：

(1) $a\times b=-b\times a$.

(2) 结合律：$(\lambda a)\times b=\lambda(a\times b)=a\times(\lambda b)$，$\lambda$ 为数.

(3) 分配律：$a\times(b+c)=a\times b+a\times c$.

四、向量积的坐标表达式

设两向量 $a=a_x i+a_y j+a_z k$，$b=b_x i+b_y j+b_z k$，则

$$\begin{aligned}a\times b&=(a_x i+a_y j+a_z k)\times(b_x i+b_y j+b_z k)\\&=a_x i\times(b_x i+b_y j+b_z k)+a_y j\times(b_x i+b_y j+b_z k)+a_z k\times(b_x i+b_y j+b_z k)\\&=a_x b_x(i\times i)+a_x b_y(i\times j)+a_x b_z(i\times k)+a_y b_x(j\times i)+a_y b_y(j\times j)+\\&\quad a_z b_z(j\times k)+a_z b_x(k\times i)+a_z b_y(k\times j)+a_z b_z(k\times k).\end{aligned}$$

由于 $i\times i=j\times j=k\times k=\mathbf{0}$，$i\times j=k$，$j\times k=i$，$k\times i=j$，$j\times i=-k$，$k\times j=-i$，$i\times k=-j$，所以

$$a\times b=(a_y b_z-a_z b_y)i+(a_z b_x-a_x b_z)j+(a_x b_y-a_y b_x)k.$$

为了便于记忆，可将 a 与 b 的向量积写成行列式的形式：

$$a\times b=\begin{vmatrix}i&j&k\\a_x&a_y&a_z\\b_x&b_y&b_z\end{vmatrix}.$$

从 $a\times b$ 的坐标表达式可以看出，a 与 b 相互平行，相当于

$$a_y b_z-a_z b_y=0,\ a_z b_x-a_x b_z=0,\ a_x b_y-a_y b_x=0$$

或

$$\frac{a_x}{b_x}=\frac{a_y}{b_y}=\frac{a_z}{b_z},$$

即 a 与 b 的对应坐标成比例.

例 4 设 $a=3i-j-2k$，$b=i+2j-k$，计算 $a\times 2b$.

解 因为 $a=3i-j-2k$，$2b=2i+4j-2k$，

所以 $$a\times 2b=\begin{vmatrix}i&j&k\\3&-1&-2\\2&4&-2\end{vmatrix}=10i+2j+14k.$$

例 5 已知三点 $M_1(1,-1,2)$，$M_2(3,3,1)$ 和 $M_3(3,1,3)$，求与 $\overrightarrow{M_1M_2}$、$\overrightarrow{M_2M_3}$ 同时垂直的单位向量.

解 因为 $\overrightarrow{M_1M_2}=\{2,4,-1\}$，$\overrightarrow{M_2M_3}=\{0,-2,2\}$，

所以 $\overrightarrow{M_1M_2} \times \overrightarrow{M_2M_3} = \begin{vmatrix} i & j & k \\ 2 & 4 & -1 \\ 0 & -2 & 2 \end{vmatrix} = 6i - 4j - 4k$,

而 $|\overrightarrow{M_1M_2} \times \overrightarrow{M_2M_3}| = \sqrt{6^2 + (-4)^2 + (-4)^2} = 2\sqrt{17}$,

故所求的向量为 $\pm \dfrac{1}{\sqrt{17}}(3i - 2j - 2k)$.

例 6 已知向量 $a = \{a_x, a_y, a_z\}$,$b = \{b_x, b_y, b_z\}$,$c = \{c_x, c_y, c_z\}$,求 $(a \times b) \cdot c$.

解 因为

$$a \times b = \begin{vmatrix} i & j & k \\ a_x & a_y & a_z \\ b_x & b_y & b_z \end{vmatrix} = (a_y b_z - a_z b_y)i + (a_z b_x - a_x b_z)j + (a_x b_y - a_y b_x)k,$$

所以 $(a \times b) \cdot c = (a_y b_z - a_z b_y)c_x + (a_z b_x - a_x b_z)c_y + (a_x b_y - a_y b_x)c_z$

$$= \begin{vmatrix} a_x & a_y & a_z \\ b_x & b_y & b_z \\ c_x & c_y & c_z \end{vmatrix}.$$

称 $(a \times b) \cdot c$ 为三向量 a,b,c 的**混合积**.

习题 7-2

1. 设向量 $a = 2i - j - 3k$,$b = i + 2j - 4k$,计算 $(-3a) \cdot 2b$ 与 $(-3a) \times 2b$.
2. 证明向量 $a = 2i - j + k$ 与 $b = 4i + 9j + k$ 相互垂直.
3. 已知向量 $a = \{3, 2, -1\}$,$b = \{1, -1, 2\}$,计算下列式子:
   (1) $a \cdot i$;   (2) $a \times i$;   (3) $b \cdot j$;   (4) $b \times j$;
   (5) a 与 b 的夹角的余弦和正弦;
   (6) $(a \times b) \cdot a$;   (7) $a \cdot (a \times b)$.
4. 已知向量 $a = 2i - 3j + k$,$b = i - j + 3k$ 和 $c = i - 2j$,计算:
   (1) $(a \cdot b)c - (a \cdot c)b$;   (2) $(a + b) \times (b + c)$;   (3) $(a \times b) \cdot c$.
5. 用向量运算法则证明不等式
$$\sqrt{a_1^2 + a_2^2 + a_3^2} \sqrt{b_1^2 + b_2^2 + b_3^2} \geqslant |a_1 b_1 + a_2 b_2 + a_3 b_3|,$$
其中 a_1,a_2,a_3,b_1,b_2,b_3 为任意实数.并指出等号成立的条件.
6. 已知三点 $A(1, 2, 3)$,$B(2, -1, 5)$,$C(3, 2, -5)$,求这三点构成的三角形的面积.

第三节   平面及其方程

在空间解析几何中我们将遇到各种空间曲面与曲线,而最简单的曲面与曲线是空间的平面与直线.本节将讨论空间平面及其方程.

一、平面的点法式方程

如果一非零向量垂直于一平面,这向量就叫作该平面的**法向量**.显然,平面上的任一向量均与该平面的法向量垂直.若已知平面上一点和它的法向量,那么该平面的位置就完全确定了.

已知 $M_0(x_0, y_0, z_0)$ 是平面 Π 上一点，$\boldsymbol{n}=\{A, B, C\}$ 是平面 Π 的一个法向量. 设 $M(x, y, z)$ 为平面 Π 上的任意一点(图 7-18). 图中 $\boldsymbol{n}\perp\Pi$，所以 $\boldsymbol{n}\perp\overrightarrow{M_0M}$. 因此 $\boldsymbol{n}$ 与 $\overrightarrow{M_0M}$ 的数量积为零，即

$$\boldsymbol{n}\cdot\overrightarrow{M_0M}=0.$$

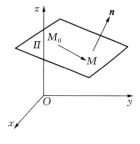

图 7-18

因为 $\boldsymbol{n}=\{A, B, C\}$，$\overrightarrow{M_0M}=\{x-x_0, y-y_0, z-z_0\}$，所以有

$$A(x-x_0)+B(y-y_0)+C(z-z_0)=0. \tag{1}$$

这就是所求的平面方程. 我们称方程(1)为**平面的点法式方程**. 而把平面 Π 叫作方程(1)的图形. 显然，如果点 $M(x, y, z)$ 不在平面 Π 上，则其坐标不满足方程(1).

二、平面的一般方程

平面的点法式方程(1)是三元一次方程，而任一平面都可以用它上面的一点 $M_0(x_0, y_0, z_0)$ 和它的一法向量 $\boldsymbol{n}=\{A, B, C\}$ 来确定. 这表明任一平面都可以用三元一次方程来表示.

反过来，可以证明任意三元一次方程都表示一个平面.

设有三元一次方程

$$Ax+By+Cz+D=0, \tag{2}$$

我们任取满足方程(2)的一组数 (x_0, y_0, z_0)，则

$$Ax_0+By_0+Cz_0+D=0. \tag{3}$$

把等式(2)与(3)的两端分别相减，得

$$A(x-x_0)+B(y-y_0)+C(z-z_0)=0. \tag{4}$$

把方程(4)与平面的点法式方程(1)比较可知，方程(4)过点 $M_0(x_0, y_0, z_0)$，以 $\boldsymbol{n}=\{A, B, C\}$ 为法向量的平面方程. 从而可知，任意三元一次方程(2)表示平面方程. 我们把方程(2)叫作**平面的一般方程**，其中 x、y、z 的系数就是该平面的一个法向量，即 $\boldsymbol{n}=\{A, B, C\}$.

由平面的一般方程，不难推出几种特殊平面的方程. 现归纳如下：

(1) 若 $D=0$，则 $Ax+By+Cz=0$ 表示经过坐标原点的平面.

(2) 若 $C=0$，则 $Ax+By+D=0$ 表示与 z 轴平行的平面.

同样，方程 $Ax+Cz+D=0$ 和 $By+Cz+D=0$ 分别表示一个平行于 y 轴和 x 轴的平面.

(3) 若 $B=C=0$，则方程 $Ax+D=0$ 表示平行于 yOz 面的平面.

同样，方程 $By+D=0$ 和 $Cz+D=0$ 分别表示一个平行于 xOz 面和 xOy 面的平面.

(4) 若 $B=C=D=0$，则方程 $x=0$，表示 yOz 坐标平面.

同样，方程 $y=0$ 和 $z=0$ 分别表示 xOz 坐标平面和 xOy 坐标平面.

(5) 若 $C=D=0$，则方程 $Ax+By=0$ 表示过 z 轴的平面.

同样，方程 $Ax+Cz=0$ 和 $By+Cz=0$ 分别表示过 y 轴和 x 轴的平面.

例 1 已知一个平面过点 $P_1(3, -2, 1)$，并且垂直于 P_1 与 $P_2(6, 2, 7)$ 的连线，求这平面方程.

解 因为所求的平面垂直于 P_1 与 P_2 的连线，所以 $\overrightarrow{P_1P_2}=\{3, 4, 6\}$ 可作为所求的

法向量. 又因为所求平面过点 $P_1(3,-2,1)$，因此，所求平面的方程为
$$3(x-3)+4(y+2)+6(z-1)=0,$$
即
$$3x+4y+6z-7=0.$$

例 2 已知一平面上的三点 $M_1(1,1,1)$、$M_2(-3,2,1)$、$M_3(4,3,2)$，求这平面的方程.

解 先找出这平面的一法向量 $\boldsymbol{n}$. 由于法向量 $\boldsymbol{n}$ 与向量 $\overrightarrow{M_1M_2}$、$\overrightarrow{M_1M_3}$ 都垂直，而 $\overrightarrow{M_1M_2}=\{-4,1,0\}$，$\overrightarrow{M_1M_3}=\{3,2,1\}$，所以可取它们的向量积为

$$\boldsymbol{n}=\overrightarrow{M_1M_2}\times\overrightarrow{M_1M_3}=\begin{vmatrix}\boldsymbol{i}&\boldsymbol{j}&\boldsymbol{k}\\-4&1&0\\3&2&1\end{vmatrix}=\boldsymbol{i}+4\boldsymbol{j}-11\boldsymbol{k},$$

即
$$\boldsymbol{n}=\{1,4,-11\}.$$

根据平面的点法式方程，所求平面的方程为
$$(x-1)+4(y-1)-11(z-1)=0,$$
即
$$x+4y-11z+6=0.$$

例 3 一个平面通过 z 轴和点 $(-3,1,-2)$，求这个平面方程.

解 因为所求平面通过 z 轴，故 $C=0$，又通过原点，所以 $D=0$，故设所求平面方程为
$$Ax+By=0.$$

将点 $(-3,1,-2)$ 代入 $Ax+By=0$，得
$$-3A+B=0,\ B=3A,$$
即
$$Ax+3Ay=0.$$

因为 $A\neq 0$，所以所求平面方程为 $x+3y=0$.

例 4 求过三点 $P(a,0,0)$、$Q(0,b,0)$、$R(0,0,c)$ 的平面方程（a,b,c 为不等于零的常数）.

解 设所求平面方程为
$$Ax+By+Cz+D=0.$$

因为平面过 P、Q、R 三点，将三点代入所求平面方程得

$$Aa+D=0,\ 即\ A=-\frac{D}{a},$$

$$Bb+D=0,\ 即\ B=-\frac{D}{b},$$

$$Cc+D=0,\ 即\ C=-\frac{D}{c},$$

将 A,B,C 代入所求方程得

$$\frac{x}{a}+\frac{y}{b}+\frac{z}{c}=1.$$

这就是所求平面方程，我们称它为 **截距式方程**（图 7-19）.

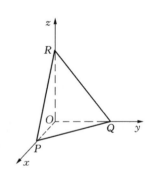

图 7-19

习题 7-3

1. 写出满足下列条件的平面方程：

   (1) 过点 $M(1,-1,3)$ 平行于平面 $x-2y+3z=5$；

(2) 通过 x 轴和点 $(4, -3, -1)$ 的平面方程；
(3) 平行于 xOz 面且经过点 $(2, -5, 3)$；
(4) 平行于 x 轴且经过两点 $(4, 0, -2)$ 和 $(5, 1, 7)$；
(5) 过两点 $A(1, 1, 1)$ 和 $B(0, 1, -1)$ 且垂直于平面 $x+y+z=0$；
(6) 过三点 $A(1, 1, -2)$，$B(-2, -2, 2)$，$C(1, -1, 2)$；
(7) 通过 x 轴且垂直于平面 $5x-4y-2z+3=0$.

2. 已知平面在 y 轴、z 轴上的截距分别为 $30, 10$，并且与向量 $\boldsymbol{s}=\{2, 1, 3\}$ 平行，试求这个平面的截距式方程.

3. 作下列平面的图形：
(1) $2x-3y+20=0$；　(2) $3x-2=0$；　(3) $4y-7z=0$.

第四节　空间直线及其方程

一、空间直线的一般方程

空间的直线可以看成是两个不平行平面的交线(图 7-20)，而一次方程表示空间平面，所以，空间的直线可以由两个一次方程组来表示.

设空间的两个相交平面 Π_1：$A_1x+B_1y+C_1z+D_1=0$ 和 Π_2：$A_2x+B_2y+C_2z+D_2=0$，两方程组成方程组

$$\begin{cases} A_1x+B_1y+C_1z+D_1=0, \\ A_2x+B_2y+C_2z+D_2=0. \end{cases} \quad (1)$$

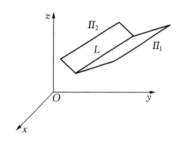

图 7-20

显然空间直线 L 上任意一点的坐标都满足方程组(1).

反之，不在空间直线 L 上的点，不能同时在两个平面 Π_1 与 Π_2 上，从而其坐标不可能满足方程组(1). 因此，空间直线 L 可以由方程组(1)表示. 我们把方程组(1)叫作**空间直线的一般方程**.

通过一条直线的平面有无数多个，因此，我们只要从中任取两个，把它们的方程联立起来，就可以表示空间直线，所以直线的一般方程不是唯一的.

二、空间直线的对称式方程和参数方程

如果一个非零向量平行于一条已知直线，这个向量叫作这条直线的一个**方向向量**. 显然，直线上任一非零向量都可以作为它的一个方向向量.

因为过空间一点可作而且只能作一条直线平行于已知向量，所以当直线 L 上的一点 $M_0(x_0, y_0, z_0)$ 和一方向向量 $\boldsymbol{s}=\{m, n, p\}$ 已知时，直线 L 的位置就完全确定了.

设 $M(x, y, z)$ 是直线 L 上的任一点，则向量 $\overrightarrow{M_0M}=\{x-x_0, y-y_0, z-z_0\}$ 与直线 L 的方向向量 $\boldsymbol{s}=\{m, n, p\}$ 共线，即平行(图 7-21)，于是有

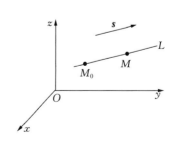

图 7-21

$$\frac{x-x_0}{m}=\frac{y-y_0}{n}=\frac{z-z_0}{p}. \tag{2}$$

我们把方程(2)叫作直线的**对称式方程**或**点向式方程**，其中 m、n、p 不能同时为零．当 m、n、p 中有一个为零时，例如，$m=0$，方程(2)理解为

$$\begin{cases} x-x_0=0, \\ \dfrac{y-y_0}{n}=\dfrac{z-z_0}{p}. \end{cases}$$

当 m、n、p 中有两个为零时，例如，$m=n=0$，方程(2)应理解为

$$\begin{cases} x-x_0=0, \\ y-y_0=0. \end{cases}$$

直线的任一方向向量 s 的坐标 m、n、p 叫作该直线的一组**方向数**，而向量 s 的方向余弦叫作该直线的**方向余弦**．

对于方程(2)，如果令

$$\frac{x-x_0}{m}=\frac{y-y_0}{n}=\frac{z-z_0}{p}=t,$$

则

$$\begin{cases} x=x_0+mt, \\ y=y_0+nt, \\ z=z_0+pt. \end{cases} \tag{3}$$

称方程组(3)为直线的**参数方程**，其中 t 为参数．

例1 设 $M_1(x_1,y_1,z_1)$，$M_2(x_2,y_2,z_2)$ 是一空间直线上的两点，求这空间直线的对称式方程．

解 在这空间直线上任取一点 $M(x,y,z)$，则 $\overrightarrow{M_1M}$ 和 $\overrightarrow{M_1M_2}$ 是该直线的两个方向向量，它们共线．由于

$$\overrightarrow{M_1M}=\{x-x_1,\ y-y_1,\ z-z_1\},$$
$$\overrightarrow{M_1M_2}=\{x_2-x_1,\ y_2-y_1,\ z_2-z_1\},$$

所以有

$$\frac{x-x_1}{x_2-x_1}=\frac{y-y_1}{y_2-y_1}=\frac{z-z_1}{z_2-z_1}.$$

这就是所求直线的方程．我们把它叫作空间直线的**两点式方程**．

例2 求过点 $(0,2,4)$ 且与两平面 $x+2z=1$ 和 $y-3z=2$ 平行的直线方程．

解 因为所求的直线与两平面 $x+2z=1$ 和 $y-3z=2$ 平行，则所求的直线与两平面的法向量垂直，因此所求直线的方向向量为

$$s=n_1\times n_2=\begin{vmatrix} i & j & k \\ 1 & 0 & 2 \\ 0 & 1 & -3 \end{vmatrix}=-2i+3j+k.$$

又因所求直线过点 $(0,2,4)$，因此，所求的直线方程为

$$\frac{x}{-2}=\frac{y-2}{3}=\frac{z-4}{1}.$$

例3 求直线 $\begin{cases} 2x-3y+z-5=0, \\ 3x+y-2z-4=0 \end{cases}$ 的对称式方程和参数方程.

解 先求出直线上的一个点(x_0, y_0, z_0). 任意选定它的一个坐标,例如$z_0=1$,代入直线方程得

$$\begin{cases} 2x-3y=4, \\ 3x+y=6, \end{cases}$$

解此方程组得

$$\begin{cases} x=2, \\ y=0, \end{cases}$$

即所给直线过点$(2, 0, 1)$.

又所给方程的方向向量为

$$\boldsymbol{s} = \begin{vmatrix} \boldsymbol{i} & \boldsymbol{j} & \boldsymbol{k} \\ 2 & -3 & 1 \\ 3 & 1 & -2 \end{vmatrix} = \{5, 7, 11\},$$

因此,所给直线的对称式方程为

$$\frac{x-2}{5} = \frac{y}{7} = \frac{z-1}{11}.$$

设

$$\frac{x-2}{5} = \frac{y}{7} = \frac{z-1}{11} = t,$$

则

$$\begin{cases} x = 2+5t, \\ y = 7t, \\ z = 1+11t \end{cases}$$

为所给直线的参数方程.

习题 7-4

1. 写出满足下列条件的直线方程:
(1) 过点 $P_1(1, 2, 3)$ 与 $P_2(3, 2, 4)$;
(2) 过一点$(-1, 0, 4)$且垂直于平面$3x-4y+z-10=0$;
(3) 通过点$(-1, 0, 4)$且平行于平面$3x-4y+z-10=0$,又与直线$\frac{x+1}{3}=\frac{y-3}{1}=\frac{z}{2}$相交;
(4) 过点$(4, -1, 3)$且平行于直线$\frac{x-3}{2}=y=\frac{z-1}{5}$;
(5) 过点$(3, -1, 2)$且与两直线$\frac{x}{2}=\frac{y}{3}=\frac{z}{4}$和$\begin{cases} x-2z+2=0, \\ y-z-3=0 \end{cases}$都垂直.

2. 求点 $P(1, -1, 2)$ 在平面 $\Pi: x-2y+z+1=0$ 上的垂足.

3. 求下列直线的对称式方程:
(1) $\begin{cases} 2x-y+2z=0, \\ x+2y-2z-4=0; \end{cases}$ (2) $\begin{cases} 2x-3y+z=0, \\ 2x+y-2z-6=0. \end{cases}$

4. 求下列两直线夹角的余弦:
(1) $\frac{x-1}{1}=\frac{y}{-2}=\frac{z+4}{7}$ 和 $\frac{x+6}{5}=\frac{y-2}{1}=\frac{z-3}{-1}$;

(2) $\begin{cases} 5x-3y+3z-9=0, \\ 3x-2y+z-1=0 \end{cases}$ 和 $\begin{cases} 2x+2y-z+23=0, \\ 3x+8y+z-18=0. \end{cases}$

第五节 曲面与曲线

在前两节介绍的平面与空间直线是曲面与空间曲线的特例,是最简单的空间图形.本节首先给出曲面与空间曲线的一般概念,然后着重介绍常见的几种曲面及其方程.

一、曲面方程

在空间解析几何中,任何曲面我们都可看作是点的运动轨迹.设在空间直角坐标系有一曲面 S 与方程

$$F(x, y, z) = 0. \tag{1}$$

如果它们之间有下述关系:

(1) 曲面 S 上任一点的坐标都满足方程(1);

(2) 不在曲面 S 上的点的坐标都不满足方程(1),

则方程(1)叫作**曲面 S 的方程**,曲面 S 叫作**方程(1)的图形**.

曲面方程是曲面上任意点的坐标之间所存在的函数关系,也就是曲面上的动点 $M(x, y, z)$ 在运动过程中所受的约束条件.

例如,动点 $M(x, y, z)$ 到空间一定点 $C(x_0, y_0, z_0)$ 的距离都等于定长 R,则动点 M 的轨迹叫作球面.定点 C 叫作球心,定长 R 叫作半径.现在建立这个球面方程.

按定义,球面上任一点 $M(x, y, z)$ 到定点 $C(x_0, y_0, z_0)$ 的距离都等于 R,由空间两点间的距离公式,得

$$(x-x_0)^2 + (y-y_0)^2 + (z-z_0)^2 = R^2. \tag{2}$$

这就是球面上任一点的坐标所满足的方程;不在球面上的点的坐标都不满足方程(2).因此,方程(2)就是以 $C(x_0, y_0, z_0)$ 为球心,R 为半径的球面的方程.

如果球心在坐标原点,则球面方程为

$$x^2 + y^2 + z^2 = R^2.$$

一般地,当二次方程的形状为

$$x^2 + y^2 + z^2 + Gx + Hy + Kz + L = 0 \tag{3}$$

时,只要 $G^2 + H^2 + K^2 - 4L > 0$,方程(3)就表示一个球面.我们把方程(3)改写为

$$\left(x+\frac{G}{2}\right)^2 + \left(y+\frac{H}{2}\right)^2 + \left(z+\frac{K}{2}\right)^2 = \frac{1}{4}(G^2 + H^2 + K^2 - 4L).$$

它表示以点 $\left(-\frac{G}{2}, -\frac{H}{2}, -\frac{K}{2}\right)$ 为球心,$\frac{1}{2}\sqrt{G^2 + H^2 + K^2 - 4L}$ 为半径的球面.

上述方程含有四个待定系数 G、H、K、L,因此确定一球面方程一般需要四个独立的条件.

例1 建立以点 $M_0(1, -2, 0)$ 为球心,半径为 $R=\sqrt{5}$ 的球面方程.

解 设 $M(x, y, z)$ 是球面上的任一点,那么

$$|\overrightarrow{M_0M}| = \sqrt{5},$$

即
$$\sqrt{(x-1)^2+(y+2)^2+(z-0)^2}=\sqrt{5},$$
两边平方得
$$(x-1)^2+(y+2)^2+z^2=5.$$

二、二次曲面

三元二次方程所表示的曲面叫作**二次曲面**. 下面我们介绍几种常见的曲面.

1. 柱面

给定一平面曲线 C 和一定直线 L (L 不在曲线 C 所在的平面内),我们把一动直线平行于定直线 L 并沿定曲线 C 移动所生成的曲面叫作柱面. 其中,曲线 C 叫作**柱面的准线**,动直线叫作**柱面的母线**. 下面讨论几种特殊位置的柱面.

设准线 C 为 xOy 面内的曲线 $F(x, y)=0$,沿 C 作母线平行于 z 轴的柱面(图 7-22),若 $M(x, y, z)$ 是柱面上的任一点,则过点 M 的母线与 z 轴平行,令其与准线的交点为 $Q(x, y, 0)$. 点 Q 横纵坐标满足方程 $F(x, y)=0$,又不论点 M 的竖坐标如何,它与点 Q 总具有相同的横纵坐标,所以点 M 的横纵坐标也满足方程 $F(x, y)=0$,这说明点 M 在柱面上的唯一需要满足的条件是

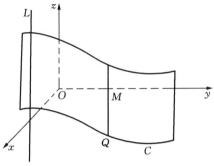

图 7-22

$F(x, y)=0$. 考虑到点 M 在柱面上的任意性,可知上述柱面的方程就是
$$F(x, y) = 0,$$
它的准线可看成柱面与坐标面的交线,其方程为
$$\begin{cases} F(x, y) = 0, \\ z = 0. \end{cases}$$

类似地,可以得到只含 x、z 而缺 y 的方程 $G(x, z)=0$ 表示母线平行 y 轴的柱面,其准线方程为
$$\begin{cases} G(x, z) = 0, \\ y = 0. \end{cases}$$
只含 y, z 而缺 x 的方程 $H(y, z)=0$ 表示母线平行于 x 轴的柱面,其准线方程为
$$\begin{cases} H(y, z) = 0, \\ x = 0. \end{cases}$$

例如,方程 $x^2+y^2=R^2$ 表示母线平行于 z 轴,准线是 xOy 平面上以原点为圆心,以 R 为半径的圆的柱面(图 7-23),称其为**圆柱面**. 类似地,曲面 $x^2+z^2=R^2$、$y^2+z^2=R^2$ 也都是圆柱面.

方程 $\dfrac{x^2}{a^2}+\dfrac{y^2}{b^2}=1$,$\dfrac{x^2}{a^2}-\dfrac{y^2}{b^2}=1$,$x^2-2py=0$ 分别表示母线平行于 z 轴的椭圆柱面、双曲柱面和抛物柱面(图 7-24、图 7-25、图 7-26),由于这些方程都是二次的,因此称为二次柱面.

2. 旋转曲面

一条平面曲线绕其所在平面上的一条定直线旋转一周所生成的曲面叫作**旋转曲面**,定直

线叫作**旋转曲面的轴**.

设 yOz 平面上，有一已知曲线 C，它的方程为
$$f(y, z) = 0.$$

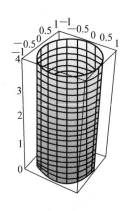

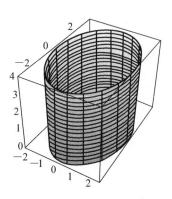

图 7 - 23

图 7 - 24

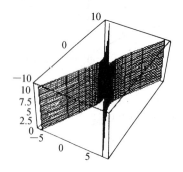

图 7 - 25

图 7 - 26

将曲线 C 绕 z 轴旋转一周就得到一个以 z 轴为轴的旋转曲面(图 7 - 27)，下面我们来求它的方程.

设 $M_1(0, y_1, z_1)$ 为曲线上任意一点，则有
$$f(y_1, z_1) = 0. \tag{4}$$
当曲线 C 绕 z 轴转动时，点 M_1 也随着转动到另一位置 $M(x, y, z)$，这时 $z = z_1$ 保持不变，点 M 到 z 轴的距离为
$$d = \sqrt{x^2 + y^2} = |y_1|.$$
将 $z_1 = z$，$y_1 = \pm\sqrt{x^2 + y^2}$ 代入(4)式就有
$$f(\pm\sqrt{x^2 + y^2}, z) = 0.$$

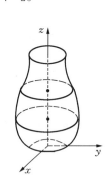

图 7 - 27

这就是所求旋转曲面的方程. 其方程得来的规律是在曲线 C 的方程 $f(y, z) = 0$ 中，z 保持不动，将 y 改成 $\pm\sqrt{x^2 + y^2}$.

同理曲线 C 绕 y 轴旋转所成的旋转曲面的方程为
$$f(y, \pm\sqrt{x^2 + z^2}) = 0.$$

其他坐标面内的曲线绕面内坐标轴旋转所成的旋转曲面的方程可仿此方法得到.

例 2 将 yOz 坐标平面上的抛物线

$$\begin{cases} y^2 = 2pz, \\ x = 0 \end{cases}$$

绕 z 轴旋转一周，求所生成的旋转曲面的方程．

解 绕 z 轴旋转一周，所生成的旋转曲面方程为
$$x^2 + y^2 = 2pz.$$

我们把这旋转曲面叫作**旋转抛物面**(图 7-28)．

例3 将 xOz 坐标面上的双曲线
$$\begin{cases} \dfrac{x^2}{a^2} - \dfrac{z^2}{c^2} = 1, \\ y = 0 \end{cases}$$

分别绕 z 轴和 x 轴旋转一周，求所生成的旋转曲面的方程．

解 绕 z 轴和 x 轴旋转所生成的旋转曲面的方程为
$$\frac{x^2 + y^2}{a^2} - \frac{z^2}{c^2} = 1,$$
$$\frac{x^2}{a^2} - \frac{y^2 + z^2}{c^2} = 1.$$

图 7-28

这两种旋转曲面分别叫作**单叶旋转双曲面**(图 7-29)和**双叶旋转双曲面**(图 7-30)．

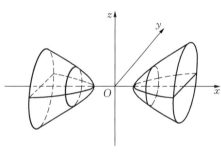

图 7-29 图 7-30

例4 设一条直线绕一条与其相交的定直线旋转一周，旋转时两直线的夹角 α 始终保持不变 $\left(0 < \alpha < \dfrac{\pi}{2}\right)$，则这动直线旋转所生成的曲面叫作**圆锥面**，动直线与定直线的交点叫作**圆锥面的顶点**，定角 α 叫作圆锥面的**半顶角**．求顶点在坐标原点 O，定直线为 z 轴，半顶角为 α 的圆锥面的方程．

解 设动直线由 yOz 坐标面开始，则这直线的方程为
$$\begin{cases} z = y\cot\alpha, \\ x = 0. \end{cases}$$

因为这条直线绕 z 轴旋转(图 7-31)，所以旋转曲面的方程为
$$z = (\pm\sqrt{x^2 + y^2})\cot\alpha,$$

即
$$z^2 = (x^2 + y^2)\cot^2\alpha.$$

设 $\cot\alpha = a$，则圆锥面的方程为

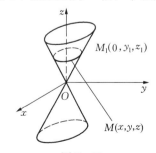

图 7-31

$$z^2 = a^2(x^2+y^2).$$

3. 椭球面

方程

$$\frac{x^2}{a^2}+\frac{y^2}{b^2}+\frac{z^2}{c^2}=1(a>0, b>0, c>0) \tag{5}$$

所表示的曲面叫作**椭球面**，其中 a、b、c 叫作**椭球面的半轴**。

为了了解曲面的形状，我们可以用平行于坐标平面的一系列平面去截割曲面，对所得截痕形状进行分析，然后加以综合，就可看出曲面的形状。这种方法叫作**截痕法**。

下面用截痕法讨论椭球面的形状。

从方程 (5) 可以看出

$$|x|\leqslant a, \quad |y|\leqslant b, \quad |z|\leqslant c,$$

这说明曲面包含在由 6 个平面 $x=\pm a$、$y=\pm b$、$z=\pm c$ 所围成的长方体内。

下面研究椭球面的形状。首先，用三个坐标面去截割椭球面，所得的截痕曲线都是椭圆，它们的方程为

$$\begin{cases}\dfrac{x^2}{a^2}+\dfrac{y^2}{b^2}=1,\\ z=0,\end{cases} \begin{cases}\dfrac{y^2}{b^2}+\dfrac{z^2}{c^2}=1,\\ x=0,\end{cases} \begin{cases}\dfrac{x^2}{a^2}+\dfrac{z^2}{c^2}=1,\\ y=0.\end{cases}$$

其次，用平行于 xOy 坐标平面的平面 $z=z_1$ ($z_1<c$) 去截割椭球面，所得截痕曲线是平面 $z=z_1$ 上的椭圆，其方程为

$$\begin{cases}\dfrac{x^2}{\dfrac{a^2}{c^2}(c^2-z_1^2)}+\dfrac{y^2}{\dfrac{b^2}{c^2}(c^2-z_1^2)}=1,\\ z=z_1.\end{cases}$$

它的两个半轴分别等于 $\dfrac{a}{c}\sqrt{c^2-z_1^2}$ 与 $\dfrac{b}{c}\sqrt{c^2-z_1^2}$。当 z_1 变动时，这种椭圆的中心都在 z 轴上。当 $|z_1|$ 由 0 逐渐增大到 c 时，截得的椭圆由大到小，最后缩成一点。

用平行于其他坐标面的平面去截割椭球面，分别可得到上述类似的结果。

综上所述，得知椭球面 (5) 的形状如图 7-32 所示。

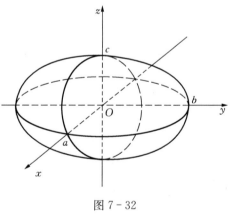

图 7-32

如果 $a=b$，而 $a>c$，则方程 (5) 变为

$$\frac{x^2}{a^2}+\frac{y^2}{a^2}+\frac{z^2}{c^2}=1.$$

由旋转曲面的知识可知，该曲面是母线平行 z 轴，而准线是 xOz 面内的椭圆

$$\frac{x^2}{a^2}+\frac{z^2}{c^2}=1$$

的旋转曲面，叫作**旋转椭球面**，它的特点是用平面 $z=z_1$ ($|z_1|\leqslant c$) 去截割所得截痕是圆心在 z 轴上的圆。

相应地，也存在其他形式的旋转椭球面。

当 $a=b=c$ 时，则方程(5)变为
$$x^2+y^2+z^2=a^2.$$
这方程表示球心在坐标原点 O，半径为 a 的球面．这说明球面是椭球面的一种特殊情形．

4. 椭圆抛物面

方程
$$\frac{x^2}{2p}+\frac{y^2}{2q}=z \quad (p\text{ 与 }q\text{ 同号}) \tag{6}$$
所表示的曲面叫作**椭圆抛物面**．下面用截痕法研究 $p>0$、$q>0$ 时椭圆抛物面的形状．

由方程(6)可知，当 $p>0$、$q>0$ 时，$z>0$，曲面在 xOy 平面上方；当 $x=0$，$y=0$ 时，$z=0$，曲面通过坐标原点 O，我们把坐标原点叫作**椭圆抛物面的顶点**．

首先，用平行于 xOy 坐标平面的一系列平面 $z=h(h>0)$ 去截割椭圆抛物面，所得截痕曲线为椭圆：
$$\begin{cases}\dfrac{x^2}{2ph}+\dfrac{y^2}{2qh}=1,\\ z=h.\end{cases}$$

这是平面 $z=h$ 上的椭圆．当 h 变动时，这种椭圆的中心都在 z 轴上．当 z 逐渐增大时截得的椭圆也逐渐增大．

其次，用 xOz 坐标平面截割椭圆抛物面，所得截痕曲线为抛物线：
$$\begin{cases}x^2=2pz,\\ y=0.\end{cases}$$
它的轴与 z 轴重合．

若用平行于 xOz 的平面 $y=y_1$ 去截割椭圆抛物面，所得的截痕曲线为抛物线
$$\begin{cases}x^2=2p\left(z-\dfrac{y_1^2}{2q}\right),\\ y=y_1.\end{cases}$$
它的轴平行于 z 轴，顶点为 $\left(0,y_1,\dfrac{y_1^2}{2q}\right)$．

同理可知，用 yOz 面及平行于 yOz 面的平面去截割椭圆抛物面，所得的截痕曲线也是抛物线．

综上所述，可知椭圆抛物面(6)的形状如图 7-33 所示．

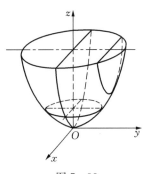

图 7-33

三、空间曲线

在第四节我们把空间直线看作是两个平面的交线．一般情况下，空间曲线可以看作是两个曲面的交线．

例如，空间曲线 C 可以看作是两个曲面 S_1 与 S_2 的交线(图7-34)，设两个曲面 S_1 与 S_2 的方程分别为 $F(x,y,z)=0$，$G(x,y,z)=0$，则曲线 C 上的任一点坐标同时满足两个曲面 S_1 与 S_2 的方程，即满足方程组

$$\begin{cases} F(x,\ y,\ z) = 0, \\ G(x,\ y,\ z) = 0. \end{cases} \tag{7}$$

反之，如果点不在曲线 C 上，则这点的坐标不可能同时满足两个曲面 S_1 与 S_2 的方程，即不可满足方程组(7)．这里，我们把方程组(7)叫作**空间曲线 C 的一般方程**．

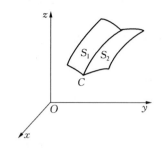

图 7-34

因为过空间一条曲线的曲面有无数多个，因此，只要从中任取两个，把它们的方程联立起来就可以表示这条曲线，所以曲线的一般方程不是唯一的．

例如，xOy 坐标平面上，以原点为圆心，以 1 为半径的圆的方程可表示为

$$\begin{cases} x^2+y^2+z^2=1, \\ z=0, \end{cases} \quad \text{或} \quad \begin{cases} x^2+y^2=1, \\ z=0. \end{cases}$$

前者表示球面与平面的交线，后者是圆柱面与平面的交线．

空间曲线 C 上的动点 M 的坐标 x、y、z 也可表示为参变量 t 的函数：

$$\begin{cases} x = x(t), \\ y = y(t), \\ z = z(t). \end{cases} \tag{8}$$

方程组(8)叫作**空间曲线的参数方程**．

习题 7-5

1. 求与坐标原点及点 $(2,3,4)$ 的距离之比为 $1:2$ 的点的轨迹方程．
2. 求过点 $(1,2,5)$ 且与三个坐标平面相切的球面方程．
3. 建立以点 $(1,3,-2)$ 为球心，且通过坐标原点的球面方程．
4. 指出下列方程表示怎样的曲面，并作出草图．
   (1) $4x^2+4y^2+z^2=16$；
   (2) $y^2-9z^2=81$；
   (3) $\dfrac{x^2}{4}+\dfrac{y^2}{9}=z$；
   (4) $x^2+y^2-\dfrac{z^2}{4}=0$；
   (5) $\dfrac{x^2}{9}+\dfrac{y^2}{25}-1=0$；
   (6) $x^2=y$；
   (7) $x^2+y^2+z^2=64$．
5. 写出下列条件的旋转曲面的方程：
   (1) 直线 $\begin{cases} y=2x+1, \\ z=0 \end{cases}$ 绕 x 轴旋转一周；
   (2) 曲线 $\begin{cases} z^2=5x, \\ y=0 \end{cases}$ 绕 x 轴旋转一周；
   (3) 圆 $\begin{cases} (y-b)^2+z^2=a^2, \\ x=0 \end{cases} (b>a>0)$ 绕 z 轴旋转一周．
6. 指出下列方程所表示的曲线：
   (1) $\begin{cases} x^2+y^2+z^2=25, \\ x=3; \end{cases}$
   (2) $\begin{cases} x^2+4y^2+9z^2=36, \\ y=1; \end{cases}$

(3) $\begin{cases} x^2-4y^2+z^2=25, \\ x=-3; \end{cases}$ (4) $\begin{cases} y^2+z^2-4x+8=0, \\ y=4; \end{cases}$

(5) $\begin{cases} \dfrac{y^2}{9}-\dfrac{z^2}{4}=1, \\ x-2=0. \end{cases}$

| 自 测 题 七 |

一、填空题

1. 与向量 $\boldsymbol{\alpha}=2\boldsymbol{i}-\boldsymbol{j}+2\boldsymbol{k}$ 共线且满足方程 $\boldsymbol{\alpha}\cdot\boldsymbol{x}=-18$ 的向量 $\boldsymbol{x}=$ _____ ;

2. 平行于向量 $\boldsymbol{\alpha}=\{6,7,-6\}$ 的单位向量为 _____ ;

3. $\boldsymbol{a}=3\boldsymbol{i}-\boldsymbol{j}-2\boldsymbol{k}$, $\boldsymbol{b}=\boldsymbol{i}+2\boldsymbol{j}-\boldsymbol{b}$, 则 $(-2\boldsymbol{a})\cdot 3\boldsymbol{b}=$ _____ , $\boldsymbol{a}\times 2\boldsymbol{b}=$ _____ , $\boldsymbol{a}$ 与 $\boldsymbol{b}$ 的夹角余弦为 _____ ;

4. 在 xOy 面上与 $\boldsymbol{\alpha}=\{-4,3,7\}$ 垂直的单位向量为 _____ ;

5. 过点 $M(1,2,-1)$ 且与直线 $\begin{cases} x=2-t, \\ y=-4+3t, \\ z=-1+t \end{cases}$ 垂直的平面方程是 _____ ;

6. 设平面经过原点及点 $(6,-3,2)$ 且与平面 $4x-y+2z=8$ 垂直,则此平面方程为 _____ ;

7. 过点 $(-1,2,5)$ 且与直线 $\begin{cases} 2x-3y+6z-4=0, \\ 4x-y+5z+2=0 \end{cases}$ 平行的直线方程为 _____ ;

8. 将 xOz 坐标面上的圆 $x^2+z^2=9$ 绕 z 轴旋转一周,所生成的旋转曲面的方程为 _____ .

二、选择题

1. 设 $\boldsymbol{c}=\boldsymbol{b}\times\boldsymbol{a}-\boldsymbol{b}$,则( ).

(A) $\boldsymbol{a}$ 垂直于 $\boldsymbol{b}+\boldsymbol{c}$; (B) $\boldsymbol{a}$ 平行于 $\boldsymbol{b}+\boldsymbol{c}$;
(C) $\boldsymbol{b}$ 垂直于 $\boldsymbol{c}$; (D) $\boldsymbol{b}$ 平行于 $\boldsymbol{c}$.

2. 设有直线 $L_1: \dfrac{x-1}{1}=\dfrac{y-5}{-2}=\dfrac{z+8}{1}$ 与直线 $L_2: \begin{cases} x-y=6, \\ 2y+z=3, \end{cases}$ 则 L_1 与 L_2 的夹角为( ).

(A) $\dfrac{\pi}{6}$; (B) $\dfrac{\pi}{4}$; (C) $\dfrac{\pi}{3}$; (D) $\dfrac{\pi}{2}$.

3. 平面 $x+y-11=0$ 与平面 $3x+8=0$ 的夹角为( ).

(A) $\dfrac{\pi}{6}$; (B) $\dfrac{\pi}{4}$; (C) $\dfrac{\pi}{3}$; (D) $\dfrac{\pi}{2}$.

4. 设一条直线与三个坐标轴的交角分别为 α, β, γ,则 $\sin^2\alpha+\sin^2\beta+\sin^2\gamma=$( ).

(A) 1; (B) 0; (C) 2; (D) -1.

三、求下列各题

1. 求与两平面 $x-4z=3$ 和 $2x-y-5z=1$ 的交线平行且过点 $(-3,2,5)$ 的直线方程.

2. 求直线 $\dfrac{x-2}{1}=\dfrac{y-3}{1}=\dfrac{z-4}{2}$ 与平面 $2x+y+z-6=0$ 的交点.

3. 判断两直线 $L_1: \dfrac{x}{2}=\dfrac{y+3}{3}=\dfrac{z}{4}$ 和 $L_2: \dfrac{x-1}{1}=\dfrac{y+2}{1}=\dfrac{z-2}{2}$ 是否共面，若是，求两直线的交点，否则，求它们之间的距离.

4. 已知点 $A(1, 0, 0)$ 及点 $B(0, 2, 1)$，试在 z 轴上求一点 C 使 $\triangle ABC$ 的面积最小.

第八章 多元函数的微分法

前面我们讨论的函数都只有一个自变量,这种函数叫作**一元函数**. 但在许多实际问题中,一个事物往往同时受着多方面因素的影响,反映到数学上,就是一个变量依赖于多个变量的情形,这种函数叫作**多元函数**. 多元函数所依赖的诸变量之间彼此无关,它们的值可以在一定范围内任意选取,因而这些变量也称为**自变量**.

本章将在一元函数微分法的基础上讨论多元函数微分的基本方法. 在讨论的过程中,我们以二元函数为主,因为与一元函数相比,二元函数的微分法,有它独特的规律,而从二元函数到二元以上的多元函数则不会产生新的问题,其微分方法可以类推.

第一节 二元函数的基本概念

一、二元函数的概念

在很多自然现象以及实际问题中,经常会遇到两个变量之间的依赖关系,举例如下:

例 1 圆柱体的体积 V 和它的底半径 r、高 h 之间具有关系式
$$V = \pi r^2 h.$$

这里,当 r、h 取定一组正数值时,由上面的关系式,V 的对应值就随之确定,即体积 V 是自变量 r 与 h 的函数.

例 2 一定量的理想气体的压强 p、体积 V 和绝对温度 T 之间具有关系式
$$p = \frac{RT}{V},$$

其中 R 为常数. 当取 $V>0$,$T>T_0$(其中 T_0 是该气体的液化点)的一对值时,由上面关系式,p 的对应值就随之确定,所以 p 是自变量 V 与 T 的函数.

例 3 若对平面上任意一点 (x, y),当 $x^2+y^2 \neq 0$ 时,有 $z = \dfrac{xy}{x^2+y^2}$ 与之对应;当 $x^2+y^2=0$ 时,有 $z=0$ 与之对应,则 z 是自变量 x,y 的函数,记为

$$z = \begin{cases} \dfrac{xy}{x^2+y^2}, & x^2+y^2 \neq 0, \\ 0, & x^2+y^2 = 0. \end{cases}$$

以上举出的三个例子虽然反映的问题意义各不相同,且函数的表达式形式也各不相同,但它们都有共同的性质,即都是一个量依赖于两个独立取值的自变量,是两个变量的函数,抽出这个共同的性质,可以得出下面二元函数的定义.

定义 1 设 D 是平面上的一个点集,如果对于每个点 $P(x, y) \in D$,变量 z 按照一定法

则，总有确定的值和它对应，则称 z 是变量 x、y 的**二元函数**，记为
$$z = f(x, y) \text{ 或 } z = f(P).$$

习惯上，也把 $z=f(x, y)$ 或 $z=f(P)$ 称为点 $P(x, y)$ 的**二元函数**或称为**变量** x, y 的**二元函数**. x, y 叫作**自变量**, z 也叫作**因变量**. 点集 D 称为**函数** $f(x, y)$ 的**定义域**, 数集
$$\{z \mid z = f(x, y), (x, y) \in D\}$$
或
$$\{z \mid z = f(P), P \in D\}$$
称为函数的**值域**.

例 1 中，圆柱体体积 $V=\pi r^2 h$，说明 V 是自变量 r 和 h 的函数，故可记作 $V=f(r, h)=\pi r^2 h$，当取定 $r=3$, $h=5$，则圆柱体体积
$$V = \pi \cdot 3^2 \cdot 5 = 45\pi.$$
45π 称为二元函数 $f(r, h)$ 当 $r=3$, $h=5$ 时的函数值，记作
$$f(3, 5) \text{ 或 } V\Big|_{\substack{r=3 \\ h=5}},$$
即
$$f(3, 5) = \pi \cdot 3^2 \cdot 5 = 45\pi,$$
或
$$V\Big|_{\substack{r=3 \\ h=5}} = 45\pi.$$

当分别给定自变量 x, y 的值时，平面上便确定了一点 $P(x, y)$，如果对于点 $P(x, y)$，函数 $z=f(x, y)$ 有确定的值与之对应，则称**函数** $z=f(x, y)$ **在点** $P(x, y)$ **处是有定义的**.

类似地，可以定义三元函数 $u=f(x, y, z)$ 以及三元以上的函数. 二元以及二元以上的函数统称为**多元函数**. 关于二元函数的定义域与一元函数类似，一般由解析式子表示的函数 $z=f(x, y)$，其定义域是指使变量 z 取得实数值的所有点 $P(x, y)$ 的集合，即使 $z=f(x, y)$ 有意义的点的全体.

为讨论二元函数的定义域和二元函数的极限，有必要将一元函数的区间和邻域概念加以推广.

设 D 为一个平面区域，如果 D 可以被包含在一个以原点为中心，半径适当大的圆内，则称这一区域是**有界的**，否则称为**无界的**. 如果平面区域是由一条或几条曲线围成的，把围成区域的曲线称为区域的**边界**. 连同边界在内的区域称为**闭区域**；不包括边界的区域称为**开区域**.

一般情况下，二元函数 $z=f(x, y)$ 的定义域是 xOy 坐标面上的平面区域.

若 $P_0(x_0, y_0)$ 是 xOy 平面上的一个点，δ 是某一正数，我们把满足不等式
$$\sqrt{(x-x_0)^2 + (y-y_0)^2} < \delta$$
的一切点 (x, y) 的全体，称为点 $P_0(x_0, y_0)$ 的 δ 邻域，对于点 $P_0(x_0, y_0)$ 的 δ 邻域，当不考虑点 $P_0(x_0, y_0)$ 时，也称它为**去心邻域**.

例 4 求函数 $z = \sqrt{R^2 - x^2 - y^2}$ 的定义域.

解 为使根式有意义，变量 x 与 y 必须满足 $R^2 - x^2 - y^2 \geq 0$，即定义域为
$$\{(x, y) \mid x^2 + y^2 \leq R^2\},$$
此区域是一个半径为 R 的圆周及其内部的所有点(图 8-1)，为有界闭区域.

例 5 求函数 $z = \ln(x+y-1)$ 的定义域.

解 为使对数有意义，变量 x, y 必须满足 $x+y-1>0$，即定义域为
$$\{(x, y) \mid x+y>1\}.$$
此区域是 xOy 坐标面上位于直线 $x+y=1$ 右上部的半平面(图 8-2)，不包含直线 $x+y=1$ 本身，为无界开区域．

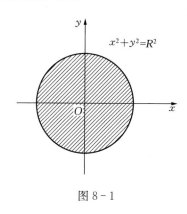

图 8-1

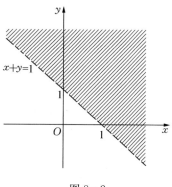

图 8-2

例 6 例 3 中函数
$$z=\begin{cases} \dfrac{xy}{x^2+y^2}, & x^2+y^2\neq 0, \\ 0, & x^2+y^2=0 \end{cases}$$
的定义域是整个 xOy 坐标面，即
$$\{(x, y) \mid x\in \mathbf{R}, y\in \mathbf{R}\}.$$

我们已经知道一元函数 $y=f(x)$ 的图形一般来说是平面 xOy 上的一条曲线．现在来讨论二元函数的图形．设二元函数 $z=f(x, y)$ 的定义域是 xOy 面内某区域 D，任意取定一点 $P(x, y)\in D$，对应的函数值为 $z=f(x, y)$．这样，以 x 为横坐标，y 为纵坐标，$z=f(x, y)$ 为竖坐标，在空间就确定了一点 $M(x, y, z)$，与 D 内的点 $P(x, y)$ 相对应．当点 $P(x, y)$ 在 D 内变动时，相应地，点 M 就在空间内变动．一般来说，点 M 的轨迹是空间的一张曲面，这张曲面称为**二元函数 $z=f(x, y)$ 的图形**(图 8-3)．

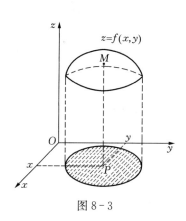

图 8-3

二、二元函数的极限与连续

与一元函数的极限概念类似，现在我们来讨论二元函数 $z=f(x, y)$ 当 $P(x, y)\rightarrow P_0(x_0, y_0)$，即 $x\rightarrow x_0, y\rightarrow y_0$ 时的极限．

定义 2 设点 $P_0(x_0, y_0)$ 的任何去心邻域内都有函数 $z=f(P)$ 定义域 D 内的无限多个点，如果点 $P(x, y)(P\in D)$ 以任何方式趋于 $P_0(x_0, y_0)$ 时，函数的对应值 $f(x, y)$ 趋于一个确定的常数值 A，则称 A 为函数 $z=f(P)=f(x, y)$ 当 P 趋于 P_0 时的**极限**，记作
$$\lim_{P\rightarrow P_0} f(P)=A$$
或
$$\lim_{\substack{x\rightarrow x_0 \\ y\rightarrow y_0}} f(x, y)=A. \tag{1}$$

我们记 $\rho=|PP_0|=\sqrt{(x-x_0)^2+(y-y_0)^2}$. 显然，当 $P \to P_0$ 时，$\rho=|PP_0| \to 0$，反之亦成立，故 $x \to x_0$，$y \to y_0$ 与

$$\rho=|PP_0|=\sqrt{(x-x_0)^2+(y-y_0)^2} \to 0$$

等价，因此(1)式又可写成

$$\lim_{\rho \to 0} f(x, y)=A.$$

二元函数的极限的精确定义如下：

定义 2′ 设点 $P_0(x_0, y_0)$ 的任何去心邻域内都有函数 $z=f(P)$ 定义域 D 内的无限多个点，如果对任意给定的正数 $\varepsilon>0$，总有正数 δ 存在，使得对于适合不等式

$$0<|PP_0|=\sqrt{(x-x_0)^2+(y-y_0)^2}<\delta$$

的一切点 $P(x, y) \in D$，都有

$$|f(x, y)-A|<\varepsilon$$

成立，则称常数 A 为函数 $z=f(x, y)$ 当 $P(x, y)$ 趋于 $P_0(x_0, y_0)$ 时的**极限**，记作

$$\lim_{\rho \to 0} f(x, y)=A,$$

或

$$\lim_{\substack{x \to x_0 \\ y \to y_0}} f(x, y)=A.$$

学习二元函数的极限必须注意，所谓 $f(x, y)$ 当 P 无限趋近于 P_0 时的极限是 A，是指 $P(x, y)$ 以任何方式趋于 $P_0(x_0, y_0)$ 时，函数值都无限趋近于 A，因此如果只知道 $P(x, y)$ 以一种或几种特定方式趋近于 $P_0(x_0, y_0)$ 时，函数值无限趋近于 A，还不能由此断定函数在 $P_0(x_0, y_0)$ 处的极限为 A，为说明这种情况，考察本节中例 6：

$$f(x, y)=\begin{cases} \dfrac{xy}{x^2+y^2}, & x^2+y^2 \neq 0, \\ 0, & x^2+y^2=0. \end{cases}$$

虽然当 $P(x, y)$ 沿 x 轴或沿 y 轴这两种特定方式趋近于点 $(0, 0)$ 时，对应的函数值都趋近于零，若再使 $P(x, y)$ 沿直线 $y=kx$ 趋于 $(0, 0)$ 时，

$$\lim_{\substack{x \to 0 \\ y=kx \to 0}} \frac{xy}{x^2+y^2}=\lim_{x \to 0} \frac{kx^2}{x^2+k^2x^2}=\frac{k}{1+k^2},$$

其值随 k 值不同而不同，所以 $\lim_{\substack{x \to 0 \\ y \to 0}} f(x, y)$ 并不存在．

从前面定义可以看出二元函数极限的定义与一元函数极限的定义形式上完全相同，因此关于一元函数的极限的运算法则，对于二元函数仍然适用．

掌握了二元函数的极限概念之后，不难说明二元函数的连续性，下面给出二元函数 $z=f(x, y)$ 在点 $P_0(x_0, y_0)$ 处连续的定义．

定义 3 已知 $P_0(x_0, y_0)$ 是二元函数 $z=f(x, y)$ 定义域内的一个点，若 $\lim_{\substack{x \to x_0 \\ y \to y_0}} f(x, y)=f(x_0, y_0)$，则称**二元函数** $f(x, y)$ **在点** $P_0(x_0, y_0)$ **处连续**．

如果二元函数 $f(x, y)$ 在区域 D 内每一点都连续，则称**函数** $f(x, y)$ **在区域** D **内连续**．

根据极限的运算法则可以说明二元连续函数的和、差、积仍为连续函数，在分母不为零处，连续函数的商仍是连续函数．二元连续函数的复合函数也仍是连续函数．

与一元初等函数相类似，二元初等函数也是由一个解析式子表示的函数，这个式子是由

常量及基本初等函数经过有限次的四则运算和复合步骤所构成的,例如 $\dfrac{x+x^2-y^2}{1+x^2}$,e^{x+y},$\ln(1+x^2+y^2)$ 等都是二元初等函数.

一切二元(或多元)初等函数在其定义区域内都是连续的.

例7 求 $\lim\limits_{\substack{x\to 1\\y\to 2}}(x^2+y+2)$.

解 因为 $z=x^2+y+2$ 是初等函数,且定义域是整个 xOy 平面,因此在 xOy 面上任意点都是连续的,而 $P_0(1,2)$ 是 xOy 坐标面上的点,故 $z=x^2+y+2$ 在点 $P_0(1,2)$ 处连续,根据二元连续函数的定义,可将 $x=1$,$y=2$ 代入即得

$$\lim_{\substack{x\to 1\\y\to 2}}(x^2+y+2)=1^2+2+2=5.$$

例8 求 $\lim\limits_{\substack{x\to 0\\y\to 0}}\dfrac{\sqrt{xy+1}-1}{xy}$.

解 $\lim\limits_{\substack{x\to 0\\y\to 0}}\dfrac{\sqrt{xy+1}-1}{xy}=\lim\limits_{\substack{x\to 0\\y\to 0}}\dfrac{xy+1-1}{xy(\sqrt{xy+1}+1)}=\lim\limits_{\substack{x\to 0\\y\to 0}}\dfrac{1}{\sqrt{xy+1}+1}=\dfrac{1}{2}$.

本节最后再介绍一下二元连续函数的性质.和闭区间上一元连续函数的性质相类似,在有界闭区域上的二元连续函数也有相应的两条性质:

性质1 设函数 $z=f(x,y)$ 在有界闭区域 D 上连续,则 $f(x,y)$ 在 D 上能取到它的最大值和最小值至少各一次.

性质2 设函数 $z=f(x,y)$ 在有界闭区域 D 上连续,常数 C 介于函数的最大值与最小值之间,则在 D 内至少可找到一点 (ζ,η) 使得

$$f(\zeta,\eta)=C.$$

注:以上两条性质对于 n 元函数 $(n\geqslant 3)$ 均成立.叙述略.

习题 8-1

1. 已知函数 $f(x,y)=xy\cdot\tan\dfrac{x}{y}$,试求 $f(tx,ty)$.

2. 已知函数 $f(x,y)=\dfrac{2xy}{x^2+y^2}$,试求 $f(x,kx)$.

3. 试验证函数 $F(x,y)=\ln x\cdot\ln y$ 满足关系式
$$F(xy,uv)=F(x,u)+F(x,v)+F(y,u)+F(y,v).$$

4. 求下列各函数的定义域:

(1) $z=\sqrt{x}+\sqrt{y}$;

(2) $z=\ln(y^2-2x+1)$;

(3) $z=\sqrt{R^2-x^2-y^2}+\sqrt{x^2+y^2-r^2}$ $(R>r>0)$;

(4) $z=\dfrac{1}{\sqrt{x^2+y^2-1}}$;

(5) $z=\sqrt{x-\sqrt{y}}$;

(6) $u=\dfrac{1}{\sqrt{x}}+\dfrac{1}{\sqrt{y}}+\dfrac{1}{\sqrt{z}}$.

5. 求下列各极限:

(1) $\lim\limits_{\substack{x\to 0\\y\to 1}}\dfrac{1-xy}{x^2+y^2}$;

(2) $\lim\limits_{\substack{x\to\infty\\y\to\infty}}\dfrac{1}{x^2+y^2}$;

(3) $\lim\limits_{\substack{x\to 0\\y\to 0}}\dfrac{2-\sqrt{xy+4}}{xy}$;

(4) $\lim\limits_{\substack{x\to 1\\y\to 2}}\sqrt{12-x^2-y^2}$.

(5) $\lim\limits_{\substack{x\to 0\\y\to 0}}\dfrac{xy}{\sqrt{xy+1}-1}$; (6) $\lim\limits_{\substack{x\to 0\\y\to 0}}\dfrac{\sin xy}{x}$.

第二节 偏导数与全微分

一、偏导数的定义及其计算方法

在研究一元函数时，我们从研究函数的变化率引入了导数概念，对于多元函数同样存在着变化率的问题，但是多元函数的自变量不止一个，因变量随自变量变化而变化的过程就比一元函数复杂．我们可以先从特殊情况开始研究，即以其中一个自变量为主，固定其他的自变量（即看成常数）来讨论关于这一个自变量的变化率，这里实质上就是用求一元函数的变化率的方法来研究多元函数的变化率问题．以二元函数 $z=f(x, y)$ 为例，如果只让自变量 x 变化，固定自变量 y，实际是得到关于 x 的一元函数，这个函数对 x 的导数就称为二元函数 $z=f(x, y)$ 对 x 的偏导数．

定义 1 设函数 $z=f(x, y)$ 在点 (x_0, y_0) 的某一邻域内有定义，当 y 固定在 y_0，而 x 在 x_0 处有增量 Δx 时，相应地，函数有增量 $f(x_0+\Delta x, y_0)-f(x_0, y_0)$，这个增量叫作函数 $z=f(x, y)$ 在点 (x_0, y_0) 对 x 的**偏增量**，记作

$$\Delta_x z=f(x_0+\Delta x, y_0)-f(x_0, y_0).$$

如果 $$\lim_{\Delta x\to 0}\dfrac{\Delta_x z}{\Delta x}=\lim_{\Delta x\to 0}\dfrac{f(x_0+\Delta x, y_0)-f(x_0, y_0)}{\Delta x}$$

存在，则称此极限为函数 $z=f(x, y)$ 在点 (x_0, y_0) 处对 x 的**偏导数**，记为

$$\dfrac{\partial z}{\partial x}\bigg|_{\substack{x=x_0\\y=y_0}},\ z'_x\bigg|_{\substack{x=x_0\\y=y_0}} \text{ 或 } f_x(x_0, y_0).$$

类似地，函数 $z=f(x, y)$ 在点 (x_0, y_0) 处对 y 的**偏增量**为 $\Delta_y z=f(x_0, y_0+\Delta y)-f(x_0, y_0)$．

如果 $$\lim_{\Delta y\to 0}\dfrac{f(x_0, y_0+\Delta y)-f(x_0, y_0)}{\Delta y}$$

存在，则这个极限就叫作函数 $z=f(x, y)$ 在点 (x_0, y_0) 处对 y 的**偏导数**，记为

$$\dfrac{\partial z}{\partial y}\bigg|_{\substack{x=x_0\\y=y_0}},\ z'_y\bigg|_{\substack{x=x_0\\y=y_0}} \text{ 或 } f_y(x_0, y_0).$$

如果函数 $z=f(x, y)$ 在区域 D 内每一点 (x, y) 处对 x 的偏导数都存在，这个偏导数一般来说仍是 x, y 的函数，称为函数 $z=f(x, y)$ 对自变量 x 的**偏导函数**，也简称为对 x 的**偏导数**，记为

$$\dfrac{\partial z}{\partial x},\ z'_x \text{ 或 } f_x(x, y).$$

类似地，可定义函数 $z=f(x, y)$ 对自变量 y 的**偏导数**，记为

$$\dfrac{\partial z}{\partial y},\ z'_y \text{ 或 } f_y(x, y).$$

定义中的 $\dfrac{\partial z}{\partial x}\bigg|_{\substack{x=x_0\\y=y_0}}$ 与 $\dfrac{\partial z}{\partial y}\bigg|_{\substack{x=x_0\\y=y_0}}$ 就是偏导函数 $\dfrac{\partial z}{\partial x}$ 与 $\dfrac{\partial z}{\partial y}$ 在点 (x_0, y_0) 处的函数值．

从偏导数的定义可以看出，求 $z=f(x, y)$ 的偏导数，实质还是在求一元函数的导数．例如，求 $z=f(x, y)$ 对 x 的偏导数就是把 y 看成常量，按照一元函数求导数的方法，求 z

对 x 的导数;如果求 z 对 y 的偏导数,就把 x 看成常量,求 z 对 y 的导数,也就是说,不需要什么新的方法,直接应用一元函数的求导公式就可以了.

偏导数的概念还可以推广到二元以上的函数上去. 例如,三元函数 $u=f(x, y, z)$ 在定义域上的点 (x, y, z) 处对 x 的偏导数定义为

$$f_x(x, y, z) = \lim_{\Delta x \to 0} \frac{f(x+\Delta x, y, z) - f(x, y, z)}{\Delta x}.$$

具体求导方法是把 y, z 看成常量,对 x 求导数.

例 1 已知 $z = 2\sin x + y\ln(y+x)$,求 $\dfrac{\partial z}{\partial x}, \dfrac{\partial z}{\partial y}$.

解 把 y 看作常量,得

$$\frac{\partial z}{\partial x} = 2\cos x + \frac{y}{x+y}.$$

把 x 看作常量,得

$$\frac{\partial z}{\partial y} = \ln(y+x) + \frac{y}{x+y}.$$

例 2 求 $z = \ln(e^x + e^y)$ 在点 $(1, 2)$ 处的偏导数.

解 $\dfrac{\partial z}{\partial x} = \dfrac{e^x}{e^x + e^y}, \dfrac{\partial z}{\partial y} = \dfrac{e^y}{e^x + e^y}.$

将 $(1, 2)$ 代入上面的结果,就得

$$\left.\frac{\partial z}{\partial x}\right|_{\substack{x=1 \\ y=2}} = \frac{e}{e+e^2} = \frac{1}{1+e},$$

$$\left.\frac{\partial z}{\partial y}\right|_{\substack{x=1 \\ y=2}} = \frac{e^2}{e+e^2} = \frac{e}{1+e}.$$

例 3 求 $r = \sqrt{x^2+y^2+z^2}$ 的偏导数.

解 把 y 和 z 都看作常量,得

$$\frac{\partial r}{\partial x} = \frac{x}{\sqrt{x^2+y^2+z^2}} = \frac{x}{r}.$$

同理可得

$$\frac{\partial r}{\partial y} = \frac{y}{r}, \quad \frac{\partial r}{\partial z} = \frac{z}{r}.$$

例 4 已知理想气体的状态方程 $pV = RT$(R 为常量),求证 $\dfrac{\partial p}{\partial V} \cdot \dfrac{\partial V}{\partial T} \cdot \dfrac{\partial T}{\partial p} = -1$.

证 因为

$$p = \frac{RT}{V}, \quad \frac{\partial p}{\partial V} = -\frac{RT}{V^2},$$

$$V = \frac{RT}{p}, \quad \frac{\partial V}{\partial T} = \frac{R}{p},$$

$$T = \frac{pV}{R}, \quad \frac{\partial T}{\partial p} = \frac{V}{R},$$

所以

$$\frac{\partial p}{\partial V} \cdot \frac{\partial V}{\partial T} \cdot \frac{\partial T}{\partial p} = \left(-\frac{RT}{V^2}\right) \cdot \frac{R}{p} \cdot \frac{V}{R} = -\frac{RT}{pV} = -1.$$

一元函数的导数 $\dfrac{\mathrm{d}y}{\mathrm{d}x}$ 可以看成函数微分 $\mathrm{d}y$ 与自变量的微分 $\mathrm{d}x$ 之商. 而偏导数的记号 $\dfrac{\partial z}{\partial x}$ 是一个整体记号, 不能看作分子与分母之比, 这一点从例 4 的证明过程不难看出.

一元函数在某点导数的几何意义, 是函数图形上对应于该点处的切线的斜率, 现在让我们来看二元函数偏导数的几何意义.

设 $M_0(x_0, y_0, f(x_0, y_0))$ 为曲面 $z = f(x, y)$ 上的一点. 过 M_0 作平面 $y = y_0$, 截此曲面得一曲线, 该曲线在平面 $y = y_0$ 上的方程为 $z = f(x, y_0)$, 则偏导数 $\dfrac{\partial}{\partial x} f(x, y_0) \Big|_{x=x_0}$, 即 $f_x(x_0, y_0)$ 表示曲线在点 M_0 处的切线 $M_0 T_x$ 对 x 轴的斜率, 如图 8-4 所示. 同理, 偏导数 $f_y(x_0, y_0)$ 的几何意义是曲面被平面 $x = x_0$ 所截得的曲线在点 M_0 处的切线 $M_0 T_y$ 对 y 轴的斜率.

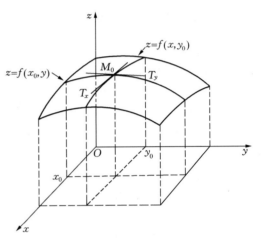

图 8-4

另外还应注意一点, 一元函数若在某点可导, 则在该点必定连续. 但对二元函数来说, 即使在某点的两个偏导数都存在, 也不能保证函数在该点连续. 这一点, 在掌握了二元函数的极限与连续的定义之后, 是不难理解的.

二、高阶偏导数

设函数 $z = f(x, y)$ 在区域 D 内具有偏导数 $\dfrac{\partial z}{\partial x}$, $\dfrac{\partial z}{\partial y}$, 那么在 D 内, $\dfrac{\partial z}{\partial x}$, $\dfrac{\partial z}{\partial y}$ 仍是 x, y 的函数. 如果这两个函数的偏导数也存在, 则称它们是函数 $z = f(x, y)$ 的**二阶偏导数**. 按照对变量求导的不同次序, 可得到下列四个二阶偏导数

$$\frac{\partial^2 z}{\partial x^2} = \frac{\partial}{\partial x}\left(\frac{\partial z}{\partial x}\right) = f_{xx}(x, y),$$

$$\frac{\partial^2 z}{\partial x \partial y} = \frac{\partial}{\partial y}\left(\frac{\partial z}{\partial x}\right) = f_{xy}(x, y),$$

$$\frac{\partial^2 z}{\partial y \partial x} = \frac{\partial}{\partial x}\left(\frac{\partial z}{\partial y}\right) = f_{yx}(x, y),$$

$$\frac{\partial^2 z}{\partial y^2} = \frac{\partial}{\partial y}\left(\frac{\partial z}{\partial y}\right) = f_{yy}(x, y).$$

用同样方法可以得到函数的三阶、四阶、$\cdots$、直至 n 阶偏导数. 函数的二阶以及二阶以上的偏导数统称为**高阶偏导数**.

其中记号 $\dfrac{\partial^2 z}{\partial x \partial y}$ 表示先对 x 再对 y 求偏导数; 而 $\dfrac{\partial^2 z}{\partial y \partial x}$ 表示先对 y 再对 x 求偏导数, 这两个二阶偏导数都称为 $z = f(x, y)$ 的**二阶混合偏导数**.

下面的定理给出了 $\dfrac{\partial^2 z}{\partial x \partial y}$ 与 $\dfrac{\partial^2 z}{\partial y \partial x}$ 相等的充分条件.

定理 1 如果函数 $z=f(x,y)$ 的两个二阶混合偏导数 $\dfrac{\partial^2 z}{\partial x \partial y}$ 与 $\dfrac{\partial^2 z}{\partial y \partial x}$ 在区域 D 内连续，则在该区域内，这两个二阶混合偏导数必相等.

上面定理的结论还可推广到自变量多于两个的多元函数上去，从而得出一般性的结论：只要高阶混合偏导数连续，则与对各自变量求偏导的次序无关.

例 5 求函数 $z=e^x \cos y$ 的二阶偏导数.

解 $\dfrac{\partial z}{\partial x}=e^x \cos y,\ \dfrac{\partial z}{\partial y}=-e^x \sin y,$

$\dfrac{\partial^2 z}{\partial x^2}=e^x \cos y,\ \dfrac{\partial^2 z}{\partial x \partial y}=-e^x \sin y,$

$\dfrac{\partial^2 z}{\partial y \partial x}=-e^x \sin y,\ \dfrac{\partial^2 z}{\partial y^2}=-e^x \cos y.$

例 6 已知函数 $z=\ln \sqrt{x^2+y^2}$，试证 $\dfrac{\partial^2 z}{\partial x^2}+\dfrac{\partial^2 z}{\partial y^2}=0.$

解 因为
$$\frac{\partial z}{\partial x}=\frac{x}{x^2+y^2},\ \frac{\partial z}{\partial y}=\frac{y}{x^2+y^2},$$
$$\frac{\partial^2 z}{\partial x^2}=\frac{(x^2+y^2)-x\cdot 2x}{(x^2+y^2)^2}=\frac{y^2-x^2}{(x^2+y^2)^2},$$
$$\frac{\partial^2 z}{\partial y^2}=\frac{(x^2+y^2)-y\cdot 2y}{(x^2+y^2)^2}=\frac{x^2-y^2}{(x^2+y^2)^2},$$

所以
$$\frac{\partial^2 z}{\partial x^2}+\frac{\partial^2 z}{\partial y^2}=0.$$

三、全 微 分

前面研究过一元函数 $y=f(x)$ 的微分，当自变量在点 x 获得增量 Δx 时，函数相应的增量为 Δy，则微分是函数增量 Δy 的主要部分，且是 Δx 的线性表达式，本节仍按照这种思想来研究二元函数的微分问题.

设二元函数 $z=f(x,y)$ 在点 $P(x,y)$ 的某邻域内有定义，点 $P'(x+\Delta x,y+\Delta y)$ 为该邻域内的任意一点，则称两点处的函数值之差 $f(x+\Delta x,y+\Delta y)-f(x,y)$ 为函数在点 P 处，对应于自变量的增量 $\Delta x,\Delta y$ 的**全增量**，记作 Δz，即
$$\Delta z = f(x+\Delta x,y+\Delta y)-f(x,y).$$

一般说来，计算全增量是比较复杂的，依照一元函数计算增量的方法，我们希望用 Δx，Δy 的线性函数近似地代替函数的全增量 Δz，而要求产生的误差很小，由此引出二元函数全微分的如下定义.

定义 2 如果函数 $z=f(x,y)$ 在点 $P(x,y)$ 处的全增量可以表示为
$$\Delta z = A\Delta x + B\Delta y + o(\rho), \tag{1}$$
其中 A、B 只依赖于 x,y，而与 $\Delta x,\Delta y$ 无关. $\rho=\sqrt{(\Delta x)^2+(\Delta y)^2}$，则称函数 $z=f(x,y)$ 在点 $P(x,y)$ **可微分**，而 $A\Delta x + B\Delta y$ 称为函数 $z=f(x,y)$ 在点 $P(x,y)$ 的**全微分**，记为 dz，即
$$dz = A\Delta x + B\Delta y. \tag{2}$$

如果函数在区域 D 内各点处都可微分，则称函数在 D 内可微分．

下面进一步研究 $z=f(x,y)$ 在点 $P(x,y)$ 可微分的充分条件与必要条件．

定理 2 如果函数 $z=f(x,y)$ 在点 (x,y) 可微分，则函数在点 (x,y) 的偏导数 $\dfrac{\partial z}{\partial x}$、$\dfrac{\partial z}{\partial y}$ 一定存在，且函数 $z=f(x,y)$ 在点 (x,y) 的全微分为

$$\mathrm{d}z = \frac{\partial z}{\partial x}\Delta x + \frac{\partial z}{\partial y}\Delta y. \tag{3}$$

证 因为函数 $z=f(x,y)$ 在点 (x,y) 处可微分，由微分定义

$$\Delta z = f(x+\Delta x, y+\Delta y) - f(x,y) = A\Delta x + B\Delta y + o(\rho).$$

因为上式对任意的 Δx，Δy 都成立，特别当 $\Delta y=0$ 时，上式也成立，这时 $\rho=|\Delta x|$，且

$$f(x+\Delta x, y) - f(x,y) = A\Delta x + o(|\Delta x|).$$

此式两边各除以 Δx，再令 $\Delta x \to 0$ 而取极限，就得

$$\lim_{\Delta x \to 0} \frac{f(x+\Delta x, y) - f(x,y)}{\Delta x} = A.$$

从而证得偏导数 $\dfrac{\partial z}{\partial x}$ 存在，且等于 A，同理可证 $B=\dfrac{\partial z}{\partial y}$，从而有

$$\mathrm{d}z = \frac{\partial z}{\partial x}\Delta x + \frac{\partial z}{\partial y}\Delta y$$

成立．证毕．

习惯上我们将自变量的增量 Δx，Δy 分别记为 $\mathrm{d}x$，$\mathrm{d}y$，并分别称为**自变量 x，y 的微分**．这样，函数 $z=f(x,y)$ 的全微分就可以写成

$$\mathrm{d}z = \frac{\partial z}{\partial x}\mathrm{d}x + \frac{\partial z}{\partial y}\mathrm{d}y, \tag{4}$$

其中 $\dfrac{\partial z}{\partial x}\mathrm{d}x$ 与 $\dfrac{\partial z}{\partial y}\mathrm{d}y$ 分别叫作**函数 $z=f(x,y)$ 在点 (x,y) 对 x，对 y 的偏微分**．由此可知，二元函数的全微分等于它的两个偏微分之和，这种关系称为二元函数的微分符合**叠加原理**．

一元函数在某点可导是可微分的充分必要条件，但对于多元函数则不然．以二元函数为例，由定理 2 可知，$f(x,y)$ 在点 $P(x,y)$ 可微分，则偏导数 $\dfrac{\partial z}{\partial x}$，$\dfrac{\partial z}{\partial y}$ 一定存在，但反之，偏导数存在，$f(x,y)$ 在 $P(x,y)$ 不一定可微分．例如，函数

$$f(x,y) = \begin{cases} \dfrac{xy}{\sqrt{x^2+y^2}}, & x^2+y^2 \neq 0, \\ 0, & x^2+y^2 = 0 \end{cases}$$

在点 $(0,0)$ 处，$f_x(0,0)=0$ 及 $f_y(0,0)=0$，所以

$$\Delta z - [f_x(0,0)\Delta x + f_y(0,0)\Delta y] = \frac{\Delta x \cdot \Delta y}{\sqrt{(\Delta x)^2+(\Delta y)^2}}.$$

如果考虑 $P'(\Delta x, \Delta y)$ 沿着直线 $y=x$ 趋近于 $(0,0)$，则

$$\frac{\dfrac{\Delta x \cdot \Delta y}{\sqrt{(\Delta x)^2+(\Delta y)^2}}}{\rho} = \frac{\Delta x \cdot \Delta y}{(\Delta x)^2+(\Delta y)^2} = \frac{\Delta x \cdot \Delta x}{(\Delta x)^2+(\Delta x)^2} = \frac{1}{2}.$$

它不随 $\rho \to 0$ 而趋近于零,这表明 $\rho \to 0$ 时,
$$\Delta z - [f_x(0, 0)\Delta x + f_y(0, 0)\Delta y]$$
不是比 ρ 高阶的无穷小,不符合微分定义,因此,函数在 $P(0,0)$ 处不可微.

由此可知,定理 1 是微分存在的必要条件,微分存在的充分条件是各偏导数连续,即有下面的定理.

定理 3 如果函数 $z=f(x, y)$ 的偏导数 $\dfrac{\partial z}{\partial x}$,$\dfrac{\partial z}{\partial y}$ 在点 $P(x, y)$ 连续,则函数在该点可微分.

证 这里讨论的函数总是指在某一区域内有定义的,对于偏导数也是如此,如果说偏导数在点 $P(x, y)$ 连续,也就意味着偏导数在该点的某一邻域内必然存在. 设点 $(x+\Delta x, y+\Delta y)$ 为这一邻域内任意一点,考察函数的全增量
$$\begin{aligned}\Delta z &= f(x+\Delta x, y+\Delta y) - f(x, y)\\ &= [f(x+\Delta x, y+\Delta y) - f(x, y+\Delta y)] + [f(x, y+\Delta y) - f(x, y)]\end{aligned}$$
位于第一个括号内的表达式,由于 $y+\Delta y$ 不变,因而可看作是 x 的一元函数 $f(x, y+\Delta y)$ 的增量. 根据拉格朗日中值定理得到
$$\begin{aligned}&f(x+\Delta x, y+\Delta y) - f(x, y+\Delta y)\\ &= f_x(x+\theta_1\Delta x, y+\Delta y)\Delta x \quad (0<\theta_1<1).\end{aligned}$$
又因为 $f_x(x, y)$ 在点 (x, y) 连续,
$$f_x(x+\theta_1\Delta x, y+\Delta y) = f_x(x, y) + \varepsilon_1,$$
因此
$$f(x+\Delta x, y+\Delta y) - f(x, y+\Delta y) = f_x(x, y)\Delta x + \varepsilon_1\Delta x, \tag{5}$$
其中 ε_1 为 Δx、Δy 的函数,且当 $\Delta x \to 0$,$\Delta y \to 0$ 时,$\varepsilon_1 \to 0$.

同理,第二个括号内的表达式可写为
$$f(x, y+\Delta y) - f(x, y) = f_y(x, y)\Delta y + \varepsilon_2\Delta y, \tag{6}$$
其中 ε_2 为 Δy 的函数,且当 $\Delta y \to 0$ 时,$\varepsilon_2 \to 0$.

由(5)、(6)两式可见,在偏导数连续的条件下,全增量 Δz 可以表示为
$$\Delta z = f_x(x, y)\Delta x + f_y(x, y)\Delta y + \varepsilon_1\Delta x + \varepsilon_2\Delta y, \tag{7}$$
可以得出
$$\left|\frac{\varepsilon_1\Delta x + \varepsilon_2\Delta y}{\rho}\right| \leqslant |\varepsilon_1| + |\varepsilon_2|,$$
从而进一步得到
$$\lim_{\rho \to 0}\left|\frac{\varepsilon_1\Delta x + \varepsilon_2\Delta y}{\rho}\right| = 0.$$
这就证明了函数 $z=f(x, y)$ 在点 $P(x, y)$ 是可微分的.

例 7 求函数 $z=x^3-4xy^2+y^4$ 的全微分.

解 因为
$$\frac{\partial z}{\partial x} = 3x^2-4y^2,\quad \frac{\partial z}{\partial y} = -8xy+4y^3,$$
所以
$$dz = (3x^2-4y^2)dx + (-8xy+4y^3)dy.$$

例 8 求函数 $z=e^{xy}$ 在点 $(2, 1)$ 处的全微分.

解 因为
$$\frac{\partial z}{\partial x} = ye^{xy},\quad \frac{\partial z}{\partial y} = xe^{xy},$$

$$\left.\frac{\partial z}{\partial x}\right|_{\substack{x=2\\y=1}}=e^2, \quad \left.\frac{\partial z}{\partial y}\right|_{\substack{x=2\\y=1}}=2e^2,$$

所以
$$dz=e^2 dx+2e^2 dy.$$

例9 求函数 $u=2x-\sin\dfrac{y}{3}+\ln(yz)$ 的全微分.

解 因为
$$\frac{\partial u}{\partial x}=2, \quad \frac{\partial u}{\partial y}=-\frac{1}{3}\cos\frac{y}{3}+\frac{1}{y}, \quad \frac{\partial u}{\partial z}=\frac{1}{z},$$

所以
$$du=2dx+\left(-\frac{1}{3}\cos\frac{y}{3}+\frac{1}{y}\right)dy+\frac{1}{z}dz.$$

因为全微分是多元函数所有的自变量都变化时，所引起的全增量的近似值，因此在引进了全微分概念以后，只要自变量的增量很小，就可以用全微分作为全增量近似值进行近似计算. 以二元函数为例，当 $z=f(x,y)$ 在点 $P(x,y)$ 全微分存在，且 $|\Delta x|$、$|\Delta y|$ 都很小时，有近似公式

$$\Delta z\approx dz=f_x(x,y)\Delta x+f_y(x,y)\Delta y,$$

或
$$f(x+\Delta x, y+\Delta y)\approx f(x,y)+f_x(x,y)\Delta x+f_y(x,y)\Delta y.$$

例10 计算 $1.04^{2.01}$ 的近似值.

解 设函数 $f(x,y)=x^y$，则
$$f_x(x,y)=yx^{y-1}, \quad f_y(x,y)=x^y\ln x,$$
$$f(x+\Delta x, y+\Delta y)=(x+\Delta x)^{y+\Delta y}\approx x^y+yx^{y-1}\Delta x+(x^y\ln x)\Delta y.$$

令 $x=1, \Delta x=0.04, y=2, \Delta y=0.01$，代入上式得
$$(1.04)^{2.01}=(1+0.04)^{2+0.01}$$
$$\approx 1+2\times 1^{2-1}\times 0.04+(1^2\times\ln 1)(0.01)=1.08.$$

习题 8-2

1. 求下列函数的偏导数：

(1) $z=x^2+5xy-y^2$；

(2) $z=x^3 y-y^3 x$；

(3) $z=\ln\tan\dfrac{x}{y}$；

(4) $z=xy+\dfrac{x}{y}$；

(5) $z=\sin(xy)+\cos^2(xy)$；

(6) $z=\sqrt{\ln(xy)}$；

(7) $u=\arctan(x-y)^z$；

(8) $u=x^{\frac{y}{z}}$.

2. 求下列函数的偏导数值：

(1) 已知 $f(x,y)=\dfrac{x}{\sqrt{x^2+y^2}}$，求 $f_x(0,1)$；

(2) 已知 $f(x,y)=e^{-x}\cdot\sin(x+2y)$，求 $f_x\left(0,\dfrac{\pi}{4}\right)$.

3. 设 $z=\ln(\sqrt{x}+\sqrt{y})$，试验证 $x\dfrac{\partial z}{\partial x}+y\dfrac{\partial z}{\partial y}=\dfrac{1}{2}$.

4. 求下列函数的二阶偏导数：

(1) $z=x^3 y^2-3xy^3-xy+1$；

(2) $z=e^x\sin y$；

(3) $z=\arctan\dfrac{y}{x}$.

5. 试验证函数 $z=\arccos\sqrt{\dfrac{x}{y}}$ 满足等式

$$\frac{\partial^2 z}{\partial x \partial y} = \frac{\partial^2 z}{\partial y \partial x}.$$

6. 试验证函数 $u = \dfrac{1}{\sqrt{x^2+y^2+z^2}}$ 满足拉普拉斯方程

$$\frac{\partial^2 u}{\partial x^2} + \frac{\partial^2 u}{\partial y^2} + \frac{\partial^2 u}{\partial z^2} = 0.$$

7. 求下列函数的全微分：

(1) $z = \ln(x^2 + y^2)$；

(2) $z = y^x$；

(3) $z = \sqrt{\dfrac{x}{y}}$；

(4) $u = x^{yz}$.

8. 求函数 $z = \ln(1+x^2+y^2)$ 当 $x=1$，$y=2$ 时的全微分．

9. 求函数 $z = \dfrac{y}{x}$ 当 $x=2$，$y=1$，$\Delta x = 0.1$，$\Delta y = -0.2$ 时的全增量和全微分．

10. 计算 $\sqrt{(1.02)^3 + (1.97)^3}$ 的近似值．

11. 计算 $1.97^{1.05}$ 的近似值 ($\ln 2 = 0.693$)．

第三节 多元复合函数及其微分法

本节我们将一元函数微分学中复合函数的求导法则推广到多元复合函数的情形．

设函数 $z = f(u, v)$ 是变量 u、v 的函数，而 u、v 又都是另一个变量 x 的函数：$u = \varphi(x)$，$v = \psi(x)$，则

$$z = f[\varphi(x), \psi(x)] \tag{1}$$

是自变量 x 的复合函数，下面我们来建立这种二元复合函数的求导公式．

定理 如果函数 $u = \varphi(x)$ 及 $v = \psi(x)$ 在点 x 可导，函数 $z = f(u, v)$ 在对应点 (u, v) 具有连续偏导数，则复合函数 $z = f[\varphi(x), \psi(x)]$ 在点 x 可导，且

$$\frac{\mathrm{d}z}{\mathrm{d}x} = \frac{\partial z}{\partial u} \cdot \frac{\mathrm{d}u}{\mathrm{d}x} + \frac{\partial z}{\partial v} \cdot \frac{\mathrm{d}v}{\mathrm{d}x}. \tag{2}$$

证 设 x 获得增量 Δx，则 $u = \varphi(x)$、$v = \psi(x)$ 分别有对应的增量 Δu、Δv，由此函数 $z = f(u, v)$ 相应地也获得了增量 Δz，由假定，函数 $z = f(u, v)$ 在点 (u, v) 具有连续偏导数，根据上节公式(7)有

$$\Delta z = \frac{\partial z}{\partial u}\Delta u + \frac{\partial z}{\partial v}\Delta v + \varepsilon_1 \Delta u + \varepsilon_2 \Delta v.$$

这里，当 $\Delta u \to 0$，$\Delta v \to 0$ 时，$\varepsilon_1 \to 0$，$\varepsilon_2 \to 0$，将上式两边同除以 Δx，得

$$\frac{\Delta z}{\Delta x} = \frac{\partial z}{\partial u}\frac{\Delta u}{\Delta x} + \frac{\partial z}{\partial v}\frac{\Delta v}{\Delta x} + \varepsilon_1 \frac{\Delta u}{\Delta x} + \varepsilon_2 \frac{\Delta v}{\Delta x}. \tag{3}$$

因为当 $\Delta x \to 0$ 时，$\Delta u \to 0$，$\Delta v \to 0$，此时 $\dfrac{\Delta u}{\Delta x} \to \dfrac{\mathrm{d}u}{\mathrm{d}x}$，$\dfrac{\Delta v}{\Delta x} \to \dfrac{\mathrm{d}v}{\mathrm{d}x}$，因此当 $\Delta x \to 0$ 时，对(3)式两端取极限即得

$$\frac{\mathrm{d}z}{\mathrm{d}x} = \frac{\partial z}{\partial u}\frac{\mathrm{d}u}{\mathrm{d}x} + \frac{\partial z}{\partial v}\frac{\mathrm{d}v}{\mathrm{d}x}.$$

定理证毕．

当 z 所含的中间变量多于两个，而每个中间变量又都是自变量 x 的函数时，求 $\dfrac{\mathrm{d}z}{\mathrm{d}x}$ 可用

与定理类似的方法来解决. 例如, $z=f(u, v, w)$ 而 $u=\varphi(x)$, $v=\psi(x)$, $w=\omega(x)$, 则有

$$\frac{\mathrm{d}z}{\mathrm{d}x} = \frac{\partial z}{\partial u}\frac{\mathrm{d}u}{\mathrm{d}x} + \frac{\partial z}{\partial v}\frac{\mathrm{d}v}{\mathrm{d}x} + \frac{\partial z}{\partial w}\frac{\mathrm{d}w}{\mathrm{d}x}. \tag{4}$$

上面讨论的复合函数虽然中间变量有多个, 但自变量都只有一个, 像这种复合函数用公式(2)、(4)求得的导数 $\frac{\mathrm{d}z}{\mathrm{d}x}$ 称为**全导数**.

下面我们来研究自变量多于一个的复合函数求偏导数的方法. 例如, 由 $z=f(u, v)$, 而 $u=\varphi(x, y)$, $v=\psi(x, y)$ 复合而成的复合函数

$$z = f[\varphi(x, y), \psi(x, y)]. \tag{5}$$

如果 $\varphi(x, y)$ 及 $\psi(x, y)$ 都在点 (x, y) 具有对 x 及对 y 的偏导数, 函数 $z=f(u, v)$ 在对应点 (u, v) 具有连续偏导数, 则复合函数(5)在点 (x, y) 存在着对 x、y 的偏导数. 当求(5)式对 x 的偏导数时, 变量 y 被认为固定不变. 故可看成是对只含一个自变量 x 的复合函数求全导数, 所以可把定理应用到求复合函数(5)的偏导数的问题上来, 从而可得到

$$\frac{\partial z}{\partial x} = \frac{\partial z}{\partial u}\frac{\partial u}{\partial x} + \frac{\partial z}{\partial v}\frac{\partial v}{\partial x}, \tag{6}$$

$$\frac{\partial z}{\partial y} = \frac{\partial z}{\partial u}\frac{\partial u}{\partial y} + \frac{\partial z}{\partial v}\frac{\partial v}{\partial y}. \tag{7}$$

类似地, 若中间变量多于两个, 如设 $u=\varphi(x, y)$, $v=\psi(x, y)$ 及 $w=\omega(x, y)$ 都在点 (x, y) 具有对 x 及对 y 的偏导数, 且函数 $z=f(u, v, w)$ 在对应点 (u, v, w) 具有连续偏导数, 则复合函数

$$z = f[\varphi(x, y), \psi(x, y), \omega(x, y)] \tag{8}$$

在点 (x, y) 的两个偏导数存在, 其计算公式如下:

$$\frac{\partial z}{\partial x} = \frac{\partial z}{\partial u}\frac{\partial u}{\partial x} + \frac{\partial z}{\partial v}\frac{\partial v}{\partial x} + \frac{\partial z}{\partial w}\frac{\partial w}{\partial x}, \tag{9}$$

$$\frac{\partial z}{\partial y} = \frac{\partial z}{\partial u}\frac{\partial u}{\partial y} + \frac{\partial z}{\partial v}\frac{\partial v}{\partial y} + \frac{\partial z}{\partial w}\frac{\partial w}{\partial y}. \tag{10}$$

特别是只有一个中间变量的情形, 如果 $z=f(u, x, y)$ 具有连续偏导数, 而 $u=\varphi(x, y)$ 具有偏导数, 则复合函数

$$z = f[\varphi(x, y), x, y] \tag{11}$$

有对 x, y 的偏导数, 此时函数(11)可以看成函数(8)的当 $v=x$, $w=y$ 时的特殊情况, 故可由公式(9)、(10)推出函数(11)的求偏导公式为

$$\frac{\partial z}{\partial x} = \frac{\partial f}{\partial u}\frac{\partial u}{\partial x} + \frac{\partial f}{\partial x},$$

$$\frac{\partial z}{\partial y} = \frac{\partial f}{\partial u}\frac{\partial u}{\partial y} + \frac{\partial f}{\partial y}.$$

必须注意, 符号 $\frac{\partial z}{\partial x}$ 与 $\frac{\partial f}{\partial x}$ 的意义是不同的, $\frac{\partial z}{\partial x}$ 是把函数 $f[\varphi(x, y), x, y]$ 中的 y 看作不变而对 x 求偏导, $\frac{\partial f}{\partial x}$ 是把函数 $f(u, x, y)$ 中的 u 和 y 看作不变而对 x 求偏导, $\frac{\partial z}{\partial y}$ 与 $\frac{\partial f}{\partial y}$ 也有类似的区别.

例1 设 $z=u^2+v^2$，而 $u=x+y$，$v=x-y$，求 $\dfrac{\partial z}{\partial x}$，$\dfrac{\partial z}{\partial y}$.

解 $\dfrac{\partial z}{\partial x}=\dfrac{\partial z}{\partial u}\dfrac{\partial u}{\partial x}+\dfrac{\partial z}{\partial v}\dfrac{\partial v}{\partial x}=2u\cdot 1+2v\cdot 1=4x$,

$\dfrac{\partial z}{\partial y}=\dfrac{\partial z}{\partial u}\cdot\dfrac{\partial u}{\partial y}+\dfrac{\partial z}{\partial v}\cdot\dfrac{\partial v}{\partial y}=2u\cdot 1+2v\cdot(-1)=4y.$

例2 设 $z=f\left(xy,\dfrac{x}{y}\right)$，求 $\dfrac{\partial z}{\partial x}$，$\dfrac{\partial z}{\partial y}$.

解 令 $u=xy$，$v=\dfrac{x}{y}$，于是 $z=f(u,v)$,

$$\dfrac{\partial z}{\partial x}=\dfrac{\partial f}{\partial u}\cdot\dfrac{\partial u}{\partial x}+\dfrac{\partial f}{\partial v}\cdot\dfrac{\partial v}{\partial x}=\dfrac{\partial f}{\partial u}\cdot y+\dfrac{\partial f}{\partial v}\cdot\dfrac{1}{y}=yf_1'+\dfrac{1}{y}f_2'.$$

因为题中并没给出符号 u 与 v，我们令 $\dfrac{\partial f}{\partial u}=f_1'$，表示函数对第一个中间变量求偏导数，$\dfrac{\partial f}{\partial v}=f_2'$，表示函数对第二个中间变量求偏导数. 又函数 f 的具体表达式未曾给出，故 $yf_1'+\dfrac{1}{y}f_2'$ 就是 $\dfrac{\partial z}{\partial x}$ 的最后结果，同理，

$$\begin{aligned}\dfrac{\partial z}{\partial y}&=\dfrac{\partial f}{\partial u}\dfrac{\partial u}{\partial y}+\dfrac{\partial f}{\partial v}\dfrac{\partial v}{\partial y}\\&=\dfrac{\partial f}{\partial u}x+\dfrac{\partial f}{\partial v}\left(-\dfrac{x}{y^2}\right)=xf_1'-\dfrac{x}{y^2}f_2'.\end{aligned}$$

例3 设 $u=f(x,y,z)=e^{x^2+y^2+z^2}$，而 $z=x^2\sin y$，求 $\dfrac{\partial u}{\partial x}$ 和 $\dfrac{\partial u}{\partial y}$.

解 $\dfrac{\partial u}{\partial x}=\dfrac{\partial f}{\partial x}+\dfrac{\partial f}{\partial z}\dfrac{\partial z}{\partial x}$

$=2xe^{x^2+y^2+z^2}+2ze^{x^2+y^2+z^2}\cdot 2x\sin y$

$=2x(1+2x^2\sin^2 y)e^{x^2+y^2+x^4\sin^2 y},$

$\dfrac{\partial u}{\partial y}=\dfrac{\partial f}{\partial y}+\dfrac{\partial f}{\partial z}\cdot\dfrac{\partial z}{\partial y}=2ye^{x^2+y^2+z^2}+2ze^{x^2+y^2+z^2}\cdot x^2\cos y$

$=2(y+x^4\sin y\cos y)e^{x^2+y^2+x^4\sin^2 y}.$

例4 $z=uv+\sin t$，而 $u=\cos t$，$v=e^t$，求全导数 $\dfrac{\mathrm{d}z}{\mathrm{d}t}$.

解 $\dfrac{\mathrm{d}z}{\mathrm{d}t}=\dfrac{\partial z}{\partial u}\cdot\dfrac{\mathrm{d}u}{\mathrm{d}t}+\dfrac{\partial z}{\partial v}\dfrac{\mathrm{d}v}{\mathrm{d}t}+\dfrac{\partial z}{\partial t}$

$=v(-\sin t)+ue^t+\cos t=e^t(\cos t-\sin t)+\cos t.$

习题 8-3

1. 求下列函数的导数.

(1) $z=\dfrac{y}{x}$，而 $y=\sqrt{1-x^2}$；(2) $z=\arctan(xy)$，而 $y=e^x$.

2. 设 $z=\ln(u^2+v)$，而 $u=e^{x+y^2}$，$v=x^2+y$，求 $\dfrac{\partial z}{\partial x}$，$\dfrac{\partial z}{\partial y}$.

3. 设 $z=u^2v-uv^2$, 而 $u=x\cos y$, $v=x\sin y$, 求 $\frac{\partial z}{\partial x}$, $\frac{\partial z}{\partial y}$.

4. 设 $z=u^2\ln v$, 而 $u=\frac{x}{y}$, $v=3x-2y$, 求 $\frac{\partial z}{\partial x}$, $\frac{\partial z}{\partial y}$.

5. 求下列函数的一阶偏导数：
(1) $u=f(x^2-y^2, e^{xy})$;　　(2) $u=f(x, xy, xyz)$.

6. 设函数 $u=f(x,y)$ 可导, 试验证在极坐标 $x=r\cos\theta$, $y=r\sin\theta$ 变换下, 满足关系式
$$\left(\frac{\partial u}{\partial r}\right)^2+\frac{1}{r^2}\left(\frac{\partial u}{\partial \theta}\right)^2=\left(\frac{\partial u}{\partial x}\right)^2+\left(\frac{\partial u}{\partial y}\right)^2.$$

7. 试验证函数 $z=\arctan\frac{v}{u}$, 其中 $u=x+y$, $v=x-y$ 满足关系式
$$\frac{\partial z}{\partial x}+\frac{\partial z}{\partial y}=\frac{y-x}{x^2+y^2}.$$

8. 设 $z=xy+xF(u)$, 而 $u=\frac{y}{x}$, $F(u)$ 为可导函数, 证明 $x\frac{\partial z}{\partial x}+y\frac{\partial z}{\partial y}=z+xy$.

第四节　隐函数及其微分法

设由方程
$$F(x, y) = 0 \tag{1}$$
确定了隐函数 $y=f(x)$, 在一元函数微分学中, 我们已经讨论了不经显化, 而求这种隐函数(1)的导数的方法, 本节将根据复合函数的求导法则, 仍然不经过显化, 推导出这种隐函数的一般求导公式.

将方程(1)所确定的函数 $y=f(x)$ 代入(1), 得恒等式
$$F[x, f(x)] \equiv 0.$$
将左端看成是关于 x 的一个复合函数, 两边同时对 x 求全导数, 得
$$\frac{\partial F}{\partial x}+\frac{\partial F}{\partial y}\cdot\frac{\mathrm{d}y}{\mathrm{d}x}=0.$$
当 $\frac{\partial F}{\partial y}\neq 0$ 时, 就有
$$\frac{\mathrm{d}y}{\mathrm{d}x}=-\frac{\frac{\partial F}{\partial x}}{\frac{\partial F}{\partial y}}. \tag{2}$$

这就是由方程(1)所确定的隐函数的求导公式.

对于含多个自变量的隐函数, 可以用类似的方法求得偏导数, 例如, 设由方程
$$F(x, y, z) = 0 \tag{3}$$
确定了 z 是 x 与 y 的函数 $z=f(x, y)$. 若它的两个偏导数 $\frac{\partial z}{\partial x}$, $\frac{\partial z}{\partial y}$ 都存在, 将 $z=f(x, y)$ 代入(3), 得恒等式
$$F[x, y, f(x, y)] \equiv 0. \tag{4}$$
应用复合函数求导法则, 将(4)式两边同时对 x 求偏导, 得
$$\frac{\partial F}{\partial x}+\frac{\partial F}{\partial z}\cdot\frac{\partial z}{\partial x}=0.$$

若 $\dfrac{\partial F}{\partial z} \neq 0$，就得到

$$\frac{\partial z}{\partial x} = -\frac{F_x(x, y, z)}{F_z(x, y, z)}. \tag{5}$$

同理可得

$$\frac{\partial z}{\partial y} = -\frac{F_y(x, y, z)}{F_z(x, y, z)}. \tag{6}$$

例 1 设 $3x^3y^2 + x\sin y = 0$，求 $\dfrac{\mathrm{d}y}{\mathrm{d}x}$.

解 设 $F(x, y) = 3x^3y^2 + x\sin y$，则

$$\frac{\partial F}{\partial x} = 9x^2y^2 + \sin y, \quad \frac{\partial F}{\partial y} = 6x^3y + x\cos y.$$

当 $\dfrac{\partial F}{\partial y} \neq 0$ 时，有

$$\frac{\mathrm{d}y}{\mathrm{d}x} = -\frac{\dfrac{\partial F}{\partial x}}{\dfrac{\partial F}{\partial y}} = -\frac{9x^2y^2 + \sin y}{6x^3y + x\cos y}.$$

例 2 设方程 $xy + yz + zx = 1$ 确定隐函数 $z = f(x, y)$，求 $\dfrac{\partial^2 z}{\partial x^2}$，$\dfrac{\partial^2 z}{\partial y^2}$.

解 令 $F(x, y, z) = xy + yz + zx - 1$，则

$$\frac{\partial F}{\partial x} = y + z, \quad \frac{\partial F}{\partial y} = x + z, \quad \frac{\partial F}{\partial z} = y + x,$$

所以

$$\frac{\partial z}{\partial x} = -\frac{y+z}{x+y}.$$

上式再一次对 x 求偏导数，得

$$\frac{\partial^2 z}{\partial x^2} = -\frac{\dfrac{\partial z}{\partial x}(x+y) - (y+z)}{(x+y)^2}$$

$$= -\frac{-\dfrac{y+z}{x+y}(x+y) - (y+z)}{(x+y)^2} = \frac{2(y+z)}{(x+y)^2}.$$

同理可得

$$\frac{\partial^2 z}{\partial y^2} = \frac{2(x+z)}{(x+y)^2}.$$

例 3 设方程 $F(x, y, z) = 0$，可以把任一变量确定为其余两个变量的隐函数，试证明

$$\frac{\partial x}{\partial y} \cdot \frac{\partial y}{\partial z} \cdot \frac{\partial z}{\partial x} = -1.$$

证 首先将方程 $F(x, y, z) = 0$ 看成 x 是 y 与 z 的隐函数，根据公式(5)得

$$\frac{\partial x}{\partial y} = -\frac{F'_y}{F'_x}.$$

同理可得

$$\frac{\partial y}{\partial z}=-\frac{F'_z}{F'_y},\quad \frac{\partial z}{\partial x}=-\frac{F'_x}{F'_z},$$

所以
$$\frac{\partial x}{\partial y}\cdot\frac{\partial y}{\partial z}\cdot\frac{\partial z}{\partial x}=-1.$$

习题 8-4

1. 在下列函数中求 $\dfrac{\mathrm{d}y}{\mathrm{d}x}$.

   (1) $\dfrac{x^2}{a^2}+\dfrac{y^2}{b^2}=1$;　　　　　　(2) $y^2=2px$;

   (3) $\sin y+\mathrm{e}^x-xy^2=0$;　　　　(4) $\ln\sqrt{x^2+y^2}=\arctan\dfrac{y}{x}$.

2. 设 $x+2y+z-2\sqrt{xyz}=0$，求 $\dfrac{\partial z}{\partial x}$ 及 $\dfrac{\partial z}{\partial y}$.

3. 设 $\dfrac{x}{z}=\ln\dfrac{z}{y}$，求 $\dfrac{\partial z}{\partial x}$ 及 $\dfrac{\partial z}{\partial y}$.

4. 设 $x^2+y^2+z^2-4z=0$，求 $\dfrac{\partial^2 z}{\partial x^2}$.

5. 设 $z^3-3xyz=a^3$，求 $\dfrac{\partial^2 z}{\partial x\partial y}$.

6. 设 $\varphi(u,v)$ 具有连续偏导数，试证明由方程 $\varphi(cx-az,cy-bz)=0$ 所确定的函数 $z=f(x,y)$ 满足 $a\dfrac{\partial z}{\partial x}+b\dfrac{\partial z}{\partial y}=c$.

7. 设 $xyz=a^3$，证明 $x\dfrac{\partial z}{\partial x}+y\dfrac{\partial z}{\partial y}=-2z$.

8. 设 $2\sin(x+2y-3z)=x+2y-3z$，证明 $\dfrac{\partial z}{\partial x}+\dfrac{\partial z}{\partial y}=1$.

第五节　多元函数的极值

与一元函数的极值概念相类似，下面给出二元函数的极值概念.

一、二元函数的极值及求法

定义　设函数 $z=f(x,y)$ 在点 (x_0,y_0) 的某个邻域内有定义，对于该邻域内一切异于 (x_0,y_0) 的点 (x,y)，如果都适合不等式
$$f(x,y)<f(x_0,y_0),$$
则称函数在 (x_0,y_0) 有**极大值** $f(x_0,y_0)$；如果都适合不等式
$$f(x,y)>f(x_0,y_0),$$
则称函数在点 (x_0,y_0) 有**极小值** $f(x_0,y_0)$，极大值与极小值统称为**极值**. 使函数取得极值的点称为**极值点**.

例 1　函数 $z=2x^2+3y^2$ 在点 $(0,0)$ 处有极小值，因为点 $(0,0)$ 的任一邻域内的异于 $(0,0)$ 的点，函数值均为正，而在点 $(0,0)$ 处函数值为零，即极小值为零，从几何上看也很显然，点 $(0,0,0)$ 是开口向上的椭圆抛物面 $z=2x^2+3y^2$ 的顶点（最低点）.

例2 函数 $z=-\sqrt{x^2+y^2}$ 在点 $(0,0)$ 处有极大值,因为在点 $(0,0)$ 处函数值为零,而对于点 $(0,0)$ 的任一邻域内异于 $(0,0)$ 的点,函数值都为负.从几何上看,点 $(0,0,0)$ 是位于 xOy 平面下方的圆锥面 $z=-\sqrt{x^2+y^2}$ 的顶点.

例3 函数 $z=xy$ 在点 $(0,0)$ 处既不取得极大值也不取得极小值,因为在点 $(0,0)$ 处的函数值为零,而对于点 $(0,0)$ 的任一邻域内,总有使函数值为正的点,也有使函数值为负的点.

定理1(极值存在的必要条件) 设函数 $z=f(x,y)$ 在点 (x_0,y_0) 具有偏导数,且在点 (x_0,y_0) 处有极值,则它在该点的偏导数必为零,即
$$f_x(x_0,y_0)=0,\ f_y(x_0,y_0)=0.$$

证 不妨设 $z=f(x,y)$ 在点 (x_0,y_0) 处有极大值,依极大值的定义,在点 (x_0,y_0) 的某邻域内而异于 (x_0,y_0) 的点 (x,y) 均有
$$f(x,y)<f(x_0,y_0).$$

特别地,在该邻域内取 $y=y_0$ 而 $x\neq x_0$ 的点也应有
$$f(x,y_0)<f(x_0,y_0).$$

这说明一元函数 $f(x,y_0)$ 在 $x=x_0$ 取得极大值,因而必有
$$f_x(x_0,y_0)=0.$$

同理可证
$$f_y(x_0,y_0)=0.$$

这个定理可推广到多元函数的情形.如三元函数 $u=f(x,y,z)$ 在点 (x_0,y_0,z_0) 具有偏导数,则它在点 (x_0,y_0,z_0) 具有极值的必要条件为
$$f_x(x_0,y_0,z_0)=0,\ f_y(x_0,y_0,z_0)=0,\ f_z(x_0,y_0,z_0)=0.$$

与一元函数类似,且能使 $f_x(x,y)=0,f_y(x,y)=0$ 同时成立的点 (x_0,y_0) 称为二元函数 $z=f(x,y)$ 的驻点,由定理1可知,具有偏导数的函数的极值点必为驻点,但函数的驻点不一定是极值点,例如,对函数 $z=xy$ 来说,点 $(0,0)$ 是它的驻点,但在该点函数没有极值.

为了判定一个驻点是否是极值点,我们给出下面极值存在的充分条件,定理证明略去.

定理2(极值存在的充分条件) 设函数 $z=f(x,y)$ 在点 (x_0,y_0) 的某邻域内连续,且有一阶及二阶连续偏导数,又 $f_x(x_0,y_0)=0,f_y(x_0,y_0)=0$,令
$$f_{xx}(x_0,y_0)=A,f_{xy}(x_0,y_0)=B,f_{yy}(x_0,y_0)=C,$$
则 $f(x,y)$ 在 (x_0,y_0) 处是否取得极值的条件是:

(1) $AC-B^2>0$ 时有极值,且当 $A<0$ 时有极大值,当 $A>0$ 时有极小值;

(2) $AC-B^2<0$ 时没有极值;

(3) $AC-B^2=0$ 时可能有极值,也可能没有极值,要另作讨论.

综上所述,我们把具有二阶连续偏导数的函数 $z=f(x,y)$ 的极值求法归纳如下:

(1) 解方程组 $f_x(x,y)=0,f_y(x,y)=0$ 求得一切实数解,即求得一切驻点.

(2) 对于每一个驻点 (x_0,y_0),求出二阶偏导数 A,B,C 的值.

(3) 按定理2的结论,由 $AC-B^2$ 的符号判定 $f(x_0,y_0)$ 是否是极值,是极大值还是极小值.

例4 求函数 $f(x,y)=4(x-y)-x^2-y^2$ 的极值.

解 解方程组 $\begin{cases} f_x(x,y)=4-2x=0, \\ f_y(x,y)=-4-2y=0, \end{cases}$ 得驻点为 $(2,-2)$.

$A=f_{xx}(x,y)\big|_{\substack{x=2\\y=-2}}=-2,\ B=f_{xy}(x,y)\big|_{\substack{x=2\\y=-2}}=0,\ C=f_{yy}(x,y)\big|_{\substack{x=2\\y=-2}}=-2,$

$$AC-B^2=(-2)\times(-2)-0^2=4>0.$$

又 $A=-2<0$, 故 $f(x,y)$ 在 $(2,-2)$ 处有极大值, 其极大值为 $f(2,-2)=8$.

二、最大值与最小值

与一元函数相类似, 可以利用函数的极值来求函数的最大值和最小值. 我们已经知道, 如果 $f(x,y)$ 在有界闭区域 D 上连续, 则 $f(x,y)$ 在 D 上必定能取得最大值和最小值. 而使函数取得最大值与最小值的点可能在 D 的内部, 也可能在 D 的边界上, 因此为求区域 D 上的最大值与最小值, 可以把函数在区域 D 内的所有极值以及 D 的边界上的最大值与最小值加以比较, 其中最大的值与最小的值就是我们所要求的最大值和最小值. 在求最大值与最小值的问题中, 通常会遇到这种情况: 已知函数 $f(x,y)$ 的最大值与最小值一定在 D 的内部取得, 而函数在 D 内只有一个驻点, 则可以肯定该点处的函数值就是函数 $f(x,y)$ 在 D 上的最大值或最小值.

例 5 某工厂用钢板制造体积为 $n(\mathrm{m}^3)$ 的有盖长方体水箱, 问怎样选取长、宽、高才使用料最省?

解 设水箱的长为 $x(\mathrm{m})$, 宽为 $y(\mathrm{m})$, 则高应为 $\dfrac{n}{xy}(\mathrm{m})$, 因此水箱表面积为

$$S=2\left(xy+y\cdot\frac{n}{xy}+x\cdot\frac{n}{xy}\right)=2\left(xy+\frac{n}{x}+\frac{n}{y}\right)(x>0,\ y>0),$$

令 $\begin{cases} \dfrac{\partial S}{\partial x}=2\left(y-\dfrac{n}{x^2}\right)=0, \\ \dfrac{\partial S}{\partial y}=2\left(x-\dfrac{n}{y^2}\right)=0, \end{cases}$

解这个方程组得 $x=\sqrt[3]{n},\ y=\sqrt[3]{n}$.

由题意可知, 水箱所用钢板面积的最小值一定存在, 且在定义域 $D:\{(x,y)\,|\,x>0,\ y>0\}$ 内取得, 又函数在 D 内只有唯一的驻点 $(\sqrt[3]{n},\sqrt[3]{n})$, 故可断定当 $x=\sqrt[3]{n},\ y=\sqrt[3]{n}$ 时, S 取得最小值, 此时高为 $\dfrac{n}{\sqrt[3]{n}\cdot\sqrt[3]{n}}=\sqrt[3]{n}$, 这说明有盖水箱当高 $=\sqrt[3]{n}$, 底为边长为 $\sqrt[3]{n}$ 的正方形时, 所需材料最省.

由此可见, 在体积一定的长方体中, 以正方体的表面积为最小.

例 6 有一宽为 36 cm 的长方形铁板, 把它两边折起来做成一断面积为等腰梯形的水槽, 问怎样折法才能使断面的面积最大?

解 设折起来的边长为 $x(\mathrm{cm})$, 倾角为 α (图 8-5), 那么梯形断面的下底边长为 $36-2x$, 上底 $36-$

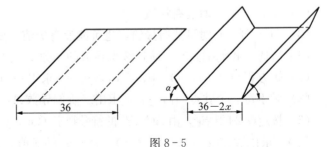

图 8-5

$2x+2x\cos\alpha$，高为 $x\sin\alpha$，所以断面面积为

$$A = 36x\sin\alpha - 2x^2\sin\alpha + x^2\sin\alpha\cos\alpha \left(0 < x < 18, \ 0 < \alpha \leqslant \frac{\pi}{2}\right).$$

可见断面的面积 A 是 x 和 α 的二元函数，令

$$\begin{cases} \dfrac{\partial A}{\partial x} = 36\sin\alpha - 4x\sin\alpha + 2x\sin\alpha\cos\alpha = 0, \\ \dfrac{\partial A}{\partial \alpha} = 36x\cos\alpha - 2x^2\cos\alpha + x^2(\cos^2\alpha - \sin^2\alpha) = 0, \end{cases}$$

由于 $\sin\alpha \neq 0$，$x \neq 0$，上述方程组可化为

$$\begin{cases} 18 - 2x + x\cos\alpha = 0, \\ 36\cos\alpha - 2x\cos\alpha + x(\cos^2\alpha - \sin^2\alpha) = 0, \end{cases}$$

解这个方程组得

$$\alpha = \frac{\pi}{3}, \ x = 12 (\text{cm}).$$

根据题意可知，断面面积的最大值一定存在，并且在 D：$\left\{(x, \alpha) \mid 0 < x < 18, \ 0 < \alpha \leqslant \dfrac{\pi}{2}\right\}$ 内取得. 又函数在 D 内只有一个驻点，因此可以断定当 $x = 12 \text{ cm}$，$\alpha = \dfrac{\pi}{3}$ 时，能使水槽断面面积最大.

三、条件极值 拉格朗日乘数法

上面所讨论的多元函数的极值问题，称为无条件极值. 因为这种问题对于函数的自变量只限于取函数定义域内的值，此外没有其他的附加条件. 但在实际问题中，经常会遇到自变量除了要在定义域内取值外，还要满足附加条件的极值问题，例如，求内接于半径为 a 的半球面，而体积最大的长方体体积（图 8-6），设长方体的一个顶点的坐标为 (x, y, z) $(x > 0, \ y > 0, \ z > 0)$，则长方体的体积

$$V = 2x \cdot 2y \cdot z = 4xyz.$$

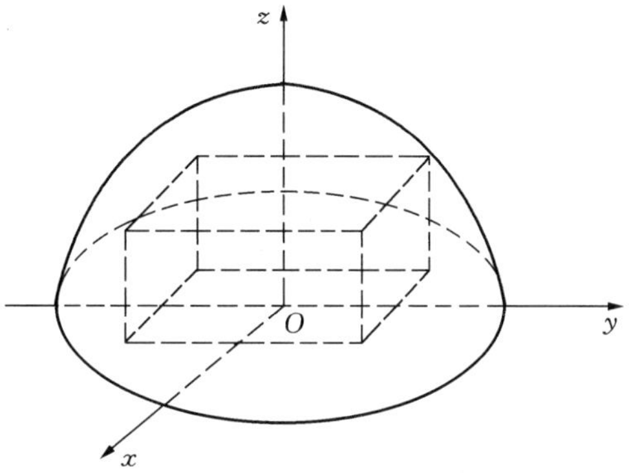

图 8-6

又因为长方体内接于半径为 a 的半球面，所以自变量 x, y, z 还必须满足附加条件 $z = \sqrt{a^2 - x^2 - y^2}$，我们称这种对自变量有附加条件的极值为**条件极值**.

有些条件极值问题可以转化为无条件极值，用前面研究过的方法来解决，如上例可把附加条件 $z = \sqrt{a^2 - x^2 - y^2}$ 代入 $V = 4xyz$ 中，将问题转化为求

$$V = 4xy\sqrt{a^2 - x^2 - y^2}$$

的无条件极值.

但在一般情况下，附加条件往往通过隐函数形式给出，并且不易甚至不能写成显函数形式，从而不易转化成无条件极值问题来解决. 这里介绍一种有效的直接求条件极值的方

法——**拉格朗日乘数法**.

现在来求函数
$$z = f(x, y) \tag{1}$$
在条件
$$\varphi(x, y) = 0 \tag{2}$$
下的极值，我们假定在点(x, y)的某一邻域内，$f(x, y)$与$\varphi(x, y)$均有连续偏导数，而$\varphi_y(x, y) \neq 0$，方程(2)确定一个单值可导且有连续导数的函数$y = \psi(x)$，将其代入(1)，从而将条件极值转化为求函数$z = f[x, \psi(x)]$的无条件极值，由一元函数极值的必要条件可知，函数z对x的全导数在极值点处必须为零，即
$$\frac{\mathrm{d}z}{\mathrm{d}x} = f_x(x, y) + f_y(x, y) \cdot \frac{\mathrm{d}y}{\mathrm{d}x} = 0. \tag{3}$$
而
$$\frac{\mathrm{d}y}{\mathrm{d}x} = -\frac{\varphi_x(x, y)}{\varphi_y(x, y)},$$
代入上式即得
$$\frac{\mathrm{d}z}{\mathrm{d}x} = f_x(x, y) - f_y(x, y) \cdot \frac{\varphi_x(x, y)}{\varphi_y(x, y)} = 0. \tag{4}$$
令
$$\lambda = -\frac{f_y(x, y)}{\varphi_y(x, y)},$$
即
$$f_y(x, y) + \lambda \varphi_y(x, y) = 0,$$
则
$$f_x(x, y) + \lambda \varphi_x(x, y) = 0.$$

再考虑到附加条件$\varphi(x, y)$，从而得到求极值的必要条件为
$$\begin{cases} f_x(x, y) + \lambda \varphi_x(x, y) = 0, \\ f_y(x, y) + \lambda \varphi_y(x, y) = 0, \\ \varphi(x, y) = 0. \end{cases}$$

通过上面的讨论，得到如下结论.

拉格朗日乘数法 为求函数$z = f(x, y)$在条件$\varphi(x, y) = 0$下的条件极值，可以先构造辅助函数
$$F(x, y) = f(x, y) + \lambda \varphi(x, y),$$
其中λ为待定常数，求$F(x, y)$对x与y的一阶偏导数，并使之为零，然后与方程(2)联立起来，得方程组
$$\begin{cases} f_x(x, y) + \lambda \varphi_x(x, y) = 0, \\ f_y(x, y) + \lambda \varphi_y(x, y) = 0, \\ \varphi(x, y) = 0. \end{cases} \tag{5}$$
由此方程组解出x, y，则其中x, y就是可能极值点的坐标.

这种方法还可以推广到自变量多于两个而条件多于一个的情形，例如，要求函数
$$u = f(x, y, z, t) \tag{6}$$
在条件
$$\varphi(x, y, z, t) = 0, \quad \psi(x, y, z, t) = 0 \tag{7}$$
下的条件极值，可以先构成辅助函数

$$F(x, y, z, t) = f(x, y, z, t) + \lambda_1 \varphi(x, y, z, t) + \lambda_2 \psi(x, y, z, t),$$

其中 λ_1, λ_2 为待定常数,再求出 $F(x, y, z, t)$ 对自变量的一阶偏导数,并令其为零,然后与(7)式中的两个方程联立起来求解,这样得出的 x, y, z, t 就是可能极值点的坐标.

例 7 用拉格朗日乘数法,求内接于半径为 a 的半球面,而体积最大的长方体的体积(图 8-6).

解 设球面方程为 $x^2+y^2+z^2=a^2$,长方体在第一卦限内的顶点坐标为 (x, y, z),其中 $x>0, y>0, z>0$,求最大体积,就是求函数 $V=4xyz$,在附加条件

$$x^2+y^2+z^2-a^2=0 \tag{8}$$

下的最大值.

作辅助函数

$$F(x, y, z) = 4xyz + \lambda(x^2+y^2+z^2-a^2),$$

分别求它对 x, y, z 的偏导数,并使之为零,得

$$\begin{cases} 4yz + 2\lambda x = 0, \\ 4zx + 2\lambda y = 0, \\ 4xy + 2\lambda z = 0. \end{cases} \tag{9}$$

由(9)式可得

$$\frac{y}{x} = \frac{x}{y}, \quad \frac{z}{y} = \frac{y}{z},$$

由以上两式可得

$$x = y = z,$$

将此式代入(8)式,得

$$x = y = z = \frac{a}{\sqrt{3}}.$$

这是唯一可能的极值点.因为由问题本身可知,体积的最大值一定存在,所以可以断定,当 $x=y=z=\frac{a}{\sqrt{3}}$ 时,内接于半球面的长方体的体积最大,最大体积为

$$V = 4xyz = 4 \times \left(\frac{a}{\sqrt{3}}\right)^3 = \frac{4\sqrt{3}}{9}a^3.$$

例 8 设生产某种产品必须投入两种要素,A 和 B 分别为两要素的投入量,Q 为产出量,若生产函数为 $Q=2A^aB^b$(其中,a、b 为正常数,且 $a+b=1$),假设两种要素的价格分别为 P_1 和 P_2,试问:当产出量为 12 时,两要素各投入多少可以使得投入总费用最少?

解 需要在产出量 $2A^aB^b=12$ 的条件下,求总费用 P_1A+P_2B 的最小值.

为此作拉格朗日函数

$$F(A, B, \lambda) = P_1A + P_2B + \lambda(12 - 2A^aB^b),$$

令

$$\begin{cases} F_A = P_1 - 2\lambda a A^{a-1}B^b = 0, & \text{①} \\ F_B = P_2 - 2\lambda b A^a B^{b-1} = 0, & \text{②} \\ F_\lambda = 12 - 2A^aB^b = 0, & \text{③} \end{cases}$$

由①式和②式,得

$$\frac{P_2}{P_1} = \frac{bA}{aB},$$

即
$$A = \frac{P_2 a}{P_1 b} B,$$
$$B = 6\left(\frac{P_1 b}{P_2 a}\right)^a, \quad A = 6\left(\frac{P_2 a}{P_1 b}\right)^b.$$

因驻点唯一，且实际问题存在最小值，故计算结果说明 $A = 6\left(\frac{P_2 a}{P_1 b}\right)^b$，$B = 6\left(\frac{P_1 b}{P_2 a}\right)^a$ 时，投入总费用最少．

习题 8-5

1. 求函数 $f(x, y) = x^2 + xy + y^2 + x - y + 1$ 的极值．
2. 求函数 $f(x, y) = e^{2x}(x + y^2 + 2y)$ 的极值．
3. 求函数 $f(x, y) = x^3 - y^3 + 3x^2 + 3y^2 - 9x$ 的极值点与极值．
4. 求函数 $z = xy$ 在适合附加条件 $x + y = 1$ 下的极大值．
5. 求表面积为 S（已知常数）而体积最大的长方体的长、宽和高．
6. 求内接于半径为 a 的球，且有最大体积的长方体．
7. 在平面 xOy 上求一点，使它到 $x = 0$，$y = 0$ 及 $x + 2y - 16 = 0$ 三直线的距离平方之和为最小．
8. 抛物面 $z = x^2 + y^2$ 被平面 $x + y + z = 1$ 截成一椭圆，求原点到这椭圆的最长和最短距离．
9. 三正数之和为 12，问三正数为何值时，才使三数之积最大？

*第六节　偏导数在经济分析中的应用

在一元函数微分学中，我们介绍了导数在经济分析中的应用．同样地，利用偏导数可以对经济分析中的许多问题进行研究．下面引入一些经济分析中常用的概念．

生产函数是微观经济学中广泛使用的一个概念，它表示在生产技术状况给定的条件下，生产要素的投入量与产品的最大产出量之间的依存关系．在实际问题中，生产要素往往是很多的，为了论述简便，我们在下面假定投入的要素有两种，即资本（K）和劳动（L），而产品只有一种．这样一来，生产函数是一个二元函数，记为 $Q = f(K, L)$，其中 Q 为产品的产量．

设生产函数 $Q = f(K, L)$，式中 K 为资本，L 为劳动，Q 为总产量．如果资本 K 投入保持不变，总产量 Q 随投入劳动 L 的变化而变化，则偏微商 $\frac{\partial Q}{\partial L} = Q_L$ 就是**劳动 L 的边际产量**；若劳动 L 投入保持不变，总产量 Q 随另一投入资本 K 的变化而变化，则偏微商 $\frac{\partial Q}{\partial L} = Q_K$ 就是**资本 K 的边际产量**．

设某厂商生产两种产品，这两种产品的联合成本 $C = C(x, y)$，式中 x，y 表示两种产品的数量，C 表示两种产品的**联合成本**（总成本）．两个偏微商 $\frac{\partial C}{\partial x} = C_x(x, y)$ 与 $\frac{\partial C}{\partial y} = C_y(x, y)$ 是关于两种产品的**边际成本**．

边际成本 $C_x(100, 50) = 500$（元），$C_y(100, 50) = 200$（元）的经济意义解释如下：前一式是指，当产品 Ⅱ 的产量保持在 50 个单位不变时，产品 Ⅰ 的产量由 100 个单位再多生产 1 个单位产品的成本为 500 元；后一式是指，当产品 Ⅰ 的产量保持在 100 个单位不变时，产品

Ⅱ的产量由50个单位再多生产1个单位产品的成本为200元.

若某公司将两种产品的价格分别定为 p_1 与 p_2，并假定公司卖完了所有产品，则公司的总收益为

$$R(x,y)=p_1x+p_2y,$$

式中 x，y 为两种产品的数量. 两个偏微商 $\dfrac{\partial R}{\partial x}=R_x(x,y)$ 与 $\dfrac{\partial R}{\partial y}=R_y(x,y)$ 是关于两种产品的**边际收益**.

边际收益 $R_x(x,y)=p_1$，$R_y(x,y)=p_2$ 的经济意义是：边际收益恰好是公司给两种产品所定的价格.

若公司生产产品Ⅰ与产品Ⅱ的数量分别为 x，y，则公司所创造的利润为

$$P(x,y)=R(x,y)-C(x,y)=p_1x+p_2y-C(x,y),$$

式中 p_1，p_2 为产品Ⅰ与产品Ⅱ的价格，两个偏微商 $\dfrac{\partial P}{\partial x}=P_x(x,y)$ 与 $\dfrac{\partial P}{\partial y}=P_y(x,y)$ 是关于两种产品的**边际利润**.

边际利润的经济解释：

$P_x(x,y)\approx$ 每多卖1个单位的产品Ⅰ所得利润.

$P_y(x,y)\approx$ 每多卖1个单位的产品Ⅱ所得利润.

例1 设某产品的生产函数为 $Q=4K^{\frac{3}{4}}L^{\frac{1}{4}}$，则资本 K 的边际产量为 $Q_K=3K^{-\frac{1}{4}}L^{\frac{1}{4}}$，而劳动的边际产量为 $Q_L=3K^{\frac{3}{4}}L^{-\frac{3}{4}}$.

例2 假设某厂商生产两种型号的电视机的月成本函数为

$$C(r,s)=20r^2+10rs+10s^2+300000,$$

式中 C 以元计，$r=$ 每月生产 R 型电视机的数目，$s=$ 每月生产 S 型电视机的数目. 已知厂商定价为：R 型电视机的价格 $p_1=5000$ 元/台，S 型电视机的价格 $p_2=8000$ 元/台，每月生产 R 型电视机 50 台，S 型电视机 70 台，试求：

(1) 月成本与边际成本；

(2) 月收益与边际收益；

(3) 月利润与边际利润.

解 (1) 每月生产 R 型电视机 50 台、S 型电视机 70 台的成本为

$$C(50,70)=20\times50^2+10\times50\times70+10\times70^2+300000=434000(元).$$

边际成本为

$$C_r(r,s)=40r+10s,\quad C_s(r,s)=10r+20s,$$

当 $r=50$，$s=70$ 时，边际成本为

$$C_r(50,70)=40\times50+10\times70=2700(元),$$
$$C_s(50,70)=10\times50+20\times70=1900(元).$$

这就是说，在 S 型电视机保持 70 台不变的情况下，厂商生产下一台 R 型电视机的成本是 2700 元；在 R 型保持 50 台不变时，厂商生产下一台 S 型电视机的成本是 1900 元.

(2) 厂商的月收益为

$$R(r,s)=5000r+8000s,$$
$$R(50,70)=5000\times50+8000\times70=810000(元).$$

而边际收益为
$$R_r(r, s) = 5000(元), \quad R_s(r, s) = 8000(元),$$
这两值恰好是 R 型与 S 型电视机的价格.

(3) 利润函数
$$P(r, s) = R(r, s) - C(r, s) = 5000r + 8000s - (20r^2 + 10rs + 10s^2 + 300000).$$
在每月生产 50 台 R 型, 70 台 S 型的情况下, 厂商的月利润为
$$P(50, 70) = 810000 - 434000 = 376000(元).$$
边际利润为
$$P_r(r, s) = 5000 - 40r - 10s, \quad P_s(r, s) = 8000 - 10r - 20s,$$
当 $r = 50$, $s = 70$ 时, 边际利润为
$$P_r(50, 70) = 5000 - 40 \times 50 - 10 \times 70 = 2300(元),$$
$$P_r(50, 70) = 8000 - 10 \times 50 - 20 \times 70 = 6100(元).$$

这就表明: 在 S 型电视机保持 70 台不变时, 厂商在销售 50 台 R 型电视机的基础上再多卖一台 R 型电视机所得利润为 2300 元; 同样地, 在 R 型电视机保持 50 台不变时, 厂商在销售 70 台 S 型电视机的基础上再多卖一台 S 型电视机所得利润为 6100 元.

习题 8 - 6

*1. 设某厂商生产 x 个单位的产品 A 与 y 个单位的产品 B 的成本为
$$C(x, y) = 50x + 100y + x^2 + xy + y^2 + 10000,$$
试求 $C_x(10, 20)$ 与 $C_y(10, 20)$, 并解释所得结果的经济意义.

*2. 设某厂商生产 x 个单位的产品 A 与 y 个单位的产品 B 的收益为
$$R(x, y) = 50x + 100y - 0.01x^2 - 0.01y^2,$$
试求 $R_x(10, 20)$ 与 $R_y(10, 20)$, 并解释所得结果.

自 测 题 八

一、填空题

1. 曲线 $\begin{cases} z = \dfrac{x^2 + y^2}{4}, \\ y = 4 \end{cases}$ 在点 $(2, 4, 5)$ 处的切线对于 x 轴的倾角为 _____ ;

2. $\dfrac{x}{z} = \ln \dfrac{z}{y}$, 则 $\dfrac{\partial z}{\partial x} = $ _____ , $\dfrac{\partial z}{\partial y} = $ _____ ;

3. $z = e^{-x} \sin \dfrac{x}{y}$, 则 $\dfrac{\partial^2 z}{\partial x \partial y}$ 在点 $\left(2, \dfrac{1}{\pi}\right)$ 处的值为 _____ ;

4. 由方程 $xyz + \sqrt{x^2 + y^2 + z^2} = \sqrt{2}$ 所确定的函数 $z = z(x, y)$ 在点 $(1, 0, -1)$ 处的全微分为 _____ ;

5. $\lim\limits_{\substack{x \to \frac{1}{2} \\ y \to 0}} \dfrac{\sqrt{4x - y^2}}{\ln(1 - x^2 - y^2)} = $ _____ ;

6. 函数 $f(x, y) = e^{2x}(x + y^2 + 2y)$ 的极值点为 _____ .

二、选择题

1. 二元函数 $f(x, y)$ 在点 (x_0, y_0) 处的两个偏导数 $f'_x(x_0, y_0)$ 和 $f'_y(x_0, y_0)$ 存在，是 $f(x, y)$ 在该点连续的(　　).

(A) 充分条件；　　　　　　　　(B) 必要条件；
(C) 充分必要条件；　　　　　　(D) 非充分非必要条件.

2. 二元函数 $f(x, y)$ 在点 (x_0, y_0) 处的两个偏导数存在是 $f(x, y)$ 在该点可微分的(　　).

(A) 充分条件；　　　　　　　　(B) 必要条件；
(C) 充分必要；　　　　　　　　(D) 非充分非必要.

3. 函数 $f(x, y) = \begin{cases} \dfrac{xy}{(x^2+y^2)^{\frac{3}{2}}}, & x^2+y^2 \neq 0, \\ 0, & x^2+y^2 = 0 \end{cases}$ 在点 $(0, 0)$ 处的偏导数为(　　).

(A) 0，1；　　(B) 1，0；　　(C) 0，0；　　(D) 1，1.

4. 下列说法正确的是(　　).

(A) 函数 $f(x, y)$ 在 (x_0, y_0) 处连续，则 $f(x, y)$ 在 (x_0, y_0) 处的偏导数必然存在；
(B) 函数 $f(x, y)$ 在 (x_0, y_0) 处偏导数存在，则 $f(x, y)$ 在 (x_0, y_0) 处连续；
(C) 函数 $f(x, y)$ 在 (x_0, y_0) 处偏导数存在且连续，则 $f(x, y)$ 在 (x_0, y_0) 处连续；
(D) 函数 $f(x, y)$ 在 (x_0, y_0) 处连续，则 $f(x, y)$ 在 (x_0, y_0) 处可微分.

三、计算下列各题

1. $\lim\limits_{\substack{x \to 0 \\ y \to 0}} \dfrac{1-\cos(x^2+y^2)}{(x^2+y^2)e^{x^2y^2}}$.

2. $u = \dfrac{e^{ax}(y-z)}{a^2+1}$，而 $y = a\sin x$，$z = \cos x$，求 du.

3. $z^2 - 3xzy = a^3$，求 $\dfrac{\partial^2 z}{\partial x \partial y}$.

4. $z = f(xy^2, x^2y)$，求 $\dfrac{\partial z}{\partial x}$，$\dfrac{\partial z}{\partial y}$，$\dfrac{\partial^2 z}{\partial x^2}$.

四、设 $z = \dfrac{y}{f(x^2-y^2)}$，其中 $f(u)$ 为可导函数，证明：$\dfrac{1}{x}\dfrac{\partial z}{\partial x} + \dfrac{1}{y}\dfrac{\partial z}{\partial y} = \dfrac{z}{y^2}$.

五、在椭圆 $x^2 + 4y^2 = 4$ 上求一点，使其到直线 $2x + 3y - 6 = 0$ 的距离最短.

六、求函数

$$f(x, y) = \begin{cases} (x^2+y^2)\sin\dfrac{1}{\sqrt{x^2+y^2}}, & x^2+y^2 \neq 0, \\ 0, & x^2+y^2 = 0 \end{cases}$$

的偏导数，并研究在点 $(0, 0)$ 处偏导数的连续性及函数 $f(x, y)$ 的可微性.

*七、设某厂商生产 x 个单位的产品 A 与 y 个单位的产品 B 的利润为

$$P(x, y) = 10x + 20y - x^2 + xy - 0.5y^2 - 10000,$$

试求 $P_x(10, 20)$ 与 $P_y(10, 20)$，并解释所得结果.

第九章 二重积分

在一元函数积分学中我们知道,定积分是某种确定形式的和的极限.这种和的极限的概念推广到定义在平面区域上的二元函数的情形,就是二重积分.二重积分是解决一些几何、物理及其他实际问题的有力工具,在生产及科学技术中得到了广泛的应用.本章将介绍二重积分的概念、性质、计算方法及二重积分的一些应用.

第一节 二重积分的概念与性质

一、引 例

1. 曲顶柱体的体积

所谓曲顶柱体是这样一个柱体:它的底是 xOy 平面上的闭区域 D,它的侧面是以 D 的边界曲线为准线,而母线平行于 z 轴的柱面.它的顶是曲面 $z=f(x,y)$,这里 $f(x,y) \geqslant 0$ 且在 D 上连续(图 9-1).

现在来讨论如何求曲顶柱体的体积.在初等数学中,平顶柱体的体积可用公式:

$$体积 = 底面积 \times 高$$

来计算.而曲顶柱体底上各点 (x, y) 处的高是一个变数,故不能直接应用上述公式计算其体积.但在底上很小的一块内,各点处的高 $f(x, y)$ 相差也很微小,可视为常数,用上述公式可计算出以该小块为底的小曲顶柱体体积的近似值,即求曲顶柱体体积也可仿照求曲边梯形面积的"分割、代替、求和、取极限"的方法进行.

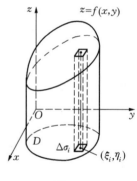

图 9-1

首先用一组曲线将区域 D 分成 n 个小闭区域 $\Delta\sigma_i(i=1, 2, \cdots, n)$,同时也用 $\Delta\sigma_i$ 表示各小区域的面积.分别以这些小区域的边界曲线为准线,作母线平行于 z 轴的柱面,这些柱面将原曲顶柱体分成 n 个小曲顶柱体,其体积 $\Delta V_i(i=1, 2, \cdots, n)$.原曲顶柱体的体积就等于各小曲顶柱体体积之和,即 $V=\sum_{i=1}^{n} \Delta V_i$.因为 $f(x, y)$ 在 D 内连续,在 $\Delta\sigma_i$ 内小曲顶柱体的高变化不大,可用 $\Delta\sigma_i$ 内任一点 (ξ_i, η_i) 处的高 $f(\xi_i, \eta_i)$ 近似代替(图 9-2),则

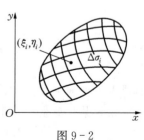

图 9-2

$$\Delta V_i \approx f(\xi_i, \eta_i)\Delta\sigma_i \quad (i=1, 2, \cdots, n).$$

再将各小曲顶柱体的体积的近似值加起来，就得到所求曲顶柱体体积的近似值，即

$$V \approx \sum_{i=1}^{n} f(\xi_i, \eta_i)\Delta\sigma_i.$$

通过上面的讨论可看出，当所分的小闭区域的个数越多，每个小闭区域的直径（即小闭区域上任意两点间距离的最大者）越小，这个近似值也就越接近于曲顶柱体体积的精确值。当 n 无限增大时，n 个小闭区域的直径中的最大值 λ 趋于零，此时和式 $\sum_{i=1}^{n} f(\xi_i,\eta_i)\Delta\sigma_i$ 的极限就是所求的曲顶柱体的体积，即

$$V = \lim_{\lambda \to 0} \sum_{i=1}^{n} f(\xi_i, \eta_i)\Delta\sigma_i.$$

2. 平面薄片的质量

设有一平面薄片占有 xOy 平面上的闭区域 D，它在点 (x, y) 处的面密度 ρ 是该点的连续函数 $\rho = \rho(x, y)$，且 $\rho(x, y) > 0$，现在要计算该薄片的质量 M。

若薄片是均匀的，即面密度为常数，则薄片的质量可以用公式

质量＝面密度×面积

来计算。现在面密度 $\rho(x, y)$ 是变数，薄片的质量就不能直接用上面的公式来计算。但是，我们可以采用计算曲顶柱体体积的方法来处理这一问题。

如图 9-2 所示，首先将薄片 D 分割成 n 个小块 $\Delta\sigma_i(i=1, 2, \cdots, n)$，也用 $\Delta\sigma_i$ 表示第 i 小块的面积，各小块的质量记为 $\Delta M_i(i=1, 2, \cdots, n)$，所求质量 M 等于各小块质量 ΔM_i 之和，即

$$M = \sum_{i=1}^{n} \Delta M_i.$$

因为面密度连续，对每小块各点处的面密度变化不大，可用 $\Delta\sigma_i$ 内任一点 (ξ_i, η_i) 处的密度 $\rho(\xi_i, \eta_i)$ 来代替，则小块 $\Delta\sigma_i$ 的质量接近于 $\rho(\xi_i, \eta_i)\Delta\sigma_i$，即

$$\Delta M_i \approx \rho(\xi_i, \eta_i)\Delta\sigma_i \quad (i=1, 2, \cdots, n).$$

通过求和取极限，得到平面薄片的质量

$$M = \lim_{\lambda \to 0} \sum_{i=1}^{n} \rho(\xi_i, \eta_i)\Delta\sigma_i \quad (\lambda \text{ 是小区域直径中的最大值}).$$

上面讨论的两个问题的实际意义虽然不同，但所采用的方法都是分割、代替、求和、取极限，所求的量都归结为求同一形式的和的极限。在几何、物理和工程技术中，有许多不同种类的量的计算要归结为求这类和式的极限，因而我们有必要抽去问题的具体意义，总结出一般的数量规律，即给出二重积分的定义。

二、二重积分的定义及其几何意义

定义 设函数 $f(x, y)$ 在闭区域 D 上有界，将闭区域 D 任意分成 n 个小闭区域：$\Delta\sigma_1$，$\Delta\sigma_2$，$\cdots$，$\Delta\sigma_n$，其中 $\Delta\sigma_i(i=1, 2, \cdots, n)$ 表示第 i 个小闭区域，也表示它的面积，在每个小闭区域 $\Delta\sigma_i$ 上任取一点 (ξ_i, η_i)，作乘积 $f(\xi_i, \eta_i)\Delta\sigma_i$，并作和 $\sum_{i=1}^{n} f(\xi_i, \eta_i)\Delta\sigma_i$，如果当各个小闭区域的直径中的最大值 λ 趋于零时，这和的极限存在，则称此极限为函数 $f(x, y)$

在闭区域 D 上的**二重积分**，记作 $\iint\limits_D f(x, y)\mathrm{d}\sigma$，即

$$\iint\limits_D f(x, y)\mathrm{d}\sigma = \lim_{\lambda \to 0}\sum_{i=1}^n f(\xi_i, \eta_i)\Delta\sigma_i, \tag{1}$$

其中 $f(x, y)$ 叫作**被积函数**，$f(x, y)\mathrm{d}\sigma$ 叫作**被积表达式**，$\mathrm{d}\sigma$ 叫作**面积元素**，x 与 y 叫作**积分变量**，D 叫作**积分区域**，$\sum_{i=1}^n f(\xi_i, \eta_i)\Delta\sigma_i$ 叫作**积分和**.

定义中和的极限存在与区域 D 的分割方法及点 (ξ_i, η_i) 的取法无关. 如果在直角坐标系中用平行于坐标轴的直线网分割 D，那么除了包含边界点的一些小闭区域外，其余的小闭区域都是矩形的. 设矩形闭区域 $\Delta\sigma_i$ 的边长为 Δx_i 和 Δy_i，则 $\Delta\sigma_i = \Delta x_i \cdot \Delta y_i$，因此在直角坐标系中，有时也把 $\mathrm{d}\sigma$ 记作 $\mathrm{d}x\mathrm{d}y$，而把二重积分记作

$$\iint\limits_D f(x, y)\mathrm{d}x\mathrm{d}y,$$

其中 $\mathrm{d}x\mathrm{d}y$ 叫作直角坐标系中的面积元素.

在理解二重积分的定义之后，应进一步指明一点：函数 $f(x, y)$ 在闭区域 D 上连续时，$f(x, y)$ 在闭区域 D 上的二重积分一定存在. 因为此时(1)式右边和的极限肯定存在. 在以后研究的二重积分 $\iint\limits_D f(x, y)\mathrm{d}\sigma$ 中，我们总假定函数 $f(x, y)$ 在闭区域 D 上是连续的.

由二重积分的定义可知，曲顶柱体的体积是函数 $f(x, y)$ 在闭区域 D 上的二重积分

$$V = \iint\limits_D f(x, y)\mathrm{d}\sigma.$$

非均匀平面薄片的质量是它的面密度函数 $\rho(x, y)$ 在薄片所占闭区域 D 上的二重积分

$$M = \iint\limits_D \rho(x, y)\mathrm{d}\sigma.$$

因为总可以把被积函数 $f(x, y)$ 解释为曲顶柱体的顶在点 (x, y) 处的竖坐标，所以二重积分的几何意义就是"曲顶柱体的体积". 如果 $f(x, y) \geqslant 0$，那么柱体在 xOy 面的上方，二重积分的值是正的，它等于曲顶柱体的体积；如果 $f(x, y) < 0$，那么柱体在 xOy 面的下方，二重积分的值是负的，但二重积分的绝对值等于曲顶柱体的体积；如果 $f(x, y)$ 在区域 D 的若干部分区域上是正的，在其余部分上是负的，那么 $f(x, y)$ 在 D 上的二重积分就等于各部分区域上曲顶柱体体积的代数和.

三、二重积分的性质

和定积分一样，二重积分也有类似的一些性质，现叙述如下：

性质 1 被积函数的常数因子可以提到二重积分符号的外面，即

$$\iint\limits_D kf(x, y)\mathrm{d}\sigma = k\iint\limits_D f(x, y)\mathrm{d}\sigma \quad (k \text{ 为常数}).$$

性质 2 函数的代数和的二重积分等于各函数二重积分的代数和，即

$$\iint\limits_D [f(x, y) \pm g(x, y)]\mathrm{d}\sigma = \iint\limits_D f(x, y)\mathrm{d}\sigma \pm \iint\limits_D g(x, y)\mathrm{d}\sigma.$$

这个性质可以推广到有限个函数的情形，如

$$\iint\limits_{D} [f(x, y) \pm g(x, y) \pm \cdots \pm h(x, y)] d\sigma$$
$$= \iint\limits_{D} f(x, y) d\sigma \pm \iint\limits_{D} g(x, y) d\sigma \pm \cdots \pm \iint\limits_{D} h(x, y) d\sigma.$$

性质 3 如果闭区域 D 可以分成不相重叠的两个闭区域 D_1,D_2,则有

$$\iint\limits_{D} f(x, y) d\sigma = \iint\limits_{D_1} f(x, y) d\sigma + \iint\limits_{D_2} f(x, y) d\sigma.$$

这个性质对于闭区域 D 可以分成不相重叠的有限个闭区域也是成立的. 例如,
$$D = D_1 \cup D_2 \cup \cdots \cup D_n \quad (D_1, D_2, \cdots, D_n \text{ 不相重叠}),$$

则
$$\iint\limits_{D} f(x, y) d\sigma = \iint\limits_{D_1} f(x, y) d\sigma + \iint\limits_{D_2} f(x, y) d\sigma \pm \cdots \pm \iint\limits_{D_n} f(x, y) d\sigma.$$

这个性质表示二重积分对于积分区域具有可加性.

性质 4 如果在闭区域 D 上,$f(x, y) = 1$,设 σ 为闭区域 D 的面积,则
$$\sigma = \iint\limits_{D} 1 d\sigma = \iint\limits_{D} d\sigma.$$

这个性质是很明显的,因为高为 1 的平顶柱体的体积在数值上等于柱体的底面积.

性质 5 如果在闭区域 D 上,$f(x, y) \leqslant g(x, y)$,则有
$$\iint\limits_{D} f(x, y) d\sigma \leqslant \iint\limits_{D} g(x, y) d\sigma.$$

特殊地,由于
$$-|f(x, y)| \leqslant f(x, y) \leqslant |f(x, y)|,$$

则有
$$\left| \iint\limits_{D} f(x, y) d\sigma \right| \leqslant \iint\limits_{D} |f(x, y)| d\sigma.$$

性质 6 设 M、m 分别是 $f(x, y)$ 在闭区域 D 上的最大值和最小值,σ 是 D 的面积,则有
$$m\sigma \leqslant \iint\limits_{D} f(x, y) d\sigma \leqslant M\sigma.$$

通过性质 1、性质 4 与性质 5 便得此估值不等式.

性质 7(二重积分的中值定理) 设函数 $f(x, y)$ 在闭区域 D 上连续,σ 是 D 的面积,则在闭区域 D 上至少存在一点 (ξ, η),使得

$$\iint\limits_{D} f(x, y) d\sigma = f(\xi, \eta)\sigma.$$

中值定理的几何意义是:在区域 D 上至少存在一点 (ξ, η),使得二重积分所确定的曲顶柱体的体积等于以 D 为底,以 $f(\xi, \eta)$ 为高的平顶柱体的体积.

习题 9-1

1. 设 $I_1 = \iint\limits_{D_1} (x^2 + y^2)^3 d\sigma$,其中 $D_1 = \{(x, y) \mid -1 \leqslant x \leqslant 1, -2 \leqslant y \leqslant 2\}$;又 $I_2 = \iint\limits_{D_2} (x^2 + y^2)^3 d\sigma$,其中 $D_2 = \{(x, y) \mid 0 \leqslant x \leqslant 1, 0 \leqslant y \leqslant 2\}$,试利用二重积分的几何意义说明 I_1 与 I_2 之间的关系.

2. 根据二重积分的性质,比较下列积分大小:

(1) $\iint\limits_D (x+y)^2 d\sigma$ 与 $\iint\limits_D (x+y)^3 d\sigma$，其中积分区域 D 由 x 轴、y 轴与直线 $x+y=1$ 所围成；

(2) $\iint\limits_D (x+y)^2 d\sigma$ 与 $\iint\limits_D (x+y)^3 d\sigma$，其中积分区域 D 由圆周 $(x-2)^2+(y-1)^2=2$ 所围成；

(3) $\iint\limits_D \ln(x+y) d\sigma$ 与 $\iint\limits_D [\ln(x+y)]^2 d\sigma$，其中 D 是三角形闭区域，三角形顶点分别为 $(1, 0)$，$(1, 1)$，$(2, 0)$；

(4) $\iint\limits_D \ln(x+y) d\sigma$ 与 $\iint\limits_D [\ln(x+y)]^2 d\sigma$，其中 $D = \{(x, y) \mid 3 \leqslant x \leqslant 5, 0 \leqslant y \leqslant 1\}$.

3. 利用二重积分的性质估计下列积分的值：

(1) $I = \iint\limits_D xy(x+y) d\sigma$，其中 $D = \{(x, y) \mid 0 \leqslant x \leqslant 1, 0 \leqslant y \leqslant 1\}$；

(2) $I = \iint\limits_D \sin^2 x \sin^2 y d\sigma$，其中 $D = \{(x, y) \mid 0 \leqslant x \leqslant \pi, 0 \leqslant y \leqslant \pi\}$；

(3) $I = \iint\limits_D (x^2+y+1) d\sigma$，其中 $D = \{(x, y) \mid 0 \leqslant x \leqslant 1, 0 \leqslant y \leqslant 2\}$；

(4) $I = \iint\limits_D (x^2+4y^2+9) d\sigma$，其中 $D = \{(x, y) \mid x^2+y^2 \leqslant 4\}$.

第二节 二重积分的计算法

按照二重积分的定义来计算二重积分往往是麻烦和困难的．本节介绍的计算二重积分的方法是把二重积分化为两次单积分（即两次定积分）来计算．

一、在直角坐标系下二重积分的计算

当 $f(x, y) \geqslant 0$ 时，二重积分 $\iint\limits_D f(x, y) d\sigma$ 的几何意义是：表示一个以区域 D 为底，以曲面 $z = f(x, y)$ 为顶的曲顶柱体的体积．现在用第五章求"平行截面面积为已知的立体的体积"的方法来计算曲顶柱体的体积．

假设平行于 y 轴的直线与区域 D 的边界最多有两个交点．区域 D 可以用不等式

$$\varphi_1(x) \leqslant y \leqslant \varphi_2(x), a \leqslant x \leqslant b$$

来表示．如图 9-3 所示，这样的区域通常叫作 X 型区域，其中函数 $\varphi_1(x)$，$\varphi_2(x)$ 在区间 $[a, b]$ 上连续．

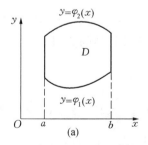 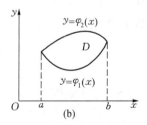

图 9-3

如果用平行于 yOz 面的平面 $x=x_0$ 截曲顶柱体，则所得截面是一个以区间 $[\varphi_1(x_0), \varphi_2(x_0)]$ 为底，曲线 $z=f(x_0, y)$ 为曲边的曲边梯形，如图 9-4 中阴影部分所示．所以这截面的面积为

$$A(x_0) = \int_{\varphi_1(x_0)}^{\varphi_2(x_0)} f(x_0, y) \mathrm{d}y.$$

一般地，过区间 $[a, b]$ 上任一点 x 且平行于 yOz 面的平面截曲顶柱体所得截面的面积为

$$A(x) = \int_{\varphi_1(x)}^{\varphi_2(x)} f(x, y) \mathrm{d}y,$$

于是曲顶柱体的体积为

$$V = \int_a^b A(x) \mathrm{d}x = \int_a^b \left[\int_{\varphi_1(x)}^{\varphi_2(x)} f(x, y) \mathrm{d}y \right] \mathrm{d}x.$$

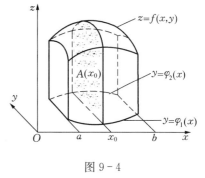

图 9-4

也就是二重积分

$$\iint_D f(x, y) \mathrm{d}x\mathrm{d}y = \int_a^b \left[\int_{\varphi_1(x)}^{\varphi_2(x)} f(x, y) \mathrm{d}y \right] \mathrm{d}x. \tag{1}$$

上式右端是一个先对 y 后对 x 的二次积分（累次积分）．就是说，先把 x 看作常数，$f(x, y)$ 只看作是 y 的函数，对 y 计算单积分 $\int_{\varphi_1(x)}^{\varphi_2(x)} f(x, y) \mathrm{d}y$，它是 x 的函数，然后再把它对 x 计算在区间 $[a, b]$ 上的积分．这个先对 y 后对 x 的二次积分也常记为

$$\int_a^b \mathrm{d}x \int_{\varphi_1(x)}^{\varphi_2(x)} f(x, y) \mathrm{d}y. \tag{2}$$

类似地，如果平行于 x 轴的直线与区域 D 的边界最多有两个交点，区域 D 用不等式

$$\psi_1(y) \leqslant x \leqslant \psi_2(y), \quad c \leqslant y \leqslant d$$

来表示（图 9-5），这样的区域通常称为 Y 型区域，其中函数 $\psi_1(y)$ 与 $\psi_2(y)$ 在区间 $[c, d]$ 上连续，则

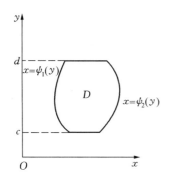 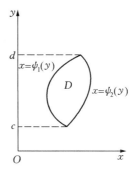

图 9-5

$$\iint_D f(x, y) \mathrm{d}x\mathrm{d}y = \int_c^d \left[\int_{\psi_1(y)}^{\psi_2(y)} f(x, y) \mathrm{d}x \right] \mathrm{d}y, \tag{3}$$

也可写成

$$\iint\limits_{D} f(x, y) \mathrm{d}x\mathrm{d}y = \int_{c}^{d} \mathrm{d}y \int_{\psi_1(y)}^{\psi_2(y)} f(x, y) \mathrm{d}x. \tag{4}$$

上式右端是一个先对 x 后对 y 的二次积分(累次积分).

如果区域 D 既是 X 型区域又是 Y 型区域,则二重积分可以表示成两种不同次序的二次积分:

$$\iint\limits_{D} f(x, y) = \int_{a}^{b} \mathrm{d}x \int_{\varphi_1(x)}^{\varphi_2(x)} f(x, y) \mathrm{d}y = \int_{c}^{d} \mathrm{d}y \int_{\psi_1(y)}^{\psi_2(y)} f(x, y) \mathrm{d}x.$$

如果区域 D 不是标准 X 型区域或 Y 型区域,即平行于坐标轴的直线与区域 D 的边界交点多于两个,此时可用平行于坐标轴的直线把区域 D 分成若干个小区域,使每个小区域成为 X 型区域或 Y 型区域. 如在图 9-6 中,可将 D 分成三部分,每部分都是 X 型区域,分别在三部分应用公式(1)积分后相加,即得在 D 上的二重积分.

例1 计算 $\iint\limits_{D} 2xy \mathrm{d}\sigma$,其中 D 是由 x 轴,y 轴和抛物线 $y=1-x^2$ 所围成的在第一象限内的闭区域.

解 画出积分区域 D 的图形,如图 9-7 所示.

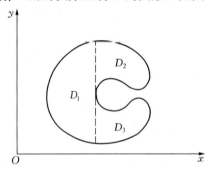
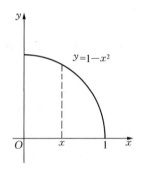

图 9-6　　　　　　　　　　　图 9-7

解法一 将区域 D 看成 X 型区域,先对 y 积分再对 x 积分,D 可表示成

$$0 \leqslant y \leqslant 1-x^2, \ 0 \leqslant x \leqslant 1,$$

$$\iint\limits_{D} 2xy \mathrm{d}\sigma = \int_{0}^{1} \mathrm{d}x \int_{0}^{1-x^2} 2xy \mathrm{d}y = \int_{0}^{1} [xy^2]_{0}^{1-x^2} \mathrm{d}x = \int_{0}^{1} x(1-x^2)^2 \mathrm{d}x$$

$$= \int_{0}^{1} (x - 2x^3 + x^5) \mathrm{d}x = \left[\frac{x^2}{2} - 2 \cdot \frac{x^4}{4} + \frac{x^6}{6}\right]_{0}^{1} = \frac{1}{6}.$$

解法二 将区域 D 看成 Y 型区域,先对 x 积分,再对 y 积分,D 可表示成

$$0 \leqslant x \leqslant \sqrt{1-y}, \ 0 \leqslant y \leqslant 1,$$

$$\iint\limits_{D} 2xy \mathrm{d}\sigma = \int_{0}^{1} \mathrm{d}y \int_{0}^{\sqrt{1-y}} 2xy \mathrm{d}x = \int_{0}^{1} [x^2 y]_{0}^{\sqrt{1-y}} \mathrm{d}y$$

$$= \int_{0}^{1} y(1-y) \mathrm{d}y = \left[\frac{y^2}{2} - \frac{y^3}{3}\right]_{0}^{1} = \frac{1}{6}.$$

例 2 将二重积分 $\iint\limits_{D} f(x, y) \mathrm{d}\sigma$ 表示成两种不同次序的累次积分，其中 D 是由直线 $y=2$，$y=x$ 及双曲线 $xy=1$ 所围成.

解 画出积分区域 D 的图形，如图 9-8 所示. 若先对 x 积分，后对 y 积分，将 D 表示成

$$\frac{1}{y} \leqslant x \leqslant y, \quad 1 \leqslant y \leqslant 2,$$

$$\iint\limits_{D} f(x, y) \mathrm{d}\sigma = \int_{1}^{2} \mathrm{d}y \int_{\frac{1}{y}}^{y} f(x, y) \mathrm{d}x.$$

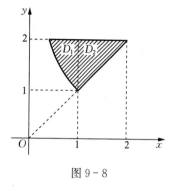

图 9-8

若先对 y 积分，后对 x 积分，必须将积分区域 D 分成 D_1，D_2 两部分.

$$D_1: \frac{1}{x} \leqslant y \leqslant 2, \quad \frac{1}{2} \leqslant x \leqslant 1,$$

$$D_2: x \leqslant y \leqslant 2, \quad 1 \leqslant x \leqslant 2,$$

则

$$\iint\limits_{D} f(x, y) \mathrm{d}\sigma = \iint\limits_{D_1} f(x, y) \mathrm{d}\sigma + \iint\limits_{D_2} f(x, y) \mathrm{d}\sigma$$

$$= \int_{\frac{1}{2}}^{1} \mathrm{d}x \int_{\frac{1}{x}}^{2} f(x, y) \mathrm{d}y + \int_{1}^{2} \mathrm{d}x \int_{x}^{2} f(x, y) \mathrm{d}y.$$

计算此题，显然先对 x 积分、后对 y 积分比较简便. 所以在计算二重积分时，要针对积分区域的特点分析先对哪个变量积分比较简单，从而选择简便的计算方法.

例 3 计算 $\iint\limits_{D} xy \mathrm{d}\sigma$，其中 D 是由抛物线 $y^2 = x$ 及直线 $y = x - 2$ 所围成的闭区域.

解 画出积分区域 D 的图形，如图 9-9 所示. 此题将 D 看成 Y 型区域，先对 x 积分，后对 y 积分比较简便，将 D 表示成

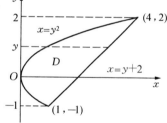

图 9-9

$$y^2 \leqslant x \leqslant y+2, \quad -1 \leqslant y \leqslant 2,$$

$$\iint\limits_{D} xy \mathrm{d}\sigma = \int_{-1}^{2} \mathrm{d}y \int_{y^2}^{y+2} xy \mathrm{d}x = \int_{-1}^{2} \left[\frac{x^2 y}{2} \right]_{y^2}^{y+2} \mathrm{d}y$$

$$= \frac{1}{2} \int_{-1}^{2} [y(y+2)^2 - y^5] \mathrm{d}y$$

$$= \frac{1}{2} \left[\frac{y^4}{4} + \frac{4}{3} y^3 + 2y^2 - \frac{y^6}{6} \right]_{-1}^{2}$$

$$= \frac{45}{8}.$$

如果先对 y，后对 x 积分，则由于 $[0, 1]$ 及 $[1, 4]$ 上表示 $\varphi_1(x)$ 的式子不同，所以先通过点 $(1, -1)$ 作 y 轴的平行线，把区域 D 分成两个部分，把这两部分进行积分之后相加可得到一样的结果，但这时计算量比前一种算法稍繁一些.

二、在极坐标系下二重积分的计算

有些二重积分，它的积分区域 D 的边界曲线若用极坐标方程表示比较简便，且被积函数用极

坐标变量 r, θ 表示也比较简单,这时,就可以考虑用极坐标来计算二重积分 $\iint\limits_{D} f(x, y) d\sigma$.

我们来研究如何用极坐标来计算二重积分

$$\iint\limits_{D} f(x, y) d\sigma.$$

假设从极点 O 出发且穿过闭区域 D 内部的射线与闭区域 D 的边界曲线相交不多于两点.用以极点为中心的一族同心圆:$r=$ 常数及从极点出发的一族射线:$\theta=$ 常数分割区域 D,如图 9-10 所示,这时小区域 $\Delta \sigma_i$ 的面积为

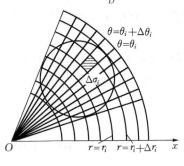

图 9-10

$$\Delta \sigma_i = \frac{1}{2}(r_i + \Delta r_i)^2 \cdot \Delta \theta_i - \frac{1}{2} r_i^2 \Delta \theta_i$$

$$= \frac{1}{2}(2r_i + \Delta r_i) \Delta r_i \cdot \Delta \theta_i$$

$$= \frac{1}{2}[r_i + (r_i + \Delta r_i)] \Delta r_i \cdot \Delta \theta_i$$

$$= \bar{r}_i \cdot \Delta r_i \cdot \Delta \theta_i,$$

其中 $\bar{r}_i$ 表示相邻两圆弧半径的平均值.若在这个小区域内取圆周 $r = \bar{r}_i$ 上的一点 $(\bar{r}_i, \bar{\theta}_i)$,该点的直角坐标为 (ξ_i, η_i),则 $\xi_i = \bar{r}_i \cos \bar{\theta}_i$,$\eta_i = \bar{r}_i \sin \bar{\theta}_i$,于是由二重积分定义有

$$\iint\limits_{D} f(x, y) d\sigma = \lim_{\lambda \to 0} \sum_{i=1}^{n} f(\xi_i, \eta_i) \Delta \sigma_i = \lim_{\lambda \to 0} \sum_{i=1}^{n} f(\bar{r}_i \cos \bar{\theta}_i, \bar{r}_i \sin \bar{\theta}_i) \cdot \bar{r}_i \Delta r_i \Delta \theta_i,$$

即

$$\iint\limits_{D} f(x, y) d\sigma = \iint\limits_{D} f(r\cos\theta, r\sin\theta) r dr d\theta,$$

上式又可写为

$$\iint\limits_{D} f(x, y) dx dy = \iint\limits_{D} f(r\cos\theta, r\sin\theta) r dr d\theta. \tag{5}$$

这就是二重积分从直角坐标变换为极坐标的变换公式,其中 $r dr d\theta$ 就是极坐标系中的面积元素.

公式(5)表明,要把二重积分的变量从直角坐标变换为极坐标,只要把被积函数 $f(x, y)$ 中的 x,y 分别换成 $r\cos\theta$,$r\sin\theta$,并把直角坐标系中的面积元素 $dx dy$ 换成极坐标系中的面积元素 $r dr d\theta$ 即可.

极坐标系下的二重积分也要通过化为二次积分来计算,通常取先对 r 后对 θ 积分较为方便,确定单积分的上、下限,要根据区域的具体情况来确定,现分三种情况说明如下:

(1) 如果极点在积分区域 D 的外部,设区域 D 可以表示成

$$\varphi_1(\theta) \leqslant r \leqslant \varphi_2(\theta), \quad \alpha \leqslant \theta \leqslant \beta,$$

如图 9-11 所示,此时计算公式为

$$\iint\limits_{D} f(r\cos\theta, r\sin\theta) r dr d\theta = \int_{\alpha}^{\beta} d\theta \int_{\varphi_1(\theta)}^{\varphi_2(\theta)} f(r\cos\theta, r\sin\theta) r dr.$$

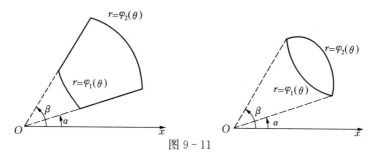

图 9-11

(2) 如果极点在积分区域 D 的边界上，设区域 D 可以表示成
$$0 \leqslant r \leqslant \varphi(\theta), \alpha \leqslant \theta \leqslant \beta,$$
如图 9-12 所示，此时计算公式为
$$\iint\limits_{D} f(r\cos\theta, r\sin\theta)r\mathrm{d}r\mathrm{d}\theta = \int_{\alpha}^{\beta}\mathrm{d}\theta\int_{0}^{\varphi(\theta)} f(r\cos\theta, \sin\theta)r\mathrm{d}r.$$

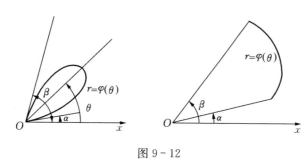

图 9-12

(3) 如果极点在积分区域 D 的内部，设区域 D 可以表示成
$$0 \leqslant r \leqslant \varphi(\theta), 0 \leqslant \theta \leqslant 2\pi,$$
如图 9-13 所示，此时计算公式为
$$\iint\limits_{D} f(r\cos\theta, r\sin\theta)r\mathrm{d}r\mathrm{d}\theta = \int_{0}^{2\pi}\mathrm{d}\theta\int_{0}^{\varphi(\theta)} f(r\cos\theta, r\sin\theta)r\mathrm{d}r.$$

例 4 计算二重积分 $\iint\limits_{D} \mathrm{e}^{-x^2-y^2}\mathrm{d}\sigma$，其中 D 为圆域 $x^2+y^2 \leqslant a^2$.

解 本题用直角坐标系无法计算．改用极坐标系计算如下．将图 9-14 的区域 D 表示成

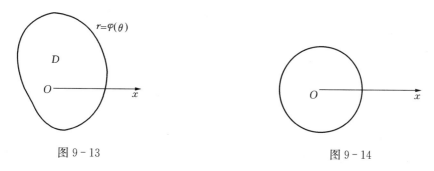

图 9-13

图 9-14

$$0 \leqslant r \leqslant a, \ 0 \leqslant \theta \leqslant 2\pi,$$

$$\iint\limits_D \mathrm{e}^{-x^2-y^2} \mathrm{d}\sigma = \iint\limits_D \mathrm{e}^{-r^2} r \mathrm{d}r \mathrm{d}\theta = \int_0^{2\pi} \mathrm{d}\theta \int_0^a \mathrm{e}^{-r^2} r \mathrm{d}r$$

$$= 2\pi \left[-\frac{1}{2} \mathrm{e}^{-r^2} \right]_0^a = \pi(1 - \mathrm{e}^{-a^2}).$$

例 5 计算 $\iint\limits_D (x^2 + y^2) \mathrm{d}\sigma$，其中 D 为 $1 \leqslant x^2 + y^2 \leqslant 4$．

解 用极坐标计算，将图 9-15 的区域 D 表示成

$$1 \leqslant r \leqslant 2, \ 0 \leqslant \theta \leqslant 2\pi,$$

$$\iint\limits_D (x^2 + y^2) \mathrm{d}\sigma = \iint\limits_D r^3 \mathrm{d}r \mathrm{d}\theta = \int_0^{2\pi} \mathrm{d}\theta \int_1^2 r^3 \mathrm{d}r$$

$$= 2\pi \cdot \frac{1}{4} r^4 \Big|_1^2 = \frac{15}{2} \pi.$$

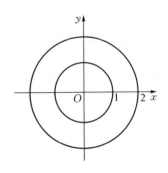

由于区域 D 的对称性，也可按下式计算

$$\iint\limits_D (x^2 + y^2) \mathrm{d}\sigma = 4 \int_0^{\frac{\pi}{2}} \mathrm{d}\theta \int_1^2 r^3 \mathrm{d}r = \frac{15}{2} \pi.$$

图 9-15

但若将被积函数 $x^2 + y^2$ 改成一般的函数 $f(x, y)$，则不一定成立．

例 6 计算 $\iint\limits_D xy \mathrm{d}\sigma$，其中 D：$y \geqslant 0$，$x^2 + y^2 \geqslant 1$，$x^2 + y^2 \leqslant 2x$．

解 用极坐标计算．由 $x^2 + y^2 \geqslant 1$，得 $r \geqslant 1$，由 $x^2 + y^2 \leqslant 2x$，得 $r \leqslant 2\cos\theta$．在两圆的交点处 $2\cos\theta = 1$，从而 $\theta = \frac{\pi}{3}$（图 9-16），积分区域 D 可以表示成

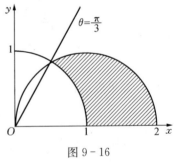

图 9-16

$$1 \leqslant r \leqslant 2\cos\theta, \ 0 \leqslant \theta \leqslant \frac{\pi}{3},$$

$$\iint\limits_D xy \mathrm{d}\sigma = \int_0^{\frac{\pi}{3}} \mathrm{d}\theta \int_1^{2\cos\theta} \sin\theta \cos\theta \, r^3 \mathrm{d}r = \int_0^{\frac{\pi}{3}} \sin\theta \cos\theta \frac{16\cos^4\theta - 1}{4} \mathrm{d}\theta$$

$$= \frac{1}{8} \int_0^{\frac{\pi}{3}} (1 - 16\cos^4\theta) \mathrm{d}\cos^2\theta = \frac{1}{8} \left[\cos^2\theta - \frac{16}{3} \cos^6\theta \right]_0^{\frac{\pi}{3}} = \frac{9}{16}.$$

习题 9-2

1. 化二重积分 $I = \iint\limits_D f(x, y) \mathrm{d}\sigma$ 为二次积分（写出两种不同的积分次序），其中积分区域 D 分别为

(1) $D = \{(x, y) \mid |x| \leqslant 1, \ |y| \leqslant 1\}$；

(2) D 是由 y 轴，$y = 1$ 及 $y = x$ 围成的区域；

(3) D 是由 x 轴，$y = \ln x$ 及 $x = \mathrm{e}$ 围成的区域；

(4) D 是由 x 轴，圆 $x^2 + y^2 - 2x = 0$ 在第一象限的部分及直线 $x + y = 2$ 围成的区域；

(5) D 是由 x 轴与抛物线 $y = 4 - x^2$ 在第二象限的部分及圆 $x^2 + y^2 - 4y = 0$ 在第一象限部分围成的区域；

(6) D 是由 $y = x$，$y = 2b - x$ 及 $x = a (a > 0, \ b > 0, \ b > a)$ 围成的区域．

2. 计算下列二重积分：

(1) $\iint\limits_{D}(3x+2y)\mathrm{d}\sigma$，其中 D 是由两坐标轴及直线 $x+y=2$ 所围成的闭区域；

(2) $\iint\limits_{D}(x^2+y^2-y)\mathrm{d}\sigma$，其中 D 是由 $y=x$，$y=\dfrac{x}{2}$ 及 $y=2$ 所围成的闭区域；

(3) $\iint\limits_{D}xy\mathrm{d}\sigma$，其中 D 是由 x 轴、直线 $x+2y=3$ 及抛物线 $y=x^2$ 所围成的闭区域；

(4) $\iint\limits_{D}x\cos(x+y)\mathrm{d}\sigma$，其中 D 是顶点分别为 $(0,0)$、$(\pi,0)$ 和 (π,π) 的三角形闭区域；

(5) $\iint\limits_{D}\sqrt{1-y^2}\mathrm{d}\sigma$，其中 D 是由曲线 $x^2+y^2=1$ 与 $y=|x|$ 所围成的闭区域.

3. 改变下列二次积分的次序：

(1) $\displaystyle\int_0^2\mathrm{d}y\int_{y^2}^{2y}f(x,y)\mathrm{d}x$；

(2) $\displaystyle\int_0^4\mathrm{d}x\int_{2\sqrt{x}}^{8-x}f(x,y)\mathrm{d}y$；

(3) $\displaystyle\int_0^1\mathrm{d}y\int_{-\sqrt{1-y^2}}^{\sqrt{1-y^2}}f(x,y)\mathrm{d}x$；

(4) $\displaystyle\int_1^2\mathrm{d}x\int_x^{x^2}f(x,y)\mathrm{d}y+\int_2^8\mathrm{d}x\int_x^8 f(x,y)\mathrm{d}y$；

(5) $\displaystyle\int_0^1\mathrm{d}y\int_0^{2y}f(x,y)\mathrm{d}x+\int_1^3\mathrm{d}y\int_0^{3-y}f(x,y)\mathrm{d}x$.

4. 将下列二次积分化为极坐标形式的二重积分：

(1) $\displaystyle\int_0^2\mathrm{d}x\int_x^{\sqrt{3}x}f(\sqrt{x^2+y^2})\mathrm{d}y$；

(2) $\displaystyle\int_0^R\mathrm{d}x\int_0^{\sqrt{R^2-x^2}}f(x,y)\mathrm{d}y$；

(3) $\displaystyle\int_0^{2R}\mathrm{d}y\int_0^{\sqrt{2Ry-y^2}}f(x^2+y^2)\mathrm{d}x$.

5. 利用极坐标计算下列各题：

(1) $\iint\limits_{D}\ln(1+x^2+y^2)\mathrm{d}\sigma$，其中 D 是由圆周 $x^2+y^2=1$ 及两坐标轴所围成的在第一象限内的闭区域；

(2) $\iint\limits_{D}\sqrt{x^2+y^2}\mathrm{d}\sigma$，其中 D 为圆周 $x^2+y^2=2y$ 所围成的闭区域；

(3) $\iint\limits_{D}\dfrac{\mathrm{d}x\mathrm{d}y}{1+x^2+y^2}$，其中 D 为 $x^2+y^2\leqslant 1$ 所确定的闭区域；

(4) $\iint\limits_{D}\arctan\dfrac{y}{x}\mathrm{d}x\mathrm{d}y$，其中 D 为圆 $x^2+y^2=4$，$x^2+y^2=1$ 及直线 $y=x$，$y=0$ 所围成的在第一象限内的闭区域.

第三节　二重积分应用举例

在计算平面图形的面积、一些立体的体积及平面薄片的质量等几何及物理问题中，二重积分都得到了较广泛的应用. 现在举例介绍如下.

例 1　计算曲线 $(x^2+y^2)^2=2a^2(x^2-y^2)(a>0)$ 所围成的图形（图 9-17）的面积.

解　此曲线叫作双纽线，在直角坐标系下计算所围面积显然很困难. 现在在极坐标系下来计算，曲线的极坐标方程为

$$r^2=2a^2\cos 2\theta.$$

由图形的对称性可知，曲线所围成区域的面积 A 为在第一象限部分区域 D 面积的 4 倍，而区域 D 可表示成　　$0\leqslant r\leqslant a\sqrt{2\cos 2\theta}$，$0\leqslant\theta\leqslant\dfrac{\pi}{4}$，

于是
$$A = 4\iint\limits_D \mathrm{d}\sigma = 4\iint\limits_D r\mathrm{d}r\mathrm{d}\theta = 4\int_0^{\frac{\pi}{4}} \mathrm{d}\theta \int_0^{a\sqrt{2\cos2\theta}} r\mathrm{d}r$$
$$= 4\int_0^{\frac{\pi}{4}} \left[\frac{1}{2}r^2\right]_0^{a\sqrt{2\cos2\theta}} \mathrm{d}\theta = 4a^2\int_0^{\frac{\pi}{4}} \cos2\theta\mathrm{d}\theta = 2a^2,$$

故所求图形的面积 A 为 $2a^2$.

例 2 求球体 $x^2+y^2+z^2\leqslant 4a^2$ 被圆柱面 $x^2+y^2=2ax(a>0)$ 所截得的(含在圆柱面内的部分)立体的体积(图 9-18(a)).

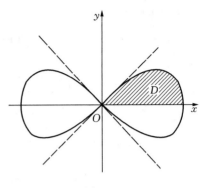

图 9-17

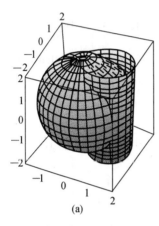

(a)

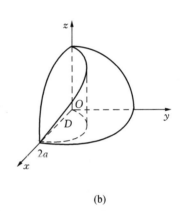

(b)

图 9-18

解 由对称性，$V = 4\iint\limits_D \sqrt{4a^2-x^2-y^2}\,\mathrm{d}x\mathrm{d}y$，其中 D 为半圆周 $y=\sqrt{2ax-x^2}$ 及 x 轴所围成的闭区域，如图 9-18(b) 所示，在极坐标系中，区域 D(图 9-19)可用不等式
$$0 \leqslant r \leqslant 2a\cos\theta,\ 0 \leqslant \theta \leqslant \frac{\pi}{2}$$
来表示，于是

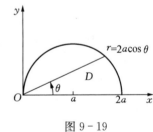

图 9-19

$$V = 4\iint\limits_D \sqrt{4a^2-r^2}\,r\mathrm{d}r\mathrm{d}\theta = 4\int_0^{\frac{\pi}{2}} \mathrm{d}\theta \int_0^{2a\cos\theta} \sqrt{4a^2-r^2}\,r\mathrm{d}r$$
$$= \frac{32}{3}a^3\int_0^{\frac{\pi}{2}} (1-\sin^3\theta)\mathrm{d}\theta = \frac{32}{3}a^3\left(\frac{\pi}{2}-\frac{2}{3}\right).$$

例 3 求由螺线 $r=2\theta\left(0\leqslant\theta\leqslant\dfrac{\pi}{2}\right)$ 与直线 $\theta=\dfrac{\pi}{2}$ 所围成的平面薄片 D 的质量．设它的面密度 $\rho(x,\ y)=x^2+y^2$.

解 质量 $M = \iint\limits_D \rho(x,\ y)\mathrm{d}\sigma = \iint\limits_D (x^2+y^2)\mathrm{d}\sigma.$

在极坐标系下计算，如图 9-20 所示，区域 D 可表示成
$$0 \leqslant r \leqslant 2\theta,\ 0 \leqslant \theta \leqslant \frac{\pi}{2},$$

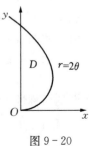

图 9-20

第九章　二重积分

所以质量为
$$M = \int_0^{\frac{\pi}{2}} d\theta \int_0^{2\theta} r^2 \cdot r dr = 4 \int_0^{\frac{\pi}{2}} \theta^4 d\theta = \frac{\pi^5}{40}.$$

例 4 用极坐标系下的二重积分计算 $\int_0^{+\infty} e^{-x^2} dx$.

解 由于 e^{-x^2} 的原函数不是初等函数，所以此积分不能用一般的积分方法来解决，考虑积分
$$\iint_D e^{-x^2-y^2} d\sigma, D: x \geqslant 0, y \geqslant 0,$$

因为 $\iint_D e^{-x^2-y^2} d\sigma = \int_0^{+\infty} dx \int_0^{+\infty} e^{-x^2-y^2} dy = \int_0^{+\infty} e^{-x^2} dx \cdot \int_0^{+\infty} e^{-y^2} dy = \left(\int_0^{+\infty} e^{-x^2} dx\right)^2,$

若用极坐标来计算 $\iint_D e^{-x^2-y^2} d\sigma, D$ 可表示成
$$0 \leqslant r \leqslant +\infty, \ 0 \leqslant \theta \leqslant \frac{\pi}{2},$$

$$\iint_D e^{-x^2-y^2} d\sigma = \int_0^{\frac{\pi}{2}} d\theta \int_0^{+\infty} e^{-r^2} r dr = \frac{\pi}{2} \lim_{b \to +\infty} \left[-\frac{1}{2} e^{-r^2}\right]_0^b = \frac{\pi}{4},$$

即
$$\left(\int_0^{+\infty} e^{-x^2} dx\right)^2 = \frac{\pi}{4},$$

所以
$$\int_0^{+\infty} e^{-x^2} dx = \frac{\sqrt{\pi}}{2}.$$

例 5 一般地，市中心人口密度最大，离市中心越远，人口越稀少，最为常用的人口密度模型 $f = c e^{-ar^2}$（每平方千米人口数），其中 a、c 为大于 0 的常数，r 是距离市中心的距离，为了确定起见，设市中心位于坐标原点，城市半径 $r = 5$ km，任一点(x, y)到原点的距离为 $r = \sqrt{x^2 + y^2}$，于是人口密度函数 $f = c e^{-a(x^2+y^2)}$.

已知市中心的人口密度：$r = 0$，$f = 10^5$；在距市中心 1 km 的人口密度：$r = 1$，$f = \frac{10^5}{e}$，试求该城市的总人口.

解 先确定人口密度函数中的常数 a、c.

由 $r = 0$，$f = 10^5$，知 $10^5 = f = c$；又 $r = 1$，$f = \frac{10^5}{e}$，即 $\frac{10^5}{e} = 10^5 e^{-a}$，所以 $a = 1$.

因此，人口密度函数为 $f = 10^5 e^{-(x^2+y^2)}$.

因该城市是半径为 $r = 5$ km 的圆形区域，所以积分区域为 $D: 0 \leqslant r \leqslant 5, 0 \leqslant \theta \leqslant 2\pi$.

该城市的总人口就是人口密度函数在圆形区域上的二重积分，即
$$人口 = \iint_D 10^5 e^{-(x^2+y^2)} dx dy,$$

利用极坐标计算，得
$$人口 = \iint_D 10^5 e^{-r^2} r dr d\theta = \int_0^{2\pi} d\theta \int_0^5 10^5 e^{-r^2} r dr$$
$$= 2\pi \times \left(-\frac{1}{2}\right) \times \int_0^5 10^5 e^{-r^2} d(-r^2) = -10^5 \pi \left[e^{-r^2}\right]_0^5$$
$$= 10^5 \pi (1 - e^{-25}) \approx 314159 (人).$$

习题 9-3

1. 计算由旋转抛物面 $z=x^2+y^2$ 及平面 $z=1$ 所围成的立体的体积.

2. 求由曲面 $z=x^2+y^2$，$y=1$，$z=0$ 及 $y=x^2$ 所围成的立体的体积.

3. 计算由四个平面 $x=0$，$y=0$，$x=1$，$y=1$ 所围成的柱体被平面 $z=0$ 及 $2x+3y+z=6$ 截得的立体的体积.

4. 求两个底圆半径都等于 R 的直交圆柱面所围成的立体的体积.

5. 计算由下列曲面所围成的区域的面积：

(1) $y=x^2$ 与 $y=4x-x^2$；

(2) $y=x^2$ 与 $y=x+2$；

(3) $y=\sin x$，$y=\cos x$，$x=0$ 及 $x=\dfrac{\pi}{4}$.

6. 设平面薄片所在的闭区域 D 是由直线 $x+y=2$，$y=x$ 和 x 轴所围成，它的面密度 $\rho(x,y)=x^2+y^2$，求该薄片的质量.

自 测 题 九

一、填空题

1. 估计 $I=\iint\limits_{D}(x+y+1)\mathrm{d}\sigma$（其中 D 是矩形区域 $0\leqslant x\leqslant 1$，$0\leqslant y\leqslant 2$）的积分值_____；

2. 改变 $\int_0^1 \mathrm{d}y \int_{\sqrt{y}}^{3-2y} f(x,y)\mathrm{d}x$ 的积分次序为_____；

3. 积分 $\int_0^2 \mathrm{d}x \int_x^2 \mathrm{e}^{-y^2}\mathrm{d}y$ 的值为_____；

4. 积分 $\int_0^1 \mathrm{d}x \int_{x^2}^{x}(x^2+y^2)^{-\frac{1}{2}}\mathrm{d}y$ 化为极坐标的形式为_____，其值为_____；

5. 设区域 D 为 $x^2+y^2\leqslant R^2$，则 $\iint\limits_{D}\left(\dfrac{x^2}{a^2}+\dfrac{y^2}{b^2}\right)\mathrm{d}x\mathrm{d}y=$ _____.

二、选择题

1. 设 $I_1=\iint\limits_{D}[\ln(x+y)]^7\mathrm{d}x\mathrm{d}y$，$I_2=\iint\limits_{D}(x+y)^7\mathrm{d}x\mathrm{d}y$，$I_3=\iint\limits_{D}[\sin(x+y)]^7\mathrm{d}x\mathrm{d}y$，其中 D 由 $x+y=\dfrac{1}{2}$，$x+y=1$，$x=0$，$y=0$ 围成，则它们的关系是（   ）.

(A) $I_1<I_2<I_3$；　　　　　　　　(B) $I_3<I_2<I_1$；

(C) $I_1<I_3<I_2$；　　　　　　　　(D) $I_3<I_1<I_2$.

2. $\iint\limits_{D}\mathrm{e}^{-x^2-y^2}\mathrm{d}x\mathrm{d}y=$（   ），其中 D 是由中心在原点、半径为 1 的圆周所围成.

(A) $\pi(1-\mathrm{e})$；　　(B) $\pi\left(1-\dfrac{1}{\mathrm{e}}\right)$；　　(C) $\pi(\mathrm{e}-1)$；　　(D) $\pi\left(\dfrac{1}{\mathrm{e}}-1\right)$.

3. 二重积分 $\iint\limits_{D}\sqrt{|y-x^2|}\mathrm{d}x\mathrm{d}y=$（   ），其中 D 是由直线 $x=1$，$x=-1$，$y=2$ 和 x 轴围

成的闭区域.

(A) $\dfrac{\pi}{2}+\dfrac{5}{3}$； (B) $\pi+\dfrac{5}{3}$； (C) $\dfrac{\pi}{2}+\dfrac{3}{5}$； (D) $\pi+\dfrac{3}{5}$.

4. 设有平面闭区域 $D=\{(x, y) | -a\leqslant x\leqslant a, x\leqslant y\leqslant a\}$，$D_1=\{(x, y) | 0\leqslant x\leqslant a, x\leqslant y\leqslant a\}$，则 $\iint\limits_{D}(xy+\cos x\sin y)\mathrm{d}x\mathrm{d}y=(\quad)$.

(A) $4\iint\limits_{D_1}\cos x\sin y\mathrm{d}x\mathrm{d}y$； (B) $2\iint\limits_{D_1}xy\mathrm{d}x\mathrm{d}y$；

(C) $2\iint\limits_{D_1}\cos x\sin y\mathrm{d}x\mathrm{d}y$； (D) 0.

5. 设 $f(x)$ 为连续函数，$F(t)=\int_1^t\mathrm{d}y\int_y^t f(x)\mathrm{d}x$，则 $F'(2)=(\quad)$.

(A) $2f(2)$； (B) 0； (C) $-f(2)$； (D) $f(2)$.

三、计算下列各题

1. $\iint\limits_{D}x^2\mathrm{e}^{-y^2}\mathrm{d}x\mathrm{d}y$，其中 D 由 $y=x$，$y=1$ 及 y 轴所围成；

2. $\iint\limits_{D}|y-x^2|\mathrm{d}x\mathrm{d}y$，其中 D 由 $|x|\leqslant 1$，$0\leqslant y\leqslant 2$ 的公共部分组成；

3. 求由曲面 $z=x^2+2y^2$ 及 $z=6-2x^2-y^2$ 所围成立体的体积；

4. 计算 $\iint\limits_{D}|\cos(x+y)|\mathrm{d}x\mathrm{d}y$，其中 $D=\left\{(x, y) | y\leqslant x\leqslant\dfrac{\pi}{2}, y\geqslant 0\right\}$；

5. 设 $f(x)=\int_0^x\dfrac{t\sin t}{\pi-t}\mathrm{d}t$，计算 $\int_0^\pi f(x)\mathrm{d}x$.

四、求由平面 $x=0$，$y=0$，$x+y=1$ 所围成的柱体被平面 $z=0$ 及抛物面 $x^2+y^2=6-z$ 截得的立体体积.

五、证明：
$$\int_0^1\left(\int_0^x f(t)\mathrm{d}t\right)\mathrm{d}x=\int_0^1(1-x)f(x)\mathrm{d}x.$$

六、设函数 $f(x)$ 在 $[0, 1]$ 上连续，并设 $\int_0^1 f(x)\mathrm{d}x=A$，求 $\int_0^1\mathrm{d}x\int_x^1 f(x)f(y)\mathrm{d}y$.

七、设平面薄片所在的闭区域 D 由圆周 $x^2+y^2=2y$ 围成，它的面密度 $\rho(x, y)=\sqrt{x^2+y^2}$，求该薄片的质量.

*第十章 无穷级数

无穷级数和微分、积分一样是高等数学的一个重要组成部分. 它是表示函数、研究函数的性质以及进行数值计算的一种工具. 本章中先讨论常数项级数, 然后讨论函数项级数, 并着重讨论如何将函数展开成幂级数.

第一节 常数项级数的概念与性质

一、常数项级数的概念

设有数列
$$u_1, u_2, u_3, \cdots, u_n, \cdots,$$
把它的各项依次相加得到的表达式
$$u_1 + u_2 + u_3 + \cdots + u_n + \cdots \tag{1}$$
称为**(常数项)无穷级数**, 简称**(常数项)级数**, 记为 $\sum\limits_{n=1}^{\infty} u_n$, 即
$$\sum_{n=1}^{\infty} u_n = u_1 + u_2 + u_3 + \cdots + u_n + \cdots,$$
其中第 n 项 u_n 称为该级数的**一般项(通项)**.

从形式上看, 级数是无穷多个数相加, 但无穷多个数相加与有限个数相加有本质不同. 如果只看到一项接一项地加下去, 那是永远加不完的. 我们可以从有限项的和出发, 观察它们的变化趋势, 也就是要经历一个极限过程, 才能搞清无穷多个数量相加的含义.

级数(1)的前 n 项之和
$$s_n = u_1 + u_2 + u_3 + \cdots + u_n = \sum_{k=1}^{n} u_k \tag{2}$$
称为级数(1)的前 n 项**部分和**.

一个级数的部分和 s_n, 当 n 依次取 $1, 2, 3, \cdots$ 时, 它构成一个新的数列:
$$s_1 = u_1,$$
$$s_2 = u_1 + u_2,$$
$$\cdots\cdots$$
$$s_n = u_1 + u_2 + \cdots + u_n,$$
$$\cdots\cdots$$
由此, 对每个级数(1), 都得到一个数列
$$s_1, s_2, \cdots, s_n, \cdots,$$

称为级数(1)的部分和数列. 引入了部分和数列可把级数问题的研究转化为研究部分和数列的问题.

例如，
$$\sum_{n=1}^{\infty}(-1)^{n-1}=1-1+1-1+\cdots+(-1)^{n-1}+\cdots,$$
显然，$s_1=1$，$s_2=0$，$s_3=1$，$s_4=0$，$s_5=1$，$s_6=0$，$\cdots$，当 n 无限增加时，s_n 没有确定的极限.

又如，
$$\sum_{n=1}^{\infty}\frac{1}{2^{n-1}}=1+\frac{1}{2}+\frac{1}{2^2}+\frac{1}{2^3}+\cdots+\frac{1}{2^{n-1}}+\cdots,$$
显然，$s_1=1$，$s_2=1+\frac{1}{2}=\frac{3}{2}$，$s_3=1+\frac{1}{2}+\frac{1}{2^2}=\frac{7}{4}$，

$s_4=1+\frac{1}{2}+\frac{1}{2^2}+\frac{1}{2^3}=\frac{15}{8}$，$s_5=1+\frac{1}{2}+\frac{1}{2^2}+\frac{1}{2^3}+\frac{1}{2^4}=\frac{31}{16}$，

……

$$s_n=1+\frac{1}{2}+\frac{1}{2^2}+\cdots+\frac{1}{2^{n-1}}=\frac{1-\left(\frac{1}{2}\right)^n}{1-\frac{1}{2}}=2-\frac{1}{2^{n-1}}.$$

当 n 无限增加时，可以证明部分和数列 s_n 有极限. 根据这个数列有没有极限，我们引入级数收敛与发散的概念.

定义 当 n 无限增大时，如果部分和数列 s_n 有极限 s，即
$$s=\lim_{n\to\infty}s_n,$$
则称无穷级数(1)**收敛**，这时极限 s 叫作级数(1)**的和**，并写成
$$s=u_1+u_2+\cdots+u_n+\cdots.$$
如果 s_n 没有极限，则称无穷级数(1)**发散**.

由定义易知，级数 $\sum_{n=1}^{\infty}(-1)^{n-1}$ 发散. 级数 $\sum_{n=1}^{\infty}\frac{1}{2^{n-1}}$ 收敛，其和为 2.

显然，当级数收敛时，其部分和 s_n 是级数和 s 的近似值，它们之间的差值
$$r_n=s-s_n=u_{n+1}+u_{n+2}+\cdots$$
叫作级数的余项. 由于此时 $\lim_{n\to\infty}s_n=s$，因而有
$$\lim_{n\to\infty}r_n=0.$$
余项的绝对值 $|r_n|$ 就是用 s_n 代替 s 时所产生的误差.

一个级数只在它收敛时，才像有限和一样具有一个唯一确定的和数. 级数的和数与一般和数的区别只在于被加项的项数是无限的.

例 1 讨论等比级数(几何级数)
$$\sum_{n=1}^{\infty}aq^{n-1}=a+aq+aq^2+\cdots+aq^{n-1}+\cdots \tag{3}$$
的敛散性，其中 $a\neq 0$，q 叫作**级数的公比**.

解 若 $q\neq 1$，它的部分和为
$$s_n=a+aq+\cdots+aq^{n-1}=\frac{a-aq^n}{1-q}=\frac{a}{1-q}-\frac{aq^n}{1-q}.$$

由此可见

（ⅰ）当 $|q|<1$ 时，由于 $\lim\limits_{n\to\infty} q^n = 0$，从而有 $\lim\limits_{n\to\infty} s_n = \dfrac{a}{1-q}$，这时级数(3)收敛，且和为 $\dfrac{a}{1-q}$.

（ⅱ）当 $|q|>1$ 时，由于 $\lim\limits_{n\to\infty} q^n = \infty$，亦有 $\lim\limits_{n\to\infty} s_n = \infty$，这时级数(3)发散.

（ⅲ）当 $q=1$ 时，有 $\lim\limits_{n\to\infty} s_n = \lim\limits_{n\to\infty} na = \infty$，所以级数(3)发散.

（ⅳ）当 $q=-1$ 时，级数(3)就成为

$$a + (-a) + a + \cdots + (-1)^{n-1} a + \cdots,$$

它的部分和

$$s_n = \begin{cases} a, & n\text{ 为奇数}, \\ 0, & n\text{ 为偶数}, \end{cases}$$

所以极限 $\lim\limits_{n\to\infty} s_n$ 不存在，级数发散.

总之，当 $|q|<1$ 时，级数收敛，其和是 $\dfrac{a}{1-q}$；当 $|q|\geqslant 1$ 时，级数发散.

例2 证明常数项级数

$$\sum_{n=1}^{\infty} \frac{1}{n(n+1)}$$

收敛，且其和为 1.

证 因为

$$\frac{1}{n(n+1)} = \frac{1}{n} - \frac{1}{n+1},$$

其部分和

$$\begin{aligned} s_n &= \frac{1}{1\cdot 2} + \frac{1}{2\cdot 3} + \cdots + \frac{1}{n(n+1)} \\ &= \left(1 - \frac{1}{2}\right) + \left(\frac{1}{2} - \frac{1}{3}\right) + \cdots + \left(\frac{1}{n} - \frac{1}{n+1}\right) \\ &= 1 - \frac{1}{n+1}, \end{aligned}$$

于是

$$\lim_{n\to\infty} s_n = \lim_{n\to\infty} \left(1 - \frac{1}{n+1}\right) = 1,$$

所以该级数收敛，且和为 1.

上述判断一个级数的敛散性是看部分和数列极限是否存在. 但使用这种方法的前提是能求部分和 s_n，并且化成易于求极限的表达式. 但对大多数的级数来说，求和是一件困难的工作. 因此，要寻求一些易于应用的判别方法. 下面我们先研究级数的性质并推导一些判别法.

二、无穷级数的基本性质

性质1 如果级数

$$\sum_{n=1}^{\infty} u_n = u_1 + u_2 + \cdots + u_n + \cdots$$

收敛，且其和为 s，则它的每一项都乘以常数 k 后，所得到的级数

$$\sum_{n=1}^{\infty} ku_n = ku_1 + ku_2 + \cdots + ku_n + \cdots$$

也收敛，且其和为 ks.

证 设级数 $\sum_{n=1}^{\infty} u_n$ 和 $\sum_{n=1}^{\infty} ku_n$ 的部分和分别为 s_n 与 σ_n. 由于 $\lim\limits_{n\to\infty} s_n = s$，所以
$$\lim_{n\to\infty} \sigma_n = \lim_{n\to\infty}(ku_1 + ku_2 + \cdots + ku_n)$$
$$= \lim_{n\to\infty} ks_n = k\lim_{n\to\infty} s_n = ks.$$

这表明级数 $\sum_{n=1}^{\infty} ku_n$ 收敛，且和为 ks.

其逆亦真，即如果级数 $\sum_{n=1}^{\infty} ku_n$ 收敛，则 $\sum_{n=1}^{\infty} u_n$ 亦收敛．

性质 2 如果级数
$$\sum_{n=1}^{\infty} u_n = u_1 + u_2 + \cdots + u_n + \cdots$$

与级数
$$\sum_{n=1}^{\infty} v_n = v_1 + v_2 + \cdots + v_n + \cdots$$

都收敛，它们的和分别为 s 和 σ，则级数
$$\sum_{n=1}^{\infty} (u_n \pm v_n) = (u_1 \pm v_1) + (u_2 \pm v_2) + \cdots + (u_n \pm v_n) + \cdots$$

也收敛，且其和为 $s \pm \sigma$.

证 设 $s_n = u_1 + u_2 + \cdots + u_n$，且 $\lim\limits_{n\to\infty} s_n = s$，$\sigma_n = v_1 + v_2 + \cdots + v_n$，且 $\lim\limits_{n\to\infty} \sigma_n = \sigma$.

设级数 $\sum_{n=1}^{\infty} (u_n \pm v_n)$ 的部分和为
$$T_n = (u_1 \pm v_1) + (u_2 \pm v_2) + \cdots + (u_n \pm v_n)$$
$$= (u_1 + u_2 + \cdots + u_n) \pm (v_1 + v_2 + \cdots + v_n)$$
$$= s_n \pm \sigma_n,$$

因此 $\lim\limits_{n\to\infty} T_n = \lim\limits_{n\to\infty}(s_n \pm \sigma_n) = s \pm \sigma$，所以
$$\lim_{n\to\infty}(u_n \pm v_n) = s \pm \sigma = \sum_{n=1}^{\infty} u_n \pm \sum_{n=1}^{\infty} v_n.$$

性质 3 在级数中去掉(或加上)有限项，级数的敛散性不变．

证 设原级数为
$$u_1 + u_2 + \cdots + u_k + u_{k+1} + \cdots + u_{k+n} + \cdots,$$

去掉前 k 项后所得级数为
$$u_{k+1} + u_{k+2} + \cdots + u_{k+n} + \cdots,$$

于是新得级数的部分和
$$\sigma_n = u_{k+1} + u_{k+2} + \cdots + u_{k+n}$$
$$= (u_1 + u_2 + \cdots + u_{k+n}) - (u_1 + u_2 + \cdots + u_k)$$
$$= s_{k+n} - s_k,$$

其中 s_{k+n} 为原来级数的前 $k+n$ 项的和. 又因 s_k 是常数，当 $n\to\infty$ 时，σ_n 与 s_{k+n} 只差一个常数，所以它们同时有极限，或同时没有极限，从而对应的两个级数有相同的敛散性. 在有极限时其关系为

$$\sigma = s - s_k,$$

其中
$$\sigma = \lim_{n\to\infty}\sigma_n,\ s = \lim_{n\to\infty}s_{k+n}.$$

类似地，可以证明级数的前面加上有限个项也不影响级数的敛散性.

性质 4 收敛级数加括号后所组成的新级数仍然收敛于原级数的和.

由第一章已知收敛数列的子数列亦必收敛，即可证明.

注意：收敛级数去掉括号后所组成的级数不一定收敛. 例如，级数

$$(1-1)+(1-1)+\cdots$$

收敛于零，但级数

$$1-1+1-1+\cdots$$

却是发散的.

根据性质 4，可得推论如下：如果加括号后所组成的级数发散，则原来级数也发散.

三、级数收敛的必要条件

定理（收敛的必要条件） 如果级数

$$\sum_{n=1}^{\infty}u_n = u_1+u_2+\cdots+u_n+\cdots$$

收敛，则其一般项必趋于零，即

$$\lim_{n\to\infty}u_n=0.$$

证 由于 $s_n=s_{n-1}+u_n$，从而 $u_n=s_n-s_{n-1}$. 又因级数收敛，所以当 $n\to\infty$ 时，s_n，s_{n-1} 的极限存在且相等，因此有

$$\lim_{n\to\infty}u_n = \lim_{n\to\infty}(s_n-s_{n-1})$$
$$= \lim_{n\to\infty}s_n - \lim_{n\to\infty}s_{n-1}$$
$$= s - s = 0.$$

可见如果一般项不趋于零，则级数一定发散.

应当注意：$\lim_{n\to\infty}u_n=0$ 并不是级数 $\sum_{n=1}^{\infty}u_n$ 收敛的充分条件. 有许多级数，虽然一般项趋于零，但它仍然是发散的，也就是说，即使 $\lim_{n\to\infty}u_n=0$，也不能由此断定级数收敛. 我们很容易举出这方面的反例说明.

例如，虽然级数 $\sum_{n=1}^{\infty}\dfrac{1}{\sqrt{n}}$ 的一般项 $u_n=\dfrac{1}{\sqrt{n}}\to 0(n\to\infty)$，它却是发散级数.

证 设级数的部分和为

$$s_n = 1+\frac{1}{\sqrt{2}}+\frac{1}{\sqrt{3}}+\cdots+\frac{1}{\sqrt{n}}$$

$$> \frac{1}{\sqrt{n}} + \frac{1}{\sqrt{n}} + \cdots + \frac{1}{\sqrt{n}} = \frac{n}{\sqrt{n}} = \sqrt{n},$$

则
$$\lim_{n \to \infty} s_n = +\infty,$$

所以级数发散.

又如，**调和级数**

$$\sum_{n=1}^{\infty} \frac{1}{n} = 1 + \frac{1}{2} + \frac{1}{3} + \cdots + \frac{1}{n} + \cdots, \tag{4}$$

虽然它的一般项 $u_n = \frac{1}{n} \to 0 (n \to \infty)$，但却是发散级数.

把级数(4)依次取 2 项，2 项，4 项，8 项，$\cdots$，2^m 项，$\cdots$ 括起来，即

$$\sum_{n=1}^{\infty} \frac{1}{n} = 1 + \frac{1}{2} + \frac{1}{3} + \frac{1}{4} + \cdots$$

$$= \left(1 + \frac{1}{2}\right) + \left(\frac{1}{3} + \frac{1}{4}\right) + \left(\frac{1}{5} + \frac{1}{6} + \frac{1}{7} + \frac{1}{8}\right) + \cdots +$$

$$\left(\frac{1}{2^m+1} + \frac{1}{2^m+2} + \cdots + \frac{1}{2^{m+1}}\right) + \cdots,$$

它的各项均大于级数

$$\frac{1}{2} + \left(\frac{1}{4} + \frac{1}{4}\right) + \left(\frac{1}{8} + \frac{1}{8} + \frac{1}{8} + \frac{1}{8}\right) + \cdots + \left(\frac{1}{2^{m+1}} + \frac{1}{2^{m+1}} + \cdots + \frac{1}{2^{m+1}}\right) + \cdots$$

$$= \frac{1}{2} + \frac{1}{2} + \frac{1}{2} + \cdots + \frac{1}{2} + \cdots,$$

因此这个加括号的级数前 $(m+1)$ 项的和大于 $\frac{1}{2}(m+1)$，从而级数发散，根据性质 4 的推论可知，调和级数(4)发散.

习题 10-1

*1. 写出下列级数的一般项：

(1) $1 + \frac{1}{3} + \frac{1}{5} + \frac{1}{7} + \cdots$；

(2) $\frac{2}{1} + \frac{3}{2} + \frac{4}{3} + \frac{5}{4} + \cdots$；

(3) $\frac{\sin 1}{2} - \frac{\sin 2}{2^2} + \frac{\sin 3}{2^3} - \frac{\sin 4}{2^4} + \cdots$；

(4) $\frac{\sqrt{x}}{2} + \frac{x}{2 \cdot 4} + \frac{x\sqrt{x}}{2 \cdot 4 \cdot 6} + \frac{x^2}{2 \cdot 4 \cdot 6 \cdot 8} + \cdots$.

*2. 根据级数收敛和发散的定义判断下列级数的敛散性：

(1) $\sum_{n=1}^{\infty} (\sqrt{n+1} - \sqrt{n})$；

(2) $\ln \frac{2}{1} + \ln \frac{3}{2} + \cdots + \ln \frac{n+1}{n} + \cdots$；

(3) $\frac{1}{1 \cdot 3} + \frac{1}{3 \cdot 5} + \frac{1}{5 \cdot 7} + \cdots + \frac{1}{(2n-1)(2n+1)} + \cdots$.

*3. 利用几何级数、调和级数的敛散性以及无穷级数的性质，判断下列级数的敛散性：

(1) $\frac{9}{8} + \frac{9^2}{8^2} + \frac{9^3}{8^3} + \cdots$；

(2) $\frac{1}{3} + \frac{1}{6} + \frac{1}{9} + \cdots + \frac{1}{3n} + \cdots$；

(3) $\frac{1}{3} + \frac{1}{\sqrt{3}} + \frac{1}{\sqrt[3]{3}} + \frac{1}{\sqrt[4]{3}} + \cdots$；

(4) $\sum_{n=1}^{\infty} \left(-\frac{1}{4}\right)^{n-1}$；

(5) $\left(\frac{1}{2} + \frac{1}{3}\right) + \left(\frac{1}{2^2} + \frac{1}{3^2}\right) + \left(\frac{1}{2^3} + \frac{1}{3^3}\right) + \cdots$.

第二节 常数项级数的审敛法

一、正项级数及其审敛法

当常数项级数

$$u_1 + u_2 + \cdots + u_n + \cdots \tag{1}$$

的每一项都是非负的（即 $u_n \geqslant 0$，$n=1, 2, \cdots$），则称级数(1)为**正项级数**.

正项级数有一个明显的特点，由于 $u_n \geqslant 0$，其部分和数列 s_n 是一个单调增加的数列：

$$0 \leqslant s_1 \leqslant s_2 \leqslant \cdots \leqslant s_n \leqslant \cdots.$$

要判定正项级数是否收敛，只要看 s_n 是否有界即可．如果 s_n 有界，根据极限存在准则，单调有界数列必有极限，从而可知级数收敛．因此，这个重要结果归纳为如下定理．

定理 1 正项级数 $\sum\limits_{n=1}^{\infty} u_n$ **收敛的充分必要条件是它的部分和数列 s_n 有界**.

一般来说，判断 s_n 是否有界并不容易，因此通常不直接应用定理 1 来判断正项级数的敛散性，而是把它与另一收敛情况为已知的正项级数 $\sum\limits_{n=1}^{\infty} v_n$ 作比较，从而判断 $\sum\limits_{n=1}^{\infty} u_n$ 是否收敛.

定理 2（比较审敛法） 设已知两个正项级数

$$u_1 + u_2 + \cdots + u_n + \cdots （即级数(1)）$$

与

$$v_1 + v_2 + \cdots + v_n + \cdots, \tag{2}$$

如果级数(2)收敛，并且 $u_n \leqslant v_n (n=1, 2, \cdots)$，那么级数(1)也收敛．

如果级数(2)发散，并且 $u_n \geqslant v_n (n=1, 2, \cdots)$，那么级数(1)也发散．

证 已知级数(2)收敛，设其和为 σ，因为(2)为正项级数，所以对任何 n 均有

$$v_1 + v_2 + \cdots + v_n \leqslant \sigma,$$

又因为 $u_n \leqslant v_n (n=1, 2, \cdots)$，所以有

$$s_n = u_1 + u_2 + \cdots + u_n \leqslant v_1 + v_2 + \cdots + v_n \leqslant \sigma,$$

即 s_n 总不大于常数 σ，即正项级数(1)的部分和 s_n 有界，由正项级数收敛的充分必要条件可知级数(1)收敛．

现在用反证法证明第二部分，假设级数(1)收敛，那么由定理第一部分可得级数(2)收敛，这与已知级数(2)发散的条件矛盾，所以级数(1)必发散.

例 1 证明 $\sum\limits_{n=1}^{\infty} \dfrac{1}{(n+1)^2}$ 收敛.

证 由于
$$n(n+1) < (n+1)^2,$$

所以
$$u_n = \dfrac{1}{(n+1)^2} < \dfrac{1}{n(n+1)} = v_n.$$

已知 $\sum\limits_{n=1}^{\infty} v_n = \sum\limits_{n=1}^{\infty} \dfrac{1}{n(n+1)}$ 收敛，所以由比较审敛法，可知 $\sum\limits_{n=1}^{\infty} u_n = \sum\limits_{n=1}^{\infty} \dfrac{1}{(n+1)^2}$ 收敛.

例 2 讨论 p 级数

$$\sum_{n=1}^{\infty} \dfrac{1}{n^p} = 1 + \dfrac{1}{2^p} + \dfrac{1}{3^p} + \cdots + \dfrac{1}{n^p} + \cdots (p>0 \text{ 且为常数})$$

的敛散性．

解 若 $p \leqslant 1$, $\dfrac{1}{n^p} \geqslant \dfrac{1}{n}$. 但已知调和级数 $\sum\limits_{n=1}^{\infty} \dfrac{1}{n}$ 发散，因此根据比较审敛法可知，当 $p \leqslant 1$ 时，级数 $\sum\limits_{n=1}^{\infty} \dfrac{1}{n^p}$ 发散.

若 $p > 1$，因为当 $k-1 \leqslant x \leqslant k$ 时，有 $\dfrac{1}{k^p} \leqslant \dfrac{1}{x^p}$，所以

$$\dfrac{1}{k^p} = \int_{k-1}^{k} \dfrac{1}{k^p} \mathrm{d}x \leqslant \int_{k-1}^{k} \dfrac{1}{x^p} \mathrm{d}x \quad (k = 2, 3, \cdots),$$

从而级数 $\sum\limits_{n=1}^{\infty} \dfrac{1}{n^p}$ 的部分和

$$\begin{aligned} s_n &= 1 + \sum_{k=2}^{n} \dfrac{1}{k^p} \leqslant 1 + \sum_{k=2}^{n} \int_{k-1}^{k} \dfrac{1}{x^p} \mathrm{d}x = 1 + \int_{1}^{n} \dfrac{1}{x^p} \mathrm{d}x \\ &= 1 + \dfrac{1}{p-1}\left(1 - \dfrac{1}{n^{p-1}}\right) < 1 + \dfrac{1}{p-1} \quad (n = 2, 3, \cdots), \end{aligned}$$

这表明数列 $\{s_n\}$ 有界，因此当 $p > 1$ 时，级数 $\sum\limits_{n=1}^{\infty} \dfrac{1}{n^p}$ 收敛.

综合上述结果，我们得到：p 级数 $\sum\limits_{n=1}^{\infty} \dfrac{1}{n^p}$ 当 $p > 1$ 时收敛，当 $p \leqslant 1$ 时发散.

在比较审敛法的基础上，下面再介绍一个在实用上非常方便的比值审敛法——达朗贝尔 (D'Alembert) 判别法.

定理 3（比值审敛法） 设正项级数

$$\sum_{n=1}^{\infty} u_n = u_1 + u_2 + \cdots + u_n + \cdots \quad (u_n > 0,\ n = 1, 2, \cdots)$$

的后项与前项之比值的极限等于 ρ，即

$$\lim_{n \to \infty} \dfrac{u_{n+1}}{u_n} = \rho,$$

（1）当 $\rho < 1$ 时，级数收敛；

（2）当 $\rho > 1 \left(\text{或} \lim\limits_{n \to \infty} \dfrac{u_{n+1}}{u_n} = \infty\right)$ 时，级数发散；

（3）当 $\rho = 1$ 时，级数可能收敛，也可能发散.

证 （1）设 $\rho < 1$，选取 $\varepsilon > 0$ 充分小，以使得 $\rho + \varepsilon = r < 1$. 对取定的 ε，根据极限定义，必存在正数 m，当 $n \geqslant m$ 时，有不等式

$$\left|\dfrac{u_{n+1}}{u_n} - \rho\right| < \varepsilon,$$

于是，当 $n \geqslant m$ 时，有 $0 < \dfrac{u_{n+1}}{u_n} < \rho + \varepsilon = r$，依次取 $n = m, m+1, m+2, \cdots$，得到

$$\begin{aligned} u_{m+1} &< r u_m, \\ u_{m+2} &< r u_{m+1} < r^2 u_m, \\ u_{m+3} &< r u_{m+2} < r^3 u_m, \end{aligned}$$

$$\cdots\cdots\cdots\cdots$$

把下面两个级数作比较

$$u_{m+1} + u_{m+2} + u_{m+3} + \cdots, \tag{3}$$
$$ru_m + r^2 u_m + r^3 u_m + \cdots, \tag{4}$$

已知级数(3)各项小于级数(4)的对应项，而级数(4)是公比 $r<1$ 的等比级数，是收敛的，由比较审敛法，可知级数(3)也是收敛的．由于级数(1)只比它多了前 m 项，因此级数(1)也是收敛的．

(2) 设 $\rho>1$．选取 $\varepsilon>0$ 充分小，以使得 $\rho-\varepsilon=r>1$，对取定的 $\varepsilon>0$，根据极限定义，当 $n \geqslant m$ 时，有不等式

$$\left| \frac{u_{n+1}}{u_n} - \rho \right| < \varepsilon,$$

从而
$$\frac{u_{n+1}}{u_n} > \rho - \varepsilon > 1,$$

即
$$u_{n+1} > u_n.$$

由此可见，从第 m 项开始，级数的一般项 u_n 是单调增加的，从而 $\lim\limits_{n \to \infty} u_n \neq 0$，它不满足收敛的必要条件，所以级数(1)发散．

类似地，可证明 $\lim\limits_{n \to \infty} \dfrac{u_{n+1}}{u_n} = \infty$ 的情况．

(3) 当 $\rho=1$ 时，级数(1)可能收敛，也可能发散．

如级数 $\sum\limits_{n=1}^{\infty} \dfrac{1}{n(n+1)}$，$\sum\limits_{n=1}^{\infty} \dfrac{1}{\sqrt{n}}$ 都满足条件

$$\lim_{n \to \infty} \frac{u_{n+1}}{u_n} = \rho = 1,$$

但前者收敛，后者发散．因此当 $\rho=1$ 时，级数的敛散情况不定．

定理得证．

例 3 设 $s>0$，$\alpha>0$，讨论级数 $\sum\limits_{n=1}^{\infty} \dfrac{\alpha^n}{n^s}$ 的敛散性．

解 因为

$$\lim_{n \to \infty} \frac{u_{n+1}}{u_n} = \lim_{n \to \infty} \left(\frac{\alpha^{n+1}}{(n+1)^s} \cdot \frac{n^s}{\alpha^n} \right) = \alpha \lim_{n \to \infty} \left(\frac{n}{n+1} \right)^s = \alpha,$$

所以，当 $\alpha<1$ 时级数收敛；当 $\alpha>1$ 时级数发散；当 $\alpha=1$ 时，$\sum\limits_{n=1}^{\infty} \dfrac{1}{n^s}$ 为 p 级数，所以，当 $s>1$ 时收敛，当 $s \leqslant 1$ 时发散．

例 4 判断级数

$$\sum_{n=1}^{\infty} \frac{n!}{10^n} = \frac{1}{10} + \frac{1 \cdot 2}{10^2} + \frac{1 \cdot 2 \cdot 3}{10^3} + \cdots + \frac{n!}{10^n} + \cdots$$

的敛散性．

解 一般项 $u_n = \dfrac{n!}{10^n}$，于是得

$$\frac{u_{n+1}}{u_n} = \frac{\dfrac{(n+1)!}{10^{n+1}}}{\dfrac{n!}{10^n}} = \frac{n+1}{10},$$

因此
$$\lim_{n\to\infty}\frac{u_{n+1}}{u_n}=\lim_{n\to\infty}\frac{n+1}{10}=\infty,$$
所给级数发散.

例 5 判断级数
$$\sum_{n=1}^{\infty}\frac{1}{(2n-1)\cdot 2n}=\frac{1}{1\cdot 2}+\frac{1}{3\cdot 4}+\frac{1}{5\cdot 6}+\cdots+\frac{1}{(2n-1)\cdot 2n}+\cdots$$
的敛散性.

解 $\lim_{n\to\infty}\frac{u_{n+1}}{u_n}=\lim_{n\to\infty}\frac{(2n-1)\cdot 2n}{(2n+1)(2n+2)}=1,$

因为 $\rho=1$，由比值审敛法不能判断该级数的敛散性. 但因 $2n>2n-1\geqslant n$，所以
$$\frac{1}{(2n-1)\cdot 2n}<\frac{1}{n^2}.$$
然而级数 $\sum_{n=1}^{\infty}\frac{1}{n^2}$ 收敛，因此由比较审敛法可知，所给级数收敛.

二、交错级数及其审敛法

交错级数是正负项交替出现的级数. 它可写成下面的形式
$$\sum_{n=1}^{\infty}(-1)^{n-1}u_n=u_1-u_2+u_3-u_4+\cdots+(-1)^{n-1}u_n+\cdots \tag{5}$$
或
$$\sum_{n=1}^{\infty}(-1)^{n}u_n=-u_1+u_2-u_3+u_4+\cdots+(-1)^{n}u_n+\cdots, \tag{5'}$$
其中 $u_n>0(n=1,2,\cdots)$.

关于交错级数敛散性的判定，有下面定理：

定理 4（莱布尼茨定理） 如果交错级数(5)满足条件：

(1) $u_n\geqslant u_{n+1}(n=1,2,\cdots)$；

(2) $\lim_{n\to\infty}u_n=0$,

则交错级数(5)收敛，且其和 $s\leqslant u_1$. $s=s_n+r_n$ 的余项 r_n 的绝对值 $|r_n|\leqslant u_{n+1}$.

证 先考虑前 $2n$ 项的和的极限 $\lim_{n\to\infty}s_{2n}$ 存在.

把级数的前 $2n$ 项写成下面两种形式
$$s_{2n}=(u_1-u_2)+(u_3-u_4)+\cdots+(u_{2n-1}-u_{2n}),$$
及
$$s_{2n}=u_1-(u_2-u_3)-(u_4-u_5)-\cdots-(u_{2n-2}-u_{2n-1})-u_{2n}.$$
由条件(1)，可知两式中所有括弧内的差都是非负的. 由第一种形式可知，s_{2n} 随 n 的增大而增大，即 s_{2n} 是单调增加的. 由第二种形式可知，$s_{2n}<u_1$，即 s_{2n} 有界. 根据极限存在准则（单调有界数列必有极限）可知，当 $n\to\infty$ 时，s_{2n} 的极限存在，记为 s. 显然 $s\leqslant u_1$，即
$$\lim_{n\to\infty}s_{2n}=s\leqslant u_1.$$
再证明前 $2n+1$ 项和的极限 $\lim_{n\to\infty}s_{2n+1}=s$.

因为 $s_{2n+1}=s_{2n}+u_{2n+1}$，由条件(2)知
$$\lim_{n\to\infty}u_{2n+1}=0,$$
于是 $\lim_{n\to\infty}s_{2n+1}=\lim_{n\to\infty}(s_{2n}+u_{2n+1})=\lim_{n\to\infty}s_{2n}+\lim_{n\to\infty}u_{2n+1}=s+0=s,$

因此，交错级数(5)的前偶数项的和与前奇数项的和趋于同一个极限 s，所以交错级数(5)收敛，其和为 s，且 $s \leqslant u_1$.

最后来看余项 r_n，它可以写成

$$r_n = \pm(u_{n+1} - u_{n+2} + \cdots),$$

括号内也是交错级数，也满足收敛的两个条件，所以其和小于级数的第一项，即

$$|r_n| \leqslant u_{n+1}.$$

同理可证交错级数 $(5')$ 收敛，$|s| \leqslant u_1$.

例 6 讨论交错级数

$$\sum_{n=1}^{\infty}(-1)^{n-1}\frac{1}{n} = 1 - \frac{1}{2} + \frac{1}{3} - \frac{1}{4} + \cdots + (-1)^{n-1}\frac{1}{n} + \cdots$$

的敛散性.

解 因为这级数满足定理的两个条件：

(1) $u_n = \dfrac{1}{n} > \dfrac{1}{n+1} = u_{n+1}(n=1, 2, \cdots)$；

(2) $\lim\limits_{n \to \infty} u_n = \lim\limits_{n \to \infty} \dfrac{1}{n} = 0$，

所以该级数是收敛的，且其和 s 小于 $u_1 = 1$. 如果取前 n 项的和

$$s_n = 1 - \frac{1}{2} + \frac{1}{3} - \frac{1}{4} + \cdots + (-1)^{n-1}\frac{1}{n}$$

作为 s 的近似值，则 $|r_n| \leqslant \dfrac{1}{n+1}$.

三、绝对收敛与条件收敛

前面我们讨论了正项级数与交错级数，关于既有正项又有负项的任意项级数，有下面的定理.

定理 5 如果级数

$$\sum_{n=1}^{\infty} u_n = u_1 + u_2 + \cdots + u_n + \cdots \tag{6}$$

的各项取绝对值所组成的正项级数

$$\sum_{n=1}^{\infty} |u_n| = |u_1| + |u_2| + \cdots + |u_n| + \cdots \tag{7}$$

收敛，则级数(6)也收敛.

证 改写 $u_n = u_n + |u_n| - |u_n| = (u_n + |u_n|) - |u_n|$.

已知级数 $\sum\limits_{n=1}^{\infty}|u_n|$ 收敛，因此要证明 $\sum\limits_{n=1}^{\infty}u_n$ 收敛. 只需证明

$$\sum_{n=1}^{\infty}(u_n + |u_n|)$$

收敛，由于

$$0 \leqslant u_n + |u_n| \leqslant |u_n| + |u_n| = 2|u_n|,$$

因为 $\sum\limits_{n=1}^{\infty}|u_n|$ 收敛，又由级数性质(1)可知，$\sum\limits_{n=1}^{\infty}2|u_n|$ 收敛. 由比较审敛法知，$\sum\limits_{n=1}^{\infty}(u_n + |u_n|)$

收敛，所以原级数 $\sum\limits_{n=1}^{\infty} u_n$ 收敛.

如果级数 $\sum\limits_{n=1}^{\infty} u_n$ 中各项取绝对值所组成的正项级数 $\sum\limits_{n=1}^{\infty} |u_n|$ 收敛，则称原级数为**绝对收敛级数**.

如果级数本身收敛，而它的各项取绝对值所组成的级数是发散的，则称原级数为**条件收敛级数**.

例 7 判断级数 $\sum\limits_{n=1}^{\infty} \dfrac{\sin n}{n^2}$ 的敛散性.

解 级数的一般项的绝对值为

$$|u_n| = \dfrac{|\sin n|}{n^2} \leqslant \dfrac{1}{n^2},$$

而级数 $\sum\limits_{n=1}^{\infty} \dfrac{1}{n^2}$ 为 $p=2$ 的收敛的 p 级数，所以，由比较审敛法可知 $\sum\limits_{n=1}^{\infty} |u_n|$ 收敛.

即 $\sum\limits_{n=1}^{\infty} u_n = \sum\limits_{n=1}^{\infty} \dfrac{\sin n}{n^2}$ 绝对收敛，从而原级数 $\sum\limits_{n=1}^{\infty} \dfrac{\sin n}{n^2}$ 收敛.

注意：每个绝对收敛的级数都是收敛的，反之则不一定，即并不是每个收敛的级数都绝对收敛.

例如，级数

$$\sum_{n=1}^{\infty} \dfrac{(-1)^{n-1}}{n} = 1 - \dfrac{1}{2} + \dfrac{1}{3} - \cdots + (-1)^{n-1} \dfrac{1}{n} + \cdots$$

是收敛的，但各项取绝对值所组成的级数

$$\sum_{n=1}^{\infty} \left| \dfrac{(-1)^{n-1}}{n} \right| = \sum_{n=1}^{\infty} \dfrac{1}{n} = 1 + \dfrac{1}{2} + \dfrac{1}{3} + \cdots + \dfrac{1}{n} + \cdots$$

却是发散的. 可见级数 $\sum\limits_{n=1}^{\infty} \dfrac{(-1)^{n-1}}{n}$ 是条件收敛级数.

由于任意项级数的各项绝对值组成的级数是正项级数，因此，一切判断正项级数敛散性的审敛法，都可以用来判断任意项级数是否绝对收敛.

习题 10-2

*1. 用比较审敛法判断下列级数的敛散性：

(1) $1 + \dfrac{1}{3} + \dfrac{1}{5} + \dfrac{1}{7} + \cdots$；

(2) $\dfrac{1}{2 \cdot 5} + \dfrac{1}{3 \cdot 6} + \cdots + \dfrac{1}{(n+1)(n+4)} + \cdots$；

(3) $\sin \dfrac{\pi}{2} + \sin \dfrac{\pi}{2^2} + \sin \dfrac{\pi}{2^3} + \cdots$；

(4) $\sum\limits_{n=1}^{\infty} \dfrac{2 + (-1)^n}{2^n}$.

*2. 用比值审敛法判断下列级数的敛散性：

(1) $\dfrac{3}{1 \cdot 2} + \dfrac{3^2}{2 \cdot 2^2} + \dfrac{3^3}{3 \cdot 2^3} + \cdots$；

(2) $\sum\limits_{n=1}^{\infty} \dfrac{2^n \cdot n!}{n^n}$；

(3) $\sum\limits_{n=1}^{\infty} \dfrac{n^n}{n!}$；

(4) $\sum\limits_{n=1}^{\infty} n \tan \dfrac{\pi}{2^{n+1}}$.

*3. 判断下列级数是否收敛？如果收敛，是绝对收敛还是条件收敛？

(1) $1-\dfrac{1}{\sqrt{2}}+\dfrac{1}{\sqrt{3}}-\dfrac{1}{\sqrt{4}}+\cdots$;

(2) $\sum\limits_{n=1}^{\infty}(-1)^{n-1}\dfrac{n}{3^{n-1}}$;

(3) $\dfrac{1}{3}\cdot\dfrac{1}{2}-\dfrac{1}{3}\cdot\dfrac{1}{2^{2}}+\dfrac{1}{3}\cdot\dfrac{1}{2^{3}}-\dfrac{1}{3}\cdot\dfrac{1}{2^{4}}+\cdots$;

(4) $\dfrac{1}{\ln 2}-\dfrac{1}{\ln 3}+\dfrac{1}{\ln 4}-\dfrac{1}{\ln 5}+\cdots$.

第三节　幂级数

一、函数项级数的一般概念

本节我们讨论在级数中更具有普遍意义的函数项级数. 所谓函数项级数, 就是级数的各项都是函数的级数.

设给定一个定义在区间 I 上的函数列

$$u_1(x), u_2(x), u_3(x), \cdots, u_n(x), \cdots,$$

则由这函数列构成的表达式

$$u_1(x)+u_2(x)+u_3(x)+\cdots+u_n(x)+\cdots \tag{1}$$

叫作定义在区间 I 上的(**函数项**)**无穷级数**, 简称(**函数项**)**级数**. 级数(1)也可以简记为 $\sum\limits_{n=1}^{\infty}u_n(x)$.

对于区间 I 上的每一个固定点 $x=x_0$, 则函数项级数(1)成为常数项级数

$$\sum_{n=1}^{\infty}u_n(x_0)=u_1(x_0)+u_2(x_0)+\cdots+u_n(x_0)+\cdots. \tag{2}$$

同一个函数项级数, x 取某些值时可能收敛, 而取另一些值时可能发散. 因此, 在讨论函数项级数时, 必须说明在 x 取什么值的时候收敛, 取什么值的时候发散.

对函数项级数 $\sum\limits_{n=1}^{\infty}u_n(x)$, 如果当 $x=x_0$ 时级数 $\sum\limits_{n=1}^{\infty}u_n(x_0)$ 收敛, 则称 $x=x_0$ 为函数项级数 $\sum\limits_{n=1}^{\infty}u_n(x)$ 的**收敛**点; 如果级数 $\sum\limits_{n=1}^{\infty}u_n(x_0)$ 是发散的, 则称 x_0 是函数项级数 $\sum\limits_{n=1}^{\infty}u_n(x)$ 的**发散**点. 函数项级数(1)的所有收敛点的全体叫作级数(1)的收敛域, 所有发散点的全体称为它的发散域. 在收敛域上, 级数(1)的和便是 x 的函数 $s(x)$, 它称为函数项级数的**和函数**, 这个和函数的定义域就是级数的收敛域, 并记为

$$s(x)=\sum_{n=1}^{\infty}u_n(x)=u_1(x)+u_2(x)+\cdots+u_n(x)+\cdots.$$

类似于常数项级数的情况, 我们称

$$s_n(x)=\sum_{k=1}^{n}u_k(x)=u_1(x)+u_2(x)+\cdots+u_n(x)$$

为函数项级数(1)的前 n 项**部分和**. 在收敛域上称

$$r_n(x)=s(x)-s_n(x)=u_{n+1}(x)+u_{n+2}(x)+\cdots$$

为函数项级数(1)的**余项**. 此时, 由于有

$$\lim_{n\to\infty}s_n(x)=s(x),$$

所以

$$\lim_{n\to\infty}r_n(x)=0.$$

二、幂级数及其敛散性

幂级数是最简单，但是很重要的一类函数项级数，它的形式是

$$\sum_{n=0}^{\infty} a_n x^n = a_0 + a_1 x + a_2 x^2 + \cdots + a_n x^n + \cdots, \tag{3}$$

其中 a_0，a_1，a_2，$\cdots$，a_n，$\cdots$是常数，称为**幂级数**(3)**的系数**.

幂级数的更一般的形式是

$$\sum_{n=0}^{\infty} a_n (x-x_0)^n = a_0 + a_1(x-x_0) + a_2(x-x_0)^2 + \cdots + a_n(x-x_0)^n + \cdots, \tag{4}$$

对于这种形式的幂级数，只需作简单的变换，让 $X = x - x_0$，就可以将其化为形式(3)的级数. 由于级数(4)与级数(3)没有本质的区别，所以下面我们主要研究形式(3)的幂的级数.

例如，以 x 为公比的几何级数

$$1 + x + x^2 + \cdots + x^n + \cdots$$

就是幂级数.

下面我们先讨论幂级数的敛散性，显然，当 $x=0$ 时，幂级数 $\sum_{n=0}^{\infty} a_n x^n = a_0$ 一定收敛，即幂级数至少有一个收敛点 $x=0$.

定理 1（阿贝尔(Abel)定理） 如果级数(3)当 $x=x_0 (x_0 \neq 0)$ 时收敛，则适合不等式 $|x| < |x_0|$ 的一切 x，使幂级数(3)绝对收敛. 反之，如果当 $x=x_0$ 时级数(3)发散，则适合不等式 $|x| > |x_0|$ 的一切 x，使幂级数(3)发散.

证 先证在 $x = x_0$ 时收敛，则在 $|x| < |x_0|$ 内绝对收敛，即要证对满足 $|x| < |x_0|$ 的每一个固定的 x，都有级数 $\sum_{n=0}^{\infty} |a_n x^n|$ 收敛.

由定理的条件，在点 $x = x_0$ 处，级数

$$\sum_{n=0}^{\infty} a_n x^n = a_0 + a_1 x_0 + a_2 x_0^2 + \cdots + a_n x_0^n + \cdots$$

收敛. 根据级数收敛的必要条件可知

$$\lim_{n \to \infty} a_n x_0^n = 0.$$

又根据极限的性质，则 $a_n x_0^n$ 必有界，即必存在一个正常数 M，使得

$$|a_n x_0^n| \leqslant M (n = 0, 1, 2, \cdots),$$

即得

$$|a_n x^n| = \left| a_n x_0^n \cdot \frac{x^n}{x_0^n} \right| = |a_n x_0^n| \cdot \left| \frac{x}{x_0} \right|^n \leqslant M \left| \frac{x}{x_0} \right|^n.$$

因为当 $|x| < |x_0|$ 时，$\sum_{n=0}^{\infty} M \left| \frac{x}{x_0} \right|^n$ 是一个收敛的等比级数$\left(\text{公比} \left| \frac{x}{x_0} \right| < 1\right)$. 根据比较判别法，得知级数 $\sum_{n=0}^{\infty} |a_n x^n|$ 收敛，也就是级数(3)绝对收敛.

定理的第二部分，可用反证法证明.

若当 $x = x_0$ 时，幂级数发散，而又存在一点 x_1，满足不等式 $|x_1| > |x_0|$，且在 $x = x_1$ 处级数收敛，那么由定理的第一部分可得级数在 $x = x_0$ 处应绝对收敛，这与假设矛盾，说明这样的 x_1 不存在，即在 $|x| > |x_0|$ 上应发散.

定理1告诉我们,如果一个级数至少对一个不等于零的 x 值收敛,那么它就在一个以原点为中心,两边对称的开区间 $(-|x|,|x|)$ 内收敛,在 $[-|x|,|x|]$ 外发散. 也就是说,如果幂级数(3)不是仅在 $x=0$ 一点收敛,也不是在整个数轴上都收敛,则必存在一个完全确定的正数 R,使得

(1) 当 $|x|<R$ 时,幂级数(3)绝对收敛;

(2) 当 $|x|>R$ 时,幂级数(3)发散;

(3) 当 $x=R$ 与 $x=-R$ 时,幂级数(3)可能收敛也可能发散.

正数 R 叫作幂级数(3)的**收敛半径**,由半径 R 确定的开区间 $(-R,R)$ 称为幂级数(3)的**收敛区间**. 由幂级数在 $x=\pm R$ 处的敛散性,就可以决定它在区间:$(-R,R)$、$[-R,R)$、$(-R,R]$ 或 $[-R,R]$ 上收敛,这区间称为幂级数的**收敛域**.

另外还有两种特殊情形:

若幂级数只在点 $x=0$ 收敛,而在其他点均发散,此时,可以看成幂级数的收敛域缩成一点,规定收敛半径 $R=0$;若幂级数对一切 x 都收敛,则收敛域为 $(-\infty,+\infty)$,规定收敛半径 $R=+\infty$.

定理2 对于幂级数(3),设极限

$$\lim_{n\to\infty}\left|\frac{a_{n+1}}{a_n}\right|=\rho,$$

其中 a_n,a_{n+1} 是幂级数(3)中相邻两项的系数. 如果

(1) $\rho\neq 0$ 为有限值,则 $R=\dfrac{1}{\rho}$;

(2) $\rho=0$,则 $R=+\infty$;

(3) $\rho=+\infty$,则 $R=0$.

证 考察幂级数(3)的各项取绝对值所组成的级数

$$|a_0|+|a_1x|+|a_2x^2|+\cdots+|a_nx^n|+\cdots,\tag{5}$$

因为 $\lim\limits_{n\to\infty}\dfrac{|u_{n+1}|}{|u_n|}=\lim\limits_{n\to\infty}\dfrac{|a_{n+1}x^{n+1}|}{|a_nx^n|}=\lim\limits_{n\to\infty}\left|\dfrac{a_{n+1}}{a_n}\right|\cdot|x|=\rho\cdot|x|,$

由正项级数的比值判别法可知:

(1) $\rho\neq 0$ 为有限值,当 $\rho|x|<1$,即 $|x|<\dfrac{1}{\rho}$ 时,级数(5)收敛,从而级数(3)绝对收敛;当 $\rho|x|>1$,即 $|x|>\dfrac{1}{\rho}$ 时,级数(5)发散,并且从某一个 n 开始 $|a_{n+1}x^{n+1}|>|a_nx^n|$,因此级数(5)的一般项 $|a_nx^n|$ 不能趋于零,所以级数(3)的一般项 a_nx^n 也不能趋于零,从而级数(3)发散,于是收敛半径 $R=\dfrac{1}{\rho}$;

(2) $\rho=0$,不论 x 为何值,即 $-\infty<x<+\infty$,$\rho|x|=0$,级数(5)收敛,从而级数(3)绝对收敛,于是收敛半径 $R=+\infty$;

(3) $\rho=+\infty$,对任何 $|x|\neq 0$,$\rho|x|=+\infty$,级数(5)发散,从而级数(3)也发散,所以这时的收敛半径 $R=0$.

例1 求幂级数

$$\sum_{n=1}^{\infty}(-1)^{n-1}\frac{x^n}{n}=x-\frac{x^2}{2}+\frac{x^3}{3}-\cdots+(-1)^{n-1}\frac{x^n}{n}+\cdots$$

的收敛半径与收敛域.

解 由于

$$\rho = \lim_{n\to\infty}\left|\frac{a_{n+1}}{a_n}\right| = \lim_{n\to\infty}\frac{\frac{1}{n+1}}{\frac{1}{n}} = 1,$$

所以级数的收敛半径

$$R = \frac{1}{\rho} = 1.$$

在端点 $x=1$ 处，级数成为交错级数

$$1 - \frac{1}{2} + \frac{1}{3} - \cdots + (-1)^{n-1}\frac{1}{n} + \cdots,$$

级数收敛.

在端点 $x=-1$ 处，级数成为

$$-1 - \frac{1}{2} - \frac{1}{3} - \cdots - \frac{1}{n} - \cdots,$$

级数发散. 因此，收敛域是 $(-1, 1]$.

例 2 求幂级数 $\sum_{n=0}^{\infty}\frac{x^n}{n!}$ 的收敛半径及收敛域.

解 由于

$$\rho = \lim_{n\to\infty}\left|\frac{a_{n+1}}{a_n}\right| = \lim_{n\to\infty}\frac{\frac{1}{(n+1)!}}{\frac{1}{n!}} = \lim_{n\to\infty}\frac{1}{n+1} = 0,$$

所以级数收敛半径 $R=+\infty$，从而收敛域是 $(-\infty, +\infty)$.

例 3 求幂级数 $\sum_{n=0}^{\infty} n! x^n$ 的收敛半径.

解 由于

$$\rho = \lim_{n\to\infty}\left|\frac{a_{n+1}}{a_n}\right| = \lim_{n\to\infty}\frac{(n+1)!}{n!} = +\infty,$$

所以收敛半径 $R=0$，因此级数仅在 $x=0$ 处收敛.

例 4 求幂级数 $\sum_{n=0}^{\infty}(-1)^n\frac{x^{2n}}{2n+1}$ 的收敛半径及收敛域.

解 由于级数缺少奇次幂的项，因而 $\frac{a_{2n}}{a_{2n-1}}$ 无意义，故定理 2 不能直接应用，我们根据比值审敛法求收敛半径.

$$\lim_{n\to\infty}\left|\frac{\frac{(-1)^{n+1}x^{2(n+1)}}{2n+3}}{\frac{(-1)^n x^{2n}}{2n+1}}\right| = \lim_{n\to\infty}\left(\frac{2n+1}{2n+3}x^2\right) = x^2.$$

当 $x^2 < 1$, 即 $|x| < 1$ 时，级数绝对收敛；当 $x^2 > 1$, 即 $|x| > 1$ 时，级数发散，所

以收敛半径 $R=1$. 当 $x=\pm 1$ 时,级数成为 $\sum\limits_{n=1}^{\infty}(-1)^n \dfrac{1}{2n+1}$,它是收敛的,所以收敛域为 $[-1,1]$.

三、幂级数的运算

设已知两幂级数
$$s^{(1)}(x)=a_0+a_1x+a_2x^2+\cdots+a_nx^n+\cdots,\quad -R<x<R, \tag{6}$$
$$s^{(2)}(x)=b_0+b_1x+b_2x^2+\cdots+b_nx^n+\cdots,\quad -R'<x<R', \tag{7}$$
假定 $R\leqslant R'$,则这两个级数可逐项相加减
$$s^{(1)}(x)\pm s^{(2)}(x)=a_0\pm b_0+(a_1\pm b_1)x+(a_2\pm b_2)x^2+\cdots+$$
$$(a_n\pm b_n)x^n+\cdots,\quad -R<x<R,$$

逐项相乘
$$s^{(1)}(x)s^{(2)}(x)=a_0b_0+(a_0b_1+a_1b_0)x+(a_0b_2+a_1b_1+a_2b_0)x^2+\cdots+$$
$$(a_0b_n+a_1b_{n-1}+\cdots+a_nb_0)x^n+\cdots,\quad -R<x<R.$$

关于幂级数的和函数有下列重要性质:

1. 幂级数(3)的和函数 $s(x)$ 在收敛区间 $(-R,R)$ 内是个连续函数. 如果幂级数在 $x=R$(或 $x=-R$)处也收敛,则和函数 $s(x)$ 在区间 $(-R,R]$(或 $[-R,R)$)上连续.

2. 幂级数(3)在收敛区间内可逐项求导,即在 $\sum\limits_{n=0}^{\infty}a_n x^n$ 的收敛区间 $(-R,R)$ 内任意一点 x 处($|x|<R$)有
$$\begin{aligned}s'(x)&=\Big(\sum_{n=0}^{\infty}a_n x^n\Big)'=\sum_{n=0}^{\infty}(a_n x^n)'\\ &=a_1+2a_2 x+3a_3 x^2+\cdots+na_n x^{n-1}+\cdots\\ &=\sum_{n=1}^{\infty}na_n x^{n-1}.\end{aligned} \tag{8}$$
逐项求导后所得到的幂级数和原级数有相同的收敛半径 R.

3. 幂级数(3)在收敛区间内可以逐项积分,即在 $\sum\limits_{n=1}^{\infty}a_n x^n$ 的收敛区间 $(-R,R)$ 内任意一点 x 处有
$$\begin{aligned}\int_0^x s(x)\mathrm{d}x&=\int_0^x\Big(\sum_{n=0}^{\infty}a_n x^n\Big)\mathrm{d}x=\sum_{n=0}^{\infty}\int_0^x a_n x^n\mathrm{d}x\\ &=a_0 x+\frac{1}{2}a_1 x^2+\frac{1}{3}a_2 x^3+\cdots+\frac{1}{n+1}a_n x^{n+1}+\cdots\\ &=\sum_{n=0}^{\infty}\frac{a_n}{n+1}x^{n+1},\end{aligned} \tag{9}$$
其中 $|x|<R$,逐项积分后所得的幂级数和原级数有相同的收敛半径 R.

如果逐项微分或逐项积分后的幂级数在 $x=R$(或 $x=-R$)处收敛,则在 $x=R$(或 $x=-R$)处,等式(8)或(9)仍然成立.

例5 求幂级数

$$1+2x+3x^2+\cdots+nx^{n-1}+\cdots$$

的和函数.

解 先求出这幂级数的收敛区间$(-1,1)$,设这个幂级数在$(-1,1)$上的和函数是$s(x)$,即

$$s(x)=1+2x+3x^2+\cdots+nx^{n-1}+\cdots,$$

等式两边从 0 到 x 求积分,根据逐项积分法则得

$$\int_0^x s(x)\mathrm{d}x=\int_0^x \mathrm{d}x+\int_0^x 2x\mathrm{d}x+\cdots+\int_0^x nx^{n-1}\mathrm{d}x+\cdots$$
$$=x+x^2+\cdots+x^n+\cdots,$$

这是公比为 x 的等比级数,其和函数为 $\dfrac{x}{1-x}$,因此有

$$\int_0^x s(x)\mathrm{d}x=\frac{x}{1-x},$$

对等式两边再求导数,便得所求的和函数

$$s(x)=\frac{\mathrm{d}}{\mathrm{d}x}\left(\frac{x}{1-x}\right)=\frac{1}{(1-x)^2}.$$

习题 10 - 3

*1. 求下列幂级数的收敛域:

(1) $1-x+\dfrac{x^2}{2^2}-\dfrac{x^3}{3^2}+\cdots$;

(2) $\dfrac{x}{2}+\dfrac{x^2}{2\cdot 4}+\dfrac{x^3}{2\cdot 4\cdot 6}+\cdots$;

(3) $\dfrac{x}{1\cdot 3}+\dfrac{x^2}{2\cdot 3^2}+\dfrac{x^3}{3\cdot 3^3}+\dfrac{x^4}{4\cdot 3^4}+\cdots$;

(4) $\displaystyle\sum_{n=1}^{\infty}\dfrac{2n-1}{2^n}x^{2n-2}$;

(5) $\displaystyle\sum_{n=1}^{\infty}\dfrac{n}{n+1}\cdot\left(\dfrac{x}{2x+1}\right)^n$.

*2. 利用逐项求导或逐项积分,求下列级数在收敛域内的和函数:

(1) $\displaystyle\sum_{n=1}^{\infty}nx^{n-1},|x|<1$;

(2) $\displaystyle\sum_{n=1}^{\infty}\dfrac{x^{n-1}}{4n+1},|x|<1$.

第四节 函数展开成幂级数

一、泰勒级数

在前节我们已经知道,幂级数在某收敛区间上收敛于一个函数,也可以说,幂级数在收敛区间上可以代表一个函数. 现在反过来提出问题,给出一个函数 $f(x)$,能否用一个收敛的幂级数来表示呢? 或者说是否存在一个幂级数以 $f(x)$ 为和函数. 在本节我们主要讨论这样两个问题. 首先讨论 $f(x)$ 具备什么条件时,能够展开成幂级数;其次当 $f(x)$ 在展开成幂级数时,各个系数 $a_n(n=0,1,2,\cdots)$ 又是怎样确定呢?

在一元函数微分学部分,我们曾经讲过泰勒公式. 如果函数 $f(x)$ 在点 $x=x_0$ 的某一邻域内具有直到$(n+1)$阶的导数,则有 n 阶泰勒公式

$$f(x)=f(x_0)+f'(x_0)(x-x_0)+\frac{f''(x_0)(x-x_0)^2}{2!}+\cdots+$$

$$\frac{f^{(n)}(x_0)(x-x_0)^n}{n!}+R_n(x) \tag{1}$$

成立，其中 $R_n(x)$ 为拉格朗日型余项：

$$R_n(x)=\frac{f^{(n+1)}(\xi)}{(n+1)!}(x-x_0)^{n+1} \quad (\xi \text{ 在 } x_0 \text{ 与 } x \text{ 之间}).$$

如果当 $n\to\infty$ 时，$R_n(x)\to 0$，则 $f(x)$ 可以用一个 n 次多项式

$$P_n(x)=f(x_0)+f'(x_0)(x-x_0)+\frac{f''(x_0)(x-x_0)^2}{2!}+\cdots+$$

$$\frac{f^{(n)}(x_0)}{n!}(x-x_0)^n \tag{2}$$

来近似表达，其误差等于余项的绝对值 $|R_n(x)|$。通常 n 越大则近似程度越好。显然让 n 增大，即用增加多项式(2)的项数的方法，可达到任意高的精确度。当 $n\to\infty$ 时，(2)式右端就不再是 n 次多项式，而是这个函数 $f(x)$ 的幂级数精确表达式。

1. 泰勒级数的概念

定义 若函数 $f(x)$ 在 $x=x_0$ 及其邻近处各阶导数均存在时，级数

$$\sum_{n=0}^{\infty}\frac{f^{(n)}(x_0)}{n!}(x-x_0)^n=f(x_0)+f'(x_0)(x-x_0)+\frac{f''(x_0)}{2!}(x-x_0)^2+\cdots+$$

$$\frac{f^{(n)}(x_0)}{n!}(x-x_0)^n+\cdots, \tag{3}$$

叫作函数 $f(x)$ 在 x_0 处的**泰勒级数**(Taylor 级数)。

特别，当 $x_0=0$ 时，(3)式有下列形式：

$$f(x)=f(0)+f'(0)x+\frac{f''(0)}{2!}x^2+\cdots+\frac{f^{(n)}(0)}{n!}x^n+\cdots, \tag{4}$$

右边级数叫作函数 $f(x)$ 的**麦克劳林**(Maclaurin)**级数**。

在定义中只是说一个函数只要在 $x=x_0$ 处具有任意阶导数，泰勒级数总是可以写出来的。但写出来的幂级数对哪些 x 值收敛我们还不知道，即使收敛的话，也不知道是否收敛到函数 $f(x)$ 本身，这就要看当 $n\to\infty$ 时，其泰勒公式的余项 $R_n(x)$ 是否趋于零。下面我们就讨论函数能展开成它的泰勒级数的条件。

2. 函数能展开成它的泰勒级数的条件

定理 设函数 $f(x)$ 在 x_0 的某个邻域上具有各阶导数，则函数 $f(x)$ 的泰勒级数在 x_0 的某个邻域内收敛于 $f(x)$ 的充分必要条件是：$f(x)$ 的泰勒公式中余项 $R_n(x)$，当 n 无限增大时，其极限趋于零，即

$$\lim_{n\to\infty}R_n(x)=0.$$

证 已知函数 $f(x)$ 在点 x_0 的某个邻域内具有各阶导数，则 $f(x)$ 在点 x_0 的 n 阶泰勒公式为

$$f(x)=f(x_0)+f'(x_0)(x-x_0)+\frac{f''(x_0)}{2!}(x-x_0)^2+\cdots+\frac{f^{(n)}(x_0)}{n!}(x-x_0)^n+R_n(x),$$

或

$$f(x)-s_{n+1}(x)=R_n(x).$$

$s_{n+1}(x)$ 恰为 $f(x)$ 的泰勒级数的前 $n+1$ 项部分和，当 $n\to\infty$ 时，则有

$$\lim_{n\to\infty}[f(x)-s_{n+1}(x)] = \lim_{n\to\infty}R_n(x) = 0,$$

即
$$f(x)=\lim_{n\to\infty}s_{n+1}(x).$$

反之，假设在点 x_0 的某个邻域内，函数 $f(x)$ 具有各阶导数，从而可以作出泰勒级数(3)，如果这级数收敛于和 $f(x)$，则

$$\lim_{n\to\infty}R_n(x) = \lim_{n\to\infty}[f(x)-s_{n+1}(x)] = f(x)-f(x) = 0.$$

可见，在 x_0 的某个邻域内，当 $R_n(x)\to 0(n\to\infty)$ 时，函数 $f(x)$ 的泰勒级数(3)就是函数 $f(x)$ 的精确表达式：

$$f(x) = f(x_0) + f'(x_0)(x-x_0) + \frac{f''(x_0)}{2!}(x-x_0)^2 + \cdots + \frac{f^{(n)}(x_n)}{n!}(x-x_0)^n + \cdots, \tag{5}$$

此时，我们就说函数 $f(x)$ 展开成泰勒级数．

将函数展开成泰勒级数，即是用幂级数表示函数．易知函数的幂级数表示式是唯一的．

设
$$f(x) = a_0 + a_1 x + a_2 x^2 + \cdots + a_n x^n + \cdots$$
$$= b_0 + b_1 x + b_2 x^2 + \cdots + b_n x^n + \cdots,$$

则
$$a_0 = b_0, \ a_1 = b_1, \ a_2 = b_2, \cdots, a_n = b_n, \cdots,$$

此幂级数即为 $f(x)$ 的麦克劳林展开式．

二、函数展开成幂级数

例 1 将函数 $f(x)=e^x$ 展开成 x 的幂级数．

解 函数 $f(x)=e^x$ 及其各阶导数为

$$f(x)=e^x, \ f'(x)=e^x, \cdots, f^{(n)}(x)=e^x, \cdots,$$

而函数 $f(x)$ 及各阶导数在 $x=0$ 处的值为

$$f(0)=1, \ f'(0)=1, \cdots, f^{(n)}(0)=1, \cdots,$$

在泰勒公式中余项的绝对值为

$$|R_n(x)| = \left|e^{\xi}\cdot\frac{x^{n+1}}{(n+1)!}\right| < e^{|x|}\cdot\frac{|x|^{n+1}}{(n+1)!}(\xi\text{ 在 }0\text{ 与 }x\text{ 之间}).$$

由于级数 $\sum_{n=0}^{\infty}\frac{|x|^{n+1}}{(n+1)!}$ 对任何 x 都收敛，所以它的一般项 $\frac{x^{n+1}}{(n+1)!}$ 当 $n\to\infty$ 时是趋于零的．又由于 $e^{|x|}$ 为有限数，因而当 $n\to\infty$ 时，$e^{|x|}\cdot\frac{|x|^{n+1}}{(n+1)!}\to 0$，因此对任何 x 有

$$\lim_{n\to\infty}R_n(x)=0.$$

由此得展开式

$$e^x = 1 + x + \frac{x^2}{2!} + \cdots + \frac{x^n}{n!} + \cdots(-\infty<x<+\infty). \tag{6}$$

例 2 将函数 $f(x)=\sin x$ 展开成 x 的幂级数．

解 先求出 $f(x)$ 的各阶导数，即

$$f'(x)=\sin\left(x+\frac{\pi}{2}\right), \cdots, f^{(n)}(x)=\sin\left(x+n\frac{\pi}{2}\right), \cdots,$$

再求函数 $f(x)$ 及各阶导数在 $x=0$ 处的值，由于 $f^{(n)}(0)=\sin\left(\dfrac{n\pi}{2}\right)$，所以有
$$f(0)=0,\ f'(0)=1,\ f''(0)=0,\ f'''(0)=-1,\ \cdots,$$
在麦克劳林公式中对任何 x，其余项的绝对值为
$$|R_n(x)|=\left|\dfrac{\sin\left[\xi+\dfrac{(2n+1)}{2}\pi\right]}{(2n+1)!}x^{2n+1}\right|\leqslant\dfrac{|x|^{2n+1}}{(2n+1)!}\to 0\quad(n\to\infty),$$
由此得展开式
$$\sin x=x-\dfrac{x^3}{3!}+\dfrac{x^5}{5!}-\cdots+(-1)^{n-1}\dfrac{x^{2n-1}}{(2n-1)!}+\cdots(-\infty<x<+\infty). \quad(7)$$

上面的例子是用直接方法把函数展开成幂级数．首先是按公式 $a_n=\dfrac{f^{(n)}(0)}{n!}$ 来计算幂级数的系数，其次是考察余项 $R_n(x)$ 当 $n\to\infty$ 时是否趋于零．由于直接计算方法的计算量较大，因此我们总是力求应用更为简单的方法来代替直接方法，即利用一些已知函数展开式及四则运算、逐项求导、逐项积分等方法，将所给函数展开成幂级数．这样做不但计算简单，而且也常常可以避免研究余项．根据函数展开成幂级数的唯一性，所以用间接方法得到的结果与直接方法得到的结果是一致的．

例 3 将函数 $\cos x$ 展开成 x 的幂级数．

本题与例 2 类似．另外，也可由 $\sin x$ 的泰勒级数展开式逐项求导得到．
$$\cos x=1-\dfrac{x^2}{2!}+\dfrac{x^4}{4!}-\cdots+(-1)^n\dfrac{x^{2n}}{2n!}+\cdots(-\infty<x<+\infty). \quad(8)$$

例 4 将函数 $f(x)=\ln(1+x)$ 展开成 x 的幂级数．

解 因为 $f'(x)=[\ln(1+x)]'=\dfrac{1}{1+x}$，而 $\dfrac{1}{1+x}$ 恰是收敛的等比级数 $\sum\limits_{n=0}^{\infty}(-1)^n x^n$ $(-1<x<1)$ 的和函数．
$$\dfrac{1}{1+x}=1-x+x^2-x^3+\cdots+(-1)^n x^n+\cdots(-1<x<1),$$
将上式从 0 到 x 逐项积分，即得
$$\ln(1+x)=x-\dfrac{x^2}{2}+\dfrac{x^3}{3}-\cdots+(-1)^n\dfrac{x^{n+1}}{n+1}+\cdots(-1<x\leqslant 1). \quad(9)$$

展开式 (9) 对于 $x=1$ 也是正确的，于是有
$$\ln 2=1-\dfrac{1}{2}+\dfrac{1}{3}-\dfrac{1}{4}+\cdots+\dfrac{(-1)^n}{n+1}+\cdots.$$

例 5 将函数 $f(x)=(1+x)^m$ 展开成 x 的幂级数，其中 m 为任意常数．

解 $f'(x)=m(1+x)^{m-1},$
$\quad f''(x)=m(m-1)(1+x)^{m-2},$
$\quad \cdots\cdots$
$\quad f^{(n)}(x)=m(m-1)(m-2)\cdots(m-n+1)(1+x)^{m-n},$
$\quad \cdots\cdots$

于是 $\quad f(0)=1,\ f'(0)=m,\ f''(0)=m(m-1),\cdots,$
$\quad\quad\quad f^{(n)}(0)=m(m-1)\cdots(m-n+1),\cdots,$

由此得到 $f(x)$ 的麦克劳林级数
$$1 + mx + \frac{m(m-1)}{2!}x^2 + \cdots + \frac{m(m-1)\cdots(m-n+1)}{n!}x^n + \cdots.$$
这级数相邻两项的系数之比的绝对值为
$$\left|\frac{a_{n+1}}{a_n}\right| = \left|\frac{m-n}{n+1}\right| \to 1 \quad (n \to \infty),$$
因此，对于任意 m，这级数在开区间 $(-1, 1)$ 内收敛．因此在 $(-1, 1)$ 内，我们有展开式
$$(1+x)^m = 1 + mx + \frac{m(m-1)}{2!}x^2 + \cdots +$$
$$\frac{m(m-1)\cdots(m-n+1)}{n!}x^n + \cdots (-1 < x < 1). \tag{10}$$

公式 (10) 叫作二项展开式．特别是当 m 为正整数时，级数为 x 的 m 次多项式，这就是代数中的二项式定理．

当 m 依次取 $-1, \frac{1}{2}, -\frac{1}{2}$ 时，有
$$\frac{1}{1+x} = 1 - x + x^2 - x^3 + \cdots,$$
$$\sqrt{1+x} = 1 + \frac{1}{2}x - \frac{1}{2\cdot 4}x^2 + \frac{1\cdot 3}{2\cdot 4\cdot 6}x^3 - \frac{1\cdot 3\cdot 5}{2\cdot 4\cdot 6\cdot 8}x^4 + \cdots,$$
$$\frac{1}{\sqrt{1+x}} = 1 - \frac{1}{2}x + \frac{1\cdot 3}{2\cdot 4}x^2 - \frac{1\cdot 3\cdot 5}{2\cdot 4\cdot 5}x^3 + \frac{1\cdot 3\cdot 5\cdot 7}{2\cdot 4\cdot 6\cdot 8}x^4 - \cdots.$$

应当指出的是，对任何常数 m，二项展开式 (10) 只在开区间 $(-1, 1)$ 得到，而上面后两个展开式分别在闭区间 $[-1, 1]$ 和半开区间 $(-1, 1]$ 上成立．关于这个问题的深入讨论已超出了本节范围，因此，不作进一步讨论．

例 6 求 e^{-2x} 的幂级数展开式．

解 将 $(-2x)$ 代入公式 (6)，即得
$$e^{-2x} = 1 + (-2x) + \frac{1}{2!}(-2x)^2 + \cdots + \frac{1}{n!}(-2x)^n + \cdots$$
$$= 1 - 2x + 2x^2 + \cdots + (-1)^n \frac{2^n}{n!}x^n + \cdots,$$
展开式成立的范围仍为 $(-\infty, +\infty)$．

例 7 求 $\sin^2 x$ 在 $x = 0$ 的幂级数展开式．

解 方法一
$$\sin^2 x = \frac{1}{2}(1 - \cos 2x)$$
$$= \frac{1}{2}\left\{1 - \left[1 - \frac{1}{2!}(2x)^2 + \frac{1}{4!}(2x)^4 + \cdots + \frac{(-1)^n}{(2n)!}(2x)^{2n} + \cdots\right]\right\}$$
$$= x^2 - \frac{1}{3}x^4 + \cdots + (-1)^{n-1}\frac{2^{2n-1}}{2n!}x^{2n} + \cdots (-\infty < x < +\infty).$$

方法二
$$(\sin^2 x)' = 2\sin x \cos x = \sin 2x,$$
$$\sin 2x = 2x - \frac{1}{3!}(2x)^3 + \cdots + \frac{(-1)^{n-1}}{(2n-1)!}(2x)^{2n-1} + \cdots,$$

再从 0 到 x 逐项积分，即得
$$\sin^2 x = x^2 - \frac{1}{3}x^4 + \cdots + (-1)^{n-1}\frac{2^{2n-1}}{(2n)!}x^{2n} + \cdots (-\infty < x < +\infty).$$

例 8 求函数 $\ln\frac{1+x}{1-x}$ 的幂级数展开式．

解 因为 $\ln\frac{1+x}{1-x} = \ln(1+x) - \ln(1-x)$，而我们已知
$$\ln(1+x) = x - \frac{x^2}{2} + \frac{x^3}{3} - \frac{x^4}{4} + \cdots + (-1)^{n-1}\frac{x^n}{n} + \cdots (-1 < x \leq 1).$$

把 x 换成 $(-x)$，得
$$\ln(1-x) = -x - \frac{x^2}{2} - \frac{x^3}{3} - \frac{x^4}{4} - \cdots - \frac{x^n}{n} - \cdots (-1 \leq x < 1).$$

在它们收敛的公共部分，两个级数逐项相减得函数 $\ln\frac{1+x}{1-x}$ 的幂级数展开式
$$\ln\frac{1+x}{1-x} = 2\left(x + \frac{x^3}{3} + \frac{x^5}{5} + \cdots + \frac{x^{2k+1}}{2k+1} + \cdots\right) \quad (-1 < x < 1).$$

例 9 求函数 $\frac{1+x}{1-x}$ 的幂级数展开式．

解 由于
$$\frac{1}{1-x} = 1 + x + x^2 + \cdots + x^n + \cdots (-1 < x < 1),$$

两边同乘以 x 得
$$\frac{x}{1-x} = x + x^2 + x^3 + \cdots + x^{n+1} + \cdots$$
$$= 0 + x + x^2 + x^3 + \cdots + x^n + \cdots (-1 < x < 1).$$

以上两式两边分别相加，得
$$\frac{1+x}{1-x} = 1 + 2x + 2x^2 + \cdots + 2x^n + \cdots (-1 < x < 1).$$

或用下面的方法同样可得到以上的结果．
$$\frac{1+x}{1-x} = \frac{2-(1-x)}{1-x} = \frac{2}{1-x} - 1$$
$$= 2(1 + x + x^2 + \cdots + x^n + \cdots) - 1$$
$$= 1 + 2x + 2x^2 + \cdots + 2x^n + \cdots (-1 < x < 1).$$

例 10 将函数 $\sin x$ 展开成 $\left(x - \frac{\pi}{4}\right)$ 的幂级数．

解 因为 $\sin x = \sin\left[\frac{\pi}{4} + \left(x - \frac{\pi}{4}\right)\right]$
$$= \sin\frac{\pi}{4}\cos\left(x - \frac{\pi}{4}\right) + \cos\frac{\pi}{4}\sin\left(x - \frac{\pi}{4}\right)$$
$$= \frac{1}{\sqrt{2}}\left[\cos\left(x - \frac{\pi}{4}\right) + \sin\left(x - \frac{\pi}{4}\right)\right],$$

并且有

$$\cos\left(x-\frac{\pi}{4}\right)=1-\frac{\left(x-\frac{\pi}{4}\right)^2}{2!}+\frac{\left(x-\frac{\pi}{4}\right)^4}{4!}-\cdots(-\infty<x<+\infty),$$

$$\sin\left(x-\frac{\pi}{4}\right)=\left(x-\frac{\pi}{4}\right)-\frac{\left(x-\frac{\pi}{4}\right)^3}{3!}+\frac{\left(x-\frac{\pi}{4}\right)^5}{5!}-\cdots(-\infty<x<+\infty),$$

所以 $$\sin x=\frac{1}{\sqrt{2}}\left[1+\left(x-\frac{\pi}{4}\right)-\frac{\left(x-\frac{\pi}{4}\right)^2}{2!}-\frac{\left(x-\frac{\pi}{4}\right)^3}{3!}+\cdots\right]\quad(-\infty<x<+\infty).$$

三、欧拉公式

e^z 的幂级数的展开式，对于复变量 z 也是成立的，即

$$e^z=1+z+\frac{z^2}{2!}+\frac{z^3}{3!}+\cdots,$$

当 $z=\mathrm{i}x$（x 为实数，$\mathrm{i}=\sqrt{-1}$）时，

$$e^{\mathrm{i}x}=1+\mathrm{i}x+\frac{1}{2!}\mathrm{i}^2x^2+\frac{1}{3!}\mathrm{i}^3x^3+\frac{1}{4!}\mathrm{i}^4x^4+\frac{1}{5!}\mathrm{i}^5x^5+\cdots.$$

由于 $\mathrm{i}^2=-1,\ \mathrm{i}^3=-\mathrm{i},\ \mathrm{i}^4=1,\ \mathrm{i}^5=\mathrm{i},\ \cdots,\ \mathrm{i}^{4n+k}=\mathrm{i}^k\quad(k=0,1,2,3),$

所以有 $$e^{\mathrm{i}x}=\left(1-\frac{x^2}{2!}+\frac{x^4}{4!}-\cdots\right)+\mathrm{i}\left(x-\frac{x^3}{3!}+\frac{x^5}{5!}-\cdots\right)=\cos x+\mathrm{i}\sin x,$$

得到欧拉公式 $$e^{\mathrm{i}x}=\cos x+\mathrm{i}\sin x.$$

习题 10－4

*1. 将下列函数展开成 x 的幂级数，并求其收敛域：

(1) e^{-x}； (2) $\ln(a+x)\quad(a>0)$；

(3) a^x； (4) $\sin\dfrac{x}{2}$；

(5) $\cos^2 x$； (6) $\arcsin x$.

*2. 将函数 $\sqrt{x^3}$ 展开成 $(x-1)$ 的幂级数，并求其收敛域.

*3. 将函数 $f(x)=\cos x$ 展开成 $\left(x+\dfrac{\pi}{3}\right)$ 的幂级数.

*自 测 题 十

一、填空题

1. 幂级数 $\displaystyle\sum_{n=1}^{\infty}\frac{(-x)^n}{n}$ 的收敛域为_____；

2. 在区间 $(-1,1)$ 内，幂级数 $\displaystyle\sum_{n=0}^{\infty}\frac{x^n}{n+1}$ 的和函数为_____；

3. 级数 $\sum_{n=1}^{\infty} 2^n \sin \dfrac{\pi}{3^n}$ 的敛散性为_____;

4. 幂级数 $\sum_{n=1}^{\infty}(-1)^{n-1} \dfrac{(2x-3)^n}{2n-1}$ 的收敛域为_____;

5. $f(x)=\dfrac{1}{x}$ 展开成 $(x-3)$ 的幂级数为_____;

6. 若 $\sum_{n=0}^{\infty} a_n x^n$ 的收敛半径为 8,则 $\sum_{n=0}^{\infty} a_n x^{3n+1}$ 的收敛半径为_____.

二、选择题

1. 设常数 $k>0$,则级数 $\sum_{n=1}^{\infty}(-1)^n \dfrac{k+n}{n^2}$ (   ).

   (A) 发散; (B) 绝对收敛;
   (C) 条件收敛; (D) 收敛和发散与 k 的取值无关.

2. 设级数 $\sum_{n=1}^{\infty}(-1)^n \left(1-\cos\dfrac{a}{n}\right)(a>0)$,则(   ).

   (A) 发散; (B) 条件收敛;
   (C) 绝对收敛; (D) 敛散性与 a 无关.

3. 若级数 $\sum_{n=1}^{\infty} u_n$ 与 $\sum_{n=1}^{\infty} v_n$ 均发散,则下列级数必定发散的是(   ).

   (A) $\sum_{n=1}^{\infty}(u_n+v_n)$; (B) $\sum_{n=1}^{\infty} u_n v_n$;
   (C) $\sum_{n=1}^{\infty}(|u_n|+|v_n|)$; (D) $\sum_{n=1}^{\infty}(u_n^2+v_n^2)$.

4. 若 $\sum_{n=1}^{\infty} a_n(x-1)^n$ 在 $x=-1$ 处收敛,则此级数在 $x=2$ 处(   ).

   (A) 条件收敛; (B) 绝对收敛;
   (C) 发散; (D) 敛散性不能确定.

5. 下列说法正确的是(   ).

   (A) 若 $\sum_{n=1}^{\infty} u_n$ 发散,则 $\lim_{n\to\infty} u_n \neq 0$;

   (B) 若 $u_n \geqslant 0, \sum_{n=1}^{\infty} u_n^2$ 收敛,则 $\sum_{n=1}^{\infty} u_n$ 收敛;

   (C) 若 $\sum_{n=1}^{\infty} u_n^2, \sum_{n=1}^{\infty} v_n^2$ 收敛,则 $\sum_{n=1}^{\infty} |u_n v_n|$ 收敛;

   (D) 若 $\sum_{n=1}^{\infty} u_n$ 收敛,则 $\sum_{n=1}^{\infty} |u_n|$ 亦收敛.

三、判断下列级数的敛散性:

1. $\sum_{n=1}^{\infty} \dfrac{n\cos^2 \frac{n\pi}{3}}{2^n}$; 2. $\sum_{n=2}^{\infty} \dfrac{(-1)^n}{n-\ln n}$.

四、求幂级数 $\sum_{n=1}^{\infty} \dfrac{(x-3)^n}{n \cdot 3^n}$ 的收敛域.

五、求幂级数 $\sum\limits_{n=1}^{\infty}(2n+1)x^n$ 的收敛域和和函数,并求级数 $\sum\limits_{n=1}^{\infty}\dfrac{2n+1}{2^n}$ 的和.

六、将函数 $f(x)=\arctan\dfrac{1+x}{1-x}$ 展开成 x 的幂级数.

七、将函数 $f(x)=\dfrac{3}{x^2+x-2}$ 分别展开成 x 和 $x-2$ 的幂级数,并求它们的收敛域.

答案

习题 1-1

1. (1) $[0, +\infty)$; (2) $[2, 4]$; (3) $(-\infty, 0) \cup (0, 3)$; (4) $(-1, +\infty)$; (5) $(1, 2) \cup (2, 4)$; (6) $\left(\frac{1}{2}, 1\right) \cup (1, 2]$.

2. (1) 奇函数; (2) 偶函数; (3) 非奇非偶函数; (4) 奇函数.

3. 略.

4. (1) 4π; (2) 1.

5. (1) $y=\sqrt{u}$, $u=2-x^2$; (2) $y=\ln u$, $u=\sqrt{v}$, $v=1+x$;
   (3) $y=u^2$, $u=\sin v$, $v=1+2x$; (4) $y=u^3$, $u=\arcsin v$, $v=1-x^2$;
   (5) $y=u^{10}$, $u=x-3$; (6) $y=2^u$, $u=\tan x$;
   (7) $y=\cos u$, $u=\sqrt{v}$, $v=1+2x$; (8) $y=e^u$, $u=x^2$.

6. (1) $[1, e]$; (2) $\{x \mid 2k\pi \leqslant x \leqslant (2k+1)\pi, k \in \mathbf{Z}\}$; (3) $[1, +\infty)$.

7. $f(x)=x^2+2x+3$; $f(x+2)=x^2+6x+11$.

8. $f[\varphi(x)]=\begin{cases} x^2, & x \geqslant 0, \\ e^{-x}, & x < 0. \end{cases}$

*9. $y=\begin{cases} 130\,x, & 0 \leqslant x \leqslant 700, \\ 130 \times 700 + 130 \times 0.9 \times (x-700), & 700 < x \leqslant 1000. \end{cases}$

*10. (1) 150; (2) -2500; (3) 175.

*11. 次数少于 100 时,选择第二家,次数多于 100 时,选择第一家.

习题 1-2

1. (1) 收敛, 0; (2) 收敛, 0; (3) 收敛, 2; (4) 收敛, 1; (5) 发散; (6) 发散.

2. 略.

习题 1-3

1. (1) 0; (2) -1; (3) 不存在.

2. (1) 错; (2) 对; (3) 错; (4) 错; (5) 对; (6) 对.

3. (1) 对; (2) 对; (3) 对; (4) 错; (5) 对; (6) 对; (7) 对; (8) 错.

4. $\lim\limits_{x \to 0^-} f(x)=1$, $\lim\limits_{x \to 0^+} f(x)=0$, $\lim\limits_{x \to 0} f(x)$ 不存在.

5. (1) $\lim\limits_{x \to 0} \dfrac{x}{x}=1$; (2) $\lim\limits_{x \to 0^-} \dfrac{|x|}{x}=-1$, $\lim\limits_{x \to 0^+} \dfrac{|x|}{x}=1$, 极限不存在.

习题 1-4

1. 不一定. 举例为: $\alpha=x$, $\beta=2x$, 当 $x \to 0$ 时, α, β 均为无穷小, 而 $\lim\limits_{x \to 0} \dfrac{\alpha}{\beta} = \lim\limits_{x \to 0} \dfrac{x}{2x} = \dfrac{1}{2}$.

2. (1) 2, 根据本节定理 1; (2) 1, 根据本节定理 1.

答 案

习题 1-5

1. (1) 1； (2) $\frac{2}{5}$； (3) 1； (4) 3； (5) ∞； (6) 0； (7) ∞； (8) $\frac{2^{20} \cdot 3^{30}}{5^{50}}$；

   (9) 3； (10) $\frac{1}{2}$； (11) $3x^2$； (12) 1； (13) $-\frac{1}{2}$； (14) -1.

2. (1) $a=-4, b=-4$； (2) $a=-4, b=-2$； (3) $a \neq -4, b$ 任意.

习题 1-6

1. (1) $\frac{2}{5}$； (2) e^{-1}； (3) e^2； (4) e^{-k}； (5) $\cos a$； (6) 1.

2. $m = -\frac{1}{2}\ln 2$.

习题 1-7

1. (1) $\frac{3}{2}$； (2) $0(m<n$ 时$)$, $1(m=n$ 时$)$, $\infty(m>n$ 时$)$； (3) $\frac{1}{2}$； (4) $\frac{a}{b}(b \neq 0)$.

2. $(1-\cos x)^2$ 是 $\sin^2 x$ 当 $x \to 0$ 时的高阶无穷小.

习题 1-8

1. (1) $x=0$ 及 $x=k\pi+\frac{\pi}{2}(k=0, \pm 1, \cdots)$ 为第一类间断点（可去间断点）, $x=k\pi(k=\pm 1,$
   $\pm 2, \cdots)$ 为第二类间断点；

   (2) $x=0$ 为第一类间断点（跳跃间断点）；

   (3) $x=-1$ 为第一类间断点（跳跃间断点）.

2. $x=0$ 为 $f(x)$ 的第一类间断点（跳跃间断点）.

习题 1-9

1. (1) 3； (2) $\frac{1}{2}(e-1)$； (3) 1； (4) $\ln a$； (5) e； (6) e^{-2a}.

2. $a=1, b=1$.

3. 略.

自 测 题 一

一、1. e^a； 2. $\frac{1}{2}$； 3. 1； 4. 2； 5. 3； 6. $A=\frac{1}{1991}, k=1991$.

二、1. B； 2. D； 3. C； 4. C； 5. B.

三、1. e； 2. e^2； 3. e^a； 4. $\begin{cases} -1, & x<0, \\ 0, & x=0, \\ 1, & x>0; \end{cases}$ 5. $x+\frac{a}{2}$； 6. $a=1, b=4$； 7. $f(x)=3x^2-6x$.

四、在 $x=0$ 处连续.

五、1. $x=0$ 为第一类间断点（跳跃间断点）, $x=1$ 为第一类间断点（可去间断点）, $x=-1$ 为第二类间断点（无穷间断点）；

   2. $x=\pm 1$ 为第一类间断点（跳跃间断点）.

*六、(1) 400 kg； (2) $\dfrac{400}{3}$ kg； (3) 21.67 元．

习题 2-1

1～2. 略． 3. (1) $-\dfrac{1}{4}$； (2) 6．

4. 切线方程为 $x+y-2=0$，法线方程为 $y=x$．

5. (2，4)．

6. (1) 连续，不可导； (2) 可导．

7. $a=2x_0$，$b=-x_0^2$．

8. (1) $\dfrac{2}{3}x^{-\frac{1}{3}}$； (2) $\dfrac{16}{5}x^{\frac{11}{5}}$； (3) $-\dfrac{1}{2}x^{-\frac{3}{2}}$； (4) $\dfrac{7}{8}x^{-\frac{1}{8}}$．

习题 2-2

1. (1) $\dfrac{1}{\sqrt{x}}+\dfrac{1}{x^2}$； (2) $\cos x+2\sec^2 x$； (3) $-\dfrac{1}{u^2}-\dfrac{10}{u^3}-\dfrac{3}{u^4}$； (4) $-\dfrac{1}{x^2}+1$； (5) $2^x\ln x\cdot\ln 2+\dfrac{2^x}{x}$；

(6) $1-2\ln x$； (7) $3x^2\ln x+x^2$； (8) $\dfrac{1}{2\sqrt{\varphi}}\sin\varphi+\sqrt{\varphi}\cos\varphi$； (9) $\tan x+x\sec^2 x$； (10) $\dfrac{1-n\ln x}{x^{n+1}}$；

(11) $\dfrac{\sin x-1}{(x+\cos x)^2}$； (12) $\dfrac{-2}{x(1+\ln x)^2}$； (13) $\dfrac{\cos x}{1+x^2}-\dfrac{2x\sin x}{(1+x^2)^2}$； (14) $e^x(\cos x-\sin x)$；

(15) $-\dfrac{\csc^2 x}{1+x}-\dfrac{\cot x}{(1+x)^2}$； (16) $(\cos x+\sin x)\tan x+(\sin x-\cos x)\sec^2 x$； (17) $\dfrac{10^x}{3^x}\ln\dfrac{10}{3}$；

(18) $-\csc x\cot x$； (19) $\left(\dfrac{2}{3}\right)^x\ln\dfrac{2}{3}+\dfrac{3}{2}\sqrt{x}$； (20) $x^4 2^x(5+x\ln 2)$；

(21) $\tan x+x\sec^2 x+\csc x\cot x$； (22) $\sin x\arctan x+x\cos x\arctan x+\dfrac{x\sin x}{1+x^2}$．

2. $4\pi\rho\tan^2\dfrac{\theta}{2}$．

3. (1) $\dfrac{\sqrt{3}}{3}$，$\dfrac{\sqrt{3}}{6}$； (2) $\dfrac{1}{2}+4e$； (3) $-\dfrac{9}{49}$，-3．

4. $v(0)=3$ m/s，$t=\dfrac{3}{2}$ s．

习题 2-3

1. (1) $15(3x+1)^4$； (2) $\dfrac{-x}{\sqrt{(a^2+x^2)^3}}$； (3) $\dfrac{1+2x}{2\sqrt{1+x+x^2}}$；

(4) $(x^2+1)^4(2-x)^5(-16x^2+20x-6)$； (5) $\dfrac{4x^3(x^2+3)^2}{(x^2+1)^2}$； (6) $\dfrac{2c}{\sin 2cx}$；

(7) $-\dfrac{2x\csc^2\sqrt[3]{1+x^2}}{3\sqrt[3]{(1+x^2)^2}}$； (8) $\dfrac{1}{x^2}\csc^2\dfrac{1}{x}$； (9) $2x\sin\dfrac{1}{x}-\cos\dfrac{1}{x}$； (10) $\lambda e^{\lambda x}\sin\omega x+\omega e^{\lambda x}\cos\omega x$；

(11) $\dfrac{1}{\sqrt{4-x^2}}$； (12) $\dfrac{2}{1+x^2}$； (13) $\dfrac{\ln x}{x\sqrt{1+\ln^2 x}}$； (14) $n\sin^{n-1}x\cos(n+1)x$；

(15) $\dfrac{1}{x^2}\cos\dfrac{1}{x}\sin\left(\sin\dfrac{1}{x}\right)$； (16) $\dfrac{1}{x\ln x[\ln(\ln x)]}$； (17) $\dfrac{2x+1}{(x^2+x+1)\ln a}$；

(18) $-e^{-x}+\dfrac{1}{x^2}e^{-\frac{1}{x}}$； (19) $\dfrac{1}{\sqrt{1+x^2}}$； (20) $\dfrac{1}{2}\sqrt{1+\csc x}$； (21) $\dfrac{6\ln^2(x^2)}{x}$；

答 案

(22) $\dfrac{e^{\arctan\sqrt{x}}}{2\sqrt{x}(1+x)}$； (23) $-\dfrac{2}{\sqrt{1-4x^2}\arccos 2x}$； (24) $\arcsin(\ln x)+\dfrac{1}{\sqrt{1-\ln^2 x}}$；

(25) $e^x a^{e^x}\ln a$； (26) $\sec x$； (27) $\dfrac{x\ln x}{(x^2-1)^{\frac{3}{2}}}$； (28) $\dfrac{\sqrt{1-x^2}+x\arcsin x}{(1-x^2)^{\frac{3}{2}}}$； (29) $-\dfrac{1}{1+x^2}$；

(30) $\dfrac{\pi}{2\sqrt{1-x^2}(\arccos x)^2}$； (31) $6e^{2x}\sec^3(e^{2x})\tan(e^{2x})$； (32) $\dfrac{1}{x^2}\sin\dfrac{2}{x}\cdot e^{-\sin^2\frac{1}{x}}$.

2. (1) $2xf'(x^2)$； (2) $\sin 2x[f'(\sin^2 x)-f'(\cos^2 x)]$.

3. $\dfrac{f(x)f'(x)+g(x)g'(x)}{\sqrt{f^2(x)+g^2(x)}}$.

习题 2-4

1. (1) $\dfrac{ay-x^2}{y^2-ax}$； (2) $\dfrac{y-xy}{xy-x}$； (3) $-\dfrac{e^y+ye^x}{xe^y+e^x}$； (4) $-\dfrac{\sin(x+y)}{1+\sin(x+y)}$；

(5) $-\dfrac{1+y\sin(xy)}{x\sin(xy)}$； (6) $-\sqrt{\dfrac{y}{x}}$.

2. (1) $x^{\frac{1}{x}}\dfrac{1-\ln x}{x^2}$； (2) $(\ln x)^x\left[\ln(\ln x)+\dfrac{1}{\ln x}\right]$； (3) $\left(\dfrac{x}{x+1}\right)^x\left(\ln\dfrac{x}{x+1}+\dfrac{1}{x+1}\right)$；

(4) $\dfrac{y^2-xy\ln y}{x^2-xy\ln x}$； (5) $\dfrac{x^4+6x^2+1}{3x(1-x^4)}\sqrt[3]{\dfrac{x(x^2+1)}{(x^2-1)^2}}$； (6) $\dfrac{2-3x-x^3}{2(1-x)(1+x^2)}\sqrt{\dfrac{1-x}{1+x}}$；

(7) $\dfrac{1}{2}\sqrt{x\sin x\sqrt{1-e^x}}\cdot\left[\dfrac{1}{x}+\cot x-\dfrac{e^x}{2(1-e^x)}\right]$；

(8) $-\dfrac{1}{2}(\tan 2x)^{\cot\frac{x}{2}}\left(\csc^2\dfrac{x}{2}\ln\tan 2x-8\cot\dfrac{x}{2}\csc 4x\right)$；

(9) $a^x\cdot x^{a^x}\left(\dfrac{1}{x}+\ln a\cdot\ln x\right)+x^x(1+\ln x)$； (10) $(1+x^2)^{\sin x}\left[\cos x\cdot\ln(1+x^2)+\dfrac{2x\sin x}{1+x^2}\right]$.

3. (1) $-2\sin x-x\cos x$； (2) $60x^2-6$； (3) $5x+6x\ln x$；

(4) $a^x\ln^2 a\cdot\sin x+2a^x\ln a\cdot\cos x-a^x\sin x$； (5) $\dfrac{-2x}{(1+x^2)^2}$，$y''(1)=-\dfrac{1}{2}$；

(6) $2^x\ln^2 2$； (7) $-\csc^2 x$； (8) $-2\csc^2(x+y)\cot^3(x+y)$.

4. (1) $e^x(n+x)$； (2) $(-1)^n\dfrac{(n-2)!}{x^{n-1}}$ $(n\geqslant 2)$； (3) $(-1)^n\dfrac{n!}{(1+x)^{n+1}}$；

(4) $(-1)^n\dfrac{2\cdot n!}{(1+x)^{n+1}}$； (5) $n!$.

5. (1) $-\dfrac{1}{t}$； (2) $-\dfrac{1}{2}$； (3) $-\dfrac{2}{3}e^{2t}$； (4) $\dfrac{t}{2}$, $\dfrac{1+t^2}{4t}$；

(5) $\dfrac{\cos t-t\sin t}{1-\sin t-t\cos t}$； (6) $-\dfrac{3(1+t^2)}{8t^5}$.

6. (1) 切线方程：$bx+ay-\sqrt{2}ab=0$，法线方程：$2ax-2by-\sqrt{2}(a^2-b^2)=0$；

(2) 切线方程：$4x+3y-12a=0$，法线方程：$3x-4y+6a=0$.

7~9. 略.

10. (t^2-4t+3)m/s，$(2t-4)$m/s².

习题 2-5

1. $\Delta y=1.161$，$dy=1.1$.

2. $\Delta V=1.681\pi$，$\Delta V\approx dy=1.6\pi$.

3. (1) $\left(-\dfrac{1}{x^2}+\dfrac{1}{\sqrt{x}}\right)\mathrm{d}x$;　　(2) $(\cos 2x-2x\sin 2x)\mathrm{d}x$;　　(3) $\dfrac{\ln x-1}{\ln^2 x}\mathrm{d}x$;

(4) $\mathrm{d}y=\begin{cases}\dfrac{\mathrm{d}x}{\sqrt{1-x^2}},& -1<x<0,\\ -\dfrac{\mathrm{d}x}{\sqrt{1-x^2}},& 0<x<1;\end{cases}$　　(5) $\dfrac{2\ln(1-x)}{x-1}\mathrm{d}x$;　　(6) $2\cdot 5^{\ln\tan x}\dfrac{\ln 5}{\sin 2x}\mathrm{d}x$;

(7) $\dfrac{\mathrm{e}^x\mathrm{d}x}{1+\mathrm{e}^{2x}}$;　　(8) $\mathrm{e}^x(\sin^2 x+\sin 2x)\mathrm{d}x$;　　(9) $2(2x^2-1)\mathrm{e}^{-x^2}\mathrm{d}x$;

(10) $8x\tan(1+2x^2)\sec^2(1+2x^2)\mathrm{d}x$;　　(11) $\dfrac{1-x\ln 4}{4^x}\mathrm{d}x$;　　(12) $\dfrac{2x}{1+x^4}\mathrm{d}x$;

(13) $\dfrac{1-2x\arctan x}{(1+x^2)^2}\mathrm{d}x$;　　(14) $\dfrac{\mathrm{d}x}{\sqrt{2x+x^2}}$.

4. (1) 0.8747;　　(2) −0.9651;　　(3) 30°47″;　　(4) 0.77 rad;　　(5) 0.98;　　(6) 9.9867;
(7) 0.98;　　(8) 1.003;　　(9) 0.002;　　(10) 0.01309.

5. −0.0076.

6. 略.

7. 约减少 43.63 cm².

8. 0.995.

9. $\Delta y=1.91$，$\mathrm{d}y=1.9$，绝对误差为 0.01，相对误差为 0.0053.

10. 0.667%.

11. 0.05%，0.025%.

习题 2-6

*1. 9.5 元.

*2. 199.

*3. (1) $Q'(4)=-8$;　　(2) $\eta(4)\approx 0.54$.

自　测　题　二

一、1. $2y-x-2=0$，$y+2x-1=0$;

2. −1;

3. $(2t+1)\mathrm{e}^{2t}$;

4. $\dfrac{1}{x(1+\ln y)}$;

5. $\mathrm{e}^{f(x)}\left[\dfrac{1}{x}f'(\ln x)+f'(x)f(\ln x)\right]\mathrm{d}x$.

二、1. A，C，D;
2. A，B，C，D;
3. A，B，C，D;
4. A，C，D;
5. B;
6. D.

三、当 $f(a)=0$ 时，$F(x)$ 在 $x=a$ 处可导，且 $F'(a)=0$；当 $f(a)\neq 0$ 时，$F(x)$ 在 $x=a$ 处不可导.

四、1. $2^x\ln 2(x\sin x+\cos x)+2^x x\cos x$;

2. $\dfrac{f''[\ln(1+x)]-f'[\ln(1+x)]}{(1+x)^2}$;

3. $\dfrac{\ln\sin y + y\tan x}{\ln\cos x - x\cot y}$;

4. t; $\dfrac{1}{f''(t)}$.

*五、(1) $5+4x$, $200+2x$, $195-2x$; (2) 145.

六、-2.8 km/h.

习题 3-1

略.

习题 3-2

1. (1) $\cos a$; (2) $-\dfrac{3}{5}$; (3) $\dfrac{1}{2}$; (4) 3; (5) 0; (6) 1; (7) $\dfrac{1}{6}$; (8) $\dfrac{1}{2}$; (9) 0;

(10) $\dfrac{2}{\pi}$; (11) 1; (12) $+\infty$; (13) 1; (14) $\dfrac{1}{\sqrt{e}}$.

2. 略.

习题 3-3

1. $\dfrac{1}{x} = -[1+(x+1)+(x+1)^2+\cdots+(x+1)^n]+(-1)^{n+1}\dfrac{(x+1)^{n+1}}{[-1+\theta(x+1)]^{n+2}}(0<\theta<1)$.

2. $f(x)=-56+21(x-4)+37(x-4)^2+11(x-4)^3+(x-4)^4$.

3. $\tan x = x + \dfrac{1+2\sin^2\theta x}{3\cos^4\theta x}x^3 (0<\theta<1)$.

4. $xe^x = x + x^2 + \dfrac{x^3}{2!} + \cdots + \dfrac{x^n}{(n-1)!} + \dfrac{1}{(n+1)!}(n+1+\theta x)e^{\theta x}x^{n+1}(0<\theta<1)$.

5. $f(x) = 1 + 60(x-1) + 2570(x-1)^2 + R_2(x)$,

$R_2(x) = \dfrac{1}{3!}(492960\xi^{77}-59280\xi^{37}+6840\xi^{17})(x-1)^3$,

$f(1.005) \approx 1.36425$.

习题 3-4

1. (1) $(-1, 0)$, $(1, +\infty)$ 为单调增区间,$(-\infty, -1)$, $(0, 1)$ 为单调减区间;

(2) $(-\infty, 0)$ 为单调增区间,$(0, +\infty)$ 为单调减区间;

(3) $(-\infty, +\infty)$ 为单调减区间;

(4) $(0, +\infty)$ 为单调增区间,$(-1, 0)$ 为单调减区间.

2~3. 略.

习题 3-5

1. (1) $f(-2)=21$ 为极大值,$f(1)=-6$ 为极小值;

(2) $f(0)=0$ 为极大值,$f(1)=-1$ 为极小值;

(3) $f(1)=\dfrac{1}{2}$ 为极大值,$f(-1)=-\dfrac{1}{2}$ 为极小值;

(4) $f\left(\dfrac{1}{2}\ln\dfrac{1}{2}\right)=2\sqrt{2}$ 为极小值;

(5) $f(e) = e^{\frac{1}{e}}$ 为极大值； (6) $f(e) = e$ 为极小值；

(7) 没有极值； (8) 没有极值.

2. 略.

3. $a=2$，在 $x=\dfrac{\pi}{3}$ 处有极大值 $\sqrt{3}$.

习题 3-6

1. (1) $2, -12$； (2) $\dfrac{3}{5}, -1$； (3) $\dfrac{\pi}{2}, -\dfrac{\pi}{2}$； (4) $\dfrac{\pi}{4}, 0$.

2. 各边长为 3 cm，6 cm，4 cm.

3. 折成正方形的一段铁丝长为 $\dfrac{4L}{4+\pi}$ m，折成圆的一段长为 $\dfrac{\pi L}{4+\pi}$ m.

4. (1) $x=600$； (2) $L(600)=3400$ 元，价格 $p=14$ 元/单位商品.

5. 略.

习题 3-7

1. (1) 在 $\left(-\infty, \dfrac{5}{3}\right)$ 内是凸的，在 $\left(\dfrac{5}{3}, +\infty\right)$ 内是凹的，拐点为 $\left(\dfrac{5}{3}, -\dfrac{250}{27}\right)$；

(2) 在 $(-\infty, 2)$ 内是凸的，在 $(2, +\infty)$ 内是凹的，拐点为 $\left(2, \dfrac{2}{e^2}\right)$；

(3) 在 $(-\infty, -1)$，$(1, +\infty)$ 内是凸的，在 $(-1, 1)$ 上是凹的，拐点为 $(-1, \ln 2)$，$(1, \ln 2)$；

(4) 在 $(-\infty, 0)$ 内是凸的，在 $(0, +\infty)$ 内是凹的，无拐点.

2. $a=-\dfrac{3}{2}$，$b=\dfrac{9}{2}$.

习题 3-8

1. (1) $y=0$ 为渐近线； (2) $x=-2$，$y=0$ 为渐近线；

(3) $x=0$，$y=x$ 为渐近线； (4) $y=x\pm\dfrac{\pi}{2}$ 为渐近线.

2. (1) 在 $(-\infty, -2]$ 内单调减少，在 $[-2, +\infty)$ 内单调增加，在 $(-\infty, -1]$，$[1, +\infty)$ 内是凹的，在 $[-1, 1]$ 上是凸的，拐点为 $\left(-1, -\dfrac{6}{5}\right)$，$(1, 2)$，极小值为 $f(-2)=-\dfrac{17}{5}$；

(2) 对称于原点，在 $(-\infty, -1]$，$[1, +\infty)$ 内单调减少，在 $[-1, 1]$ 上单调增加，在 $(-\infty, -\sqrt{3}]$，$[0, \sqrt{3}]$ 上是凸的，在 $[-\sqrt{3}, 0]$，$[\sqrt{3}, +\infty]$ 内是凹的，拐点为 $\left(-\sqrt{3}, -\dfrac{\sqrt{3}}{4}\right)$，$(0, 0)$，$\left(\sqrt{3}, \dfrac{\sqrt{3}}{4}\right)$，极小值为 $f(-1)=-\dfrac{1}{2}$，极大值为 $f(1)=\dfrac{1}{2}$，水平渐近线 $y=0$；

(3) 在 $(0, e]$ 上单调增加，在 $[e, +\infty)$ 内单调减少，在 $(0, e^{\frac{3}{2}})$ 内是凸的，在 $[e^{\frac{3}{2}}, +\infty)$ 内是凹的，拐点为 $\left(e^{\frac{3}{2}}, \dfrac{3}{2}e^{-\frac{3}{2}}\right)$；极大值为 $f(e)=\dfrac{1}{e}$；$y=0$，$x=0$ 为渐近线；

(4) 在 $(-\infty, -1]$，$[1, +\infty)$ 内单调增加，在 $[-1, 0]$，$[0, 1]$ 上单调减少，在 $(-\infty, 0)$ 内是凸的，在 $(0, +\infty)$ 内是凹的，极大值为 $f(-1)=-2$，极小值为 $f(1)=2$，$y=x$，$x=0$ 为渐近线；

(5) 对称于原点，在 $\left(-\infty, -\sqrt{\dfrac{1}{2}}\right)$，$\left(\sqrt{\dfrac{1}{2}}, +\infty\right)$ 内单调减少，在 $\left[-\sqrt{\dfrac{1}{2}}, \sqrt{\dfrac{1}{2}}\right]$ 上单调增加，在

$\left(-\infty, -\sqrt{\frac{3}{2}}\right]$, $\left[0, \sqrt{\frac{3}{2}}\right]$ 上是凸的，在 $\left[-\sqrt{\frac{3}{2}}, 0\right]$, $\left[\sqrt{\frac{3}{2}}, +\infty\right)$ 内是凹的，极大值为 $f\left(\sqrt{\frac{1}{2}}\right) = \frac{1}{\sqrt{2e}}$，极小值为 $f\left(-\sqrt{\frac{1}{2}}\right) = -\frac{1}{\sqrt{2e}}$，拐点为 $\left(-\sqrt{\frac{3}{2}}, -\sqrt{\frac{3}{2}}e^{-\frac{3}{2}}\right)$, $(0, 0)$, $\left(\sqrt{\frac{3}{2}}, \sqrt{\frac{3}{2}}e^{-\frac{3}{2}}\right)$，$y = 0$ 为渐近线；

(6) 曲线可分成 $y_1 = (x-1)\sqrt{x}$ 和 $y_2 = -(x-1)\sqrt{x}$ 两支，这两支曲线关于 x 轴对称，对于 y_1：在 $\left[0, \frac{1}{3}\right]$ 上单调减少，在 $\left[\frac{1}{3}, +\infty\right)$ 内单调增加，在 $[0, +\infty)$ 内是凹的，极小值为 $f\left(\frac{1}{3}\right) = -\frac{2}{9}\sqrt{3}$.

自 测 题 三

一、1. D； 2. D； 3. A； 4. B； 5. D； 6. D.

二、1. $\frac{1}{2}$； 2. $e^x = 1 + x + \frac{x^2}{2!} + \cdots + \frac{x^n}{n!} + \frac{e^{\theta x}}{(n+1)!}x^{n+1}$ $(0 < \theta < 1)$；

3. $e^{-\frac{2}{\pi}}$； 4. ka； 5. 1.

三、1. $f_{\max}(3) = \sqrt[3]{3}$；

2. 拐点$(0, 1)$, $\left(\frac{2}{3}, \frac{11}{27}\right)$，在 $(-\infty, 0)$ 内凹，在 $\left[0, \frac{2}{3}\right]$ 上凸，在 $\left(\frac{2}{3}, +\infty\right)$ 内凹.

四、1. 提示：设 $F(x) = xf(x)$，则 $F(x)$ 满足罗尔定理；

2. $f(x)$, $g(x) = \frac{1}{x}$ 在 (a, b) 内满足柯西中值定理，$f(x)$ 也满足拉格朗日中值定理；

3. 令 $F(x) = x^p + (1-x)^p$，求最大值和最小值.

*五、(1) $\frac{p}{24-p}$； (2) $\eta(6) = \frac{1}{3}$；

(3) 总收益约增加 0.67；

(4) 当 $p = 12$ 时，总收益最大，最大总收益为 72.

习题 4-1

1～2. 略.

3. $y = x^2$.

4. (1) $5x$, $5x + C$； (2) x^2, $x^2 + C$； (3) $\frac{1}{3}x^3$, $\frac{1}{3}x^3 + C$； (4) e^x, $e^x + C$；

(5) $-\cos x$, $-\cos x + C$； (6) $\tan x$, $\tan x + C$； (7) $2\sqrt{x}$, $2\sqrt{x} + C$；

(8) $\frac{1}{n+1}x^{n+1}$, $\frac{1}{n+1}x^{n+1} + C$.

5. (1) $3x + C$； (2) $-\frac{1}{x} + x + C$； (3) $\arcsin x + C$；

(4) $\frac{1}{3}x^3 - 2x^2 + 4x + C$； (5) $\frac{6}{11}x^{\frac{11}{6}} - \frac{2}{3}x^{\frac{3}{2}} + \frac{3}{4}x^{\frac{4}{3}} - x + C$； (6) $2e^x + 3\ln x + C$；

(7) $2\sqrt{x} - \frac{4}{3}x\sqrt{x} + \frac{2}{5}x^2\sqrt{x} + C$； (8) $\frac{x^3}{3} - x + \arctan x + C$； (9) $2x - 5\left(\frac{2}{3}\right)^x \frac{1}{\ln\frac{2}{3}} + C$；

(10) $\sec x - \tan x + C$； (11) $\frac{1}{2}x - \frac{1}{2}\sin x + C$； (12) $\tan x - x + C$； (13) $\frac{1}{2}\tan x + C$.

6. (1) 27m； (2) 7.115.

7. 略.

习题 4-2

1. (1) $\dfrac{1}{a}$； (2) $\dfrac{1}{7}$； (3) $\dfrac{1}{2}$； (4) $\dfrac{1}{10}$； (5) $-\dfrac{1}{2}$； (6) $\dfrac{1}{12}$； (7) $\dfrac{1}{2}$； (8) -2；
(9) $-\dfrac{2}{3}$； (10) $\dfrac{1}{5}$； (11) $-\dfrac{1}{5}$； (12) $\dfrac{1}{3}$； (13) -1； (14) -1.

2. (1) $\dfrac{1}{202}(2x-3)^{101}+C$； (2) $-\dfrac{1}{2}\ln(1-2x)+C$； (3) $-\dfrac{1}{3}(1-x^2)\sqrt{1-x^2}+C$；
(4) $-\sqrt{3-2x}+C$； (5) $-\dfrac{1}{3}\sqrt{2-3x^2}+C$； (6) $-2e^{-\frac{x}{2}}+C$； (7) $-\dfrac{1}{2}e^{1-x^2}+C$；
(8) $\dfrac{1}{2}\arcsin 2x+C$； (9) $\dfrac{1}{2}\arcsin\dfrac{2}{3}x+C$； (10) $\dfrac{1}{6}\arctan\dfrac{x^3}{2}+C$； (11) $-\sqrt{4-x^2}+C$；
(12) $\dfrac{1}{2}(1+\ln x)^2+C$； (13) $\ln\ln\ln x+C$； (14) $-2\cos\sqrt{t}+C$； (15) $-\ln\cos\sqrt{1+x^2}+C$；
(16) $\dfrac{1}{3}(\arctan x)^3+C$； (17) $-(\arcsin x)^{-1}+C$； (18) $\dfrac{1}{\omega}\sin(\omega t+\varphi)+C$；
(19) $\dfrac{1}{2}x-\dfrac{1}{12}\sin 6x+C$； (20) $\sin x-\dfrac{1}{3}\sin^3 x+C$； (21) $\ln(\csc 2x-\cot 2x)+C$；
(22) $\dfrac{1}{2}\sin x^2+C$； (23) $\dfrac{1}{2}\arctan\sin^2 x+C$； (24) $-\dfrac{1}{2\sin^2 x}+C$；
(25) $-\dfrac{3}{2}\sqrt[3]{(\cos x-\sin x)^2}+C$； (26) $\dfrac{1}{2}(\ln\tan x)^2+C$； (27) $\dfrac{1}{3}\sec^3 x-\sec x+C$；
(28) $\dfrac{a^2}{2}\arcsin\dfrac{x}{a}-\dfrac{x}{2}\sqrt{a^2-x^2}+C$； (29) $\arccos\dfrac{1}{x}+C$； (30) $\dfrac{x}{a^2\sqrt{a^2+x^2}}+C$；
(31) $\sqrt{x^2-9}-3\arccos\dfrac{3}{x}+C$.

习题 4-3

(1) $-x\cos x+\sin x+C$； (2) $-xe^{-x}-e^{-x}+C$； (3) $\dfrac{1}{4}x^2+\dfrac{1}{4}x\sin 2x+\dfrac{1}{8}\cos 2x+C$；
(4) $\dfrac{1}{5}(e^x\cos 2x-e^x\sin 2x+2e^x)+C$； (5) $x\arctan x-\dfrac{1}{2}\ln(1+x^2)+C$； (6) $x\ln\dfrac{x}{2}-x+C$；
(7) $\dfrac{x^3}{3}\ln x-\dfrac{x^3}{9}+C$； (8) $x(\arccos x)^2-2\sqrt{1-x^2}\arccos x-2x+C$； (9) $x\ln^2 x-2x\ln x+2x+C$；
(10) $\dfrac{1}{2}x(\sin\ln x-\cos\ln x)+C$； (11) $-2x\cos\sqrt{x}+4\sqrt{x}\sin\sqrt{x}+4\cos\sqrt{x}+C$.

习题 4-4

(1) $\ln(x^2+3x-10)+C$； (2) $\ln\dfrac{x+1}{\sqrt{x^2-x+1}}+\sqrt{3}\arctan\dfrac{2x-1}{\sqrt{3}}+C$； (3) $\dfrac{1}{2}\ln(x^2-1)+\dfrac{1}{x+1}+C$；
(4) $\dfrac{1}{4}\ln\dfrac{x^4}{(1+x)^2(1+x^2)}-\dfrac{1}{2}\arctan x+C$； (5) $-\dfrac{1}{2}\ln\dfrac{x^2+1}{x^2+x+1}+\dfrac{\sqrt{3}}{3}\arctan\dfrac{2x+1}{\sqrt{3}}+C$；
(6) $\dfrac{\sqrt{2}}{2}\arctan\dfrac{\tan\dfrac{x}{2}}{\sqrt{2}}+C$； (7) $\dfrac{2}{\sqrt{3}}\arctan\dfrac{2\tan\dfrac{x}{2}+1}{\sqrt{3}}+C$； (8) $\ln\left(1+\tan\dfrac{x}{2}\right)+C$；
(9) $\dfrac{3}{2}\sqrt[3]{(x+1)^2}-3\sqrt[3]{x+1}+3\ln|1+\sqrt[3]{x+1}|+C$； (10) $\dfrac{1}{2}x^2-\dfrac{2}{3}x\sqrt{x}+x+C$；
(11) $2\sqrt{x}-4\sqrt[4]{x}+4\ln(\sqrt[4]{x}+1)+C$； (12) $x-4\sqrt{x+1}+4\ln(\sqrt{x+1}+1)+C$；

(13) $\frac{1}{2}\ln\frac{e^x-1}{e^x+1}+C$; (14) $-\frac{1}{1-x}+\frac{1}{2(1-x)^2}+C$; (15) $\frac{1}{6a^3}\ln\frac{a^3+x^3}{a^3-x^3}+C$; (16) $x\tan\frac{x}{2}+C$;

(17) $\frac{1}{32}\ln\frac{2+x}{2-x}+\frac{1}{16}\arctan\frac{x}{2}+C$; (18) $\frac{1}{1+e^x}+x-\ln(1+e^x)+C$; (19) $xe^{\sin x}-e^{\sin x}\sec x+C$;

(20) $\frac{e^x}{1+x}+C$; (21) $x\arctan x-\frac{1}{2}\ln(1+x^2)-\frac{1}{2}(\arctan x)^2+C$; (22) $\frac{1}{2}(\ln\sin x)^2+C$;

(23) $\frac{x\ln x}{\sqrt{1+x^2}}-\ln(x+\sqrt{1+x^2})+C$; (24) $\ln(e^x+\sqrt{e^{2x}-1})+\arcsin e^{-x}+C$;

(25) $\frac{1}{\sqrt{2}}\arctan\frac{x-\frac{1}{x}}{\sqrt{2}}+C$.

自 测 题 四

一、1. $-ax\sin x-a\cos x+C$;

2. $y=\ln x+1$;

3. $\arcsin\frac{2x-1}{\sqrt{5}}+C$;

4. $\tan x-\frac{1}{\cos x}+C$;

5. $\frac{x^2+1}{x(x-1)^2}=\frac{1}{x}+\frac{2}{(x-1)^2}$; $\ln x-\frac{2}{x-1}+C$.

二、1. D; 2. C; 3. A; 4. C; 5. C.

三、1. $\ln|\ln x|+2\ln|x|+C$;

2. $-\cot x\ln\sin x-\cot x-x+C$;

3. $-\frac{1}{3x^3}+\frac{1}{x}+\arctan\frac{1}{x}+C$;

4. $\ln|\tan x|+\frac{1}{2}\tan^2 x+C$;

5. $-3x^{\frac{2}{3}}\cos\sqrt[3]{x}+6\sqrt[3]{x}\sin\sqrt[3]{x}+6\cos\sqrt[3]{x}+C$;

6. $\ln x-\frac{1}{10}\ln(1+x^{10})+\frac{1}{10(x^{10}+1)}+C$, 提示：令 $x^{10}=u$;

7. $\frac{(x-1)e^{\arctan x}}{2\sqrt{1+x^2}}+C$;

8. $-\frac{1}{x}\arctan x+\ln\frac{x}{\sqrt{1+x^2}}-\frac{1}{2}(\arctan x)^2+C$.

四、$f(x)=-\ln(1-x)-x^2+C$.

五、$\frac{1}{4}\cos 2x-\frac{1}{4x}\sin 2x+C$.

*六、$p\ln 3$.

习题 5-1

1. $s=\frac{1}{2}gT^2$.

2. $s=\frac{1}{3}(b^3-a^3)+b-a$.

3. $s=\int_0^4\left(\frac{1}{2}t+2\right)dt=12$.

4. $Q=\int_{t_1}^{t_2}f(t)dt$.

5. $W=\int_a^b F(x)dx$.

6. (1) 正值； (2) 负值； (3) 正值； (4) 正值.

习题 5-2

1. (1) $\int_0^1 xdx > \int_0^1 x^2 dx$；　(2) $\int_1^2 xdx < \int_1^2 x^2 dx$；

(3) $\int_1^2 \ln xdx > \int_1^2 (\ln x)^2 dx$；　(4) $\int_0^1 e^x dx > \int_0^1 (1+x)dx$.

2. (1) $6 \leqslant \int_1^4 (x^2+1)dx \leqslant 51$；　(2) $\frac{\sqrt{2}}{2} \leqslant \int_0^1 \frac{1}{\sqrt{1+x^2}}dx \leqslant 1$；

(3) $\pi \leqslant \int_{\frac{\pi}{4}}^{\frac{5\pi}{4}} (1+\sin^2 x)dx \leqslant 2\pi$；　(4) $\frac{\pi}{9} \leqslant \int_{\frac{1}{\sqrt{3}}}^{\sqrt{3}} x\operatorname{arccot} xdx \leqslant \frac{2}{3}\pi$；

(5) $2e^{-\frac{1}{4}} \leqslant \int_0^2 e^{x^2-x}dx \leqslant 2e^2$；　(6) $\frac{3}{e^4} \leqslant \int_{-1}^2 e^{-x^2}dx \leqslant 3$.

习题 5-3

1. $\varphi(0)=0$, $\varphi\left(\frac{\pi}{4}\right)=1-\frac{\sqrt{2}}{2}$, $\varphi\left(\frac{\pi}{2}\right)=1$, $\varphi'(0)=0$, $\varphi'\left(\frac{\pi}{4}\right)=\frac{\sqrt{2}}{2}$, $\varphi'\left(\frac{\pi}{2}\right)=1$.

2. $y'=2x\sqrt{1+x^4}$.　3. $\frac{dz}{dy}=\frac{1}{\sqrt{2\pi y}}e^{-\frac{y}{2}}$.

4. 极值点为 $x=0$，拐点为 $\left(\frac{\sqrt{2}}{2}, -\frac{1}{2}\left(\frac{1}{\sqrt{e}}-1\right)\right)$.

5. 最小值 $\varphi(0)=0$，最大值 $\varphi(1)=\frac{5\sqrt{3}}{9}\pi$.

6. $\frac{dy}{dx}=\cot t$.　7. $\frac{dy}{dx}=-\frac{\cos x}{e^y}$.

8. (1) 1；　(2) $\frac{1}{3}$；　(3) 0；　(4) 1.

9. $\int_0^x f(t)dt + xf(x)$.　10. 略.　11. $s=\frac{2}{3}t^3$.

12. (1) 24；　(2) $\frac{29}{6}$；　(3) $\frac{\pi}{6}$；　(4) $\frac{\pi}{3}$；

(5) $\frac{\pi}{12a}$；　(6) $a+b$；　(7) $1-\frac{\pi}{4}$；　(8) 1.

13. $\frac{5}{6}$.　14. 略.

习题 5-4

1. (1) $\frac{1}{6}$；　(2) $\frac{\sqrt{2}}{2}\arctan\sqrt{2}$；　(3) 0；　(4) $\frac{\pi}{2}$；　(5) $\sqrt{2}(\pi+2)$；　(6) $1-\frac{\pi}{4}$；　(7) $\frac{a^4}{16}\pi$；

(8) $\sqrt{2}-\frac{2\sqrt{3}}{3}$；　(9) $1-2\ln 2$；　(10) $1-e^{-\frac{1}{2}}$；　(11) $2(\sqrt{3}-1)$；　(12) $\frac{\pi}{2}$；　(13) $1+\frac{\pi}{4}$；

(14) $\frac{\pi^2}{4}$；　(15) $1-\frac{1}{2}\ln\frac{5}{3}$；　(16) $\frac{5}{3}$；　(17) π；　(18) $\frac{\pi a^2}{8}$.

2~3. 略.

4. (1) 0;　(2) $\dfrac{3}{2}\pi$;　(3) $\dfrac{\pi^3}{324}$;　(4) 0.

5. 略.

6. (1) 4π;　(2) $-\dfrac{1}{2}(e^\pi+1)$;　(3) $\left(\dfrac{1}{4}-\dfrac{\sqrt{3}}{9}\right)\pi+\dfrac{1}{2}\ln\dfrac{3}{2}$;　(4) $4(2\ln 2-1)$;　(5) $\dfrac{\pi}{4}-\dfrac{1}{2}$;

(6) $6-2e$;　(7) $\dfrac{\pi^2}{4}-2$;　(8) 1;　(9) $\dfrac{35}{256}\pi$;　(10) $\dfrac{16}{35}$;　(11) $\dfrac{5}{16}\pi$;　(12) $\dfrac{35\pi}{512}$.

习题 5-5

1. $147.2\ m^2$.

2. 0.6938, 0.6931.

3. 0.8453, 0.7828, 0.7854.

习题 5-6

1. (1) 发散;　(2) 收敛, 1;　(3) 发散;　(4) 收敛, $n!$;　(5) 收敛, $\dfrac{\pi}{2}$;　(6) 发散;

(7) 收敛, $\dfrac{\pi}{2}$;　(8) 发散;　(9) 发散;　(10) 收敛于 $\dfrac{1}{a}$;　(11) 收敛于 $\dfrac{w}{p^2+w^2}$;　(12) 发散;

(13) 收敛于 π;　(14) 收敛于 $\dfrac{8}{3}$.

2. 当 $k>1$ 时收敛, 当 $k\leqslant 1$ 时发散; 当 $k>1$ 时收敛于 $\dfrac{1}{(k-1)(\ln 2)^{k-1}}$; 当 $k=1-\dfrac{1}{\ln\ln 2}$ 时, 取得最小值.

3. (1) $3!$;　(2) 30;　(3) $\dfrac{3}{4}$;　(4) $\dfrac{3}{8}\pi\sqrt{\pi}$.

习题 5-7

1. (1) 18;　(2) $\dfrac{16}{3}$;　(3) $1+\dfrac{\sqrt{2}}{2}$;　(4) $\dfrac{\pi}{2}$;　(5) $\dfrac{7}{6}$;　(6) $2\pi+\dfrac{4}{3}$, $6\pi-\dfrac{4}{3}$;

(7) $e+e^{-1}-2$;　(8) $\dfrac{16}{3}p^2$.

2. (1) πa^2;　(2) $18\pi a^2$.

3. (1) $\dfrac{5\pi}{4}$;　(2) $\dfrac{\pi}{6}+\dfrac{1-\sqrt{3}}{2}$.

4. (1) $\dfrac{128}{7}\pi$;　(2) $\dfrac{1}{2}\pi^2$;　(3) $\dfrac{3}{10}\pi$;　(4) $\dfrac{40}{3}\pi$.

5. $\dfrac{1}{3}\pi R^2 H$.　6. 绕 y 轴: 8π, 绕 x 轴: $\dfrac{128}{5}\pi$.

7. $2a^2 b\pi^2$.　8. $\dfrac{1}{3}\pi h^2(3R-h)$.

9. 2π, 32π.　10. 略.　11. $\dfrac{1}{2}\pi R^2 h$.　12. $\dfrac{4\sqrt{3}}{3}R^3$.

13. (1) $\ln 3-\dfrac{1}{2}$;　(2) $2\sqrt{3}$;　(3) $\dfrac{p}{2}[\sqrt{2}+\ln(1+\sqrt{2})]$;　(4) 4.

14. $6a$.　15. $3.125\ J$.

16. $\dfrac{27}{7}k\sqrt[3]{c^2 a^7}$, 其中 k 为阻力系数.

17. $\dfrac{\rho g \pi R^4}{4}$. 18. $\dfrac{4}{3}\pi R^4$. 19. 2.56×10^7 N. 20. 5×10^7 N.

21. (1) 6.6×10^6 N； (2) 11 m. 22. $\dfrac{8}{3}\rho g$N. 23. $12\pi\rho g$N.

习题 5-8

*1. $C(x)=1000+7x+50\sqrt{x}$.

*2. 现值为 $5\times 10^5(1-\mathrm{e}^{-0.9})$；将来值为 $5\times 10^5(\mathrm{e}^{0.9}-1)$.

自 测 题 五

一、1. $\dfrac{\pi}{3}$； 2. $\dfrac{1}{\sin x-1}$； 3. $af(a)$；

4. -1，$\dfrac{1}{12}$； 5. 1； 6. $\dfrac{2}{3}\left[(1+b)^{\frac{3}{2}}-(1+a)^{\frac{3}{2}}\right]$.

二、1. B； 2. C； 3. C； 4. B； 5. D.

三、1. $\dfrac{\pi^2}{4}$；

2. 当 $a\leqslant 0$ 时，值为 $\dfrac{1}{3}-\dfrac{1}{2}a$，当 $0<a\leqslant 1$ 时，值为 $\dfrac{1}{3}+\dfrac{a^3}{3}-\dfrac{a}{2}$，当 $a>1$ 时，值为 $\dfrac{a}{2}-\dfrac{1}{3}$；

3. $1+\ln\left(1+\dfrac{1}{\mathrm{e}}\right)$.

四、略. 五、$2\pi^2 a^2 b$. 六、(1) 略； (2) $\dfrac{\pi^2}{4}$. 七、$\dfrac{\mathrm{e}}{2}$，$\dfrac{\pi}{6}\mathrm{e}^2$.

*八、(1) $C(x)=-\dfrac{x^2}{2}+2x+100$； (2) $R(x)=20x-2x^2$； (3) $x=6$.

*九、(1) $\dfrac{10}{1-\mathrm{e}^{-1}}$； (2) $100-200\mathrm{e}^{-1}$.

习题 6-1

1. (1) 一阶； (2) 二阶； (3) 三阶； (4) 一阶； (5) 二阶； (6) 一阶.

2. (1) 是； (2) 是； (3) 不是； (4) 是.

3. (1) $y^2-x^2=25$； (2) $y=x\mathrm{e}^{2x}$； (3) $y=-\cos x$.

4. (1) $(yy')^2+y^2=1$； (2) $(y')^2+xy'-y=0$；

(3) $\dfrac{1}{2}x^2y''-xy'+y=0$； (4) $y''+4y=0$.

5. (1) $yy'+x=0$； (2) $xy'-2y=0$.

6. (1) $\dfrac{\mathrm{d}Q}{\mathrm{d}t}=-kQ$； (2) $\dfrac{\mathrm{d}p}{\mathrm{d}t}=kp(200000-p)$； (3) $\dfrac{\mathrm{d}p}{\mathrm{d}T}=kp/T^2$； (4) $E=L\dfrac{\mathrm{d}i}{\mathrm{d}t}$.

习题 6-2

1. (1) $y=\mathrm{e}^{Cx}$； (2) $y^3+\mathrm{e}^y=\sin x+C$； (3) $\tan t\tan \theta=C$； (4) $10^x+10^{-y}=C$；

(5) $\dfrac{1+y^2}{x^2-1}=C$； (6) $\dfrac{1}{y}=a\ln(x+a-1)+C$； (7) $(\mathrm{e}^x+1)(1-\mathrm{e}^y)=C$.

2. (1) $\mathrm{e}^y=\dfrac{1}{2}\mathrm{e}^{2x}+\dfrac{1}{2}$； (2) $\sqrt{1+y^2}+\sqrt{1+x^2}=1+\sqrt{2}$.

3. (1) $y=\sin x+C\cos x$； (2) $s=\dfrac{3}{2}+C\mathrm{e}^{-2t}$； (3) $y=x^3\mathrm{e}^x+Cx^3$； (4) $y=\dfrac{\sin x+C}{x^2-1}$；

(5) $x=\dfrac{y^2}{2}+Cy^3$.

4. (1) $y=\dfrac{1}{x^2}(\sin x-x\cos x)$; (2) $y=x+\sqrt{1-x^2}$.

5. $xy=6(x>0)$.

6. $y=\begin{cases} x(1-4\ln x), & 0<x\leqslant 1, \\ 0, & x=0. \end{cases}$

7. (1) 8倍; (2) $\dfrac{10^4}{8}$个.

8. $v(t)=\dfrac{k_1}{k_2}t+\dfrac{mk_1}{k_2^2}(e^{-\frac{k_2}{m}t}-1)$.

习题 6-3

1. (1) $y=\dfrac{x^3}{6}+\ln\sec x+C_1x+C_2$; (2) $y=\dfrac{x^2}{2}\ln x-\dfrac{3}{4}x^2+C_1x+C_2$;

(3) $y=-\dfrac{x^2}{2}-x+C_1e^x+C_2$; (4) $y=\dfrac{1}{4}(C_1x+C_2)^2$;

(5) $y=\dfrac{x^3}{9}+\dfrac{3}{4}x^2+2x+C_1\ln x+C_2$; (6) $y=\dfrac{1}{4}(x-2)^4+\dfrac{1}{2}C_1(x-2)^2+C_2$.

2. (1) $y=\dfrac{1}{2}\arctan\dfrac{x}{2}+1$; (2) $y=-\ln(x+1)+1$.

习题 6-4

1. (1) $y=C_1e^{-2x}+C_2e^x$; (2) $y=C_1e^{-4x}+C_2e^{4x}$;

(3) $y=C_1+C_2e^{3x}$; (4) $y=e^{-\frac{x}{2}}\left(C_1\cos\dfrac{\sqrt{3}}{2}x+C_2\sin\dfrac{\sqrt{3}}{2}x\right)$;

(5) $y=e^x\left(C_1\cos\dfrac{x}{2}+C_2\sin\dfrac{x}{2}\right)$; (6) $y=(C_1+C_2x)e^{-3x}$.

2. (1) $y=4e^x+2e^{3x}$; (2) $y=(6+13x)e^{-\frac{x}{2}}$; (3) $y=3e^{-2x}\sin 5x$.

3. (1) $y=C_1+C_2e^{-\frac{5}{2}x}+\dfrac{1}{3}x^3-\dfrac{3}{5}x^2+\dfrac{17}{25}x$; (2) $y=C_1e^{-x}+C_2e^{-2x}+\left(\dfrac{3}{2}x^2-3x\right)e^{-x}$;

(3) $y=(C_1\cos 2x+C_2\sin 2x)e^x-\dfrac{1}{4}xe^x\cos 2x$; (4) $y=C_1\cos 2x+C_2\sin 2x+\dfrac{1}{3}x\cos x+\dfrac{2}{9}\sin x$.

4. $f(x)=\dfrac{1}{2}(e^x+\cos x+\sin x)$.

习题 6-5

*1. $y_x=C+2x+x^2$.

*2. $y_x=(C_1+C_2x)\cdot 2^x+\dfrac{3}{8}x^2\cdot 2^x$.

自 测 题 六

一、1. $\dfrac{dy}{dx}=x^2$; 2. $x^2(b_0x+b_1)e^{-x}$; 3. $y=C_1\cos\sqrt{2}x+C_2\sin\sqrt{2}x$; 4. 大; 5. $e^y=\dfrac{1}{2}(e^{2x}+1)$.

二、1. B; 2. A; 3. C; 4. A; 5. D.

三、1. $x=y^2\left(1+\dfrac{1}{e}e^{\frac{1}{y}}\right)$; 2. $C_1x=e^{\arctan y}+C_2$;

3. $y = 2x - 2\arctan x + \dfrac{\pi}{2}$; 4. $y = C_1 e^x + C_2 e^{6x} + \dfrac{1}{6}x + \dfrac{7}{36}$.

四、$\alpha = -3$, $\beta = 2$, $\gamma = -1$, $y = C_1 e^x + C_2 e^{2x} + e^{2x} + (1+x) e^x$.

五、$f(x) = \dfrac{1}{2}\sin x + \dfrac{x}{2}\cos x$.

六、$y = 6(1-x)^2 - 12(1-x)\ln(1-x) - 5$.

七、$f(x) = x e^{x+1}$.

*八、632 元.

习题 7-1

1. A：Ⅱ； B：Ⅴ； C：Ⅷ； D：在 x 轴上； E：在 yOz 平面上； F：在 xOy 平面上.

2. xOy 面：$(x, y, 0)$，yOz 面：$(0, y, z)$，xOz 面：$(x, 0, z)$，x 轴：$(x, 0, 0)$，y 轴：$(0, y, 0)$，z 轴：$(0, 0, z)$.

3. $P_1(9, 0, 0)$，$P_2(-1, 0, 0)$.

4. 略.

5. $5\boldsymbol{a} - 11\boldsymbol{b} + 7\boldsymbol{c}$.

6～7. 略.

8. $\{23, 4, 0\}$.

9. $\left\{\dfrac{6}{11}, \dfrac{7}{11}, -\dfrac{6}{11}\right\}$ 或 $\left\{-\dfrac{6}{11}, -\dfrac{7}{11}, \dfrac{6}{11}\right\}$.

10. 模：2；方向余弦：$-\dfrac{1}{2}, -\dfrac{\sqrt{2}}{2}, \dfrac{1}{2}$；方向角：$\dfrac{2\pi}{3}, \dfrac{3\pi}{4}, \dfrac{\pi}{3}$.

11. $\boldsymbol{a}^0 = \left\{\dfrac{3}{\sqrt{14}}, \dfrac{1}{\sqrt{14}}, -\dfrac{2}{\sqrt{14}}\right\}$.

12. (1) 与 x 轴垂直或与 yOz 平面平行； (2) 与 y 轴平行或与 xOz 平面垂直；
(3) 与 z 轴平行或与 xOy 平面垂直.

13. $\cos\varphi = \dfrac{-5}{\sqrt{14}\sqrt{38}} \approx -0.2168$，$\varphi \approx 102°31'$.

习题 7-2

1. -72，$-60\boldsymbol{i} - 30\boldsymbol{j} - 30\boldsymbol{k}$.

2. 略.

3. (1) 3； (2) $-\boldsymbol{j} - 2\boldsymbol{k}$； (3) -1； (4) $-2\boldsymbol{i} + \boldsymbol{k}$； (5) $\dfrac{-1}{2\sqrt{21}}, \dfrac{\sqrt{83}}{2\sqrt{21}}$； (6) 0； (7) 0.

4. (1) $-8\boldsymbol{j} - 24\boldsymbol{k}$； (2) $-\boldsymbol{j} - \boldsymbol{k}$； (3) 2.

5. 略.

6. $3\sqrt{21}$.

习题 7-3

1. (1) $x - 2y + 3z - 12 = 0$； (2) $y - 3z = 0$； (3) $y + 5 = 0$； (4) $9y - z - 2 = 0$；
(5) $2x - y - z = 0$； (6) $2x - 6y - 3z - 2 = 0$； (7) $y - 2z = 0$.

2. $\dfrac{x}{-6} + \dfrac{y}{30} + \dfrac{z}{10} = 1$.

3. 略

习题 7-4

1. (1) $\begin{cases} \dfrac{x-1}{2}=\dfrac{z-3}{1}, \\ y=2; \end{cases}$ (2) $\dfrac{x+1}{3}=\dfrac{y}{-4}=\dfrac{z-4}{1}$; (3) $\dfrac{x+1}{48}=\dfrac{y}{37}=\dfrac{z-4}{4}$;

(4) $\dfrac{x-4}{2}=y+1=\dfrac{z-3}{5}$; (5) $\dfrac{x-3}{-1}=\dfrac{y+1}{6}=\dfrac{z-2}{-4}$.

2. $(0, 1, 1)$.

3. (1) $\dfrac{x}{-2}=\dfrac{y-4}{6}=\dfrac{z-2}{5}$; (2) $\dfrac{x-1}{5}=\dfrac{y}{6}=\dfrac{z+2}{8}$.

4. (1) $\cos\varphi=-\dfrac{2\sqrt{2}}{27}$; (2) $\cos\varphi=0$.

习题 7-5

1. $\left(x+\dfrac{2}{3}\right)^2+(y+1)^2+\left(z+\dfrac{4}{3}\right)^2=\left(\dfrac{2}{3}\sqrt{29}\right)^2$.

2. $(x-3)^2+(y-3)^2+(z-3)^2=9$ 或 $(x-5)^2+(y-5)^2+(z-5)^2=25$.

3. $x^2+y^2+z^2-2x-6y+4z=0$.

4. (1) 椭球面; (2) 双曲柱面; (3) 椭圆抛物面; (4) 圆锥面; (5) 椭圆柱面;
(6) 抛物柱面; (7) 球面.

5. (1) $\pm\sqrt{y^2+z^2}=2x+1$; (2) $y^2+z^2=5x$; (3) $(x^2+y^2+z^2+b^2-a^2)^2=4b^2(x^2+y^2)$.

6. (1) 圆; (2) 椭圆; (3) 双曲线; (4) 抛物线; (5) 双曲线.

自 测 题 七

一、1. $\{-4, 2, -4\}$; 2. $\left\{\dfrac{6}{11}, \dfrac{7}{11}, -\dfrac{6}{11}\right\}$ 或 $\left\{-\dfrac{6}{11}, -\dfrac{7}{11}, \dfrac{6}{11}\right\}$;

3. -18, $10\boldsymbol{i}+2\boldsymbol{j}+14\boldsymbol{k}$, $\cos(\widehat{\boldsymbol{a},\boldsymbol{b}})=\dfrac{3}{2\sqrt{21}}$;

4. $\left\{\dfrac{3}{5}, \dfrac{4}{5}, 0\right\}$ 或 $\left\{-\dfrac{3}{5}, -\dfrac{4}{5}, 0\right\}$; 5. $3y-x+z=4$;

6. $2x+2y-3z=0$; 7. $\dfrac{x+1}{-9}=\dfrac{y-2}{14}=\dfrac{z-5}{10}$;

8. $x^2+y^2+z^2=9$.

二、1. A; 2. C; 3. B; 4. C.

三、1. $\dfrac{x+3}{4}=\dfrac{y-2}{3}=\dfrac{z-5}{1}$. 2. $x=1, y=2, z=2$.

3. 共面, 交点为 $(0, -3, 0)$. 提示: 显然这两条直线不平行, 若共面的话它们只能相交于一点.

4. $\left(0, 0, \dfrac{1}{5}\right)$.

习题 8-1

1. $t^2xyf(x, y)$. 2. $\dfrac{2k}{1+k^2}$. 3. 略.

4. (1) $\{(x, y) \mid x \geqslant 0, y \geqslant 0\}$; (2) $\{(x, y) \mid y^2-2x+1>0\}$; (3) $\{(x, y) \mid r^2 \leqslant x^2+y^2 \leqslant R^2\}$;

311

(4) $\{(x, y) \mid x^2+y^2>1\}$;   (5) $\{(x, y) \mid x \geqslant 0, y \geqslant 0, x^2 \geqslant y\}$;

(6) $\{(x, y) \mid x>0, y>0, z>0\}$.

5. (1) 1;   (2) 0;   (3) $-\dfrac{1}{4}$;   (4) $\sqrt{7}$;   (5) 2;   (6) 0.

习题 8-2

1. (1) $\dfrac{\partial z}{\partial x}=2x+5y$, $\dfrac{\partial z}{\partial y}=5x-2y$;

(2) $\dfrac{\partial z}{\partial x}=3x^2y-y^3$, $\dfrac{\partial z}{\partial y}=x^3-3xy^2$;

(3) $\dfrac{\partial z}{\partial x}=\dfrac{2}{y}\csc\dfrac{2x}{y}$, $\dfrac{\partial z}{\partial y}=-\dfrac{2x}{y^2}\csc\dfrac{2x}{y}$;

(4) $\dfrac{\partial z}{\partial x}=y+\dfrac{1}{y}$, $\dfrac{\partial z}{\partial y}=x-\dfrac{x}{y^2}$;

(5) $\dfrac{\partial z}{\partial x}=y\cos(xy)-y\sin(2xy)$, $\dfrac{\partial z}{\partial y}=x\cos(xy)-x\sin(2xy)$;

(6) $\dfrac{\partial z}{\partial x}=\dfrac{1}{2x\sqrt{\ln(xy)}}$, $\dfrac{\partial z}{\partial y}=\dfrac{1}{2y\sqrt{\ln(xy)}}$;

(7) $\dfrac{\partial u}{\partial x}=\dfrac{z(x-y)^{z-1}}{1+(x-y)^{2z}}$, $\dfrac{\partial u}{\partial y}=-\dfrac{z(x-y)^{z-1}}{1+(x-y)^{2z}}$, $\dfrac{\partial u}{\partial z}=\dfrac{(x-y)^z\ln(x-y)}{1+(x-y)^{2z}}$;

(8) $\dfrac{\partial u}{\partial x}=\dfrac{y}{z}x^{\frac{y}{z}-1}$, $\dfrac{\partial u}{\partial y}=\dfrac{1}{z}x^{\frac{y}{z}}\ln x$, $\dfrac{\partial u}{\partial z}=-\dfrac{y}{z^2}x^{\frac{y}{z}}\ln x$.

2. (1) 1;   (2) -1.

3. 略.

4. (1) $\dfrac{\partial^2 z}{\partial x^2}=6xy^2$, $\dfrac{\partial^2 z}{\partial x \partial y}=\dfrac{\partial^2 z}{\partial y \partial x}=6x^2y-9y^2-1$, $\dfrac{\partial^2 z}{\partial y^2}=2x^3-18xy$;

(2) $\dfrac{\partial^2 z}{\partial x^2}=e^x\sin y$, $\dfrac{\partial^2 z}{\partial x \partial y}=\dfrac{\partial^2 z}{\partial y \partial x}=e^x\cos y$, $\dfrac{\partial^2 z}{\partial y^2}=-e^x\sin y$;

(3) $\dfrac{\partial^2 z}{\partial x^2}=\dfrac{2xy}{(x^2+y^2)^2}$, $\dfrac{\partial^2 z}{\partial x \partial y}=\dfrac{\partial^2 z}{\partial y \partial x}=\dfrac{y^2-x^2}{(x^2+y^2)^2}$, $\dfrac{\partial^2 z}{\partial y^2}=-\dfrac{2xy}{(x^2+y^2)^2}$.

5~6. 略.

7. (1) $dz=\dfrac{2}{x^2+y^2}(x dx+y dy)$;   (2) $dz=y^x\ln y dx+xy^{x-1}dy$;

(3) $dz=\dfrac{\sqrt{xy}}{2xy}dx-\dfrac{\sqrt{xy}}{2y^2}dy$;   (4) $du=yzx^{yz-1}dx+zx^{yz}\ln x dy+yx^{yz}\ln x dz$.

8. $dz=\dfrac{1}{3}dx+\dfrac{2}{3}dy$.   9. $\Delta z=-0.119$; $dz=-0.125$.

10. 2.95.   11. 2.0393.

习题 8-3

1. (1) $\dfrac{dz}{dx}=-\dfrac{1}{x^2\sqrt{1-x^2}}$;   (2) $\dfrac{dz}{dx}=\dfrac{e^x(1+x)}{1+x^2e^{2x}}$.

2. $\dfrac{\partial z}{\partial x}=\dfrac{2(e^{x+y^2})^2+2x}{(e^{x+y^2})^2+x^2+y}$, $\dfrac{\partial z}{\partial y}=\dfrac{4y(e^{x+y^2})^2+1}{(e^{x+y^2})^2+x^2+y}$.

3. $\dfrac{\partial z}{\partial x}=3x^2\sin y\cos y(\cos y-\sin y)$,

$\dfrac{\partial z}{\partial y} = -2x^3 \sin y \cos y (\sin y + \cos y) + x^3(\sin^3 y + \cos^3 y)$.

4. $\dfrac{\partial z}{\partial x} = \dfrac{2x}{y^2}\ln(3x-2y) + \dfrac{3x^2}{y^2(3x-2y)}$,

$\dfrac{\partial z}{\partial y} = -\dfrac{2x^2}{y^3}\ln(3x-2y) - \dfrac{2x^2}{y^2(3x-2y)}$.

5. (1) $\dfrac{\partial u}{\partial x} = 2xf_1' + y\mathrm{e}^{xy}f_2'$, $\dfrac{\partial u}{\partial y} = -2yf_1' + x\mathrm{e}^{xy}f_2'$;

(2) $\dfrac{\partial u}{\partial x} = f_1' + yf_2' + yzf_3'$, $\dfrac{\partial u}{\partial y} = xf_2' + xzf_3'$, $\dfrac{\partial u}{\partial z} = xyf_3'$.

6～8. 略.

习题 8-4

1. (1) $\dfrac{\mathrm{d}y}{\mathrm{d}x} = -\dfrac{b^2}{a^2} \cdot \dfrac{x}{y}$; (2) $\dfrac{\mathrm{d}y}{\mathrm{d}x} = \dfrac{p}{y}$; (3) $\dfrac{\mathrm{d}y}{\mathrm{d}x} = \dfrac{y^2 - \mathrm{e}^x}{\cos y - 2xy}$; (4) $\dfrac{\mathrm{d}y}{\mathrm{d}x} = \dfrac{x+y}{x-y}$.

2. $\dfrac{\partial z}{\partial x} = \dfrac{yz - \sqrt{xyz}}{\sqrt{xyz} - xy}$, $\dfrac{\partial z}{\partial y} = \dfrac{xz - 2\sqrt{xyz}}{\sqrt{xyz} - xy}$.

3. $\dfrac{\partial z}{\partial x} = \dfrac{z}{x+z}$, $\dfrac{\partial z}{\partial y} = \dfrac{z^2}{y(x+z)}$.

4. $\dfrac{\partial^2 z}{\partial x^2} = \dfrac{(2-z)^2 + x^2}{(2-z)^3}$.

5. $\dfrac{\partial^2 z}{\partial x \partial y} = \dfrac{z^5 - 2xyz^3 - x^2y^2z}{(z^2 - xy)^3}$.

6～8. 略.

习题 8-5

1. $f_{极小} = 0$. 2. $f_{极小} = -\dfrac{\mathrm{e}}{2}$.

3. $(1, 0)$ 是极小值点，$f_{极小} = f(1, 0) = -5$；$(-3, 2)$ 是极大值点，$f_{极大} f(-3, 2) = 31$.

4. $f_{极大} = \dfrac{1}{4}$. 5. 长、宽、高均为 $\sqrt{\dfrac{S}{6}}$. 6. 长、宽、高均为 $\dfrac{2\sqrt{3}}{3}a$.

7. $\left(\dfrac{8}{5}, \dfrac{16}{5}\right)$. 8. $\sqrt{9+5\sqrt{3}}$；$\sqrt{9-5\sqrt{3}}$.

9. 三正数相等，且等于 4.

习题 8-6

*1. 90； 150.

*2. 49.8； 99.6.

自 测 题 八

一、1. $\dfrac{\pi}{4}$； 2. $\dfrac{z}{x+z}$，$\dfrac{z^2}{y(x+z)}$； 3. $\left(\dfrac{\pi}{\mathrm{e}}\right)^2$；

4. $\mathrm{d}z = \mathrm{d}x - \sqrt{2}\,\mathrm{d}y$； 5. $\sqrt{2}/\ln\dfrac{3}{4}$；

6. 极小值点为 $\left(\dfrac{1}{2}, -1\right)$.

二、1. D;   2. B;   3. C;   4. C.

三、1. 0.   2. $du = e^{ax}\sin x\, dx$.

3. $3z(4z^2 - 6xyz - 9x^2y^2)/(2z - 3xy)^3$.

4. $\frac{\partial z}{\partial x} = y^2 f_1' + 2xy f_2'$, $\frac{\partial z}{\partial y} = 2xy f_1' + x^2 f_2'$, $\frac{\partial^2 z}{\partial x^2} = 2y f_2' + y^4 f_{11}'' + 4xy^3 f_{12}'' + 4x^2 y^2 f_{22}''$.

四、略.

五、$\left(\frac{8}{5}, \frac{3}{5}\right)$，最短距离为 $\frac{1}{\sqrt{13}}$.

六、$f_x'(x, y) = \begin{cases} 2x\sin\dfrac{1}{\sqrt{x^2+y^2}} - \dfrac{x}{\sqrt{x^2+y^2}}\cos\dfrac{1}{\sqrt{x^2+y^2}}, & x^2 + y^2 \neq 0, \\ 0, & x^2 + y^2 = 0; \end{cases}$

$f_y'(x, y) = \begin{cases} 2y\sin\dfrac{1}{\sqrt{x^2+y^2}} - \dfrac{y}{\sqrt{x^2+y^2}}\cos\dfrac{1}{\sqrt{x^2+y^2}}, & x^2 + y^2 \neq 0, \\ 0, & x^2 + y^2 = 0; \end{cases}$

$f_x'(x, y)$, $f_y'(x, y)$ 在点 $(0, 0)$ 处不连续，$f(x, y)$ 在点 $(0, 0)$ 处可微分.

*七、10;   10.

习题 9-1

1. $I_1 = 4I_2$.

2. (1) $\iint_D (x+y)^3\, d\sigma \leqslant \iint_D (x+y)^2\, d\sigma$;   (2) $\iint_D (x+y)^2\, d\sigma \leqslant \iint_D (x+y)^3\, d\sigma$;

(3) $\iint_D [\ln(x+y)]^2\, d\sigma \leqslant \iint_D \ln(x+y)\, d\sigma$;   (4) $\iint_D \ln(x+y)\, d\sigma \leqslant \iint_D [\ln(x+y)]^2\, d\sigma$.

3. (1) $0 \leqslant I \leqslant 2$;   (2) $0 \leqslant I \leqslant \pi^2$;   (3) $2 \leqslant I \leqslant 8$;   (4) $36\pi \leqslant I \leqslant 100\pi$.

习题 9-2

1. (1) $\int_{-1}^1 dx \int_{-1}^1 f(x, y)\, dy$, $\int_{-1}^1 dy \int_{-1}^1 f(x, y)\, dx$;

(2) $\int_0^1 dy \int_0^y f(x, y)\, dx$, $\int_0^1 dx \int_x^1 f(x, y)\, dy$;

(3) $\int_1^e dx \int_0^{\ln x} f(x, y)\, dy$, $\int_0^1 dy \int_{e^y}^e f(x, y)\, dx$;

(4) $\int_0^1 dx \int_0^{\sqrt{2x-x^2}} f(x, y)\, dy + \int_1^2 dx \int_0^{2-x} f(x, y)\, dy$, $\int_0^1 dy \int_{1-\sqrt{1-y^2}}^{2-y} f(x, y)\, dx$;

(5) $\int_{-2}^0 dx \int_0^{4-x^2} f(x, y)\, dy + \int_0^2 dx \int_{2-\sqrt{4-x^2}}^{2+\sqrt{4-x^2}} f(x, y)\, dy$, $\int_0^4 dy \int_{-\sqrt{4-y}}^{\sqrt{4y-y^2}} f(x, y)\, dx$;

(6) $\int_a^b dy \int_a^y f(x, y)\, dx + \int_b^{2b-a} dy \int_a^{2b-y} f(x, y)\, dx$, $\int_a^b dx \int_x^{2b-x} f(x, y)\, dy$.

2. (1) $\dfrac{20}{3}$;   (2) $\dfrac{32}{3}$;   (3) $\dfrac{7}{12}$;   (4) $-\dfrac{3\pi}{2}$;   (5) $2 - \sqrt{2}$.

3. (1) $\int_0^4 dx \int_{\frac{x}{2}}^{\sqrt{x}} f(x, y)\, dy$;

(2) $\int_0^4 dy \int_{\frac{y^2}{4}}^y f(x, y)\, dx + \int_4^8 dy \int_{\frac{y^2}{4}}^{8-y} f(x, y)\, dx$;

(3) $\int_{-1}^1 dx \int_0^{\sqrt{1-x^2}} f(x, y)\, dy$;

(4) $\int_1^4 dy \int_{\sqrt{y}}^y f(x,y)dx + \int_4^8 dy \int_2^y f(x,y)dx$;

(5) $\int_0^2 dx \int_{\frac{1}{2}x}^{3-x} f(x,y)dy$.

4. (1) $\int_{\frac{\pi}{4}}^{\frac{\pi}{3}} d\theta \int_0^{2\sec\theta} f(r)rdr$;

(2) $\int_0^{\frac{\pi}{2}} d\theta \int_0^R f(r\cos\theta, r\sin\theta)rdr$;

(3) $\int_0^{\frac{\pi}{2}} d\theta \int_0^{2R\sin\theta} f(r^2)rdr$.

5. (1) $\frac{\pi}{4}(2\ln2-1)$;   (2) $\frac{32}{9}$;   (3) $\pi\ln2$;   (4) $\frac{3}{64}\pi^2$.

习题 9-3

1. $\frac{\pi}{2}$. 2. $\frac{88}{105}$. 3. $\frac{7}{2}$. 4. $\frac{16}{3}R^3$.

5. (1) $\frac{8}{3}$;   (2) $\frac{9}{2}$;   (3) $\sqrt{2}-1$.

6. $\frac{4}{3}$.

自 测 题 九

一、1. $2 \leqslant I \leqslant 8$;   2. $\int_0^1 dx \int_0^{x^2} f(x,y)dy + \int_1^3 dx \int_0^{\frac{3-x}{2}} f(x,y)dy$;

3. $\frac{1}{2} - \frac{1}{2e^4}$;   4. $\int_0^{\frac{\pi}{4}} d\theta \int_0^{\tan\theta\sec\theta} dr$, $\sqrt{2}-1$;

5. $\frac{\pi}{4}R^4\left(\frac{1}{a^2}+\frac{1}{b^2}\right)$.

二、1. C;   2. B;   3. A;   4. C;   5. D.

三、1. $\frac{1}{6} - \frac{1}{3e}$;   2. $\frac{46}{15}$;   3. 6π;   4. $\frac{\pi}{2}-1$;   5. π.

四、$\frac{17}{6}$.

五、略.

六、$\frac{1}{2}A^2$.

七、$\frac{32}{9}$.

习题 10-1

*1. (1) $a_n = \frac{1}{2n-1}$;   (2) $a_n = \frac{n+1}{n}$;

(3) $a_n = (-1)^{n-1}\frac{\sin n}{2^n}$;   (4) $a_n = \frac{x^{\frac{n}{2}}}{2\cdot4\cdot6\cdots(2n)}$.

*2. (1) 发散;   (2) 发散;   (3) 收敛.

*3. (1) 发散;   (2) 发散;   (3) 发散;   (4) 收敛;   (5) 收敛.

习题 10 - 2

*1. (1) 发散； (2) 收敛； (3) 收敛； (4) 收敛.

*2. (1) 发散； (2) 收敛； (3) 发散； (4) 收敛.

*3. (1) 条件收敛； (2) 绝对收敛； (3) 绝对收敛； (4) 条件收敛.

习题 10 - 3

*1. (1) $[-1, 1]$； (2) $(-\infty, +\infty)$； (3) $[-3, 3)$；

(4) $(-\sqrt{2}, \sqrt{2})$； (5) $(-\infty, -1) \cup \left(-\dfrac{1}{3}, +\infty\right)$.

*2. (1) $\dfrac{1}{(1-x)^2}$； (2) $x^{-\frac{5}{4}}\left(\dfrac{1}{4}\ln\dfrac{1+x^{\frac{1}{4}}}{1-x^{\frac{1}{4}}}+\dfrac{1}{2}\arctan x^{\frac{1}{4}}-x^{\frac{1}{4}}\right)$.

习题 10 - 4

*1. (1) $e^{-x}=1-x+\dfrac{x^2}{2!}-\dfrac{x^3}{3!}+\cdots+(-1)^n\dfrac{x^n}{n!}+\cdots$, $(-\infty, +\infty)$；

(2) $\ln(a+x)=\ln a+\sum\limits_{n=1}^{\infty}(-1)^{n-1}\dfrac{1}{n}\left(\dfrac{x}{a}\right)^n$, $(-a, a]$；

(3) $a^x=1+x\ln a+\dfrac{1}{2!}x^2\ln^2 a+\dfrac{1}{3!}x^3\ln^3 a+\cdots+\dfrac{1}{n!}x^n\ln^n a+\cdots$, $(-\infty, +\infty)$；

(4) $\sin\dfrac{x}{2}=\dfrac{x}{2}-\dfrac{1}{3!}\dfrac{x^3}{2^3}+\dfrac{1}{5!}\dfrac{x^5}{2^5}-\cdots+(-1)^{n-1}\dfrac{1}{(2n-1)!}\dfrac{x^{2n-1}}{2^{2n-1}}+\cdots$, $(-\infty, +\infty)$；

(5) $\cos^2 x=1-\dfrac{2}{2!}x^2+\dfrac{2^3}{4!}x^4-\cdots+(-1)^n\dfrac{2^{2n-1}}{(2n)!}x^{2n}+\cdots$, $(-\infty, +\infty)$；

(6) $\arcsin x=x+\dfrac{1}{6}x^3+\dfrac{3}{40}x^5+\cdots+\dfrac{2(2n)!}{(n!)^2(2n+1)}\left(\dfrac{x}{2}\right)^{2n+1}+\cdots$, $[-1, 1]$.

*2. $\sqrt{x^3}=1+\dfrac{3}{2}(x-1)+\dfrac{3}{8}(x-1)^2+\cdots+$

$(-1)^n\dfrac{(2n)!}{(n!)^2}\dfrac{3}{(n+2)(n+1)2^n}\left(\dfrac{x-1}{2}\right)^{n+2}+\cdots$, $[0, 2]$.

*3. $\cos x=\dfrac{1}{2}\sum\limits_{n=0}^{\infty}(-1)^n\left[\dfrac{1}{(2n)!}\left(x+\dfrac{\pi}{3}\right)^{2n}+\sqrt{3}\cdot\dfrac{1}{(2n+1)!}\left(x+\dfrac{\pi}{3}\right)^{2n+1}\right]$, $(-\infty, +\infty)$.

*自 测 题 十

一、1. $(-1, 1]$； 2. $s(x)=\begin{cases}-\dfrac{1}{x}\ln(1-x), & 0<|x|<1, \\ 1, & x=0;\end{cases}$

3. 收敛； 4. $(1, 2]$；

5. $\dfrac{1}{x}=\dfrac{1}{3}\sum\limits_{n=0}^{\infty}(-1)^n\dfrac{(x-3)^n}{3^n}$, $(0, 6)$； 6. 2.

二、1. C； 2. C； 3. C； 4. B； 5. C.

三、1. 收敛； 2. 条件收敛.

四、$[0, 6)$.

五、$(-1, 1)$，和函数 $s(x)=\dfrac{3x-x^2}{(1-x)^2}$, 5.

提示：$s(x)-xs(x)$.

答 案

六、$\arctan\dfrac{1+x}{1-x} = \sum\limits_{n=0}^{\infty}\dfrac{(-1)^n}{2n+1}x^{2n+1} + \dfrac{\pi}{4}$, $x \in [-1, 1)$.

提示：先求导数展开后，再取积分.

七、$f(x) = -\sum\limits_{n=0}^{\infty} x^n - \dfrac{1}{2}\sum\limits_{n=0}^{\infty}\dfrac{(-x)^n}{2^n}$, $x \in (-1, 1)$,

$f(x) = \sum\limits_{n=0}^{\infty}(-1)^n(x-2)^n - \dfrac{1}{4}\sum\limits_{n=0}^{\infty}\dfrac{(-1)^n(x-2)^n}{4^n}$, $x \in (1, 3)$.

附录Ⅰ 极坐标简介

一、极坐标系

在平面内取一个定点 O，叫作**极点**，引一条射线 Ox，叫作**极轴**，再选定一个长度单位和角度的正方向（通常取逆时针方向）（附图 1）.

对于平面内任意一点 M，用 ρ 表示线段 OM 的长度，θ 表示从 Ox 到 OM 的角度，ρ 叫作点 M 的**极径**，θ 叫作点 M 的**极角**，有序数对 (ρ, θ) 就叫作点 M 的**极坐标**. 这样建立的坐标系叫作**极坐标系**. 极坐标为 ρ, θ 的点 M，可表示为 $M(\rho, \theta)$. 当点 M 为极点时，它的极坐标 $\rho = 0$，θ 可以取任意值.

如附图 2 所示，在极坐标系中，点 A 的坐标为 $\left(2, \dfrac{\pi}{4}\right)$ 或 $\left(2, -\dfrac{7\pi}{4}\right)$.

附图 1　　　　　　　　附图 2

在一般情况下，极径都是取正值. 但是在某些必要的情况下，也允许取负值. 当 $\rho < 0$ 时，点 $M(\rho, \theta)$ 的位置可以按下列规则确定：作射线 OP，使 $\angle xOP = \theta$，在 OP 的反向延长线上取一点 M，使 $|OM| = |\rho|$. 点 M 就是坐标为 (ρ, θ) 的点（附图 3）.

例如，在附图 4 中，极径取作负值时，点 A 的坐标为 $\left(-2, \dfrac{\pi}{4}\right)$ 建立极坐标后，给定 ρ 和 θ，就可以在平面上确定唯一点 M；反过来，给定平面内一点，也可以找到它的极坐标 (ρ, θ). 但和直角坐标系不同的是，平面内一个点的极坐标可以有无数种表示方法. 这是因为 (ρ, θ) 和 $(-\rho, \theta + \pi)$ 是同一点的坐标，而且一个角加 $2k\pi$（k 是任意整数）后都是和原角终边相同的角.

附图 3　　　　　　　　附图 4

一般地，如果 (ρ, θ) 是一个点的极坐标，那么 $(\rho, \theta + 2k\pi)$、$(-\rho, \theta + (2k+1)\pi)$ 都可以作为它的极坐标（这里 k 是任意整数）. 但如果限定 $\rho > 0$，$0 \leqslant \theta < 2\pi$ 或 $-\pi < \theta \leqslant \pi$，那么除极点外，平面内的点和极坐标就可以一一对应了. 在不作特殊说明时，认为 $\rho \geqslant 0$.

二、曲线的极坐标方程

在极坐标系中,曲线可以用含有 ρ、θ 这两个变数的方程 $\varphi(\rho,\theta)=0$ 来表示,这种方程叫作曲线的**极坐标方程**. 这时,以这个方程的每一个解为坐标的点都是曲线上的点. 由于在极坐标平面中,曲线上每一个点的坐标都有无数多个,它们可能不全满足方程,但其中应至少有一个坐标能够满足这个方程. 这一点是曲线的极坐标方程和直角坐标方程的不同之处.

求曲线的极坐标方程的方法和步骤,和求直角坐标方程类似,就是把曲线看作适合某种条件的点的集合或轨迹,将已知条件用曲线上点的极坐标 ρ、θ 的关系式 $\varphi(\rho,\theta)=0$ 表示出来,就得到曲线的极坐标方程.

例如,从极点出发,倾斜角是 $\dfrac{\pi}{4}$ 的射线的极坐标方程为 $\theta=\dfrac{\pi}{4}$(附图 5). 方程中不含 ρ,说明射线上点的极坐标中的 ρ 无论取任何值,θ 的对应值都是 $\dfrac{\pi}{4}$.

又如,圆心是 $C(a,0)$,半径为 a 的圆的极坐标方程为 $\rho=2a\cos\theta$(附图 6).

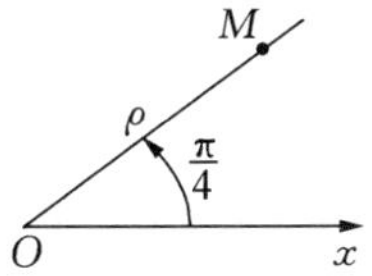

附图 5 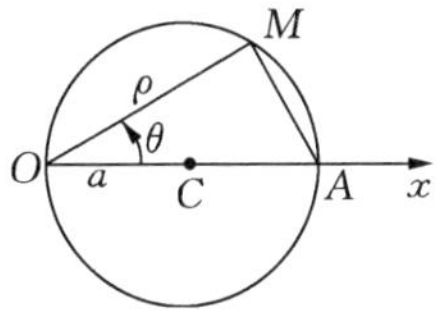　　　　　　　　　　　　附图 6

三、极坐标和直角坐标的互化

极坐标系和直角坐标系是两种不同的坐标系,同一个点可以有极坐标,也可以有直角坐标;同一条曲线可以有极坐标方程,也可以有直角坐标方程. 为了研究问题方便,有时需要把在一种坐标系中的方程化为在另一种坐标系中的方程.

如附图 7 所示,把直角坐标系的原点作为极点,x 轴的正半轴作为极轴,并在两种坐标系中取相同的长度单位. 设 M 是平面内任意一点,它的直角坐标是 (x,y),极坐标是 (ρ,θ). 从点 M 作 $MN\perp Ox$,由三角函数定义,可以得出 x、y 与 ρ、θ 之间的关系:
$$x=\rho\cos\theta,\ y=\rho\sin\theta. \tag{1}$$

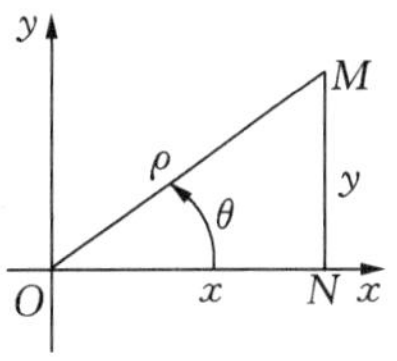

由关系式(1),可以得出下面的关系式:

附图 7

$$\rho^2=x^2+y^2,\ \tan\theta=\dfrac{y}{x}(x\neq0). \tag{2}$$

在一般情况下,由 $\tan\theta$ 确定角 θ 时,可根据点 M 所在的象限取最小正角.

例如,将圆的直角坐标方程 $x^2+y^2-2ax=0$ 化为极坐标方程.

解 将(1)式代入原方程,得
$$\rho^2\cos^2\theta+\rho^2\sin^2\theta-2a\rho\cos\theta=0,$$
就是
$$\rho=2a\cos\theta.$$

附录Ⅱ 几种常用的曲线

(1) 三次抛物线

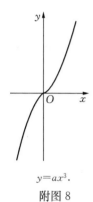

$y = ax^3.$

附图 8

(2) 半立方抛物线

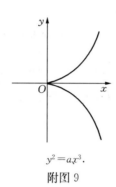

$y^2 = ax^3.$

附图 9

(3) 概率曲线

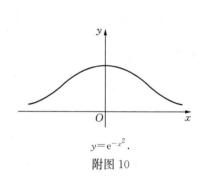

$y = e^{-x^2}.$

附图 10

(4) 箕舌线

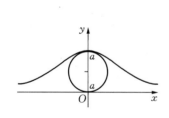

$y = \dfrac{8a^3}{x^2 + 4a^2}.$

附图 11

(5) 蔓叶线

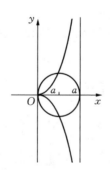

$y^2(2a - x) = x^3.$

附图 12

(6) 笛卡儿叶形线

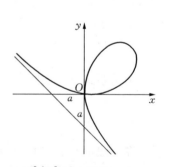

$x^3 + y^3 - 3axy = 0.$

$\begin{cases} x = \dfrac{3at}{1+t^3}, \\ y = \dfrac{3at^2}{1+t^3}. \end{cases}$

附图 13

（7）星形线（内摆线的一种）

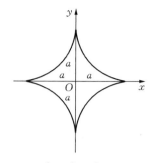

$x^{\frac{2}{3}}+y^{\frac{2}{3}}=a^{\frac{2}{3}}.$

$\begin{cases} x=a\cos^3\theta, \\ y=a\sin^3\theta. \end{cases}$

附图 14

（8）摆线

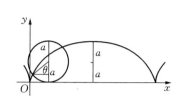

$\begin{cases} x=a(\theta-\sin\theta), \\ y=a(1-\cos\theta). \end{cases}$

附图 15

（9）心形线（外摆线的一种）

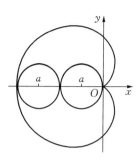

$x^2+y^2+ax=a\sqrt{x^2+y^2},$
$r=a(1-\cos\theta).$

附图 16

（10）阿基米德螺线

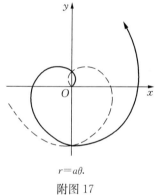

$r=a\theta.$

附图 17

（11）对数螺线

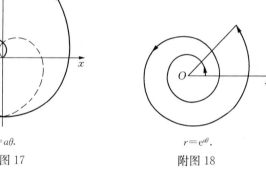

$r=e^{a\theta}.$

附图 18

（12）双曲螺线

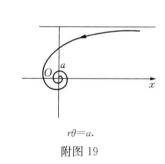

$r\theta=a.$

附图 19

（13）伯努利双纽线

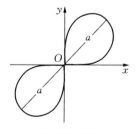

$(x^2+y^2)^2=2a^2xy,$
$r^2=a^2\sin2\theta.$

附图 20

（14）伯努利双纽线

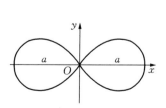

$(x^2+y^2)^2=a^2(x^2-y^2),$
$r^2=a^2\cos2\theta.$

附图 21

（15）三叶玫瑰线

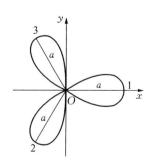

$r=a\cos3\theta.$

附图 22

(16) 三叶玫瑰线　　　　(17) 四叶玫瑰线　　　　(18) 四叶玫瑰线

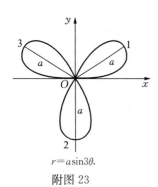 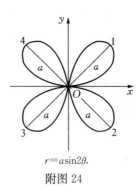 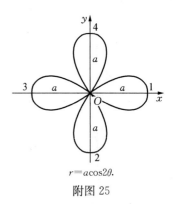

$r=a\sin3\theta.$　　　　$r=a\sin2\theta.$　　　　$r=a\cos2\theta.$

附图 23　　　　　　　　附图 24　　　　　　　　附图 25

附录Ⅲ 积 分 表

(一) 含有 $ax+b$ 的积分

1. $\int \dfrac{\mathrm{d}x}{ax+b} = \dfrac{1}{a}\ln|ax+b| + C.$

2. $\int (ax+b)^\mu \mathrm{d}x = \dfrac{1}{a(\mu+1)}(ax+b)^{\mu+1} + C \ (\mu \neq -1).$

3. $\int \dfrac{x}{ax+b} \mathrm{d}x = \dfrac{1}{a^2}(ax+b-b\ln|ax+b|) + C.$

4. $\int \dfrac{x^2}{ax+b} \mathrm{d}x = \dfrac{1}{a^3}\left[\dfrac{1}{2}(ax+b)^2 - 2b(ax+b) + b^2\ln|ax+b|\right] + C.$

5. $\int \dfrac{\mathrm{d}x}{x(ax+b)} = -\dfrac{1}{b}\ln\left|\dfrac{ax+b}{x}\right| + C.$

6. $\int \dfrac{\mathrm{d}x}{x^2(ax+b)} = -\dfrac{1}{bx} + \dfrac{a}{b^2}\ln\left|\dfrac{ax+b}{x}\right| + C.$

7. $\int \dfrac{x}{(ax+b)^2} \mathrm{d}x = \dfrac{1}{a^2}\left(\ln|ax+b| + \dfrac{b}{ax+b}\right) + C.$

8. $\int \dfrac{x^2}{(ax+b)^2} \mathrm{d}x = \dfrac{1}{a^3}\left(ax+b-2b\ln|ax+b| - \dfrac{b^2}{ax+b}\right) + C.$

9. $\int \dfrac{\mathrm{d}x}{x(ax+b)^2} = \dfrac{1}{b(ax+b)} - \dfrac{1}{b^2}\ln\left|\dfrac{ax+b}{x}\right| + C.$

(二) 含有 $\sqrt{ax+b}$ 的积分

10. $\int \sqrt{ax+b}\,\mathrm{d}x = \dfrac{2}{3a}\sqrt{(ax+b)^3} + C.$

11. $\int x\sqrt{ax+b}\,\mathrm{d}x = \dfrac{2}{15a^2}(3ax-2b)\sqrt{(ax+b)^3} + C.$

12. $\int x^2\sqrt{ax+b}\,\mathrm{d}x = \dfrac{2}{105a^3}(15a^2x^2 - 12abx + 8b^2)\sqrt{(ax+b)^3} + C.$

13. $\int \dfrac{x}{\sqrt{ax+b}} \mathrm{d}x = \dfrac{2}{3a^2}(ax-2b)\sqrt{ax+b} + C.$

14. $\int \dfrac{x^2}{\sqrt{ax+b}} \mathrm{d}x = \dfrac{2}{15a^3}(3a^2x^2 - 4abx + 8b^2)\sqrt{ax+b} + C.$

15. $\int \dfrac{\mathrm{d}x}{x\sqrt{ax+b}} = \begin{cases} \dfrac{1}{\sqrt{b}}\ln\left|\dfrac{\sqrt{ax+b}-\sqrt{b}}{\sqrt{ax+b}+\sqrt{b}}\right| + C & (b>0), \\ \dfrac{2}{\sqrt{-b}}\arctan\sqrt{\dfrac{ax+b}{-b}} + C & (b<0). \end{cases}$

16. $\int \dfrac{\mathrm{d}x}{x^2 \sqrt{ax+b}} = -\dfrac{\sqrt{ax+b}}{bx} - \dfrac{a}{2b}\int \dfrac{\mathrm{d}x}{x\sqrt{ax+b}}.$

17. $\int \dfrac{\sqrt{ax+b}}{x}\mathrm{d}x = 2\sqrt{ax+b} + b\int \dfrac{\mathrm{d}x}{x\sqrt{ax+b}}.$

18. $\int \dfrac{\sqrt{ax+b}}{x^2}\mathrm{d}x = -\dfrac{\sqrt{ax+b}}{x} + \dfrac{a}{2}\int \dfrac{\mathrm{d}x}{x\sqrt{ax+b}}.$

(三) 含有 $x^2 \pm a^2$ 的积分

19. $\int \dfrac{\mathrm{d}x}{x^2+a^2} = \dfrac{1}{a}\arctan\dfrac{x}{a} + C.$

20. $\int \dfrac{\mathrm{d}x}{(x^2+a^2)^n} = \dfrac{x}{2(n-1)a^2(x^2+a^2)^{n-1}} + \dfrac{2n-3}{2(n-1)a^2}\int \dfrac{\mathrm{d}x}{(x^2+a^2)^{n-1}}.$

21. $\int \dfrac{\mathrm{d}x}{x^2-a^2} = \dfrac{1}{2a}\ln\left|\dfrac{x-a}{x+a}\right| + C.$

(四) 含有 $ax^2+b\,(a>0)$ 的积分

22. $\int \dfrac{\mathrm{d}x}{ax^2+b} = \begin{cases} \dfrac{1}{\sqrt{ab}}\arctan\sqrt{\dfrac{a}{b}}x + C & (b>0), \\ \dfrac{1}{2\sqrt{-ab}}\ln\left|\dfrac{\sqrt{a}x-\sqrt{-b}}{\sqrt{a}x+\sqrt{-b}}\right| + C & (b<0). \end{cases}$

23. $\int \dfrac{x}{ax^2+b}\mathrm{d}x = \dfrac{1}{2a}\ln|ax^2+b| + C.$

24. $\int \dfrac{x^2}{ax^2+b}\mathrm{d}x = \dfrac{x}{a} - \dfrac{b}{a}\int \dfrac{\mathrm{d}x}{ax^2+b}.$

25. $\int \dfrac{\mathrm{d}x}{x(ax^2+b)} = \dfrac{1}{2b}\ln\dfrac{x^2}{|ax^2+b|} + C.$

26. $\int \dfrac{\mathrm{d}x}{x^2(ax^2+b)} = -\dfrac{1}{bx} - \dfrac{a}{b}\int \dfrac{\mathrm{d}x}{ax^2+b}.$

27. $\int \dfrac{\mathrm{d}x}{x^3(ax^2+b)} = \dfrac{a}{2b^2}\ln\dfrac{|ax^2+b|}{x^2} - \dfrac{1}{2bx^2} + C.$

28. $\int \dfrac{\mathrm{d}x}{(ax^2+b)^2} = \dfrac{x}{2b(ax^2+b)} + \dfrac{1}{2b}\int \dfrac{\mathrm{d}x}{ax^2+b}.$

(五) 含有 $ax^2+bx+c\,(a>0)$ 的积分

29. $\int \dfrac{\mathrm{d}x}{ax^2+bx+c} = \begin{cases} \dfrac{2}{\sqrt{4ac-b^2}}\arctan\dfrac{2ax+b}{\sqrt{4ac-b^2}} + C & (b^2<4ac), \\ \dfrac{1}{\sqrt{b^2-4ac}}\ln\left|\dfrac{2ax+b-\sqrt{b^2-4ac}}{2ax+b+\sqrt{b^2-4ac}}\right| + C & (b^2>4ac). \end{cases}$

30. $\int \dfrac{x}{ax^2+bx+c}\mathrm{d}x = \dfrac{1}{2a}\ln|ax^2+bx+c| - \dfrac{b}{2a}\int \dfrac{\mathrm{d}x}{ax^2+bx+c}.$

(六) 含有 $\sqrt{x^2+a^2}$ ($a>0$) 的积分

31. $\displaystyle\int \frac{\mathrm{d}x}{\sqrt{x^2+a^2}} = \operatorname{arsh}\frac{x}{a} + C_1 = \ln(x+\sqrt{x^2+a^2}) + C.$

32. $\displaystyle\int \frac{\mathrm{d}x}{\sqrt{(x^2+a^2)^3}} = \frac{x}{a^2\sqrt{x^2+a^2}} + C.$

33. $\displaystyle\int \frac{x}{\sqrt{x^2+a^2}}\mathrm{d}x = \sqrt{x^2+a^2} + C.$

34. $\displaystyle\int \frac{x}{\sqrt{(x^2+a^2)^3}}\mathrm{d}x = -\frac{1}{\sqrt{x^2+a^2}} + C.$

35. $\displaystyle\int \frac{x^2}{\sqrt{x^2+a^2}}\mathrm{d}x = \frac{x}{2}\sqrt{x^2+a^2} - \frac{a^2}{2}\ln(x+\sqrt{x^2+a^2}) + C.$

36. $\displaystyle\int \frac{x^2}{\sqrt{(x^2+a^2)^3}}\mathrm{d}x = -\frac{x}{\sqrt{x^2+a^2}} + \ln(x+\sqrt{x^2+a^2}) + C.$

37. $\displaystyle\int \frac{\mathrm{d}x}{x\sqrt{x^2+a^2}} = \frac{1}{a}\ln\frac{\sqrt{x^2+a^2}-a}{|x|} + C.$

38. $\displaystyle\int \frac{\mathrm{d}x}{x^2\sqrt{x^2+a^2}} = -\frac{\sqrt{x^2+a^2}}{a^2 x} + C.$

39. $\displaystyle\int \sqrt{x^2+a^2}\,\mathrm{d}x = \frac{x}{2}\sqrt{x^2+a^2} + \frac{a^2}{2}\ln(x+\sqrt{x^2+a^2}) + C.$

40. $\displaystyle\int \sqrt{(x^2+a^2)^3}\,\mathrm{d}x = \frac{x}{8}(2x^2+5a^2)\sqrt{x^2+a^2} + \frac{3}{8}a^4\ln(x+\sqrt{x^2+a^2}) + C.$

41. $\displaystyle\int x\sqrt{x^2+a^2}\,\mathrm{d}x = \frac{1}{3}\sqrt{(x^2+a^2)^3} + C.$

42. $\displaystyle\int x^2\sqrt{x^2+a^2}\,\mathrm{d}x = \frac{x}{8}(2x^2+a^2)\sqrt{x^2+a^2} - \frac{a^4}{8}\ln(x+\sqrt{x^2+a^2}) + C.$

43. $\displaystyle\int \frac{\sqrt{x^2+a^2}}{x}\mathrm{d}x = \sqrt{x^2+a^2} + a\ln\frac{\sqrt{x^2+a^2}-a}{|x|} + C.$

44. $\displaystyle\int \frac{\sqrt{x^2+a^2}}{x^2}\mathrm{d}x = -\frac{\sqrt{x^2+a^2}}{x} + \ln(x+\sqrt{x^2+a^2}) + C.$

(七) 含有 $\sqrt{x^2-a^2}$ ($a>0$) 的积分

45. $\displaystyle\int \frac{\mathrm{d}x}{\sqrt{x^2-a^2}} = \frac{x}{|x|}\operatorname{arch}\frac{|x|}{a} + C_1 = \ln|x+\sqrt{x^2-a^2}| + C.$

46. $\displaystyle\int \frac{\mathrm{d}x}{\sqrt{(x^2-a^2)^3}} = -\frac{x}{a^2\sqrt{x^2-a^2}} + C.$

47. $\displaystyle\int \frac{x}{\sqrt{x^2-a^2}}\mathrm{d}x = \sqrt{x^2-a^2} + C.$

48. $\displaystyle\int \frac{x}{\sqrt{(x^2-a^2)^3}}\mathrm{d}x = -\frac{1}{\sqrt{x^2-a^2}} + C.$

49. $\int \dfrac{x^2}{\sqrt{x^2-a^2}}\mathrm{d}x = \dfrac{x}{2}\sqrt{x^2-a^2} + \dfrac{a^2}{2}\ln|x+\sqrt{x^2-a^2}| + C.$

50. $\int \dfrac{x^2}{\sqrt{(x^2-a^2)^3}}\mathrm{d}x = -\dfrac{x}{\sqrt{x^2-a^2}} + \ln|x+\sqrt{x^2-a^2}| + C.$

51. $\int \dfrac{\mathrm{d}x}{x\sqrt{x^2-a^2}} = \dfrac{1}{a}\arccos\dfrac{a}{|x|} + C.$

52. $\int \dfrac{\mathrm{d}x}{x^2\sqrt{x^2-a^2}} = \dfrac{\sqrt{x^2-a^2}}{a^2 x} + C.$

53. $\int \sqrt{x^2-a^2}\,\mathrm{d}x = \dfrac{x}{2}\sqrt{x^2-a^2} - \dfrac{a^2}{2}\ln|x+\sqrt{x^2-a^2}| + C.$

54. $\int \sqrt{(x^2-a^2)^3}\,\mathrm{d}x = \dfrac{x}{8}(2x^2-5a^2)\sqrt{x^2-a^2} + \dfrac{3}{8}a^4\ln|x+\sqrt{x^2-a^2}| + C.$

55. $\int x\sqrt{x^2-a^2}\,\mathrm{d}x = \dfrac{1}{3}\sqrt{(x^2-a^2)^3} + C.$

56. $\int x^2\sqrt{x^2-a^2}\,\mathrm{d}x = \dfrac{x}{8}(2x^2-a^2)\sqrt{x^2-a^2} - \dfrac{a^4}{8}\ln|x+\sqrt{x^2-a^2}| + C.$

57. $\int \dfrac{\sqrt{x^2-a^2}}{x}\mathrm{d}x = \sqrt{x^2-a^2} - a\arccos\dfrac{a}{|x|} + C.$

58. $\int \dfrac{\sqrt{x^2-a^2}}{x^2}\mathrm{d}x = -\dfrac{\sqrt{x^2-a^2}}{x} + \ln|x+\sqrt{x^2-a^2}| + C.$

(八) 含有 $\sqrt{a^2-x^2}$ ($a>0$) 的积分

59. $\int \dfrac{\mathrm{d}x}{\sqrt{a^2-x^2}} = \arcsin\dfrac{x}{a} + C.$

60. $\int \dfrac{\mathrm{d}x}{\sqrt{(a^2-x^2)^3}} = \dfrac{x}{a^2\sqrt{a^2-x^2}} + C.$

61. $\int \dfrac{x}{\sqrt{a^2-x^2}}\mathrm{d}x = -\sqrt{a^2-x^2} + C.$

62. $\int \dfrac{x}{\sqrt{(a^2-x^2)^3}}\mathrm{d}x = \dfrac{1}{\sqrt{a^2-x^2}} + C.$

63. $\int \dfrac{x^2}{\sqrt{a^2-x^2}}\mathrm{d}x = -\dfrac{x}{2}\sqrt{a^2-x^2} + \dfrac{a^2}{2}\arcsin\dfrac{x}{a} + C.$

64. $\int \dfrac{x^2}{\sqrt{(a^2-x^2)^3}}\mathrm{d}x = \dfrac{x}{\sqrt{a^2-x^2}} - \arcsin\dfrac{x}{a} + C.$

65. $\int \dfrac{\mathrm{d}x}{x\sqrt{a^2-x^2}} = \dfrac{1}{a}\ln\dfrac{a-\sqrt{a^2-x^2}}{|x|} + C.$

66. $\int \dfrac{\mathrm{d}x}{x^2\sqrt{a^2-x^2}} = -\dfrac{\sqrt{a^2-x^2}}{a^2 x} + C.$

67. $\int \sqrt{a^2-x^2}\,\mathrm{d}x = \dfrac{x}{2}\sqrt{a^2-x^2} + \dfrac{a^2}{2}\arcsin\dfrac{x}{a} + C.$

68. $\int \sqrt{(a^2-x^2)^2}\,dx = \dfrac{x}{8}(5a^2-2x^2)\sqrt{a^2-x^2}+\dfrac{3}{8}a^4\arcsin\dfrac{x}{a}+C.$

69. $\int x\sqrt{a^2-x^2}\,dx = -\dfrac{1}{3}\sqrt{(a^2-x^2)^3}+C.$

70. $\int x^2\sqrt{a^2-x^2}\,dx = \dfrac{x}{8}(2x^2-a^2)\sqrt{a^2-x^2}+\dfrac{a^4}{8}\arcsin\dfrac{x}{a}+C.$

71. $\int \dfrac{\sqrt{a^2-x^2}}{x}\,dx = \sqrt{a^2-x^2}+a\ln\dfrac{a-\sqrt{a^2-x^2}}{|x|}+C.$

72. $\int \dfrac{\sqrt{a^2-x^2}}{x^2}\,dx = -\dfrac{\sqrt{a^2-x^2}}{x}-\arcsin\dfrac{x}{a}+C.$

(九) 含有 $\sqrt{\pm ax^2+bx+c}\,(a>0)$ 的积分

73. $\int \dfrac{dx}{\sqrt{ax^2+bx+c}} = \dfrac{1}{\sqrt{a}}\ln\left|2ax+b+2\sqrt{a}\sqrt{ax^2+bx+c}\right|+C.$

74. $\int \sqrt{ax^2+bx+c}\,dx = \dfrac{2ax+b}{4a}\sqrt{ax^2+bx+C}+\dfrac{4ac-b^2}{8\sqrt{a^3}}\ln\left|2ax+b+2\sqrt{a}\sqrt{ax^2+bx+c}\right|+C.$

75. $\int \dfrac{x}{\sqrt{ax^2+bx+c}}\,dx = \dfrac{1}{a}\sqrt{ax^2+bx+c}-\dfrac{b}{2\sqrt{a^3}}\ln\left|2ax+b+2\sqrt{a}\sqrt{ax^2+bx+c}\right|+C.$

76. $\int \dfrac{dx}{\sqrt{c+bx-ax^2}} = \dfrac{1}{\sqrt{a}}\arcsin\dfrac{2ax-b}{\sqrt{b^2+4ac}}+C.$

77. $\int \sqrt{c+bx-ax^2}\,dx = \dfrac{2ax-b}{4a}\sqrt{c+bx-ax^2}+\dfrac{b^2+4ac}{8\sqrt{a^3}}\arcsin\dfrac{2ax-b}{\sqrt{b^2+4ac}}+C.$

78. $\int \dfrac{x}{\sqrt{c+bx-ax^2}}\,dx = -\dfrac{1}{a}\sqrt{c+bx-ax^2}+\dfrac{b}{2\sqrt{a^3}}\arcsin\dfrac{2ax-b}{\sqrt{b^2+4ac}}+C.$

(十) 含有 $\sqrt{\pm\dfrac{x-a}{x-b}}$ 或 $\sqrt{(x-a)(b-x)}$ 的积分

79. $\int \sqrt{\dfrac{x-a}{x-b}}\,dx = (x-b)\sqrt{\dfrac{x-a}{x-b}}+(b-a)\ln(\sqrt{|x-a|}+\sqrt{|x-b|})+C.$

80. $\int \sqrt{\dfrac{x-a}{b-x}}\,dx = (x-b)\sqrt{\dfrac{x-a}{b-x}}+(b-a)\arcsin\sqrt{\dfrac{x-a}{b-a}}+C.$

81. $\int \dfrac{dx}{\sqrt{(x-a)(b-x)}} = 2\arcsin\sqrt{\dfrac{x-a}{b-a}}+C \quad (a<b).$

82. $\int \sqrt{(x-a)(b-x)}\,dx = \dfrac{2x-a-b}{4}\sqrt{(x-a)(b-x)}+\dfrac{(b-a)^2}{4}\arcsin\sqrt{\dfrac{x-a}{b-a}}+C \quad (a<b).$

(十一) 含有三角函数的积分

83. $\int \sin x \, dx = -\cos x + C.$

84. $\int \cos x \, dx = \sin x + C.$

85. $\int \tan x \, dx = -\ln|\cos x| + C.$

86. $\int \cot x \, dx = \ln|\sin x| + C.$

87. $\int \sec x \, dx = \ln\left|\tan\left(\frac{\pi}{4} + \frac{x}{2}\right)\right| + c = \ln|\sec x + \tan x| + C.$

88. $\int \csc x \, dx = \ln\left|\tan\frac{x}{2}\right| + c = \ln|\csc x - \cot x| + C.$

89. $\int \sec^2 x \, dx = \tan x + C.$

90. $\int \csc^2 x \, dx = -\cot x + C.$

91. $\int \sec x \tan x \, dx = \sec x + C.$

92. $\int \csc x \cot x \, dx = -\csc x + C.$

93. $\int \sin^2 x \, dx = \frac{x}{2} - \frac{1}{4}\sin 2x + C.$

94. $\int \cos^2 x \, dx = \frac{x}{2} + \frac{1}{4}\sin 2x + C.$

95. $\int \sin^n x \, dx = -\frac{1}{n}\sin^{n-1} x \cos x + \frac{n-1}{n}\int \sin^{n-2} x \, dx.$

96. $\int \cos^n x \, dx = \frac{1}{n}\cos^{n-1} x \sin x + \frac{n-1}{n}\int \cos^{n-2} x \, dx.$

97. $\int \frac{dx}{\sin^n x} = -\frac{1}{n-1} \cdot \frac{\cos x}{\sin^{n-1} x} + \frac{n-2}{n-1}\int \frac{dx}{\sin^{n-2} x}.$

98. $\int \frac{dx}{\cos^n x} = \frac{1}{n-1} \cdot \frac{\sin x}{\cos^{n-1} x} + \frac{n-2}{n-1}\int \frac{dx}{\cos^{n-2} x}.$

99. $\int \cos^m x \sin^n x \, dx = \frac{1}{m+n}\cos^{m-1} x \sin^{n+1} x + \frac{m-1}{m+n}\int \cos^{m-2} x \sin^n x \, dx$
$= -\frac{1}{m+n}\cos^{m+1} x \sin^{n-1} x + \frac{n-1}{m+n}\int \cos^m x \sin^{n-2} x \, dx.$

100. $\int \sin ax \cos bx \, dx = -\frac{1}{2(a+b)}\cos(a+b)x - \frac{1}{2(a-b)}\cos(a-b)x + C.$

101. $\int \sin ax \sin bx \, dx = -\frac{1}{2(a+b)}\sin(a+b)x + \frac{1}{2(a-b)}\sin(a-b)x + C.$

102. $\int \cos ax \cos bx \, dx = \frac{1}{2(a+b)}\sin(a+b)x + \frac{1}{2(a-b)}\sin(a-b)x + C.$

103. $\int \dfrac{\mathrm{d}x}{a+b\sin x} = \dfrac{2}{\sqrt{a^2-b^2}}\arctan\dfrac{a\tan\dfrac{x}{2}+b}{\sqrt{a^2-b^2}}+C \quad (a^2>b^2).$

104. $\int \dfrac{\mathrm{d}x}{a+b\sin x} = \dfrac{1}{\sqrt{b^2-a^2}}\ln\left|\dfrac{a\tan\dfrac{x}{2}+b-\sqrt{b^2-a^2}}{a\tan\dfrac{x}{2}+b+\sqrt{b^2-a^2}}\right|+C \quad (a^2<b^2).$

105. $\int \dfrac{\mathrm{d}x}{a+b\cos x} = \dfrac{2}{a+b}\sqrt{\dfrac{a+b}{b-a}}\arctan\left(\sqrt{\dfrac{a-b}{a+b}}\tan\dfrac{x}{2}\right)+C \quad (a^2>b^2).$

106. $\int \dfrac{\mathrm{d}x}{a+b\cos x} = \dfrac{1}{a+b}\sqrt{\dfrac{a+b}{b-a}}\ln\left|\dfrac{\tan\dfrac{x}{2}+\sqrt{\dfrac{a+b}{b-a}}}{\tan\dfrac{x}{2}-\sqrt{\dfrac{a+b}{b-a}}}\right|+C \quad (a^2<b^2).$

107. $\int \dfrac{\mathrm{d}x}{a^2\cos^2 x+b^2\sin^2 x} = \dfrac{1}{ab}\arctan\left(\dfrac{b}{a}\tan x\right)+C.$

108. $\int \dfrac{\mathrm{d}x}{a^2\cos^2 x-b^2\sin^2 x} = \dfrac{1}{2ab}\ln\left|\dfrac{b\tan x+a}{b\tan x-a}\right|+C.$

109. $\int x\sin ax\,\mathrm{d}x = \dfrac{1}{a^2}\sin ax - \dfrac{1}{a}x\cos ax + C.$

110. $\int x^2\sin ax\,\mathrm{d}x = -\dfrac{1}{a}x^2\cos ax + \dfrac{2}{a^2}x\sin ax + \dfrac{2}{a^3}\cos ax + C.$

111. $\int x\cos ax\,\mathrm{d}x = \dfrac{1}{a^2}\cos ax + \dfrac{1}{a}x\sin ax + C.$

112. $\int x^2\cos ax\,\mathrm{d}x = \dfrac{1}{a}x^2\sin ax + \dfrac{2}{a^2}x\cos ax - \dfrac{2}{a^3}\sin ax + C.$

（十二）含有反三角函数的积分（其中 $a>0$）

113. $\int \arcsin\dfrac{x}{a}\,\mathrm{d}x = x\arcsin\dfrac{x}{a} + \sqrt{a^2-x^2} + C.$

114. $\int x\arcsin\dfrac{x}{a}\,\mathrm{d}x = \left(\dfrac{x^2}{2}-\dfrac{a^2}{4}\right)\arcsin\dfrac{x}{a} + \dfrac{x}{4}\sqrt{a^2-x^2} + C.$

115. $\int x^2\arcsin\dfrac{x}{a}\,\mathrm{d}x = \dfrac{x^3}{3}\arcsin\dfrac{x}{a} + \dfrac{1}{9}(x^2+2a^2)\sqrt{a^2-x^2} + C.$

116. $\int \arccos\dfrac{x}{a}\,\mathrm{d}x = x\arccos\dfrac{x}{a} - \sqrt{a^2-x^2} + C.$

117. $\int x\arccos\dfrac{x}{a}\,\mathrm{d}x = \left(\dfrac{x^2}{2}-\dfrac{a^2}{4}\right)\arccos\dfrac{x}{a} - \dfrac{x}{4}\sqrt{a^2-x^2} + C.$

118. $\int x^2\arccos\dfrac{x}{a}\,\mathrm{d}x = \dfrac{x^3}{3}\arccos\dfrac{x}{a} - \dfrac{1}{9}(x^2+2a^2)\sqrt{a^2-x^2} + C.$

119. $\int \arctan\dfrac{x}{a}\,\mathrm{d}x = x\arctan\dfrac{x}{a} - \dfrac{a}{2}\ln(a^2+x^2) + C.$

120. $\int x\arctan\dfrac{x}{a}\,\mathrm{d}x = \dfrac{1}{2}(a^2+x^2)\arctan\dfrac{x}{a} - \dfrac{a}{2}x + C.$

121. $\int x^2 \arctan \dfrac{x}{a} \mathrm{d}x = \dfrac{x^3}{3} \arctan \dfrac{x}{a} - \dfrac{a}{6}x^2 + \dfrac{a^3}{6}\ln(a^2+x^2) + C.$

(十三) 含有指数函数的积分

122. $\int a^x \mathrm{d}x = \dfrac{1}{\ln a}a^x + C.$

123. $\int \mathrm{e}^{ax} \mathrm{d}x = \dfrac{1}{a}\mathrm{e}^{ax} + C.$

124. $\int x\mathrm{e}^{ax} \mathrm{d}x = \dfrac{1}{a^2}(ax-1)\mathrm{e}^{ax} + C.$

125. $\int x^n \mathrm{e}^{ax} \mathrm{d}x = \dfrac{1}{a}x^n \mathrm{e}^{ax} - \dfrac{n}{a}\int x^{n-1} \mathrm{e}^{ax} \mathrm{d}x.$

126. $\int xa^x \mathrm{d}x = \dfrac{x}{\ln a}a^x - \dfrac{1}{(\ln a)^2}a^x + C.$

127. $\int x^n a^x \mathrm{d}x = \dfrac{1}{\ln a}x^n a^x - \dfrac{n}{\ln a}\int x^{n-1} a^x \mathrm{d}x.$

128. $\int \mathrm{e}^{ax}\sin bx \mathrm{d}x = \dfrac{1}{a^2+b^2}\mathrm{e}^{ax}(a\sin bx - b\cos bx) + C.$

129. $\int \mathrm{e}^{ax}\cos bx \mathrm{d}x = \dfrac{1}{a^2+b^2}\mathrm{e}^{ax}(b\sin bx + a\cos bx) + C.$

130. $\int \mathrm{e}^{ax}\sin^n bx \mathrm{d}x = \dfrac{1}{a^2+b^2 n^2}\mathrm{e}^{ax}\sin^{n-1}bx(a\sin bx - nb\cos bx) +$
$\qquad \dfrac{n(n-1)b^2}{a^2+b^2 n^2}\int \mathrm{e}^{ax}\sin^{n-2}bx \mathrm{d}x.$

131. $\int \mathrm{e}^{ax}\cos^n bx \mathrm{d}x = \dfrac{1}{a^2+b^2 n^2}\mathrm{e}^{ax}\cos^{n-1}bx(a\cos bx + nb\sin bx) +$
$\qquad \dfrac{n(n-1)b^2}{a^2+b^2 n^2}\int \mathrm{e}^{ax}\cos^{n-2}bx \mathrm{d}x.$

(十四) 含有对数函数的积分

132. $\int \ln x \mathrm{d}x = x\ln x - x + C.$

133. $\int \dfrac{\mathrm{d}x}{x\ln x} = \ln|\ln x| + C.$

134. $\int x^n \ln x \mathrm{d}x = \dfrac{1}{n+1}x^{n+1}\left(\ln x - \dfrac{1}{n+1}\right) + C.$

135. $\int (\ln x)^n \mathrm{d}x = x(\ln x)^n - n\int (\ln x)^{n-1} \mathrm{d}x.$

136. $\int x^m (\ln x)^n \mathrm{d}x = \dfrac{1}{m+1}x^{m+1}(\ln x)^n - \dfrac{n}{m+1}\int x^m (\ln x)^{n-1} \mathrm{d}x.$

(十五) 含有双曲函数的积分

137. $\int \mathrm{sh}\, x \mathrm{d}x = \mathrm{ch}\, x + C.$

138. $\int \text{ch}\, x \mathrm{d}x = \text{sh}\, x + C.$

139. $\int \text{th}\, x \mathrm{d}x = \ln \text{ch}\, x + C.$

140. $\int \text{sh}^2 x \mathrm{d}x = -\dfrac{x}{2} + \dfrac{1}{4}\text{sh}\, 2x + C.$

141. $\int \text{ch}^2 x \mathrm{d}x = \dfrac{x}{2} + \dfrac{1}{4}\text{sh}\, 2x + C.$

（十六）定积分

142. $\displaystyle\int_{-\pi}^{\pi} \cos nx \mathrm{d}x = \int_{-\pi}^{\pi} \sin nx \mathrm{d}x = 0.$

143. $\displaystyle\int_{-\pi}^{\pi} \cos mx \sin nx \mathrm{d}x = 0.$

144. $\displaystyle\int_{-\pi}^{\pi} \cos mx \cos nx \mathrm{d}x = \begin{cases} 0, & m \neq n, \\ \pi, & m = n. \end{cases}$

145. $\displaystyle\int_{-\pi}^{\pi} \sin mx \sin nx \mathrm{d}x = \begin{cases} 0, & m \neq n, \\ \pi, & m = n. \end{cases}$

146. $\displaystyle\int_{0}^{\pi} \sin mx \sin nx \mathrm{d}x = \int_{0}^{\pi} \cos mx \cos nx \mathrm{d}x = \begin{cases} 0, & m \neq n, \\ \pi/2, & m = n. \end{cases}$

147. $I_n = \displaystyle\int_{0}^{\frac{\pi}{2}} \sin^n x \mathrm{d}x = \int_{0}^{\frac{\pi}{2}} \cos^n x \mathrm{d}x,\ I_n = \dfrac{n-1}{n} I_{n-2},$

$I_n = \begin{cases} \dfrac{n-1}{n} \cdot \dfrac{n-3}{n-2} \cdots \dfrac{4}{5} \cdot \dfrac{2}{3}(n \text{ 为大于 1 的正奇数}),\ I_1 = 1, \\ \dfrac{n-1}{n} \cdot \dfrac{n-3}{n-2} \cdots \dfrac{3}{4} \cdot \dfrac{1}{2} \cdot \dfrac{\pi}{2}(n \text{ 为正偶数}),\ I_0 = \dfrac{\pi}{2}. \end{cases}$

附录Ⅳ　Mathematica 软件在高等数学中的应用

随着计算机的普及，计算机软件也得到了迅速发展，有关解决数学问题的软件也大量涌现，Mathematica 就是其中之一，它是由沃尔夫乐姆公司（Wolfram Research Inc.）开发的一套专门进行数学计算的软件．该软件问世至今，在工程、应用数学、生命科学、生物学等领域得到了广泛的应用．从 1988 年 6 月沃尔夫乐姆公司发布 1.0 版以来，已经发布了多个版本，Mathematica 软件得到了不断的改进和完善，功能不断强大，2005 年 7 月又推出了 5.2 版，该版本除了继承以前版本的特点和功能外，具有以下特色：支持 64bit 平台的运算技术，支持所有运算平台的多核心运算技术，复合化的数值线性代数，64bit 精度的数值计算等，还增加了一些新的功能，如支持远程 SSH 网络安全功能，vCard 和 RSS 的输入功能等，原有的一些功能又得到增强，如向量运算功能、符号微积分方程、统计图表的能力、Grids 及 Clusters 的运算基础、二次方程式定量法的增强等．考虑到初学者容易学等因素，这里以 Mathematica4.0 为例进行介绍．该软件操作简单，易于学习，交互界面友好，语言自然，运算环境要求不高，适合高校教学．目前国内外一些高校已经把它作为高等数学等相关课程的基础教学工具．

一、Mathematica 的启动及窗口的介绍

安装 Mathematica 软件后，在 Windows 桌面上有一个该软件的启动文件图标，双击该图标即可运行 Mathematica 主程序．屏幕显示如附图 26 所示．

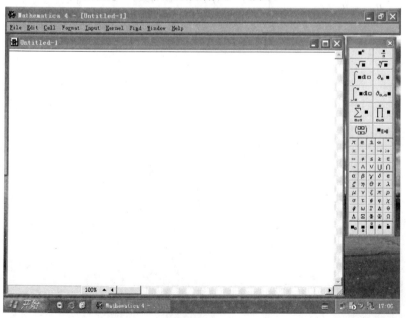

附图 26

屏幕上方为菜单,菜单下面左边窗口为工作窗口,用户在此窗口输入计算公式,编辑公式,同时运行结果也是通过该窗口显示,右边为基本输入工具栏.一个工作窗口代表一个用户文件,可同时打开多个工作窗口,文件名显示在工作窗口上方.Mathematica 用一种特殊的文件格式存储用户建立的文件,其扩展名为 nb.

二、Mathematica 的基本运算

Mathematica 运算类型可以概括地分为数值运算(numerical calculation)和符号运算(symbolic Calculation)两种.数值运算可分为精确运算和近似运算,整数与整数相加减以及分数的运算等都属于精确运算,含有小数点的运算则属于近似运算.符号运算包括不定积分的求解、函数的微分以及多项式的化简与分解等.

如果最后的运算不包含任何未知数(代数),则称这一运算为数值运算,如果含有未知数则称为符号运算.

1. 数值运算

1.1 精确运算

把整数称为精确数,因为它不带小数,其他如 $\sqrt{2}$、3/4、sin2 和 π 等数也属于精确数.

在工作窗口中输入:

　　3+5

然后按 Shift+Enter 组合键(按住 Shift 键不放,再点击 Enter 键),这时在"3+5"下面会显示出其运算结果

　　Out[1]=8

如附图 27 所显示.

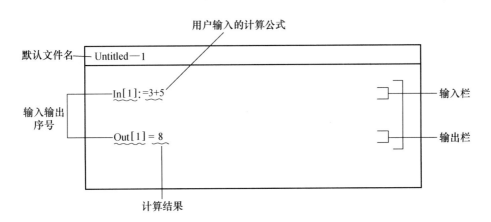

附图 27

例如:In[2]:=1+3/7

　　Out[2]=$\frac{10}{7}$

　　In[3]:=Sin[Pi/3]+Sqrt[2]

　　Out[3]=$\sqrt{2}+\frac{\sqrt{3}}{2}$

1.2 近似计算

以下计算都为近似计算：

In[4]:=2+1.4/2

Out[4]=2.7

In[5]:=3+2.2Sin[2]

Out[5]=5.00045

2. 符号运算

符号运算是 Mathematica 的主要功能．

如下面运算式中均含有未知数．

In[1]:= $\int \frac{\sqrt{u^2+a^2}}{u} du$

Out[1]= $\sqrt{a^2+u^2} - a\log\left(\frac{2}{au} + \frac{2\sqrt{a^2+u^2}}{a^2 u}\right)$

In[2]:= $\sum_{k=1}^{n} \left(\frac{1}{3}\right)^n$

Out[2]:= $\frac{1}{2} 3^{-n}(-1+3^n)$

3. 常用的内部数学函数

  Sin[x], Cos[x], Tan[x]

  Cot[x], Sec[x], Csc[x] 三角函数，自变量的单位为弧度

  Sinh[x], Cosh[x], Tanh[x]

  Coth[x], Sech[x], Csch[x] 双曲线函数

  ArcSin[x], ArcCos[x], ArcTan[x]

  ArcCot[x], ArcSec[x], ArcCsc[x] 反三角函数

  ArcSinh[x], ArcCosh[x], ArcTanh[x]

  ArcCoth[x], ArcSech[x], ArcCsch[x] 反双曲线函数

  ArcTan[x, y] 根据 x 与 y 的值来计算 $\arctan(y/x)$

  Sqrt[x]或$\sqrt{x}$ 开方

  Exp[x] 指数函数

  Log[x] 自然对数

  Log[a, x] 以 a 为底的对数函数

  Abs[x] 绝对值函数

  Round[x] 最接近 x 的整数

  Floor[x] 小于或等于 x 的最大整数

  Ceiling[x] 大于或等于 x 的最小整数

  Integerpart[x] 取 x 的整数部分

  Fractionalpart[x] 取 x 的小数部分

  Mod[a, b] 求 a/b 的余数，其中 a，b 为整数

  Factorial[n]或n! 计算 n 的阶乘

Quotient[a, b] 求 a/b 的商，其中 a,b 为整数

Sign[r] 判断实数 r 的正负

Max[a, b, c, ⋯], Min[a, b, c, ⋯] 求 $a,b,c,\cdots$ 中的最大数/最小数

例如：In[1]:=Tan[Pi/6]

Out[1]=$\dfrac{1}{\sqrt{3}}$

In[2]:=Log[Exp[$\sqrt{5}$]]

Out[2]=$\sqrt{5}$

In[3]:=ArcTan[1, -1]

Out[3]=$-\dfrac{3\pi}{4}$

In[4]:=Mod[14, 5]

Out[4]=4

In[5]:=Min[3, π, e] 注：e 的值为 2.718⋯

Out[5]=e

In[6]:=Sign[Cos[Pi/2]]

Out[6]=0

注：Sign[r]=$\begin{cases} -1, & r<0, \\ 0, & r=0, \\ 1, & r>0, \end{cases}$ $\cos\left(\dfrac{\pi}{2}\right)=0.$

4. 复数的运算

在 Mathematica 中用 I 来表示 $\sqrt{-1}$，Mathematica 还提供了多条命令用以进行复数运算．以下是部分复数运算的命令和函数：

a+b*I 复数 $a+bi$

Conjugate[z] 求复数 z 的共轭复数

Exp[z] 复数指数函数

Re[z] 求复数 z 的实数部分

Im[z] 求复数 z 的虚数部分

Abs[z] 求复数 z 的大小或模数

Arg[z] 求复数 z 的辐角

例如：In[1]:=$\sqrt{-1}$

Out[1]=i

In[2]:=Im[2+3I]

Out[2]=3

In[3]:=Conjugate[2+3I]

Out[3]=2-3i

In[4]:=$\dfrac{6+3I}{7-4I}$+2I-1

Out[4]$=-\dfrac{7}{13}+\dfrac{35i}{13}$

5. 关系运算和逻辑运算

5.1 关系运算

以下列出了关系运算的基本语法结构：

判断式	说明	连续判断	说明
a==b	等于	a==b==c	各项都相等
a>b	大于	a!=b!=c	各项都不等
a>=b	大于等于	a<=b<=c	递增
a<b	小于	a<b<c	绝对递增
a<=b	小于等于	a>=b>=c	递减
a!=b	不等于	a>b>c	绝对递减

例如：In[1]:=2<8

　　　Out[1]=True

　　　In[2]:=5≤3

　　　Out[2]=False

　　　In[3]:=2<3<5≤5<7

　　　Out[3]=False

　　　In[4]:={7≠4，$x\neq y$}

　　　Out[4]:={True，$x\neq y$}

5.2 逻辑运算

Mathematica 有 4 个主要逻辑运算符：

!p 或 Not[p]　　非运算，如果 p 为 True，结果为 False，p 为 False，则结果为 True

p‖q‖…或 or[p, q, …]　　或运算，只要有一个为 True，结果便为 True

p&&q&&…或 And[p, q, …]　　与运算，只有所有关系式的值都为 True，结果才为 True

Xor[e_1，e_2，…]　　异或运算，如果有奇数个 e_i，结果为 True，否则为 False

例如：In[1]:=5<8&&7≠8

　　　Out[1]=True

　　　In[2]:=Xor[4<3，7>10]

　　　Out[2]=False

6. 变量的定义和读取

6.1 变量的定义

和计算机高级语言一样，Mathematica 也可以使用变量，变量的使用，使计算更方便、灵活．Mathematica 中的变量由英文字母、数字或者下划线组成．在定义变量时应注意：

① 数字不能出现在变量名的第一个位置．

② 变量名不能与内部函数或内部常数的名称相同．

③ 英文字母大小写不同，变量不同．

赋值命令说明如下：

　　　a=b　　将 b 赋值给变量 a

a＝b＝c　将 c 赋值给变量 a、b

{a_1, a_2, ⋯, a_n}={b_1, b_2, ⋯, b_n}　将 b_1～b_n 依次赋值给变量 a_1～a_n

a＝. 或 clear[a]清除变量 a

注意：变量一旦被赋值，这个值会一直保留到这个变量再次被赋值为止，即使新建一个文件，该变量仍有效．如果变量不用，应及时清理．

例如：In[1]:＝Var＝$π^2$

Out[1]＝$π^2$

In[2]:＝Var＋Sin[Var]

Out[2]＝$π^2$＋Sin[$π^2$]

In[3]:＝{a, b, c}＝{2, 5, 8}

Out[3]＝{2, 5, 8}

In[4]:＝a^2＋b^2

Out[4]＝29

6.2 运算结果的读取

在多次计算过程中，本次计算需要上次计算结果或前 n 次的计算结果，此时可以用 "％" 运算符来读取上一个运算结果或读取上 n 次运算结果．

其方法如下：

％　读取最后一个运算结果

％％　读取后数第二个运算结果

％％⋯％(n 个％)　读取后数第 n 个运算结果

％n 或 Out[n]　读取第 n 次运算结果

第一次运算　In[1]:＝Sin[π/2]＋Cos[π/4]

$$Out[1]=1+\frac{1}{\sqrt{2}}$$

第二次运算　In[2]:＝％∧2

$$Out[2]=\left(1+\frac{1}{\sqrt{2}}\right)^2$$

第三次运算　In[3]:＝％＋％％

$$Out[3]=\left(1+\frac{1}{\sqrt{2}}\right)^2+1+\frac{1}{\sqrt{2}}$$

7. 括号的使用

在 Mathematica 中括号的使用方法如下：

(term)：圆括号，括号内的 term 具有最高计算优先级．

F[x]　方括号，内放函数的自变量

{x, y, z}　大括号或集合括号，内放集合元素

P[[i]]　双方括号，主要功能是用来读取集合的元素，或表达式的某一项．

例如：In[1]:＝Sin[4x＋2]

Out[1]＝Sin[2＋4x]

In[2]:＝V1＝{2, 3, 5, 7}

$$\text{Out}[2]=\{2, 3, 5, 7\}$$
$$\text{In}[3]:=V1[[1]]$$
$$\text{Out}[3]=2$$

8. 输出的控制

8.1 只计算不输出结果

在表达式后加分号";",只计算而不输出运算结果.

例如:$\text{In}[1]:=a=6; b=\sqrt{\pi}; c=a^b$

$$\text{Out}[1]=6^{\sqrt{\pi}}$$

8.2 控制输出长度

Mathematica 可以利用 Short 命令指定输出结果显示的长度,其命令格式如下:

Expr // Short. 只显示一行的计算结果.

Short[Expr, n]   显示 n 行计算结果

例如:$\text{In}[1]:=\text{Expand}[(a+b+c)^3]$

$$\text{Out}[1]=a^3+3a^2b+3ab^2+b^3+3a^2c+6abc+3b^2c+3ac^2+3bc^2+c^3$$

$$\text{In}[2]:=\text{Short}[\%]$$

$$\text{Out}[2]//\text{Short}=\text{Short}[a^3+3a^2c+3ab^2+b^3+<<2>>+3b^2c+3ac^2+3bc^2+c^3]$$

注:《2》代表在《》内还有 2 项没有显示.

三、方程式的解

1. 方程式的组成

在 Mathematica 中,方程式是用两个连续的等号"=="将两个数的表达式连接起来,即:

左边表达式==右边表达式

在 Mathematica 语法中,用两个连续的等号"=="代表方程式的等号,一个等号表示给变量赋值. 如:a==x 是方程式,而 a=x 则表示给变量 a 赋值 x.

例如:$\text{In}[1]:=y==6x+1$

$$\text{Out}[1]=y==6x+1$$

2. 方程式的解

2.1 简单的 Solve 命令.

Solve 是 Mathematica 求解方程的命令,它不但能求出精确的数值解或代数解,而且还能求复数解. Solve 命令的格式:

Solve[eqn, x] x 为方程式 eqn 中的变量

Solve[{eqn$_1$, eqn$_2$, …}]   解方程组

例如:$\text{In}[1]:=\text{Solve}[6x+3==11y, x]$

$$\text{Out}[1]=\left\{\left\{x\to\frac{1}{6}(-3+11y)\right\}\right\}$$

$$\text{In}[2]:=\text{Solve}[x^3+2x^2-5x-6==0, x]$$

$$\text{Out}[2]=\{\{x\to-3\}, \{x\to-1\}, \{x\to2\}\}$$

$$\text{In}[3]:=\text{Solve}[x^4+2x^2+3==0, x]$$

Out[3]={ {x→$-\sqrt{-1-i\sqrt{2}}$}, {x→$\sqrt{-1-i\sqrt{2}}$}, {x→$-\sqrt{-1+i\sqrt{2}}$},
{x→$\sqrt{-1+i\sqrt{2}}$} }

2.2 方程组的解

前面已经给出了解方程的命令格式，例如：

In[1]:=Solve[{2x+y==4, $x^2+y^2=4$}, {x, y}]

Out[1]=$\left\{\left\{x\to\frac{6}{5},\ y\to\frac{8}{5}\right\},\ \{x\to 2,\ y\to 0\}\right\}$

解方程组 $\begin{cases} 3x-\sin y=\sqrt{\pi}, \\ 9\cos x=0. \end{cases}$

In[2]:=Solve[{3x−Sin[y]==$\sqrt{Pi}$, y∗Cos[x]==0}, {x, y}]

Out[2]=$\left\{\left\{x\to\frac{\sqrt{\pi}}{3},\ y\to 0\right\},\ \left\{y\to-\text{ArcSin}\left[\sqrt{\pi}-\frac{3\pi}{2}\right],\ x\to\frac{\pi}{2}\right\}\right\}$

3. 非线性方程式的数值解

3.1 牛顿法与割线求解

FindRoot、NSolve 和 NRoots 是三个专门用来解非线性方程式的命令，其命令格式如下：

FindRoot[eqn, {x, x_0}]　　以 x_0 为初始值，用牛顿法求方程式的解

FindRoot[eqn, {x, x_0, x_1, x_2}]　　以 x_0 为初值，在区间{x_1, x_2}内求方程式的解

FindRoot[eqn, {x, {x_0, x_1}}]　　以 x_0, x_1 为两初始值，用割线法求解

FindRoot[{eqn1, eqn2}, {x, x_0}, {y, y_0}, …]　　以 $x=x_0$, $y=y_0$, …为初始值，求方程组的解

例如：In[1]:=FindRoot[Cos[x]−x==0, {x, 1}]

　　　　Out[1]={x→0.739085}

　　　　In[2]:=FindRoot[Sin[Cos[x^2]]−x, {x, −2}]

　　　　Out[2]={x→−1.5569}

　　　　In[3]:=FindRoot[Abs[x]−3Cos[x]==0, {x, {0, 6}}]

　　　　Out[3]={x→1.17012}

3.2 多项式根的数值解

FindRoot 一次只能求出一个解，而用 NSolve 和 NRoots 命令可以求出几个实数或复数根．其命令格式如下：

NSolve[poly==0, x]　　求多项式 poly 的所有近似解．

NSolve[poly==0, x, n]　　指定结果的有效位数为 n 位．

NRoots[poly==0, x]　　将所有多项式的根进行逻辑 or 运算

例如：In[1]:=NSolve[$x^5-7x^2-9x+7==0$, x]

　　　　Out[1]={{x→−1.41651}, {x→−0.63188−1.95563i},
　　　　　　　{x→−0.63188+1.95563i}, {x→0.548942}, {x→2.13133}}

　　　　In[2]:=NSolve[$x^4-4x^3+2x-6==0$, x, 25]

　　　　Out[2]={{x→−1.172855012647558683 10962}, …,
　　　　　　　{x→3.969003624696859331093225}}

In[3]:=NRoots[$x^4-7x^2+4x-60==0$, x]

Out[3]=x==−3.57826 ‖

x==0.117805−2.23662i ‖

x==0.117805+2.23662i ‖

x==3.34265

In[4]:=NSolve[{$x^2+4x*y+y^2==2$, $x^2+y^2==1$}, {x, y}]

Out[4]={{x→0.258819, y→0.965926},

{x→−0.258819, y→−0.965926},

{x→0.965926, y→0.258819},

{x→−0.965926, y→−0.258819}}

4. 不等式的解

解不等式的命令为 InequalitySolve，它不是内部命令，该命令包含在 Algebra ' InequalitySolve 函数库中，调用此命令之前先加载该函数库．命令格式为

InequalitySolve[eqns, vars]　变量为 vars，解不等式 eqns

例如：In[1]:=<<Algebra ' InequalitySolve

注：加载函数库

In[2]:=InequalitySolve[$x^3-4x^2+x+6<0$, x]

Out[2]=$x<-1$ ‖ $2<x<3$　注："‖"为或

In[3]:=InequalitySolve[$x^2-4x-6<0$ ‖ $x^2-6x+2>0$ && $x\neq 7$, x]

Out[3]=x<$2+\sqrt{10}$ ‖ $3+\sqrt{7}$<x<7 ‖ x>7

5. 迭代方程式的解

求解迭代方程的命令是 RSolve，该命令也不是内部函数，它存放在 Discrete Mathe ' RSolve ' 函数库中，调用之前需要加载该函数库．命令格式为：

RSolve[eqns, a[n], n]　设变量为 n，求迭代方程式 eqns 的解 $a(n)$.

例如：In[1]:=<<Discretmath ' RSolve '　注：加载函数库命令

In[2]:=RSolve[{a[n]==n+a[n−1], a[0]==0}, a[n], n]

Out[2]={{a[n]→$\frac{1}{2}n(1+n)$}}

In[3]:= RSolve[{y[n+1]==n^2+y[n−1], y[0]==1, y[1]==2}, y[n], n]

Out[3]={{y[n]→$\frac{1}{6}(9-3(-1)^n-n+n^3)$}}

四、基本绘图命令

Mathematica 提供的二维绘图命令可以绘制二维的函数图、参数图、极坐标图、等高线图、密度图等．

1. 基本的二维绘图命令

Plot 是绘制二维图形的基本命令，其命令格式为

Plot{f, {xmin, xmax}}　从 xmin 至 xmax 绘制 $f(x)$ 的函数图

Plot{f₁, f₂, f₃, …}, {x, xmin, xmax}   同时绘制多个函数图

例如：

In[1]:=Plot[Sin[x], {x, 0, 2Pi}]

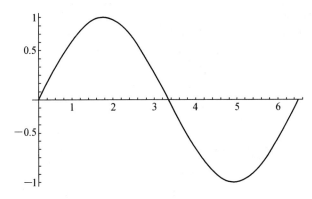

Out[1]=- Graphics -

附图 28

In[2]:=f[x_]:=x^4-6x^3+3x^2+26x-24;

In[3]:=Plot[f[x], {x, -3, 5}]

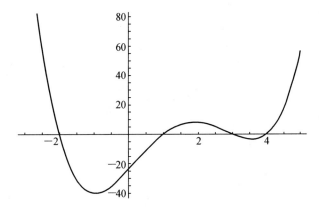

Out[3]=- Graphics -

附图 29

In[4]:=Plot[{Sin[x], Sin[x^1.5], Sin[x^2]}, {x, 0, 4}]

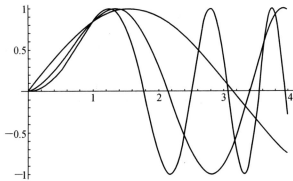

Out[4]=- Graphics -

附图 30

2. Plot 绘图命令的参数

附表 1 列出了 Plot 命令几种常用的选项．

附表 1　Plot 命令几种常用的选项

选　项	默　认　值	说　明
AspectRatio	1/GoldenRatio	图形高与宽的比例．默认值为 1/GoldenRatio，约为 0.618
Axes	True	是否绘制出坐标轴，设 False，则不绘制任何坐标轴．设 Axes—>{False, True}，则只绘出 y 的坐标轴
AxesLabel	Automatic	为坐标轴作标记，设 AxesLabel—>{" ylabel "}，则为 y 轴作标记．设 AxesLabel—>{" xlabel " " ylabel "}，则为{x 轴，y 轴}作标记
AxesOrigin	Automatic	AxesOrigin—>{x, y}设坐标轴相交点为{x, y}
DisplayFunction	$DisplayFunction	定义图形的显示，设 Identity 将不显示任何图形
Frame	False	是否给图形加上外框
FrameLabel	False	从 x 轴下方顺时针方向为图形加上外框标记 v FrameLabel ＞None 定义无外框标记 v FrameLabel—>{x, y}定义图形下方与左边的标记 v FrameLabel—>{x_1, y_1, x_2, y_2}从 x 轴下方顺时针方向，定义图形四边的标记
FrameTicks	Automatic	给外框加上刻度（如果 Frame 设为 True）；None 则不加刻度．定义{xticks, yticks, …}则分别设置每一边的刻度
GridLines	None	设 Automatic 则在主要刻度上加上网格线 GridLines—>{xgrid, ygrid}定义 x 与 y 方向的网格数
PlotLabel	None	PlotLabel—>label 定义整个图形的名称
PlotRange	Automatic	设 PlotRange—>All 绘制所有图形 设 PlotRange—>{min, max}指定 y 方向的绘图范围 设 PlotRange—>{{$x$min, $x$max}, {$y$min, $y$max}}分别定义 x 与 y 方向的绘图范围
Ticks	Automatic	坐标轴的刻度，设 Ticks—>None 则不显示刻度记号 Ticks—>{xticks, yticks} 定义 x 与 y 方向刻度记号的位置 Ticks—>{{x_1, label$_1$}, {x_2, label$_2$}, …} 在 x_1 位置标注 label$_1$ 记号，在 x_2 位置标注 label$_2$ 记号，… Ticks—>{{x_1, label$_1$, len$_1$}, {x_2, label$_2$, len$_2$}, …} 定义每一个刻度的长度

Automatic，None，All，True 和 False 是 Mathematica 绘图命令常用的选项，附表 2 列出了它们所代表的意义：

附表 2　绘图命令常用选项的意义

Automatic	使用 Mathematica 的默认值
None	不包含此项
All	包含每项
True	此项有效
False	此项无效

In[1]:=f[x_]=$\frac{\operatorname{Sin}[x^2]}{x+1}$

Out[1]=$\frac{\operatorname{Sin}[x^2]}{1+x}$

In[2]:=Plot[f(x), {x, 0, 2Pi}]

In[3]:=Plot[f[x], {x, 0, 2Pi}, AspectRatio→1/2]

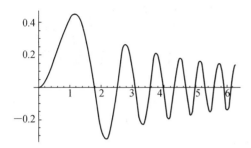

Out[2]=- Graphics -

附图 31

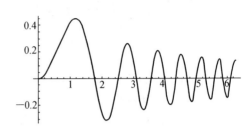

Out[3]=- Graphics -

附图 32

In[4]:=Plot[f[x], {x, 0, 2Pi}, Ticks→None]

In[5]:=Plot[f(x), {x, 0, 2Pi}, AxesLabel→{"time", "height"}]

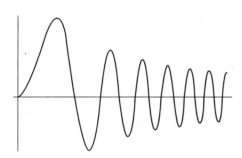

Out[4]=- Graphics -

附图 33

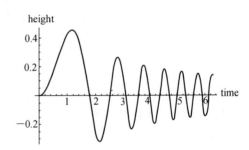

Out[5]=- Graphics -

附图 34

In[6]:=Plot[f(x), {x, 0, 2Pi}, Axesorigin→{3, 0}, PlotLabel→"Decay waves"]

In[7]:=Plot[f[x], {x, 0, 2Pi}, Frame→True, FrameLabel]→{"Decay", "f[x]"}]

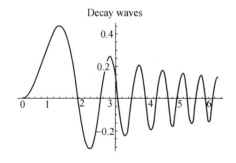

Out[6]=- Graphics -

附图 35

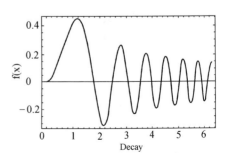

Out[7]=- Graphics -

附图 36

· 343 ·

In[10]:=Plot[f[x], {x, 0, 2Pi}, PlotRange→{-0.6, 0.6}]   In[11]:=Plot[f[x], {x, 0, 2Pi}, Axes→None]

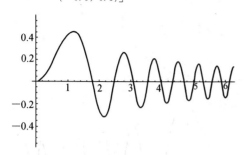

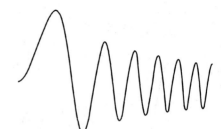

Out[10]=- Graphics -　　　　　　　　　　　Out[11]=- Graphics -

附图 37　　　　　　　　　　　　　　　附图 38

In[12]:=g1=Plot[f[x], {x, 0, 2Pi}, DisplayFunction→Identity]
Out[12]=- Graphics -
In[13]:=Show[g1, DisplayFunction→$DisplayFunction]

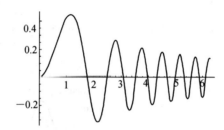

Out[13]=- Graphics -

附图 39

3. 集合的绘图

如果数据是一个序列而不是函数，则可用集合绘图命令，其格式为

ListPlot[{{x_1, y_1}, {x_2, y_2}, …}]　绘制点{x_1, y_1}, {x_2, y_2}, …

ListPlot[List, PlotJoined→True]　用线段连接绘制的点

例如：（见附图 40，附图 41）

In[18]:=dat1=Table[{i, Sin[i]}, {i, 0, 6, 0.5}]; ListPlot[dat1]

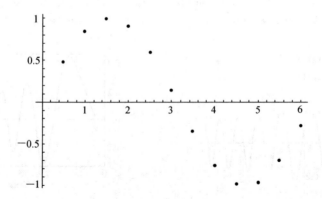

Out[19]=- Graphics -

附图 40

In[20]:=dat2=Table[{n, prime[n]}, {n, 1, 10}]
Out[20]={{1, 2}, {2, 3}, {3, 5}, {4, 7}, {5, 11}, {6, 13}, {7, 17}, {8, 19}, {9, 23}, {10, 29}}
In[21]:=ListPlot [dat2, PlotStyle→PointSize[0.03], PlotRange→{{0, 10}, {0, 30}}]

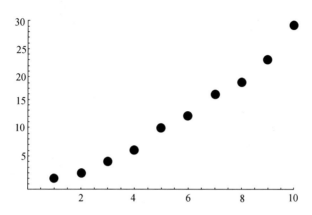

Out[21]=- Graphics -

附图 41

4. 定义绘图的颜色与线条的粗细

图形颜色命令为

Plot[{f_1, f_2, …}, {x, xmin, xmax}, PlotStyle→{RGBColor[r_1, g_1, b_1], RGBColor[r_2, g_2, b_2], …}] 分别用 RGBColor[r_1, g_1, b_1], RGBColor[r_2, g_2, b_2], …给 f_1, f_2, …上色

Plot[{f_1, f_2, …}, {x, xmin, xmax}, PlotStyle→{GrayLevel[i], GrayLevel[[j], …}] 分别用 GrayLevel[i], GrayLevel[j], …给 f_1, f_2, …上色

例如：(见附图 42，附图 43)

In[1]:=Plot[{Sin[x], Sin[2x], Sin[3x]}, {x, 0, 2Pi},
PlotStyle→{RGBColor[1, 0, 0],
RGBColor[0, 1, 0], RGBColor[0, 0, 1]}]

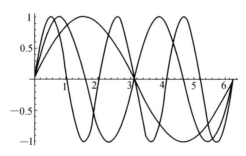

Out[1]=- Graphics -

附图 42

In[2]:=Plot[{Sin[x], Sin[2x], Sin[3x]}, {x, 0, 2Pi},
PlotStyle→{RGBColor[1, 0, 0],
GrayLevel[0.5], GrayLevel[0.2]}]

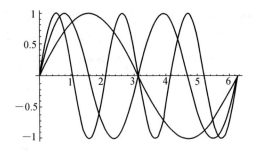

Out[2]=- Graphics -

附图 43

下面为设置图形线条粗细的命令：

Plot[{f_1, f_2, ⋯}, {x, xmin, xmax}, PlotStyle→{Thickness[r_1], Thickness[r_2], ⋯}] 分别定义 f_1, f_2, ⋯线条的粗细为 Thickness[r_1], Thickness[r_2], ⋯, 其中 r_1, r_2 为线条粗细所占图形宽度的比例.

例如：（见附图 44 和附图 45）

In[24]:=Plot[{Sin[x], Sin[2x]}, {x, 0, 2pi}, PlotStyle→Thickness[0.03]]

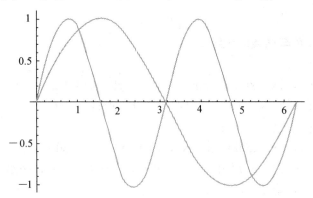

Out[24]=- Graphics -

附图 44

In[26]:=Plot[{Sin[x], Sin[2x]}, {x, 0, 2pi}, PlotStyle→
{{Thickness[0.005], RGBColor[1, 0, 0]}, {Thickness[0.02], GrayLevel[0.7]}}]

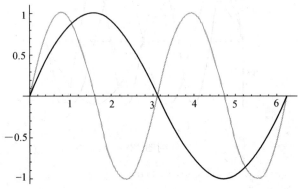

Out[26]=- Graphics -

附图 45

5. 图形的合并与排列

利用 Show 命令可以把先后绘制的图形合并成一个图形，其命令格式如下：

Show[Plot]   重新绘制图形

Show[Plot$_1$，Plot$_2$，…]   将多张图形合并成一张图．（见附图 46～附图 49）

In[34]:=g1=Plot[Sin[x^2]，{x，0，π}];

In[30]:=Show[g1]

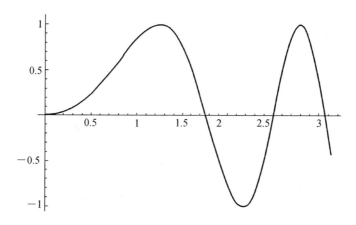

Out[30]=- Graphics -

附图 46

In[35]:=g2=Show[%，GridLines→Automatic]

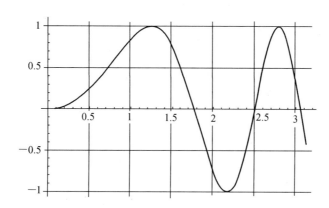

Out[35]=- Graphics -

附图 47

In[37]:= g3=Plot[Cos[x^2], {x, 0, π}]

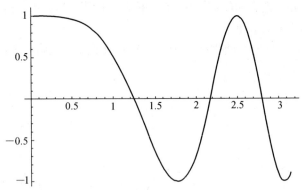

Out[37]= - Graphics -

附图 48

In[38]:= g4=Show[g1, g3]

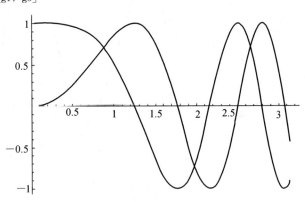

Out[38]= - Graphics -

附图 49

利用 GraphicsArray 命令可以把多个图形左右或垂直排成一张图（见附图 50），其命令格式为

　　Show[GraphicsArray[{Plot$_1$, Plot$_2$, …}]]　　将图形横向排列

　　Show[GraphicsArray[{{Plot$_1$,}, {Plot$_2$}, …}]]　　将图形垂直排列

　　Show[GraphicsArray[{{Plot$_1$, Plot$_2$, …}, …}]]　　将图形以二维矩阵的形式排列

In[39]:= Show[GraphicsArray[{{g1, g2}, {g3, g4}}]]

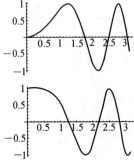 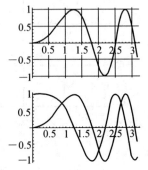

Out[39]= - GraphicsArray -

附图 50

6. 二维参数图

Mathematica 用 ParametricPlot 命令绘制二维参数图，其命令格式为

ParametricPlot[{x(t)，y(t)，tmin，tmax}] 绘制二维参数图．

ParametricPlot[{{x_1(t)，y_1(t)}，{x_2(t)，y_2(t)}，{…}}，{t，tmin，tmax}] 同时绘制多个参数图．

ParametricPlot[{x(t)，y(t)}，{t，tmin，tmax}，AspectRatio→Automatic]
保持曲线的实际形状，即 x，y 坐标的比为 1：1

In[47]:=ParametricPlot[Evaluate[{{Cos[t]，Sin[3t]}，{Cos[t]，Sin[2t]}}]，{t，0，2Pi}]

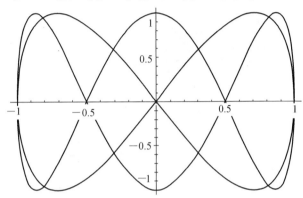

Out[47]=- Graphics -

附图 51

In[49]:=x[a_，b_，t_]:=(a-b)Cos[t]+b*Cos$\left[\dfrac{(a-b)t}{b}\right]$

In[53]:=y[a_，b_，t_]:=(a-b)Sin[t]-b*Sin$\left[\dfrac{(a-b)t}{b}\right]$

In[54]:=ParametricPlot[{x[1，0.78，t]，y[1，0.78，t]}，{t，0，60Pi}，AspectRatio→Automatic]

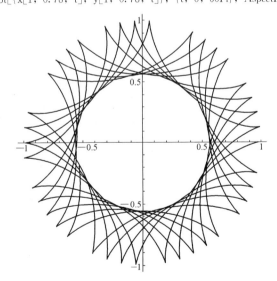

Out[54]=- Graphics -

附图 52

7. 等高线图

等高线图命令格式为

ContourPlot{f, {x, xmin, xmax}, {y, ymin, ymax}} 在指定范围内画出 f 的等高线.

例如：(见附图 53)

In[56]:=ContourPlot[Sin[x]Cos[y], {x, 0, 2π}, {y, 0, 2π}]

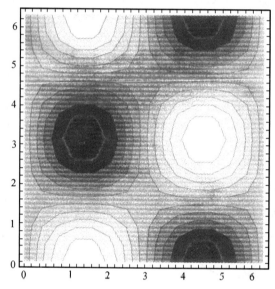

Out[56]=- ContourGraphics -

附图 53

8. 基本三维绘图命令 Plot3D

利用 Plot3D 可以绘制 $z=f(x, y)$ 的函数图，其命令格式为

Plot3D[f, {x, xmin, xmax}, {y, ymin, ymax}]

x 从 xmin 至 xmax，y 从 ymin 至 ymax 绘制 $f(x, y)$ 的函数图

例如：(见附图 54～附图 56)

In[67]:=Plot3D[Sin[x]Cos[y], {x, 0, 2Pi}, {y, 0, 2Pi}]

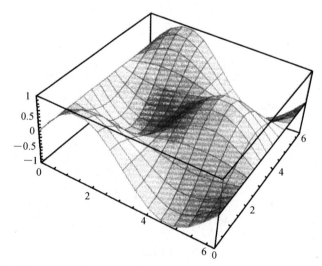

Out[67]=- SurfaceGraphics -

附图 54

In[68]:=Plot3D[Sin[$\sqrt{x^2+y^2}$], {x, 0, 2π}, {y, 0, 2π}]

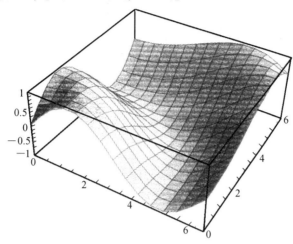

Out[68]=- SurfaceGraphics -

附图 55

In[72]:=Plot3D[$\dfrac{-6x}{x^2+y^2+1}$, {x, -4, 4}, {y, -4, 4}, PlotPoints→24, ViewPoint→{1, 1, 2}]

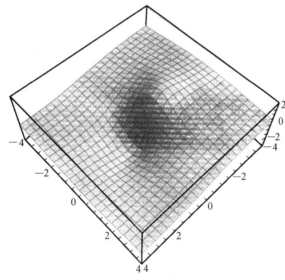

Out[72]=- SurfaceGraphics -

附图 56

9. Plot3D 命令选项(见附表 3)

附表 3　Plot 3D 命令选项

选项	默认值	说明
Axes	True	是否绘制坐标轴
AxesLabel	None	坐标轴的名称."zlable"为 z 轴的 label,即 z 轴的标注,{"xlabel","ylabel","zlabel"}分别为 x、y 和 z 轴的标注
Boxed	True	绘制外框.定义 False 则不绘制外框
ColorFunction	Automatic	上色的方式,Hue 为彩色

(续)

选 项	默认值	说 明
DisplayFunction	$DisplayFunction	显示图形的模式. 定义 Identity 则不显示图形
FaceGrids	None	表面网格，选 All 则在外框每面都加上网络
HiddenSurface	True	是否去掉隐藏线
Lighting	True	是否用仿真光线(simulated lighting)上色
Mesh	True	是否在图形表面加上网格线
PlotRange	Automatic	z 方向的绘图范围
Shading	True	表面不上色或留白
ViewPoint	{−1.3, −2.4, 2}	观测点（眼睛观测的位置）
PlotPoints	15	在 x 和 y 方向取样点
Compiled	True	是否编译成低级的机器码

In[73]:=Plot3D[Sin[$\sqrt{x^2+y^2}$], {x, 0, 2π}, {y, 0, 2π}, AxesLabel→{"ζ", "ω", "μ"}]

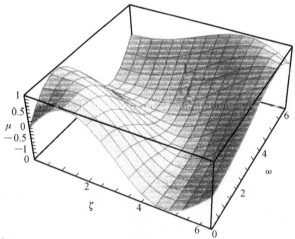

Out[73]=-SurfaceGraphics-

附图 57

In[75]:=Plot3D[Sin[$\sqrt{x^2+y^2}$], {x, 0, 2π}, {y, 0, 2π}, Mesh→False, FaceGrids→All]

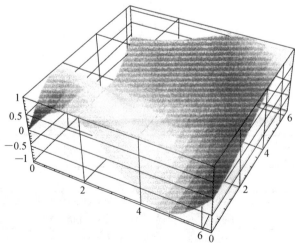

Out[75]=-SurfaceGraphics-

附图 58

In[76]:=Plot3D[Sin[$\sqrt{x^2+y^2}$,], {x, 0, 2π}, {y, 0, 2π}, Lighting→False]

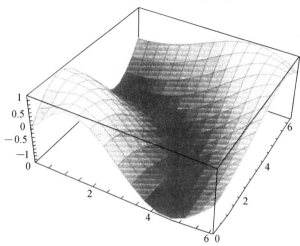

Out[76]= - SurfaceGraphics -

附图 59

In[77]:=Show[%, ViewPoint→{1, 3, 1}]

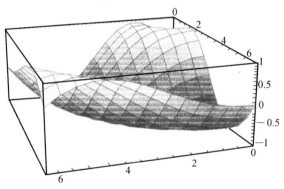

Out[77]= - SurfaceGraphics -

附图 60

In[78]:=Plot3D[{sin[$\sqrt{x^2+y^2}$], Hue[Log[x+y+1]]}, {x, 0, 2π}, {y, 0, 2π}, PlotPoints→128, Mesh→False]

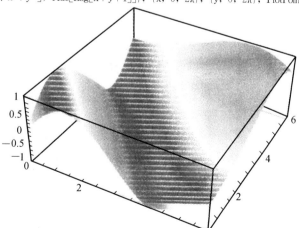

Out[78]= - SurfaceGraphics -

附图 61

10. 三维参数绘图

三维参数绘图命令格式为

ParametricPlot3D[{f_x, f_y, f_z}, {t, t_1, t_2}]　以{f_x, f_y, f_z}为参数，绘制三维的空间曲线参数图

ParametricPlot3D[{f_x, f_y, f_z}, {t, t_1, t_2}, {u, u_1, u_2}]以{f_x, f_y, f_z}为参数，绘制三维的空间曲面参数图

ParametricPlot3D[{{f_x, f_y, f_z}, {g_x, g_y, g_z}, ⋯}, ⋯]　同时绘制多个参数图

ParametricPlot3D[{f_x, f_y, f_z, S}, ⋯]　根据函数 S 上色

In[79]:=ParametricPlot3D[{t/5, Cos[t], Sin[t]}, {t, 0, 30}, PlotPoints→100]

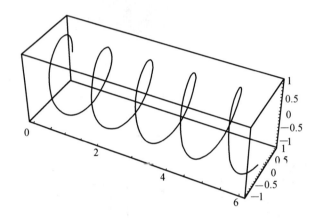

Out[79]=- Graphics3D -

附图 62

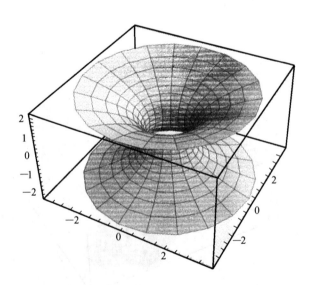

Out[81]=- Graphics3D -

附图 63

In[81]:=ParametricPlot3D[{Cosh[z]Cos[ϕ],Cosh[z]Sin[ϕ],z},{z,−2,2},{ϕ,0,2Pi}]

In[82]:=ParametricPlot3D[{(8+3Cos[v])Cos[u],(8+3Cos[v])Sin[u],7Sin[v]},{u,0,3Pi/2},{v,Pi/2,2Pi},
PlotPoints→{20,40},Axes→None,Boxed→False]

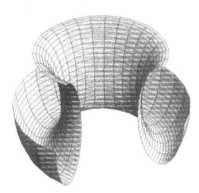

Out[82]=-Graphics3D-

附图 64

11. 图形格式的转换

有以下几个命令：

Show[ContourGraphics[g]]　将图形转换成等高线图

Show[DensityGraphics[g]]　将图形转换成密度图

Show[SurfaceGraphics[[g]]　将图形转换成三维立体图

Show[Graphics[g]]　将三维图形转成二维影像

In[83]:=g1=Plot3D$\left[\dfrac{-12x}{x^2+y^2+1},\{x,-6,6\},\{y,-4,4\},\text{PlotPoints}\to 64,\text{Mesh}\to\text{False}\right]$

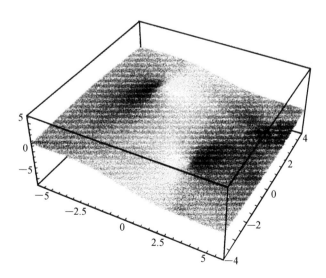

Out[83]=-SurfaceGraphics-

附图 65

In[85]:=g2=Show[DensityGraphics[g1], Mesh→False]

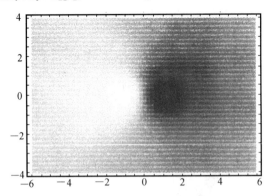

Out[85]=- DensityGraphics -

附图 66

In[86]:=Show[ContourGraphics[g1]]

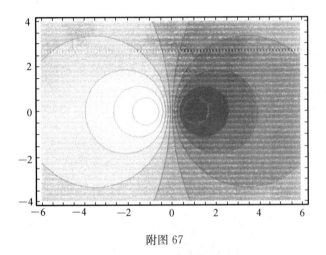

附图 67

五、Mathematica 在微积分中的应用

利用 Mathematica 可以方便、快速地求得函数的极限，进行微分与积分等计算．

1. 函数的极限与连续

求极限命令格式如下：

  Limit[expr, x→x$_0$] 当 x 趋向 x_0 时，求 expr 的极限

  Limit[expr, x→x$_0$, Dirction→1] 计算 $\lim\limits_{x \to x_0^-} f(x)$

  Limit[expr, x→x$_0$, Dirction→-1] 计算 $\lim\limits_{x \to x_0^+} f(x)$

例如：In[1]:=Limit$\left[\dfrac{\sqrt{x^2+2}}{3x-6},\ x \to \infty \right]$

  Out[1]=$\dfrac{1}{3}$

$\text{In}[2]:=\text{Limit}\left[\dfrac{\text{Sin}[\text{x}]}{\text{x}}, \text{x} \to 0\right]$

$\text{Out}[2]=1$

$\text{In}[3]:=\text{Limit}\left[\dfrac{\text{Log}[\text{Log}[\text{x}]]}{\sqrt{\text{x}}}, \text{x} \to \infty\right]$

$\text{Out}[3]=0$

NLimit 为数值极限命令,该命令不是内部命令,使用之前必须先加载 NumericalMath ' NLimit ' 函数库,其命令格式为

NLimit[expr,x→x_0] 当 $x \to x_0$ 时,求 expr 的数值极限值.

例如:$\text{In}[1]:=\ll\text{NumericalMath ' NLimit '}$

$\text{In}[2]:=\text{expr}=\dfrac{2\text{x}^2}{8\text{x}^2+\text{Floor}[\text{Log}[\text{x}]]}$

$\text{In}[3]:=\text{Limit}[\text{expr}, \text{x} \to \text{Infinity}]$

$\text{Out}[3]=\text{Limit}\left[\dfrac{2\text{x}^2}{8\text{x}^2+\text{Floor}[\text{Log}[\text{x}]]}, \text{x} \to \infty\right]$

$\text{In}[4]:=\text{NLimit}[\text{expr}, \text{x} \to \text{Infinity}]$

$\text{Out}[4]=0.25$

$\text{In}[5]:=\text{NLimit}\left[\dfrac{e^{\text{Sin}[\text{x}]^2}-\text{Cos}[\text{x}]}{\text{Cos}[\text{x}]^2-1}, \text{x} \to 0\right]$

$\text{Out}[5]=-1.51004$

Slope 为计算函数斜率的命令,其格式为

Slope[f, x] 计算函数 $f(x)$ 的斜率

Slope[f, {x, x_0}] 计算 $f(x)$ 在 $x=x_0$ 的斜率

例如:$\text{In}[1]:=\text{Slope}[\text{x}^4+4\text{x}^2-6\text{x}+5, \text{x}]$

$\text{Out}[1]=-6+8\text{x}+4\text{x}^3$

$\text{In}[2]:=\text{Slope}[\text{x}^4+4\text{x}^2-6\text{x}+5, \{\text{x}, 2\}]$

$\text{Out}[2]=42$

2. 微分

下面列出了微分的运算命令与从工具栏输入的语法:

D[f, x],f[x](或从工具栏输入 $\partial_x f(x)$) 函数 f 对 x 微分

D[f, {x, n}](或工具栏输入 $\partial_{\{x,n\}} f(x)$) 函数 f 对 x 微分 n 次

D[f, x, NonConstants→{y, z, ⋯}] f 对 x 微分,但指定 y, z 等不是常数

例如:$\text{In}[1]:=\text{D}[\text{x}^3, \text{x}]$ 注:$\dfrac{\text{d}}{\text{d}x}x^3$

$\text{Out}[1]=3\text{x}^2$

$\text{In}[2]:=\text{D}[\text{D}[\text{x}^3, \text{x}], \text{x}]$ 注:$\dfrac{\text{d}^2}{\text{d}x^2}x^3$

$\text{Out}[2]=6\text{x}$

$\text{In}[4]:=\partial_x \text{Sin}[\text{x}^4]$ 注:$\dfrac{\text{d}}{\text{d}x}\sin^4 x$

Out[4] $=4x^3\mathrm{Cos}[x^4]$

In[5]: $=\partial_x x^2 \mathrm{Sin}[x]$

Out[5] $=2x\mathrm{Sin}[x]$

In[6]: $=\mathrm{Sin}[x]$

Out[6] $=\mathrm{Cos}[x]$

In[7]: $=f_1[x\_]:=6x^2-\mathrm{Sin}[x]^3$ 注：定义函数 $f_1(x)$

In[8]: $=f_1'[x]$ 注：计算 $f_1(x)$

Out[8] $=12x-3\mathrm{Cos}[x]\mathrm{Sin}[x]^2$

In[9]: $=f_1'''[x]$

Out[9] $=-6\mathrm{Cos}[x]^3+21\mathrm{Cos}[x]\mathrm{Sin}[x]^2$

Dt[f(x), x]可以计算全微分 $df(x)/dx$，并且把所有的变量作为 x 的函数，除非用 Constants 选择项指定哪些变量属于常数，命令格式为

Dt[f, x]   计算全微分 $\dfrac{d}{dx}f(x)$

Dt[f, {x, n}]   计算全微分 $\dfrac{d^n}{dx^n}f(x)$

Dt[f, x, Constants→{c_1, c_2, ⋯}]   指定 c_1, c_2, c_3, ⋯等为常数.

例如：In[1]: $=\mathrm{Dt}[x^2+4x*y+y^2, x]$

Out[1] $=2x+4y+4x\mathrm{Dt}[y, x]+2y\mathrm{Dt}[y, x]$

In[2]: $=\mathrm{Dt}[a*x\sqrt{y+1}, x, \mathrm{Constants}\to a]$

Out[2] $=\sqrt{1+y}\ a+\dfrac{xa\mathrm{Dt}[y, x, \mathrm{Constants}\to\{a\}]}{2\sqrt{1+y}}$

注：a 为常数，对 $ax\sqrt{y+1}$ 微分.

ND 为数值微分命令，该命令为外部命令，它与 NLimit 命令同在一个函数库中（NumericalMath`Nlimit`），使用前应先加载该函数库.

格式为：

ND[f, x, x_0]   求 f 在 $x=x_0$ 时的一阶微分值

ND[f, {x, n}, x_0]   求 f 在 $x=x_0$ 时的 n 阶微分值

In[1]: $=\ll\mathrm{NumericalMath`NLimit`}$

例如：In[2]: $=\mathrm{expr}=\mathrm{Abs}[\mathrm{Sin}[\sqrt{x^4+7}]]$

In[3]: $=\mathrm{ND}[\mathrm{expr}, x, 1]$

Out[3] $=-0.672979$

In[4]: $=\mathrm{ND}[\mathrm{expr}, \{x, 3\}, 1]$

Out[4] $=-20.1302$

最大值/最小值的数值解，其格式为

FindMinimum[f, {x, x_0}]   以 $x=x_0$ 作为初始值求函数 f 的最小值.

FindMinimum[f, {x, {x_0, x_1}}]   以 $x=x_0$, $x=x_1$ 作为开始值求函数 f 的最小值. 当无法用符号表示函数 f 的微分时使用这种方法.

FindMinimum[f, {x, st, x_0, x_1}]   从 $x=st$ 求函数 f 的最小值. 超出 $\{x_0, x_1\}$ 的范

围，则停止运算．

FindMinimum[f, {x, x₀}, {y, y₀}, ⋯]   求多变量函数的最小值．

例如：In[1]:=$f[x\_]=6\text{Exp}\left[\dfrac{-x^2}{4}\right]\text{Sin}[3x]+x$

In[2]:=FindMinimum[$f[x]$, {x, −0.5}]

Out[2]={−6.1282, {x→−0.514795}}

In[3]:=FindMinimum[x+4Sin[Abs[x]], {x, −3, −2}]

Out[3]={−8.83805, {x→−4.96507}}

3. 积分

3.1 不定积分

可以用 Integrate 命令运算不定积分，也可以用工具栏输入不定积分的表达式运算不定积分．

Integrate[f, x]   不定积分，其中 x 为积分变量

$\int f(x)dx$ 用工具栏输入不定积分

例如：In[1]:=$\partial_x\left(\dfrac{5x}{x^2+2}+\dfrac{1}{x}\right)$

Out[1]=$\dfrac{1}{x^2}-\dfrac{10x^2}{(2+x^2)^2}+\dfrac{5}{2+x^2}$

In[2]:=$\int \%\, dx$

Out[2]=$\dfrac{1}{x}+\dfrac{5x}{2+x^2}$

In[3]:=Integrate[$\sqrt{x}+6x$, x]

Out[3]=$\dfrac{2x^{3/2}}{3}+3x^2$

In[4]:=$\int \dfrac{u\sqrt{1+u^2}}{2+11u^2}\, du$

Out[4]=$\dfrac{\sqrt{1+u^2}}{11}-\dfrac{3\text{ArcTanh}\left[\dfrac{1}{3}\sqrt{11}\sqrt{1+u^2}\right]}{11\sqrt{11}}$

3.2 定积分

两种格式如下：

Integrate[f, {x, xmin, xmax}]   定积分 $\int_a^b f(x)dx$

$\int_a^b f(x)dx$ 用工具栏输入定积分

例如：In[1]:=$\int_0^4 \dfrac{1}{(x-2)^2}dx$

Out[1]=∞

In[2]:=$\int_1^\infty \dfrac{1}{x^2}dx$

Out[2]=1

In[3]:=$\int_0^2 x^2 \mathrm{Exp}[3x+a]dx$

Out[3]=$-\dfrac{2e^a}{27}+\dfrac{26e^{6+a}}{27}$

In[4]:=$\int_1^e x^2 \log[2x]dx$

Out[4]=$\dfrac{1}{9}(1-e^3-3\log[2]+3e^3\log[2e])$

3.3 数值积分

数值积分命令格式如下：

NIntegrate[f, {x, a, b}]　　x 从 a 到 b 作 $f(x)$ 的数值积分

例如：In[1]:=$\int_0^{Pi/3} \mathrm{Sin}[\mathrm{Sin}[x]]dx$

Out[1]=$\int_0^{\frac{\pi}{3}} \mathrm{Sin}[\mathrm{Sin}[x]]dx$

In[2]:=NIntegrate[Sin[Sin[x]], {x, 0, Pi/3}]

Out[2]=0.466185

In[3]:=$N\left[\int_0^{Pi/3} \mathrm{Sin}[\mathrm{Sin}[x]]dx\right]$

Out[3]=0.466185

In[4]:=NIntegrate[e^{-x^2}, {x, 0, ∞}]

Out[4]=0.886227

4. 近似积分（矩形逼近）

有关矩形逼近的命令有：

LeftBox[f, {x, a, b}, n, options]　　画出 n 个接近积分值的左接矩形，积分范围为 a 到 b，矩形的高度由函数在矩形左边的值决定

LeftSum[f, {x, a, b}, n]　　求出 n 个用以逼近积分值的小矩形的面积总和，矩形的高度由函数在矩形左边的值决定

RightBox[f, {x=a, b}, n, options]　　画出右接小矩形来逼近定积分

RightSum[f, {x, a, b}, n, options]　　求出右接小矩形的面积总和

MiddleBox[f, {x, a, b}, n, options]　　画出中点接合矩形来逼近定积分

MiddleSum[f, {x, a, b}, n]　　求出中点接合矩形的面积总和

上述命令存在 BoxInt.m 文件中，调用时需要加载函数库．

In[1]:=≪" D:\\Ch10\\BoxInt.m "

In[2]:=f[x_]:=x*Sin[x]

In[3]:=$\int_0^{2\pi} x*\mathrm{Sin}[x]dx$

Out[3]=-2π

Out[5]=- Graphics -

In[4]:=N[%]

Out[4]=-6.28319

In[5]:=LeftBox [f[x], {x, 0, 2Pi}, 12]

Out[5]=Graphics=

In[6]:=LeftSum[f[x], {x, 0, 2Pi}, 12] //Simplify

Out[6]=$-\dfrac{1}{6}(2+\sqrt{3})\pi^2$

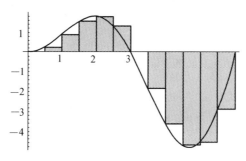

附图 68

In[7]:=N[%]
Out[7]=-6.13898
In[8]:=LeftBox[f[x], {x, 0, 2Pi}, 24]

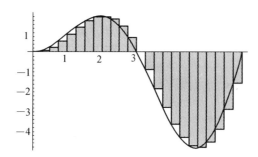

Out[8]=-Graphics-

附图 69

In[9]:=LeftSum[f[x], {x, 0, 2Pi}, 24]//Simplify
Out[9]=$-\frac{1}{12}(2+\sqrt{2}+\sqrt{3}+\sqrt{6})\pi^2$
In[10]:=%//N
Out[10]=-6.24726
In[11]:=MiddleBox[f[x], {x, 0, 2Pi}, 24, Axes→None]

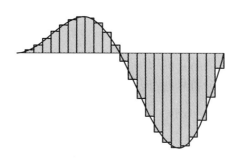

Out[11]=-Graphics-

附图 70

5. 泰勒展开式

Series 命令可以把一个函数对特定点做泰勒展开式, 如果指定的点无法展开, 将输出原式, 命令格式:

Series[f, {x, x_0, n}]　对 f 在 $x=x_0$ 做泰勒展开至 $(x-x_0)^n$ 阶

SeriesCoefficient[ser, n]　取级数 ser 中第 n 阶的系数

例如：In[1]:=Series[Sin[x], {x, 0, 7}]

$$Out[1]=x-\frac{x^3}{6}+\frac{x^5}{120}-\frac{x^7}{5040}+o[x]^8$$

注：$o[x]^8$ 代表展开式的余式

In[2]:=ser=Series[Sinh[x], {x, 0, 7}]

$$Out[2]=x+\frac{x^3}{6}+\frac{x^5}{120}+\frac{x^7}{5040}+o[x]^8$$

In[3]:=SeriesCoefficient[ser, 7]

$$Out[3]=\frac{1}{5040}$$

6. 偏微分

命令格式：

$$D[f, x_1, x_2, \cdots, x_n]　计算偏微分\frac{\partial^n f}{\partial x_1 \partial x_2 \cdots \partial x_n}$$

$$Dt[f, x_1, x_2, \cdots, x_n]　计算全微分\frac{d^n f}{dx_1 dx_2 \cdots dx_n}$$

例如：In[1]:=f[x_, y_]:=Sin[x*y^2]　注：计算 $\frac{\partial}{\partial x}\sin(xy^2)$

In[2]:=D[f[x, y], x]

Out[2]=y^2Cos[xy^2]

In[3]:=Dt[x^2y^3]　注：计算 $d(x^2 y^3)$

Out[3]=$2xy^3$Dt[x]+$3x^2y^2$Dt[y]

In[4]:=Dt[$x^3y+x^2y^2-3x*y^3$]

Out[4]=$3x^2$yDt[x]+$2xy^2$Dt[x]+$9xy^2$Dt[xy]+x^3Dt[y]+$2x^2$yDt[y]

7. 重积分

命令格式如下：

Integrate[f, {x, a, b}, {y, c, d}, ⋯, {θ, m, n}]

计算重积分 $\int_a^b\int_c^d\cdots\int_m^n f(x)d\theta\cdots dydx$

NIntegrate[f, {x, a, b}, {y, c, d}, ⋯, {θ, m, n}]　重积分数值解

也可以利用工具栏上的积分符号的组合来计算重积分.

例如：In[1]:=$\iint \frac{1}{x^2+y+1}dxdy$

Out[1]=$2\sqrt{1+y}$ArcTan$\left[\frac{x}{\sqrt{1+y}}\right]$+xLog[1+$x^2$+y]

In[2]:=$\int_0^{2\pi}\int_{-2}^{y^2} x^2y*\text{Sin}[y]dxdy$

Out[2]=$-\frac{2}{3}\pi(-5032+3360\pi^2-672\pi^4+64\pi^6)$

In[3]:=$\int_0^2\int_2^{\sqrt{x+2}}\sqrt{x+y}dydx$

Out[3] := $\int_0^2 \left(-\frac{2x^{3/2}}{3}+\frac{2}{3}(x+\sqrt{2+x})^{3/2}\right)dx$

In[4] := N[%]

Out[4] = 4.65557

In[5] := $\iiint y*2*\text{Sin h}[x]dxdydz$

Out[5] = $\frac{1}{4}y^2z^2\text{Cosh}[x]$

六、Mathematica 在微分方程中的应用

1. 通解与特解

DSolve 是求微分方程式解的命令，所求得的解可以是通解或者是根据初值条件解得的特解，命令格式为

DSolve[eqn, y(x), x] 解常微分方程式 eqn，其中 y 为 x 的函数

DSolve[{eqn, conds}, y(x), x] 解含有初始条件或边界条件的常微分方程式

例如：In[1] := eqn=y'[x]−2e^x+1==0

Out[1] = 1−2e^x+y'[x]==0

In[2] := sol=DSolve[eqn, y[x], x]

Out[2] = {{y[x]→2e^x−x+c[1]}}

In[3] := DSolve[{eqn, y[0]==5}, y[x], x]

Out[3] = {{y[x]→3+2e^x−x}}

指定 y 是 x 的函数，解微分方程

In[1] := DSolve[{y'[x]==Sin[x]$\sqrt{y[x]}$, y[0]==1}, y[x], x]

Out[1] = $\left\{\left\{y[x]\to \frac{1}{8}(19-12\text{Cos}[x]+\text{Cos}[2x])\right\}\right\}$

用 DSolve 解初值问题

In[1] := DSolve[{y'[t]==k*y[t], y[0]==100}, y[t], t]

Out[1] = {{y[t]→100e^{kt}}}

边界值问题

In[1] := bc=Sequence[x[t$_0$]==x$_0$, x[t$_1$]==x$_1$];   注：设边界值 $x(t_0)=x_0$,
$x(t_1)=x_1$

In[2] := DSolve[{m*x"[t]+k*x[t]==0, bc}, x[t], t]//Simplity

Out[2] = $\left\{\left\{x[t]\to -\text{Csc}\left[\frac{\sqrt{k}(t_0-t_1)}{\sqrt{m}}\right]\left(x_1\text{Sin}\left[\frac{\sqrt{k}(t-t_0)}{\sqrt{m}}\right]-x_0\text{Sin}\left[\frac{\sqrt{k}(t-t_1)}{\sqrt{m}}\right]\right)\right\}\right\}$

2. 一阶微分方程式

可分离微分方程式

In[1] := eqn=y'[x]==3x^2+$\frac{1}{x}$+1

Out[1] = y'[x]==1+$\frac{1}{x}$+3x^2

In[2]:=DSolve[eqn，y[x]，x]

Out[2]={{y[x]→x+x³+C[1]+Log[x]}}

In[3]:=DSolve[{eqn，y[1]==-2}，y[x]，x]

Out[3]={{y[x]→-4+x+x³+Log[x]}}

齐次方程式

In[1]:=eqn=x*y'[x]==$\frac{y[x]^2}{x}$+y[x]

Out[1]=xy'[x]==y[x]+$\frac{y[x]^2}{x}$

In[2]:=DSolve[eqn，y[x]，x]

Out[2]={{y[x]→$\frac{x}{C[1]-Log[x]}$}}

积分因子

In[1]:=eqn=2y[x]²-9x*y[x]+(3x*y[x]-6x²)y'[x]==0；

In[2]:=m=2y²-9x*y；n=3x*y-6x²；

In[4]:={∂ym，∂xn}

Out[4]={-9x+4y，-12x+3y}

In[5]:={$\frac{1}{n}$(∂ym-∂xn)，$\frac{1}{m}$(∂xn-∂ym)}

Out[5]={$\frac{3x+y}{-6x^2+3xy}$，$\frac{-3x-y}{-9xy+2y^2}$}

In[6]:=μ=$x^\alpha y^\beta$

Out[6]=$x^\alpha y^\beta$

In[7]:=e₁=∂y(u*m)==∂x(u*n)

Out[7]=$x^\alpha y^\beta$(-9x+4y)+$x^\alpha y^{-1+\beta}$(-9xy+2y²)β==
    $x^\alpha y^\beta$(-12x+3y)+$x^{-1+\alpha} y^\beta$(-6x²+3xy)α

In[8]:=e₂=Map[#/($x^\alpha y^\beta$)&，e₁]//Simplify

Out[8]=3x+y+6xα-3yα-9xβ+2yβ==0

In[9]:=e₃=MapAt[Collect[#，{x, y}]&，e₂，1]

Out[9]=x(3+6α-9β)+y(1-3α+2β)==0

In[10]:=e₄=Map[Coefficient[e₃[[1]]，#]&，{x, y}]

Out[10]={3+6α-9β，1-3α+2β}

In[11]:=cof=Solve[e₄==0，{α，β}]

Out[11]={{α→1，β→1}}

柏努利方程式

In[1]:=eqn=x²y'[x]+x*y[x]+y[x]⁻¹==0

Out[1]=$\frac{1}{y[x]}$+xy[x]+x²y'[x]==0

In[2]:=sol=DSolve[{eqn，y[1]==0}，y[x]，x]

$$\text{Out}[2] = \left\{ \left\{ y[x] \to \frac{-\sqrt{2}\sqrt{1-x}}{x} \right\}, \left\{ y[x] \to \frac{\sqrt{2}\sqrt{1-x}}{x} \right\} \right\}$$

一阶线性微分方程

In[1]:=eqn=y'[x]−Cos[x/3]*y[x]==Cos[x];

In[2]:=DSolve[{eqn,y[0]==0},y[x],x]//Simplify

$$\text{Out}[2] = \left\{ \left\{ y[x] \to \frac{1}{9}\left(17 + e^{3\text{Sin}\left[\frac{x}{3}\right]} - 18\text{Cos}\left[\frac{2x}{3}\right] + 24\text{Sin}\left[\frac{x}{3}\right]\right) \right\} \right\}$$

3. 二阶线性微分方程

二阶线性齐次常系数微分方程

In[1]:=eqn=y''[x]+3y'[x]−4y[x]==0;

In[2]:=DSolve[eqn,y[x],x]

Out[2]={{y[x]→$e^{-4x}c[1]+e^x c[2]$}}

In[3]:=DSolve[{eqn,y'[0]==0,y[0]==1},y[x],x]

$$\text{Out}[3] = \left\{ \left\{ y[x] \to e^{-4x}\left(\frac{1}{5} + \frac{4e^{5x}}{5}\right) \right\} \right\}$$

二阶线性非齐次微分方式

In[1]:=eqn=y''[x]+4y[x]==e^x;

In[2]:=DSolve[eqn,y[x],x]//Simplify

$$\text{Out}[2] = \left\{ \left\{ y[x] \to \frac{e^x}{5} + c[2]\cos[2x] - c[1]\sin[2x] \right\} \right\}$$

4. 高阶微分方程

In[1]:=eqn=y'''[x]+2y'[x]−3y[x]==0;

In[2]:=DSolve[{eqn,y[0]==1,y'[0]==1,y''[0]==0},y[x],x]//
  Simplify

$$\text{Out}[2] = \left\{ \left\{ y[x] \to \frac{1}{110}(88e^x + (11+3i\sqrt{11})e^{-\frac{1}{2}i(-i+\sqrt{11})x} + (11-3i\sqrt{11})e^{\frac{1}{2}i(i+\sqrt{11})x}) \right\} \right\}$$

5. 微分方程的数值解

命令格式:

NDSolve[{e_1, e_2, ⋯}, y(x), {x, a, b}] 微分方程式的数值解

In[1]:=eqn=y''[x]+2y'[x]+10y[x]==Sin[2x];

In[2]:=DSolve[{eqn,y[0]==1,y'[0]==0},y[x],x]

$$\text{Out}[2] = \left\{ \left\{ y[x] \to \frac{1}{26}e^{-x}\left(2e^x\text{Cos}[2x] - 28\text{Cos}[3x] - 3e^x\text{Sin}[2x] - \frac{22}{3}\text{Sin}[3x]\right) \right\} \right\}$$

参 考 文 献

电子科技大学数学科学学院，2018. 微积分［M］. 3版. 北京：高等教育出版社.
何满喜，丁春梅，2012. 高等数学（上、下册）［M］. 北京：科学出版社
华中科技大学数学与统计学院，2019. 微积分学［M］. 4版. 北京：高等教育出版社.
惠淑荣，李喜霞，张阚，2016. 高等数学［M］. 4版. 北京：中国农业出版社.
蒋兴国，吴延东，2011. 高等数学（经济类）［M］. 3版. 北京：机械工业出版社
李建平，朱健民，2015. 高等数学（下册）［M］. 2版. 北京：高等教育出版社.
同济大学数学系，2014. 高等数学（上册）［M］. 7版. 北京：高等教育出版社.
同济大学数学系，2014. 高等数学（下册）［M］. 7版. 北京：高等教育出版社.
吴坚，惠淑荣，刘应安，2011. 高等数学上册（工科类专业用）［M］. 2版. 北京：中国农业出版社
赵利彬，2010. 高等数学（经管类）（上册）［M］. 上海：同济大学出版社
朱健民，李建平，2015. 高等数学（上册）［M］. 2版. 北京：高等教育出版社.

图书在版编目（CIP）数据

高等数学／惠淑荣，刘宪敏，杨吉会主编．—5版．—北京：中国农业出版社，2021.7（2024.4重印）

普通高等教育农业农村部"十三五"规划教材　辽宁省"十二五"普通高等教育本科省级规划教材　全国高等农业院校优秀教材　辽宁省优秀教材

ISBN 978-7-109-28100-4

Ⅰ.①高… Ⅱ.①惠… ②刘… ③杨… Ⅲ.①高等数学－高等学校－教材 Ⅳ.①O13

中国版本图书馆CIP数据核字（2021）第061132号

中国农业出版社出版
地址：北京市朝阳区麦子店街18号楼
邮编：100125
责任编辑：魏明龙　　文字编辑：魏明龙
版式设计：杜　然　　责任校对：周丽芳
印刷：中农印务有限公司
版次：2002年8月第1版　2021年7月第5版
印次：2024年4月第5版北京第3次印刷
发行：新华书店北京发行所
开本：787mm×1092mm　1/16
印张：23.75
字数：575千字
定价：54.00元

版权所有·侵权必究
凡购买本社图书，如有印装质量问题，我社负责调换。
服务电话：010-59195115　010-59194918